Jean-Pierre Luminet

Schwarze Löcher

Jean-Pierre Luminet

Schwarze Löcher

Aus dem Französischen übersetzt
von Thomas Filk

Mit 71 Abbildungen

Facetten

vieweg

Titel der französischen Originalauflage: Les trous noirs
© Belfond, 1987

Der Übersetzung liegt die überarbeitete, 1992 bei Éditions du Seuil erschienene
Ausgabe zugrunde.

Der Verlag Vieweg ist ein Unternehmen der Bertelsmann Fachinformation GmbH.

Umschlaggestaltung: Schrimpf und Partner, Wiesbaden

Gedruckt auf säurefreiem Papier

ISSN 0949-1295
ISBN-13: 978-3-322-85015-7   e-ISBN-13: 978-3-322-85014-0
DOI: 10.1007/978-3-322-85014-0

Dieses Buch ist all jenen gewidmet,
für die eine Antwort eine neue Frage ist.

Danksagung

Jean Audouze, Philippe André, René Lachal, Jean-Alain Marck, Sylvano Bonazzola, Christian Poinas, Brandon Carter, Laurent Nottale, Andrew King und Egidio Landi haben liebenswerterweise – jedoch auch ohne Nachsicht – mein Manuskript gelesen, diskutiert und korrigiert. Ich schulde ihnen tiefen Dank.

Bücher sind nicht dazu da, daß man ihnen blind vertraut, sondern daß man sie einer Prüfung unterzieht. Wenn wir ein Buch zur Hand nehmen, dürfen wir uns nicht fragen, was es besagt, sondern was es besagen will...

UMBERTO ECO, *Der Name der Rose*

Vorwort zur zweiten französischen Auflage

Als ich Anfang Februar 1987 mein Manuskript der *Schwarzen Löcher* meinem Herausgeber Pierre Belfond übergab, konnte ich nicht ahnen, daß eine Woche später ein außergewöhnliches astronomisches Ereignis stattfinden sollte, auf das man nahezu vier Jahrhunderte gewartet hatte, und das ich in meinem 6. Kapitel herbeisehnte: die Explosion eines Sternes, nahe genug, um mit bloßem Auge gesehen werden zu können, in Form einer Supernova. Dieses kosmische Ereignis hat vielleicht ein schwarzes Loch erzeugt, oder zumindest ein unvorstellbar dichtes Objekt, das mit einer schwindelerregenden Geschwindigkeit herumgewirbelt wird.

Aus technischen Gründen war es nicht mehr möglich, den entsprechenden Teil des Buches zu revidieren, und ich mußte mich mit einer Fußnote zufrieden geben. Seitdem hat der riesige Fortschritt auf dem Gebiet der beobachtenden Astronomie eine Unzahl weiterer Neuheiten am Himmel enthüllt, die mehr oder weniger mit der Existenz schwarzer Löcher zusammenhängen. Neben Korrekturen und einzelnen Verbesserungen, die von besonders aufmerksamen Lesern vorgeschlagen wurden, erschien es mir daher notwendig, die vorliegende Auflage in wesentlichen Punkten auf den neuesten Stand zu bringen.

Bei den theoretischen Fragen, die ungefähr die Hälfte des Buches ausmachen, gab es kaum einen Fortschritt. Das Innere der schwarzen Löcher bleibt – und wird es auch noch für lange Zeiten bleiben – nach wie vor rätselhaft, aber ich habe einige neuere Spekulationen über Wurmlöcher hinzugefügt, jene seltsamen Strukturen, die einem beherzten Raumfahrer als „Abkürzungen" in der Raum-Zeit dienen können.

Demgegenüber hat die andere Hälfte des Buches, das den wirklichen Beobachtungen des Himmels gewidmet ist, durch den aktuellen Fortschritt größere Veränderungen erfahren. Ich habe selbstverständlich neue Abschnitte zur Supernova vom Februar 1987 und den in diesem Zusammenhang nachgewiesenen Neutrinos eingefügt. Diese Beobachtung von Neutrinos markiert den Anfang einer neuen Astronomie. Ich habe das Thema der Gravitationslinsen weiter ausgearbeitet, das zu einem der Schlüsselbereiche der beobachtenden Kosmologie geworden ist (und sichtbarer Beweis für die Realität der Raumkrümmung). Ich mußte unsere Vorstellung vom galaktischen Zentrum — fruchtbare Wiege und

geeigneter Nährboden schwarzer Löcher — den Signalen des Teleskops Sigma
anpassen. Dieser Gammastrahlendetektor in einem Satelliten hat insbesondere
eine neue Röntgen-Quelle entdeckt, die einem schwarzen Loch zum Verwechseln ähnlich ist. Neue Nachrichten aus den fernen Bereichen des Kosmos haben monatlich Zusätze erforderlich gemacht. Planeten wurden auf Bahnen um
Pulsare entdeckt. Im Sternbild des Schwans hat eine außergewöhnliche Nova die Liste der Kandidaten schwarzer Löcher verlängert, wohingegen neue
Gewichtsbestimmungen des Sterns SS-433 diese Liste verkürzt hat. Ein neuer
astronomischer Satellit hat enthüllt, daß die Gamma-„Burster", rätselhafte kosmische Eruptionen mit hochenergetischer Strahlung, sehr viel weiter entfernt
sind, als ursprünglich angenommen. Es handelt sich daher um unvorstellbar
intensive und sehr seltene Ereignisse, möglicherweise um die Spuren von Sternen, die innerhalb eines kurzen Augenblicks von der Gravitationskraft riesiger
schwarzer Löcher zerstört werden.

Ich habe auch ein musikalisches und astronomisches „Spektakel" beschrieben, bei dem ich kürzlich das Glück hatte, mitwirken zu können, die *Nacht der
Sterne*, wo der Gesang von Pulsaren mit einer von Menschen gespielten Musik
in einen Dialog tritt. Im Innersten bin ich nämlich der Überzeugung, daß die
Kunst, ebenso wie die Wissenschaft, teilhat an einer komplementären Suche
nach der Schönheit — wenn nicht gar nach der Wahrheit — der Welt, die uns
gegeben wurde, sie zu verstehen.

Sicherlich werden die Entdeckungen in den wenigen Monaten zwischen dem
letzten „update" und dem Erscheinen dieses Buches unsere Theorien verbessert
haben, und vielleicht andere als falsch erwiesen haben. Ich freue mich schon
jetzt auf den nächsten „update"...

Vorwort von Jean Audouze

Die Geschichte des Universums und seiner Entwicklung bringt uns immer wieder zu den fundamentalen Fragen über unsere eigene Geschichte und das Verständnis unserer Umgebung. Die Astrophysiker haben das zweifelhafte Privileg, den umfassendsten Blick auf unser Universum werfen zu können. Teilchendetektoren dienen heute der Erkundung weiter Sterne ebenso wie große Teleskope, und vom unendlich Kleinen bis hin zum unendlich Großen, im Raum und in der Zeit, wird das Universum uns immer wieder überraschen und allmählich die Vielfalt seiner Strukturen preisgeben.

In dieser Hinsicht leben wir in einer aufregenden Zeit. Jedes neue Jahr beschert der Astronomie ein wichtigen Ereignis: 1986 war durch die Erkundungen von Uranus und dem Halleyschen Kometen gekennzeichnet, die uns viel über die Entstehung unseres Sonnensystems lehrten; 1988 wird den Start des Teleskops Spatial sehen; 1989 kündigt sich durch die Erforschung des Planeten Neptun an, 4,5 Milliarden Kilometer von uns entfernt… Und 1987? Seit dem 24. Februar wissen wir, daß dieses Jahr für lange Zeit als das Jahr der „Supernovaexplosion" in der Großen Magellanschen Wolke in den Annalen bleiben wird. Dieses seltene und kurzlebige Ereignis, auf das die Astronomen seit vier Jahrhunderten gewartet haben, ist um so außergewöhnlicher, als möglicherweise „vor unseren Augen" einer der fremdartigsten Himmelskörper entstanden ist: ein *schwarzes Loch.*

Die „Erfindung" der schwarzen Löcher ist zweifelsohne eines der kühnsten intellektuellen Abenteuer der heutigen Zeit. Schon die Bezeichnung „schwarzes Loch" besitzen eine magische Bedeutung: Es gibt in unserem Universum Objekte, die man nicht sehen kann, die aber sämtliche Materie der Umgebung absorbieren können. Abgeschlossene Welten, vollkommen getrennt von der unsrigen, öffnen sich zu einem bodenlosen Schlund, in dem alles, jede Materie, unweigerlich zermalmt wird… Die Eigenschaften schwarzer Löcher sind so seltsam, daß sie lange Zeit der Glaubhaftigkeit des Begriffs geschadet haben, obwohl sie bei sensationssüchtigen Amateuren immer beliebt waren. Schwarze Löcher berühren die Grundlagen unserer Vorstellungen über Raum und Zeit. Die breite Öffentlichkeit hat das wohl verstanden und sie herzlich willkommen geheißen: Schwarze Löcher wurden die Helden von Science fiction-Geschichten, Comic strips und Katastrophenfilmen.

Obwohl diese Begriffe zweifellos geheimnisvolle Aspekte haben, so sind sie doch nicht weniger „magisch" als andere anscheinend vertrautere Spekulationen, wie beispielsweise die Anwesenheit von Leben um andere Sterne als die Sonne. Mein Freund Jean-Pierre Luminet besitzt die Gabe, die kompliziertesten Zusammenhänge auf dem Gebiet der Gravitation und der Relativitätstheorie nicht nur zu verstehen und aufzudecken, sondern er kann den Inhalt seiner Entdeckungen auch in einfacher Form darstellen und andere daran teilhaben lassen. Er hat nun ein meisterhaftes Buch über die Natur und die Existenz der schwarzen Löcher geschrieben. Er entführt uns zu einer Reise in die Zeit und den Raum, dorthin, wo die Gravitationskräfte regieren und die Raum-Zeit ihren gebieterischen Launen unterwirft. Am Ende dieser Reise, bei der unser kosmischer Erzähler jeden Schritt beleuchtet, wird der Leser erkennen, daß der Begriff des schwarzen Loches nicht mehr so geheimnisvoll ist, und daß es am Himmel tatsächlich Objekte gibt, die alle charakteristischen Symptome schwarzer Löcher zeigen. Der Autor zeigt uns auch, daß schwarze Löcher ein großartiges analytisches Hilfsmittel sind, eine Art theoretisches Teleskop mit veränderbarer Vergrößerung, mit dem sich sowohl die Geheimnisse des Mikroskopischen wie auch des Makroskopischen durchforschen lassen. In diesem Sinne bilden sie für uns einen wichtigen Schlüssel für das Verständnis des Universums.

Schwarze Löcher haben ihren Ursprung im intellektuellen Abenteuer, doch in zukünftigen Jahrhunderten werden sie vielleicht in den Augen der Raumfahrer zu *dem Abenteuer* an sich. Ähnlich den Seefahrern des Altertums werden sie fürchten, die Grenzen der Welt zu überschreiten und dort in das Leere und Unbekannte hinabzustürzen. Schließlich hoffe ich, daß der Leser, ebenso wie ich, aus diesem Buch den Eindruck gewinnen wird, daß die modernen Entwicklungen auf dem Gebiet der Astrophysik ebenso faszinierend zu entdecken und zu verschlingen sind, wie die phantasievollsten Science-fiction-Romane.

Inhaltsverzeichnis

Teil I
Gravitation und Licht

Mit Theorien ist es wie beim Fischfang: Nur wer seine
Angel auswirft, kann auch etwas fangen.

NOVALIS

Kapitel 1
Die Anfänge

1.1   Der Glücklichste unter den Sterblichen

Das Gewicht eines kleinen Vogels, der sich setzt,
kann die Erde verschieben.

LEONARDO DA VINCI

Die griechischen Denker, die bis heute in vielen intellektuellen Bereichen noch nicht übertroffen wurden, hatten von der Gravitation kaum eine Vorstellung. Für Aristoteles hatte jeder Gegenstand einen „natürlichen Platz" im Universum. Unten war die Erde und alles, was direkt mit ihr verbunden ist, darüber das Wasser, weiter oben die Luft, und schließlich das leichteste Element von allen, das Feuer. Ein Gegenstand, der durch Kräfte von seinem natürlichen Platz entfernt wurde, bewegt sich derart, daß er in sein „Zuhause" zurückkehrt. So fällt ein Pfeil oder ein Stein, der in die Luft geschleudert wurde, zum Boden zurück, da er seinen natürlichen Platz, der sich im Zentrum der Erde befindet, wieder einnehmen möchte. Darüber hinaus behauptet Aristoteles, daß diese Bewegungen geradlinig verlaufen: Der Pfeil schießt unter dem Einfluß der Kraft, die ihm von der Saite übertragen wird, geradlinig aus dem Bogen empor, und sobald der Einfluß der Kraft aufhört, fällt er geradlinig herunter.

Eigenartigerweise haben sich diese Vorstellungen über die Bewegung von Gegenständen über zwanzig Jahrhunderte durchgesetzt, trotz der alltäglichen gegenteiligen Erfahrung. In Wirklichkeit folgt der Pfeil einer gekrümmten Trajektorie in Form einer Parabel. Lediglich der alexandrinische Gelehrte Johannes Philoponus wagte es im 6. Jahrhundert, die aristotelische Lehre anzuzweifeln, als er auf das Prinzip der Trägheit hinwies.

Galileo Galilei untersuchte zum ersten Mal die Gravitation mit Hilfe wissenschaftlicher Methoden. Indem er die unterschiedlichsten Gegenstände vom

3

Schiefen Turm von Pisa[1] herabfallen und Kugeln entlang schiefer Ebenen herunterrollen ließ, entdeckte Galilei im Jahre 1638 die wesentliche Eigenschaft der Gravitation: *Alle Körper erfahren dieselbe Beschleunigung, unabhängig von ihrer Masse oder ihrer chemischen Zusammensetzung.*

Gekennzeichnet durch sorgfälltige Beobachtungen der physikalischen Phänomene und einer Abstraktion, die auf wissenschaftlicher Denkweise beruhte, bildet das Werk Galileis einen klaren Bruch mit der aristotelischen Art, die Welt zu erfassen. Um das Wesentliche eines physikalischen Phänomens entdecken zu können, muß man von allem abstrahieren, was dieses Phänomen im alltäglichen Leben verdecken kann, denn die idealen experimentellen Bedingungen sind niemals vollkommen realisiert. Bevor Galilei die Allgemeingültigkeit des Fallgesetzes im *Vakuum* aus den Beobachtungen, die er in Luft durchführte, ableiten konnte, mußte er zunächst erkannt haben, daß die Reibungskräfte und der Luftwiderstand, die sehr unterschiedlich an einen Stein und eine Feder angreifen, nur Nebeneffekte darstellen, welche den wirklichen Einfluß der Schwerkraft verschleiern. Zur gleichen Zeit entdeckte der geniale Deutsche Johannes Kepler die Gesetze der Planetenbewegung, und er vermutete das Vorhandensein einer anziehenden Kraft, die von der Sonne ausgeht. Aber er sah noch keinen Zusammenhang mit der Schwerkraft der Erde.

Dem intuitiven Genie folgte das analytische Genie. Nach einer Anekdote beobachtete Isaak Newton im Jahre 1666, während er in einer Vollmondnacht unter einem Apfelbaum saß und nachdachte, den Fall eines Apfels. Schlagartig wurde ihm bewußt, daß der Mond aus dem gleichen Grund zur Erde fällt, wie der Apfel; beide werden von der Schwerkraft der Erde angezogen. Er vermutete, daß die Anziehungskraft zwischen zwei massiven Gegenständen mit dem Quadrat ihres Abstandes abnimmt. Eine Verdopplung des Abstandes zwischen den beiden Körpern führt daher auf ein Viertel der Kraft, mit der sie sich gegenseitig anziehen. Da der Mond sechzigmal weiter vom Erdmittelpunkt entfernt ist als der Apfel[2], muß er mit einer $60 \times 60 = 3600$fach kleineren Beschleunigung als der Apfel herabfallen. Nun wandte Newton die von Galilei entdeckte Regel für den Fall eines Körpers an, nach der die zurückgelegte Strecke proportional zur Beschleunigung und zum Quadrat der Zeit ist. Daraus schloß er, daß die Frucht in einer Sekunde die gleiche Strecke zurücklegt, wie der Mond in einer Minute (sechzig Sekunden). Die Bewegung des Mondes war genau be-

---

[1] In Wirklichkeit hat der Belgier Simon Stevinus zum ersten Mal verschiedene Gegenstände von einem Gebäude herabfallen lassen und beobachtet, daß sie gleichzeitig am Boden auftreffen. Es ist nicht sicher, ob Galilei tatsächlich ein ähnliches Experiment am Turm von Pisa durchgeführt hat.

[2] 384 000 km für den Mond im Vergleich zu 6 000 km für den Apfel.

kannt; Newton verglich, die Zahlen stimmten überein. Er hatte das Gesetz der universellen Anziehung entdeckt.

Das Werk Newtons (das weit über seine Theorie der Gravitation hinausgeht) hatte einen tiefgreifenden Einfluß auf den damaligen Zeitgeist, und es stellt gleichzeitig einen der größten Erfolge menschlicher Intelligenz dar. Ein Jahrhundert später bescheinigt Pierre Simon Laplace, der „Vater" der schwarzen Löcher, den *Mathematischen Grundlagen der Naturphilosopie* von Newton „die Vorrangstellung über die anderen Produkte menschlichen Geistes". Die Begeisterung des Mathematikers Joseph Lagrange geht sogar noch weiter: „Da es nur ein Universum zu verstehen gibt, kann niemand das wiederholen, was Newton, der Glücklichste unter den Sterblichen, getan hat." Es ist nicht klar, ob die Entdeckung einer guten Theorie der Natur wirklich glücklich macht, aber es ist sicherlich wahr, daß erst wieder Einstein mit seiner radikalen Umgestaltung der Vorstellung von Raum und Zeit ein vergleichbares wissenschaftliches Werk geschaffen hat.

1.2   Der Appetit auf Planeten

Der wichtigste Anwendungsbereich der Newtonschen Theorie ist die Himmelsmechanik. Mit Hilfe seines Gesetzes von der universellen Anziehung („universell", da *alle Gegenstände* der Gravitation unterliegen) kann Newton die empirischen Gesetze von Kepler erklären, die für die Sonne den „Appetit auf Planeten" beschreiben. Ausgestattet mit einem außerordentlich effizienten Rechenapparat begannen darüber hinaus die Himmelsmechaniker voller Begeisterung, das neue Sonnensystem auszumessen.

Der erste Erfolg: Edmund Halley sagt die Rückkehr „seines" Kometen für das Jahr 1759 voraus. Weihnachten 1758 stellt sich der Komet ein!

Die Newtonsche Theorie offenbart außerdem, daß die Keplersche Beschreibung der Planetenbewegungen nur eine Näherung darstellt. Obwohl jeder Planet durch die Anziehung der Sonne auf einer idealen elliptischen Bahn gehalten wird, bewirkt die Anziehung der anderen Planeten (vor allem Jupiter, dem mit Abstand schwersten Planeten) eine Ablenkung davon. So klein diese Ablenkungen auch sein mögen, sie lassen sich berechnen und sind mit astronomischen Hilfsmitteln beobachtbar. Sie sind Gegenstand der sehr leistungsfähigen „Störungstheorie", mit deren Hilfe 1846 Urbain Le Verrier und John Adams die Existenz und Position eines neuen Planeten vorhersagten. Als schließlich *Nep-*

tun am vorhergesagten Ort und zum vorhergesagten Zeitpunkt entdeckt wurde, bedeutete dies einen Höhepunkt der Newtonschen Theorie der Gravitation.

1.3 Zwei Vorläufer der unsichtbaren Welten

Es gibt daher in den Räumen des Himmels dunkle Körper von einer Größe, wie auch möglicherweise einer Anzahl, die den Sternen vergleichbar ist. Ein strahlender Stern von derselben Dichte wie die Erde, dessen Durchmesser zweihunderfünfzigmal größer als der der Sonne ist, wird aufgrund seiner Anziehungskraft keinen seiner Lichtstrahlen zu uns hindurchlassen; es ist daher möglich, daß die größten strahlenden Körper im Universum aus diesem Grund unsichtbar sind.

PIERRE SIMON LAPLACE, 1796

Es war die Verbindung aus der Idee einer *endlichen* Lichtgeschwindigkeit und der Idee einer *Fluchtgeschwindigkeit*, die von Newton stammt, aus der gegen Ende des 18. Jahrhunderts der Geistliche John Michell sowie Pierre Simon Laplace die faszinierendste Schlußfolgerung aus der gravitationellen Anziehung ans Licht brachten: das *schwarze Loch*.

Das Konzept einer Fluchtgeschwindigkeit ist sehr vertraut. Aus der Alltagserfahrung wissen wir, daß ein Stein, den wir in die Luft werfen, unabhängig von der Kraft, mit der wir ihn emporgeworfen haben, wieder auf den Boden zurückfällt. Man vermutet zu Recht dahinter die unerbittliche Anziehungskraft der Gravitation. Aber bis zu welchem Punkt kann die Gravitation die Materie gefangenhalten? Was für einen in die Luft geworfenen Stein auf der Erde gilt, ist auf einem kleinen Marsmond, wie z.B. Phobos, schon nicht mehr wahr. Die Gravitationskraft ist dort so schwach, daß die Muskelkraft eines Menschen ausreicht, einen Stein *in den Orbit* zu werfen, ja, ihn sogar in eine Umlaufbahn um den Mars in ungefähr 9 000 km Entfernung zu bringen.

Aber kehren wir zur Erde zurück. Ihre Gravitation kann man sich wie einen Topf mit nach oben verbreiterten Rändern vorstellen. Ein Projektil kann nur dann aus diesem Topf herausfliegen, wenn seine Geschwindigkeit ausreichend groß ist. Um einen künstlichen Satelliten in einen Orbit zu bringen, muß die Trägerrakete die Erde zunächst verlassen, sich daraufhin parallel zur Oberfläche stellen und schließlich auf eine Geschwindigkeit von mindestens 8 km/s

6

beschleunigen. Bei dieser Geschwindigkeit kann die nach außen gerichtete Zentrifugalkraft die Schwerkraft ausgleichen.

In bestimmten Vergnügungsparks sieht man manchmal Rennstrecken mit sehr steilen, hochgezogenen Wänden, an denen die Motorradfahrer mit wachsender Geschwindigkeit immer höher entlangfahren. Ein Satellit, der sich im Orbit bewegt, macht nichts anderes, als sich an den Wänden des Gravitationstopfes zu stabilisieren.

Wird die Geschwindigkeit des Motorradfahrers zu groß, fliegt er über den Rand der Piste hinaus. Ganz entsprechend öffnet sich der Orbit einer Rakete, wenn ihre Geschwindigkeit einen bestimmten Wert übersteigt, und sie entkommt dem Gravitationstopf der Erde. Diese kritische Geschwindigkeit, oberhalb derer jedes Projektil – sei es ein Stein oder eine Rakete – sich von der Schwerkraft der Erde befreien kann, bezeichnet man gerade als *Fluchtgeschwindigkeit*. An der Oberfläche der Erde beträgt sie 11,2 km/s, aber sie läßt sich leicht für jeden beliebigen Planeten, Stern oder anderen astronomischen Körper berechnen. Sie hängt nicht von der Art des Projektils ab, und es sind nur die globalen Eigenschaften des Sterns, von dem aus der Start erfolgen soll, die die Fluchgeschwindigkeit festlegen: Je größer seine Masse, desto größer ist auch die Fluchgeschwindigkeit; und bei gegebener Masse wird die Fluchtgeschwindigkeit um so größer, je kleiner der Radius des Sterns ist.

Mit anderen Worten, je dichter bzw. *kompakter* ein Stern ist, um so tiefer ist sein Gravitationstopf, und um so schwerer wird es, im irgendetwas zu entreißen. Dies erscheint intuitiv offensichtlich. Die Fluchtgeschwindigkeit beträgt auf Phobos nur 5 m/s und 2,4 km/s auf dem Mond, an der Oberfläche der Sonne hingegen erreicht sie 620 km/s. Auf einem noch dichteren Stern von der Art eines *weißen Zwerges* (siehe Kapitel 5) erreicht sie mehrere tausend Kilometer pro Sekunde.

In diesem sehr einfachen Begriff der Fluchtgeschwindigkeit steckt bereits der Kern einer so weitreichenden Idee, wie die des schwarzen Loches. Die Lichtgeschwindigkeit von fast 300 000 km/s war seit ungefähr 1676 durch die Beobachtungen der Jupitermonde von Olaus Römer bekannt. Warum sollte man sich daher nicht so massive Sterne vorstellen können, bei denen die Fluchtgeschwindigkeit von ihrer Oberfläche größer als die Lichtgeschwindigkeit ist?

In einem Artikel, der 1783 der Royal Society vorgelesen und ein Jahr später in den *Philosophical Transacations* veröffentlich wurde, äußert John Michell folgende Vermutung: Falls Licht, wie Newton angenommen hatte, von der Gravitation in derselben Weise beeinflußt würde, wie alle anderen Teilchen, dann könnte es einem Körper von derselben Dichte wie die Sonne, aber mit einem 500mal so großen Radius, nicht entkommen. Etwas später, im Jahre

1796, macht der Mathematiker und Astronom Pierre Simon, Marquis de Laplace und „Prinz" der Himmelsmechanik, in seinen *Exposition du Système du Monde* ganz ähnliche Bemerkungen.

Zur gleichen Zeit, als Laplace und Michell die Idee eines von der Gravitation gefangengehaltenen Lichtes um mehr als ein Jahrhundert vorwegnahmen, hatten sie auch die Vorstellung, daß es diese großen, dunklen Körper ebenso häufig wie Sterne geben könnte. Heute, am Ende des zwanzigsten Jahrhunderts, das so reich an wissenschaftlichen Umwälzungen war, steht diese Frage mehr denn je auf der Tagesordnung der Debatten der Kosmologen. Es scheint tatsächlich, daß ein wesentlicher Anteil der Gesamtmasse des Universums in Form von dunkler Materie „verborgen" ist.

Eine weitergehende Untersuchung der unsichtbaren Sterne (die ihren Namen „schwarze Löcher" erst 1968 erhielten) ist jedoch nur im Rahmen einer genaueren Theorie als der von Newton möglich. Das gilt für die Allgemeine Relativitätstheorie von Einstein. Nach ihr gibt es schwarze Löcher von derselben „Größe", wie es Michell und Laplace vorhergesagt haben.

Bei genauerer Betrachtung, ist die Übereinstimmung zwischen den Theorien von Newton und Einstein in bezug auf die Größe der unsichtbaren Sterne rein zufällig. Nach Newton kann sich das Licht von der Oberfläche eines Sterns immer bis zu einer bestimmten Höhe entfernen, bevor es zurückfällt, selbst wenn die Fluchtgeschwindigkeit erheblich größer als 300 000 km ist (genauso, wie wir einen Ball immer emporwerfen können). In der Allgemeinen Relativitätstheorie kann man jedoch im Grunde genommen gar nicht von einer Fluchtgeschwindigkeit reden, und das Licht kann die Oberfläche eines schwarzen Loches überhaupt nicht verlassen. Ganz im Gegenteil, es bleibt dort stehen: Die Oberfläche eines schwarzen Loches ist wie ein Kokon aus Licht, gewoben aus Lichtstrahlen, die sich ohne Ende um das schwarze Loch herumwinden und ihm niemals entfliehen können. Wir werden sogar sehen (Kapitel 11), daß für schwarze Löcher mit einer Eigendrehung die Oberfläche, die das Licht gefangenhält, und die Oberfläche des schwarzen Loches selbst verschieden sind. Die Beschreibung eines schwarzen Loches mit Hilfe einer Fluchtgeschwindigkeit für Licht ist daher trotz ihres großen historischen und didaktischen Werts zu vereinfachend.

Bis zur Entwicklung der Allgemeinen Relativitätstheorie blieben die Ideen von Michell und Laplace völlig vergessen. Einerseits gab es keinerlei Anzeichen für das Vorhandensein solcher Materieansammlungen im Universum (aus gutem Grund, denn man nahm an, daß diese Sterne unsichtbar seien), andererseits beruhte die Existenz der schwarzen Löcher auf der von Newton unterstützten Annahme, daß das Licht aus Teilchen besteht, die wie gewöhnliche Materie den Gravitationsgesetzen unterliegen. Während des 19. Jahrhunderts dominierte jedoch die Wellentheorie des Lichtes, d.h. Licht wurde nur als Schwingung eines Mediums angesehen. Nach dieser neuen Vorstellung wurde das Licht nicht von der Gravitation beeinflußt, womit die Ideen von Michell und Laplace überholt waren.

1.4 Die Feldtheoretiker

Wenn man weiß, daß Materie von Materie angezogen wird, und zwar proportional zu den jeweiligen Massen und umgekehrt proportional zum Quadrat des Abstandes, dann kann man die Bewegung der Planeten berechnen. Damit sind aber noch keine tieferliegenden Fragen beantwortet: Was ist die Natur der Gravitationskraft? Wie wird sie von der Materie erzeugt? Wie kann sie auf Körper wirken, die durch Vakuum voneinander getrennt sind?

Die Anziehungskraft von Newton wird nicht durch direkten Kontakt vermittelt, wie die Kraft eines Pferdes, das einen Wagen zieht, oder die Kraft eines Gärtners, der seinen Spaten in die Erde sticht. Wie eine Form von Ausstrahlung der Materie wirkt sie über eine *Distanz*. Die Vorstellung einer Kraft, die instantan und ohne materielle Vermittlung wirken kann, stand nicht im Einklang mit dem mechanistischen Weltbild des Universums, wie es meisterhaft von René Descartes im Jahre 1644 in seinen *Principes de la Philosophie* dargelegt worden waren. Dieses Werk bildete die Grundlage der modernen Wissenschaft. Newton selbst hatte als überzeugter Mechanist sein Gesetz wohlweislich nur als ein einfaches mathematisches Hilfsmittel zur Berechnung der Bewegungen von Gegenständen angesehen und nicht als eine physikalische Realität. So schrieb er, daß die Vorstellung einer Gravitation, die instantan und über einen Abstand hinweg wirken könne, eine Absurdität sei und von keinem Philosophen, der diesen Namen verdiene, angenommen werden könne. Es war wiederum Laplace, der die Newtonsche Theorie abzuändern versuchte und eine endliche Ausbreitungsgeschwindigkeit für die Gravitation berücksichtigte. Er hatte zwar grundsätzlich recht (seit Einstein wissen wir, daß sich die Gravitation mit Lichtgeschwindigkeit ausbreitet), täuschte sich jedoch in der Form der Gravitation: Er berechnete für die Geschwindigkeit der Gravitation das ... Siebenmillionenfache der Lichtgeschwindigkeit!

Etwas später, im 19. Jahrhundert, kamen die gleichen Fragen über eine instantane Wirkung wieder zum Vorschein, als man versuchte, die Elektrizitätskraft zu beschreiben. Diese hat mit der Gravitationskraft gemein, daß sie proportional zum Produkt der Ladungen der beiden Körper ist (die Gravitation ist proportional zum Produkt der Massen) und umgekehrt proportional zum Quadrat des Abstands. Während die Physiker aber schließlich die Vorstellung einer instantanen Fernwirkung für die Gravitation akzeptierten – in Ermangelung von etwas besserem – lehnten sie diese für die Elektrizität ab.

Michael Faraday und James Clerk Maxwell entwickelten den Begriff des *Feldes*, das die Wirkung zwischen den Körpern vermittelt und sich mit endlicher Geschwindigkeit ausbreitet. Statt davon zu sprechen, daß sich zwei elektrische Ladungen im Vakuum aufgrund einer instantanen Kraft anziehen oder abstoßen, kann man auch sagen, daß jede der beiden Ladungen um sich herum ein „elektrisches Feld" erzeugt, dessen Intensität mit dem Abstand abnimmt. Die Kraft, die die beiden Ladungen erfahren, wird so auf die *lokalen* Wechselwirkung zwischen den jeweiligen Feldern zurückgeführt. Das gleiche Konzept läßt sich auch für die Gravitation aufstellen: Sie wirkt auf alle Gegenstände, die sich in einem *Gravitationsfeld* befinden, das von einem anderen Gegenstand erzeugt wird.

Dies ist mehr als nur eine einfache Änderung der Wortwahl. Der grundlegende Vorteil eines Feldes ist, daß sich mit seiner Hilfe die instantane Fernwirkung durch eine im Raum verteilte und sich in der Zeit ausbreitende Wirkung ersetzen läßt. Die *Feldtheorie*, die Krönung der klassischen Physik, hat paradoxerweise die Grundmauern des Newtonschen Gebäudes untergraben, indem sie zum Elektromagnetismus – und schließlich zur relativistischen Revolution – führte.

1.5   Licht im Sinne von Maxwell

Gegen Ende des 19. Jahrhunderts unterteilte man die Kräfte, die auf Materie einwirken können, in drei Arten: Die Gravitationskräfte, die elektrischen Kräfte und die magnetischen Kräfte.

Die Elektrizität ist durch das Vorhandensein zweier Arten elektrischer Ladung gekennzeichnet: eine positive und eine negative. Ladungen gleichen Vorzeichens stoßen sich ab, solche mit entgegengesetztem Vorzeichen ziehen sich an. Die Stärke dieser Kraft verhält sich als Funktion des Abstandes genauso wie die Gravitation. Der Magnetismus beschreibt die Phänomene, die im Zusammenhang mit Magneten auftreten, die z.B. Eisen anziehen oder sich auf der Erdoberfläche in Richtung der Pole ausrichten. Ein Magnet selbst besitzt zwei

Pole, „Nord" und „Süd", wobei sich gleichartige Pole anziehen und entgegengesetzte abstoßen.

Anziehung, Abstoßung... Mit diesen Eigenschaften scheinen Elektrizität und Magnetismus wie Cousinen. Schon die Griechen hatten gewisse Vermutungen. Ihnen war aufgefallen, daß Amber (auf Griechisch *elektron*), nachdem er mit einem Stofflappen gerieben worden war, Strohhalme anziehen konnte, und daß ein bestimmtes fossiles Harz, das sie *Magnet* nannten, Eisenspäne anzog. Im 6. Jahrhundert vor Christus ahnte schon Thales von Milet, der modernste der griechischen Geometer, daß es sich bei Elektrizität und Magnetismus nur um zwei verschiedene Manifestationen desselben Phänomens handelte, und er äußerte die Vermutung, daß diese seltsamen Substanzen eine „Seele" in sich trügen, die die Gegenstände ihrer Umgebung ansog.

Vierundzwanzig Jahrhunderte später erteilte der dänische Arzt C. Œrsted praktischen Unterricht über Elektrizität. Zufällig befand sich eine Magnetnadel in der Nähe seiner Apparatur. Œrsted bemerkte, daß die Magnetnadel jedesmal, wenn er den Stromkreis einschaltete, abgelenkt wurde. Ausgehend von dieser glücklichen Entdeckung entwickelten André Ampère und François Arago in wenigen Wochen eine Theorie, nach der veränderliche elektrische Ströme magnetische Kräfte induzieren können und umgekehrt. Eine Fülle von experimentellen Ergebnissen bestätige in der Folgezeit die enge Beziehung zwischen elektrischen und magnetischen Erscheinungen.

Die endgültige Bestätigung der Elektrizitätstheorie erfolgte jedoch erst mit der experimentellen Entdeckung des *Elektrons* im Jahre 1898. Dieses Elementarteilchen, Bestandteil der Atome, trägt eine unteilbare elektrische Ladung und ist daher eine Art elementarer Baustein der Elektrizität. Ein normales Atom ist elektrisch neutral, da die negative Ladung seiner Elektronen exakt von den positiven Ladungen in seinem Kern, an den die Elektronen gebunden sind, kompensiert werden. Die elektrischen Ladungen können entweder statisch oder in Bewegung sein. So gibt es z.B. in einem metallischen Leiter freie Elektronen, die sich leicht bewegen können (ein zehntel Millimeter pro Sekunde). Diese Bewegung der Ladungen erzeugt den elektrischen Strom. Er fließt entgegengesetzt zur Ausbreitungsrichtung der Elektronen und hat die Geschwindigkeit des zugehörigen *Feldes*, d.h. Lichtgeschwindigkeit (300 000 km/s).

Ganz entsprechend zeigt sich, daß der Magnetismus eines natürlichen Magneten durch mikroskopische Kreisströme in den Molekülen erzeugt wird. Und auf einer sehr viel größeren Skala entsteht das Magnetfeld der Erde durch die gewaltigen Bewegungen der elektrisch leitenden Materie im rotierenden „Nifekern" (dem Nickel-Eisen-Kern der Erde).

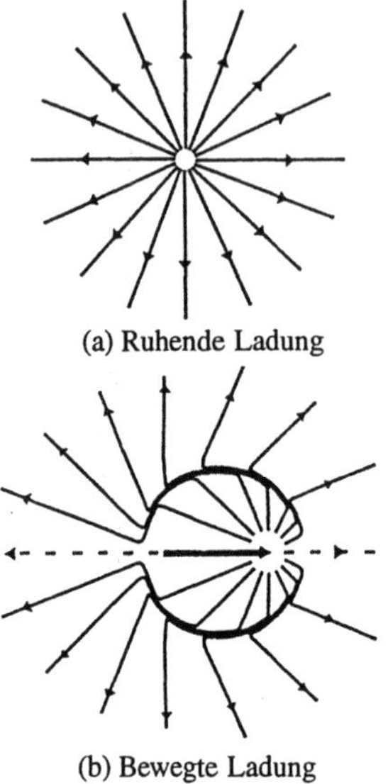

(a) Ruhende Ladung

(b) Bewegte Ladung

Bild 1.1
Das elektromagnetische Feld. Die Form des Feldes stellt man mit Hilfe von Linien dar, welche die Richtung der Kraft auf einen Gegenstand an einem gegebenen Punkt angeben.
(a) Für eine ruhende elektrische Ladung sind die Feldlinien radial verteilt.
(b) Verschiebt sich die Ladung, so breitet sich die Störung des elektromagnetischen Feldes mit Lichtgeschwindigkeit aus.

Die wirkliche Vereinigung des elektrischen und magnetischen Feldes läßt sich auf das Jahr 1865 datieren, als Maxwell ihre sämtlichen Eigenschaften und wechselseitigen Beziehungen in vier Gleichungen zusammenfaßte: Die Theorie des *elektromagnetischen Feldes*.

Eine ruhende elektrische Ladung besitzt ein festes radiales Feld, das sich zeitlich nicht verändert (Abb. 1.1). Sobald sich die Ladung bewegt, muß sich das umgebende Feld dem neuen Ort der Ladung anpassen. Diese Störung breitet sich mit einer endlichen Geschwindigkeit – der Lichtgeschwindigkeit – in dem Feld aus. Eine Bewegung der Ladung erzeugt also eine Störung des Feldes. Handelt es sich insbesondere um eine periodische Bewegung der Ladung, so nehmen diese Störungen die Form einer Welle an, ganz ähnlich, wie die periodische Bewegung eines Stabes in Wasser kreisförmige Wellen erzeugt. Aus der Maxwellschen Theorie folgt daher, daß die Bewegungen von Ladungen *elektromagnetische Wellen* erzeugen, die sich im Vakuum mit Lichtgeschwindigkeit ausbreiten.

In einer Welle, bei der sich regelmäßig Kämme und Täler abwechseln, bezeichnet man den Abstand zwischen zwei aufeinanderfolgenden Kämmen als

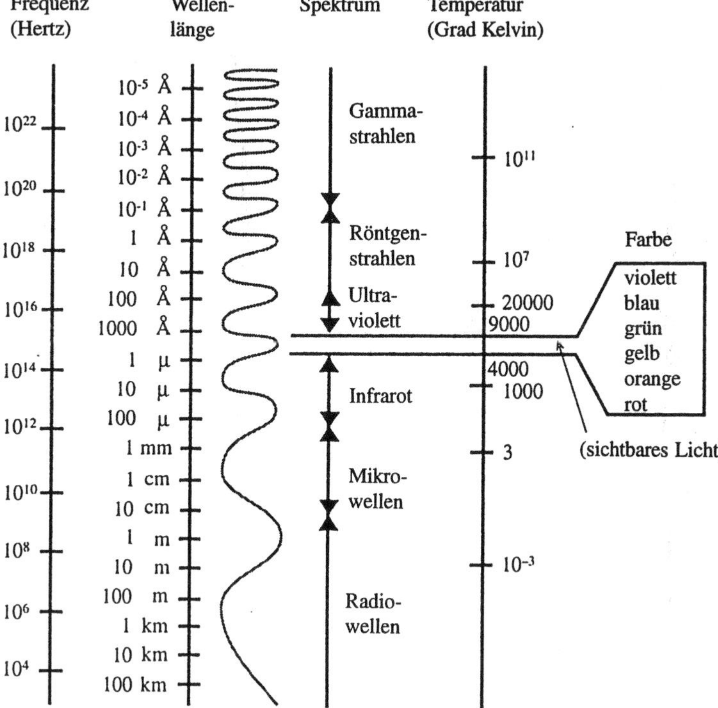

Tabelle 1.1 Das elektromagnetische Spektrum. Das Spektrum der elektromagnetischen Strahlung erstreckt sich von den Gamma-Strahlen mit den kürzesten Wellenlängen bis hin zu den Radiowellen mit den längsten Wellenlängen. Das sichtbare Licht, das sich noch aus „Farben" zusammensetzt, bildet nur einen sehr kleinen Teil des gesamten Spektrums.

Die Frequenz gibt die Anzahl der Schwingungen der Welle pro Sekunde an. Sie mißt damit auch die Energie, die von der Welle transportiert wird. Diese Energie ist um so größer, je kürzer die Wellenlänge ist. Jeder Körper mit einer Temperatur oberhalb des absoluten Nullpunkts strahlt elektromagnetische Wellen ab, deren Energie mit wachsender Temperatur zunimmt. Das Universum hat eine mittlere Temperatur von 3 °K und strahlt Wellen im Millimeterbereich. Der menschliche Körper emittiert Infrarot-Strahlung (die vom Militär zur Ortung benutzt wird). Die Oberfläche der meisten Sterne mit einer Temperatur von einigen tausend Grad emittiert sichtbares Licht, und Körper von einigen Millionen Grad emitieren sehr energiereiche Röntgenstrahlen, die Materie leicht durchdringen kann.

Wellenlänge und die Anzahl der Wellenkämme pro Sekunde als *Frequenz*. Das sichtbare Licht macht nur einen kleinen Teil der elektromagnetischen Strahlung aus, was einem engen Frequenzband entspricht (siehe Tabelle 1.1). Je größer die Wellenlänge, desto kleiner ist offensichtlich die Frequenz: Diese beiden Größen sind in der Tat invers proportional zueinander.

Die theoretische wie auch die beobachtende Astronomie basieren auf den Eigenschaften der elektromagnetischen Strahlung. Die elektromagnetischen Wellen transportieren Energie (je größer die Frequenz, um so mehr Energie) und Impuls, und sie üben eine Kraft auf die Materie aus, auf die sie treffen. Diese Buchseite wird von dem auftreffenden Licht erhitzt und gestoßen. Die Sonne strahlt einen elektromagnetischen Wind ab, der die Kometenschwänze wegblasen kann. Der Strahlungsdruck aus dem Inneren der Sterne verhindert den Kollaps des Sterns aufgrund seiner eigenen Gravitation.

Die Theorie des Elektromagnetismus hatte vergleichbare Auswirkungen, wie das Gesetz von der universellen Anziehung in der Gravitation, und die theoretischen wie auch praktischen Konsequenzen waren für die Entwicklung unsere Zivilisation unvorstellbar. Maxwell starb acht Jahre bevor es Heinrich Hertz zum ersten Mal gelang, im Laboratorium elektromagnetische Wellen zu erzeugen (1887). Um die Jahrhundertwende stellte Guglielmo Marconi die erste transatlantische Radioübertragung her. Das Zeitalter der Telekommunikation war geboren.

Kapitel 2
Relativität

2.1 Die Wellen werden gestört

Die Maxwellsche Theorie hatte mit ihrer Vereinigung von Elektrizität und Magnetismus die Physik scheinbar sehr vereinfacht. In Wirklichkeit jedoch störte sie den Zusammenhalt in der Physik, indem sie den Apfel der Zwietracht in das Galilei-Newtonsche Weltbild des Universums hineinschmuggelte. Eine eingehendere Untersuchung – sowohl theoretisch, wie auch experimentell – der Eigenschaften des elektromagnetischen Feldes führte sofort auf zwei einfache Fragen, die schließlich zum Ausgangspunkt der beiden wissenschaftlichen Revolutionen des 20. Jahrhunderts wurden: die Quantenmechanik und die Relativitätstheorie.

Die erste Frage: Was ist die wirkliche Natur der Strahlung? Während die Maxwellsche Theorie der elektromagnetischen Strahlung einen reinen Wellencharakter verleiht, erinnert die Tatsache, daß ein Transport von Energie und Impuls stattfindet, unwiderstehlich an die Vorstellung von Teilchen: Gegen Ende des 19. Jahrhunderts hatten verschiedene Experimente einige *diskontinuierliche* Eigenschaften der Strahlung zum Vorschein gebracht.

Um die Jahrhundertwende formuliert Max Planck die Hypothese, daß elektromagnetische Wellen (und insbesondere auch Licht) nur in Form von Energiepaketen, den sogenannten *Quanten*, abgestrahlt und absorbiert werden können. Aber erst Albert Einstein wagt es im Jahre 1905, den Lichtquanten, die nun *Photonen* genannt werden, eine wirkliche Existenz zuzusprechen.

Zur Erklärung des *photoelektrischen Effekts*, bei dem aus einer Metallplatte, die mit Licht einer ausreichend hohen Frequenz bestrahlt wird, Elektronen herausgerissen werden, muß man annehmen, daß die Strahlung aus wirklichen Teilchen besteht. Die Energie dieser Teilchen ist proportional zur Frequenz der Strahlung, und sie sind in der Lage, die Elektronen aus dem Metall herauszuschlagen, indem sie ihnen ihre Energie übertragen. Einstein erweckte so die Korpuskeltheorie des Lichts von Newton wieder zu neuem Leben, die Theorie also, die von Laplace in seinen Spekulationen über das in großen, dunklen

15

Sternen gefangengehaltene Licht benutzt wurde. Die offensichtlichen Gegensätze zwischen der Mechanik und der Theorie des Elektronmagnetismus verschwanden jedoch erst zwanzig Jahre später, als die Quantenmechanik dem Welle/Teilchen-Dualismus der Strahlung, wie überhaupt der gesamten Materie, Rechnung trug.

Die zweite Frage: Was ist das Medium, in dem sich die elektromagnetische Welle ausbreitet? Diesmal ist es die Struktur von Raum und Zeit selber, die zur Debatte stand, und die schließlich zur Relativitätstheorie führte.

2.2 Bewegung und Ruhe

Der Begriff der *Relativität*, der im 20. Jahrhundert zu einem solch erstaunlichen Medienerfolg wurde, ist keinesfalls eine Erfindung von Einstein. Die Grundlagen der Physik basierten schon seit drei Jahrhunderten auf einem Relativitätsprinzip, das im allgemeinen Galilei zugesprochen wird, dessen korrekte Formulierung aber auf Descartes zurückgeht.

Die Berücksichtigung eines Relativitätsprinzips bei der Beschreibung der Natur ergibt sich aus dem berechtigten Wunsch, die physikalischen Phänomene unabhängig von der Lage und Bewegung des Beobachters zu beschreiben. Eine Spezifikation derjenigen Beobachter, für die die Gesetze der Physik unverändert erscheinen, bedeutet eine Festlegung von äquivalenten Standpunkten (den *Bezugssystemen*).

Schon Galilei war aufgefallen, daß die Beschreibung physikalischer Phänomene für zwei Beobachter identisch ist, von denen der eine sich im Bauch eines relativ zur Erde ruhenden Schiffes befindet – das z.B. am Kai vor Anker liegt – und der andere Passagier auf einem Schiff ist, das sich geradlinig und mit konstanter Geschwindigkeit vom Kai entfernt. Lassen beide einen Ball aus ein Meter Höhe auf die Schiffsplanken fallen und messen die Zeit dieser Bewegung, dann sind die Ergebnisse vollkommen identisch: Ein vertikaler Fall dauert 0.45 Sekunden[1].

Nach Galileis Vorstellung führt das Schiff, das sich vom Kai entfernt, eine kreisförmige Bewegung aus (da die Erde rund ist). Beherrscht von der antiken

---

[1] Der französische Wissenschaftler Pierre Gassendi hat zum ersten Mal Steine von der Mastspitze eines fahrenden Schiffes herabfallen lassen und gezeigt, daß die Steine am Fuße des Mastes aufkommen, ebenso wie bei einem ruhenden Schiff. Das Ziel dieses Versuchs war zu zeigen, daß Ptolemäus sich in seiner Argumentation gegen die Drehung der Erde getäuscht hatte. (Ptolemäus hatte behauptet, daß ein in die Luft geworfener Gegenstand nicht mehr am selben Ort herunterfallen würde, falls die Erde sich drehte.)

bzw. mittelalterlichen Idee von der Perfektion des Kreises schloß Galilei, daß
die kreisförmige Bewegung den „natürlichen" Zustand eines Körpers darstelle,
der von dem Ruhezustand nicht zu unterscheiden sei. Descartes entdeckte, daß
es sich bei diesem natürlichen Zustand tatsächlich um die *geradlinig-gleich-
förmige Bewegung* handelt, d.h. die Bewegung entlang einer geraden Linie
mit konstanter Geschwindigkeit (ohne Beschleunigung oder Abbremsen). Und
heute? Sicherlich hat jeder von uns schon einmal in einem Zug gesessen, der
gerade in einem Bahnhof Halt macht, durch das Fenster einen benachbarten
Zug beobachtet, der langsam geschoben wird, und dann den Eindruck gehabt,
es sei sein Zug, der sich in die entgegengesetzte Richtung bewegt.

Diese Feststellungen sind einfach aber tiefgreifend. Sie zeigen uns, daß es
im Grunde genommen *keinen Unterschied zwischen dem Zustand der Ruhe und
der geradlinig-gleichförmigen Bewegung gibt*. Und da der Zustand der Ruhe
ein *Inertialsystem* darstellt, ist auch die dazu äquivalente geradlinig-gleichför-
mige Bewegung ein Inertialsystem. Das Trägheitsprinzip läßt sich daher folgendermaßen ausdrücken: Ein *freier* Körper, auf den also keine Form von Kraft
einwirkt, verbleibt in einer geradlinig-gleichförmigen Bewegung.

Die Erde selber bildet ein Bezugssystem, das einem idealen Inertialsystem
sehr nahe ist: Bei ihrer Bewegung um die Sonne und während der begrenzten
Dauer der üblichen Laborexperimente bewegt sie sich in erster Näherung mit
einer konstanten, geradlinigen Geschwindigkeit von 30 km/s. Die vollständige
Festlegung des Inertialsystems „Erde" besteht in der Wahl bestimmter Richtungen zu den Fixsternen, mit deren Hilfe die eintägige Rotationsbewegung
unseres Planeten ausgeglichen wird.

2.3   Ein Schütze und ein Zug

Das Trägheitsprinzip gibt den Bezugssystemen, die sich gleichförmig und geradlinig bewegen, einen ausgezeichneten Status in dem Sinne, daß die fundamentalen Naturgesetze in ihnen ihre natürliche „Ruhe"-Gestalt annehmen. Die
Relativitätstheorie von Galilei, wie auch später die Spezielle Relativitätstheorie
von Einstein, stimmen beide darin überein, daß sie die geradlinig-gleichförmi-
ge bewegten Bezugssysteme als die Inertialsysteme identifizieren.

Es genügt jedoch nicht, nur die Natur der inertialen Bezugssysteme zu bestimmen. Weiß ein Physiker, wie ein Phänomen in einem Inertialsystem zu beschreiben ist, dann muß er in der Lage sein, es in jedem anderen Inertialsystem

beschreiben zu können. Mit anderen Worten, er muß auch die *Transformationsgleichungen* von einem Bezugssystem auf ein anderes angeben können. In diesem wichtigen Punkt unterscheiden sich die Relativitätstheorie von Galilei und die Spezielle Relativitätstheorie.

Einsteins Lieblingsbeispiel zur Veranschaulichung dieser abstrakten Begriffe war ein Zug, der mit einer konstanten Geschwindigkeit von 108 km/h – d.h. 30 m/s – entlang eines Bahndammes fährt. Der Bahndamm ist hierbei der ruhende Raum, relativ zu dem der Zug sich gleichförmig bewegt, und man hat es mit zwei Inertialsystemen zu tun: dem Zug und dem Bahndamm. Man stelle sich nun einen Reisenden vor, der oben auf dem Dach eines Wagons sitzt, und der in Fahrtrichtung des Zuges eine Gewehrkugel abfeuert. Die Geschwindigkeit der Kugel relativ zum Schützen sei $v' = 800$ m/s.

Nach den Galileischen Transformationsgesetzen für den Übergang von dem Inertialsystem „Zug" auf das Inertialsystem „Bahndamm" ist die Geschwindigkeit der Kugel, wie sie von einem auf dem Bahndamm ruhenden Beobachter gemessen wird, gleich $v + v' = 830$ m/s. Dreht sich der Reisende um 180° und schießt seine Kugel entgegen der Fahrtrichtung des Zuges ab, so ist die Geschwindigkeit der Kugel, gemessen vom Bahndamm aus, $v - v' = 770$ m/s. Ganz in Übereinstimmung mit dem gesunden Menschenverstand reduzieren sich die Galileischen Transformationsgesetze auf die einfache (vektorielle) Addition der Geschwindigkeiten.

2.4   Der Äther

Der Äther, dieses Kind des Kummers aus der klassischen Mechanik...
MAX PLANCK

Wenn alle Bezugssysteme in gleichförmiger Bewegung äquivalent zu einem ruhenden System sind, dann liegt es nahe anzunehmen, daß es ein wirklich unbewegtes System gibt, das im *absoluten Raum* der euklidischen Geometrie verwurzelt ist. Für Galilei war dieser absolute Raum an die Sonne gekoppelt, dem Zentrum der Welt. Für Newton war es der *Äther*, die fünfte „Essenz" (Quintessenz) des Aristoteles, eine schwingende, absolut feste Substanz, die sowohl das „Vakuum" als auch die materiellen Gegenstände in sich trägt.

Die Theorie des Elektromagnetismus hatte den Glauben in den Äther beträchtlich verstärkt. Tatsächlich ist es schwer, sich eine Welle vorzustellen, ohne ein Medium, in dem sie sich ausbreiten kann: Schallwellen sind Schwingungen der Luft, Meereswellen Schwingungen des Wassers. Das Licht, die

18

Schwingungen des elektrischen und magnetischen Feldes, sollte sich daher in einem vibrierenden Medium ausbreiten, dem absoluten „Vakuum", unabhängig von einem Beobachter. Der Äther fand so schließlich seine wirkliche Definition: Träger der elektromagnetischen Wellen.

Kehren wir zu unserem Schützen zurück, der mit einer Geschwindigkeit von $v = 30\,\text{m/s}$ von dem Zug mitgenommen wird. Er legt sein Gewehr beiseite und schaltet eine starke Lichtquelle ein. Mit anderen Worten, er „schießt" Lichtstrahlen (dessen Projektile die Photonen sind) mit einer Geschwindigkeit von 300 000 km/s ab. Nach den Galileischen Transformationsgesetzen würde der Beobachter auf dem Bahndamm für das Licht in Fahrtrichtung des Zuges eine Geschwindigkeit von $c + v = 300\,000,030\,\text{km/s}$ messen und $c - v = 299\,999,970$ km/s in die entgegengesetzte Richtung. Die Experimente von Michelson und Morley, bei denen der Zug durch die Erde und der Bahndamm durch den Äther ersetzt werden, zeigen, daß diese *Argumentation falsch ist*.

2.5 Ein manipuliertes Rennen

Diese berühmten Experimente wurden von Albert Michelson und Edward Morley zwischen 1881 und 1894 durchgeführt. Sie sollten zeigen, daß es eine „absolute" Geschwindigkeit der Erde relativ zum Äther gibt. Michelson und Morley entwickelten dazu ein sehr empfindliches „Interferrometer", mit dem sie die Differenz der Wegstrecken zweier Lichtsignale ausmessen konnten. Das eine dieser beiden Lichtsignale wurde in Richtung der Erdbewegung ausgesandt, das andere senkrecht zu dieser Richtung. Mit dieser Anordnung hätten sie die Absolutbewegung unseres Planeten mit einer Genauigkeit von einigen Kilometern pro Sekunde bestimmen können.

Besser als an einem Zug, der einen Beleuchtungsmechaniker transportiert, läßt sich das Prinzip der Experimente von Michelson und Morley an einem Wettrennen zwischen zwei Booten erläutern. Diese beiden Boote haben jeweils eine Geschwindigkeit c und befinden sich auf einem Fluß, der mit einer gleichförmigen Geschwindigkeit v dahinfließt (Bild 2.1). Die beiden Boote machen jeweils eine Hin- und Rückfahrt. Boot A fährt zunächst in Strömungsrichtung und anschließend wieder zurück, während Boot B den Fluß einmal zum anderen Ufer und wieder zurück überquert. Die von den Booten zurückgelegte Rennstrecke sei exakt gleich: zweimal die Breite des Flusses. Wer gewinnt das Rennen? Nach dem Theorem des Pythagoras wird das Boot B gewinnen.

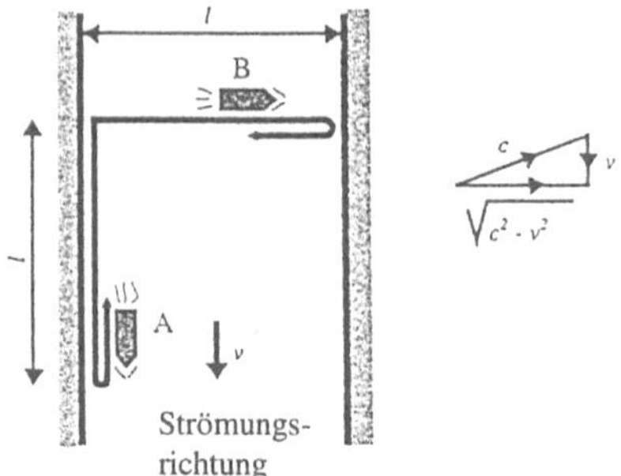

Bild 2.1 Das Bootsrennen. Das Boot A fährt parallel zur Strömungsrichtung. Während der ersten Hälfte der Strecke kommt die Strömungsgeschwindigkeit v zur Eigengeschwindigkeit c hinzu, während der zweiten Hälfte ist die Strömungsgeschwindigkeit zu subtrahieren. Die Zeit für einen Durchlauf beträgt daher:

$$t_A = l/(c+v) + l/(c-v) = 2lc/(c^2 - v^2) \ .$$

Boot B fährt senkrecht zur Strömungsrichtung. Seine Eigengeschwindigkeit und die Strömungsgeschwindigkeit müssen nach dem Theorem des Pythagoras kombiniert werden. Die Zeit für einen Durchlauf ist in diesem Fall:

$$t_B = l/\sqrt{c^2 - v^2} + l/\sqrt{c^2 - v^2} = 2l/\sqrt{c^2 - v^2} \ .$$

Da

$$t_B/t_A = \sqrt{1 - v^2/c^2} < 1 \ ,$$

wird Boot B das Rennen immer gewinnen.

In dem Experiment von Michelson und Morley entspricht c gerade der Lichtgeschwindigkeit und v der Geschwindigkeit des Äthers relativ zur Erde. Diesmal sind die Ergebnisse jedoch anders: *Die „Photonenschiffe" erreichen das Ziel immer gleichzeitig!* Welchen Sinn ergibt das? Ist die Erde relativ zum Äther absolut unbeweglich? ... Oder ist der Äther nur ein Hirngespinst?

Glaubt man der Theorie des Elektromagnetismus, so ist im nachhinein an dem negativen Ergebnis der Experimente von Michelson und Morley nichts Erstaunliches. Die Maxwellsche Theorie steht ganz offensichtlich im Widerspruch zum Galileischen Relativitätsprinzip, da die Lichtgeschwindigkeit in ihr als absolute Konstante auftritt, unabhängig von jedem Inertialsystem. Der Beobachter auf dem Bahndamm, der die Geschwindigkeit des von unserem Beleuchter ausgesandten Lichtes mißt, wird weder 300 000,030 noch 299 999,970 km/s messen, sondern unabhängig von der Richtung des Lichtstrahles exakt

300 000 km/s: *Die Lichtgeschwindigkeit ist für alle Richtungen und in jedem Inertialsystem immer gleich.*

Das Galileische Relativitätsprinzip war gerade so formuliert, daß die Universalität der Naturgesetze in Inertialsystemen zum Ausdruck gebracht wurde. Die Maxwellschen Gleichungen jedoch, die die elektromagnetischen Erscheinungen beschreiben, stehen zu diesem Relativitätsprinzip in einem krassen Widerspruch. Die einzig mögliche Schlußfolgerung: Die Galilei-Newtonsche Vorstellung von Raum und Zeit paßt nicht zur Theorie des Elektromagnetismus. Eine von beiden muß aufgegeben werden.

2.6   Die Spezielle Relativitätstheorie

Als Einstein im Jahre 1905 diesen Gegensatz erkannte, entschied er sich ohne Zögern für die Theorie des Elektromagnetismus. Er forderte im Sinne eines Postulats, daß die Lichtgeschwindigkeit im Vakuum eine absolute Konstante ist, die maximale Übertragungsgeschwindigkeit für jedes Signal. Das Galileische Relativitätsprinzip mußte einer neuen Relativitätstheorie weichen, die schließlich *Spezielle Relativitätstheorie* genannt wurde, um sie von der *Allgemeinen Relativitätstheorie* zu unterscheiden, die nur zehn Jahre später entstand.

Dieser Übergang von dem Galileischen Relativitätsprinzip zur Speziellen Relativitätstheorie drückt sich in der Änderung der Transformationsgleichungen aus, mit denen man von einem Inertialsystem zu einem anderen wechselt. (In der Allgemeinen Relativitätstheorie ändert sich mit Einbeziehung der Gravitation auch noch der Begriff des Inertialsystems selber.) Die Galilei-Transformationen weichen den „Lorentz-Transformationen", unter denen die Maxwell-Gleichungen invariant sind und der absoluten Charakter der Lichtgeschwindigkeit erhalten bleibt.

Für das Experiment mit dem Schützen auf dem Zug ist die Galilei-Gleichung, bei der die Geschwindigkeiten addiert werden $w = v + v'$, durch eine etwas kompliziertere Formel zu ersetzen, bei der die Lichtgeschwindigkeit invariant bleibt. Selbst für den Fall $v = v' = c$ bleibt nun w gleich c. Der gesunde Menschenverstand des Lesers wird sich an dieser Stelle möglicherweise auflehnen und geltend machen, daß der Beobachter auf dem Bahndamm in jedem Fall 830 m/s bzw. 770 m/s messen wird, also Ergebnisse, die man mit Hilfe der Galilei-Transformation erhält. Es gibt jedoch keinen Widerspruch, denn die Lorentz-Gleichungen und die Galilei-Gleichungen führen nur dann auf ein wesentlich verschiedenes Ergebnis, wenn die auftretenden Geschwindigkeiten

21

$\dfrac{v}{c}$	Längenkontraktion	$\dfrac{\text{Masse}}{\text{Ruhemasse}}$	Zeitdilatation
0	1,000	1,000	1,000
0,1	0,995	1,005	0,995
0,5	0,867	1,155	0,867
0,9	0,436	2,294	0,436
0,99	0,141	7,089	0,141
0,999	0,045	22,366	0,045

Tabelle 2.1 Die Effekte der Speziellen Relativitätstheorie machen sich erst bei Geschwindigkeiten nahe der Lichtgeschwindigkeit bemerkbar, während bei kleinen Geschwindigkeiten die Verhältnisse zwischen den Größen (Länge, Masse, Zeit) in Bewegung und den Größen in Ruhe in der Nähe von eins bleiben.

sehr groß sind – erheblich größer, als die Geschwindigkeiten, die wir vom Alltagsleben her kennen. Selbst wenn wir die Bewegung der Erde um die Sonne betrachten, mit einer immerhin beachtlichen Geschwindigkeit von 30 km/s, beträgt die Korrektur durch die Lorentz-Gleichungen nur eins von zehntausend.

In der Realität müssen die Geschwindigkeiten größer als 100 000 km/s sein, damit relativistische Effekte wirklich wesentlich werden (Tabelle 2.1). Aus diesem Grund schien die Newtonsche Mechanik für die Beschreibung physikalischer Phänomene immer ideal geeignet, und in allen Situationen, bei denen die auftretenden Geschwindigkeiten nicht sehr groß sind, liefert sie auch heute noch ausgezeichnete Ergebnisse.

2.7 Eine Theorie liegt „in der Luft"

Das Verdienst Einsteins wird um nichts geschmälert, wenn man betont, daß sich um die Jahrhundertwende viele Physiker jener Zeit durchaus der Sackgasse bewußt waren, in der sich die Physik nach den Experimenten von Michelson und Morley befand. Einige von ihnen, wie z.B. Hendrik Lorentz und Henri Poincaré, ahnten bereits die tieferliegenden Gründe. Lorentz war der erste (1904), der die Änderung von Zeitspannen und Längen in Abhängigkeit von der Geschwindigkeit des Bezugssystems formulierte. Und Poincaré führt im

Jahre 1905 in seinem Artikel „*Zur Dynamik des Elektrons*", der in den „*Comptes Rendus de l'Académie des Sciences des Paris*" veröffentlicht wurde, den mathematischen Formalismus ein, der später im Jahre 1908 von Minkowski ausführlich entwickelt wurde, und in dem die Zeit als vierte Dimension auftritt. Die neue Relativitätstheorie lag wirklich „in der Luft".

Das Manuskript von Albert Einstein, *Zur Elektrodynamik bewegter Körper*, erreichte die deutsche wissenschaftliche Zeitschrift *Annalen der Physik* einen Monat nach der Veröffentlichung von Poincaré. Es scheint, daß Einstein, der immer noch eine bescheidene Anstellung im Patentamt von Bern hatte, keinerlei Kenntnis von den Arbeiten seiner Vorläufer hatte. Die Spezielle Relativitätstheorie war wirklich geboren, denn Einstein begnügte sich nicht damit, Rezepte und Formeln zu vermitteln: Er gab uns eine neue Raum-Zeit, gewoben aus Licht.

2.8 Das Gewebe aus Licht

Die Bilder von Raum und Zeit, die ich ihnen zeigen möchte, entstanden auf dem Boden der experimentellen Physik; darin liegt ihre Kraft. Sie sind radikal. Von heute an sind der Raum als solcher und die Zeit als solche dazu verdammt, in Rauch aufzugehen, und nur eine Art Vereinigung dieser beiden behält eine unabhängige Realität.

HERMANN MINKOWSKI, 1908

In dem Universum von Galilei und Newton sind Raum und Zeit vollkommen unabhängig voneinander. Der Raum hat drei Dimensionen, d.h. man benötigt drei Zahlen (drei *Koordinaten*), um einen beliebigen Punkt im Raum zu kennzeichnen. Ausgemessen wird er durch die *Euklidische Geometrie* (wörtlich übersetzt bedeutet Geometrie „Vermessung der Erde"). Diese Gesetze lernen wir in der Schule, da wir sie im Alltagsleben immer wieder bestätigt finden: Der kürzeste Weg zwischen zwei Punkten ist die gerade Linie, die sie verbindet; zwei parallele Geraden schneiden sich nur im Unendlichen; die Summe der Winkel in einem Dreieck ist 180° usw. Der räumliche Abstand zwischen zwei Punkten ist unabhängig von dem Beobachter, der ihn mißt.

Die Zeit ihrerseits wird durch eine einzige Zahl gemessen, aber sie unterscheidet sich von einer räumlichen Dimension darin, daß sie immer in dieselbe Richtung fließt, von der „Vergangenheit" in die „Zukunft". Diese irreversible

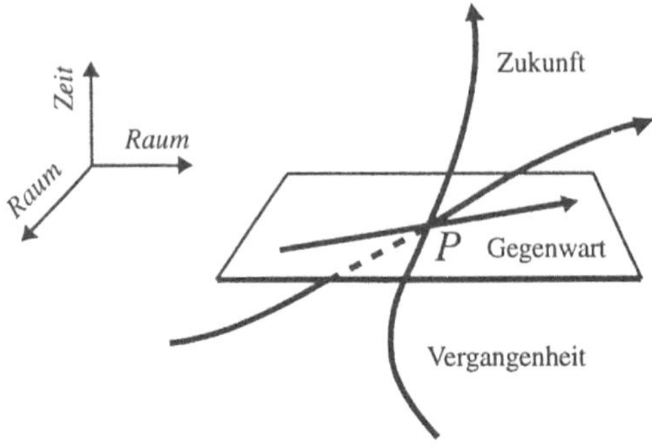

Bild 2.2 Kausale Struktur der Newtonschen Raum-Zeit (eine Raumdimension wurde unterdrückt). Jeder Punkt P ist durch eine universelle Zeit charakterisiert, die im gesamten Raum gleich ist. Die Trajektorien von Gegenständen erstrecken sich ohne weitere Einschränkungen von der Vergangenheit in die Zukunft. Eine Ausnahme bilden solche Körper, die sich mit unendlicher Geschwindigkeit bewegen, und die bei einer festen Zeit verbleiben.

Abfolge der Phänomene und Ereignisse, durch Beobachtung und Vernunft auferlegt („die Ursache ist immer vor der Wirkung"), bezeichnet man als *Kausalität*.

Die Zeit ist ebenso wie der Raum für alle Beobachter gleich. Da es keinerlei Beschränkung der Geschwindigkeit gibt, können alle Uhren, unabhängig von ihrer räumlichen Entfernung, gleichzeitig synchronisiert werden, und sie behalten auf ewig denselben zeitlichen Rhythmus. Die kausale Struktur der Galilei-Newtonschen Raum-Zeit reduziert sich somit auf eine Gegenwart, die sich gleichzeitig über den ganzen Raum erstreckt, und die die Vergangenheit von der Zukunft trennt (Bild 2.2).

Raum und Zeit als absolute Entitäten wurden bereits von dem Philosophen und Mathematiker Wilhelm Leibniz, einem Zeitgenossen Newtons, in Frage gestellt. Aufgrund philosophischer Argumente vertrat er die Meinung, daß es Raum und Zeit nur in Verbindung mit Materie geben könne. Zwei Jahrhunderte später verwirklichte die Einsteinsche Relativitätstheorie teilweise die Ansichten von Leibniz. Zeitdauer und Abstand sind nicht mehr einfach intrinsische Größen, sondern sie hängen von der Geschwindigkeit des Beobachters relativ zu dem ausgemessenen Objekt ab. Die Galilei-Newtonsche Struktur einer absoluten Raum-Zeit macht einer neuen vierdimensionalen Struktur Platz: *Der Minkowskischen Raum-Zeit*.

Ein Punkt der Raum-Zeit ist in Wirklichkeit ein *Ereignis*, markiert durch seine drei räumlichen Koordinaten und seine Zeitkoordinate. Der Abstand zwischen zwei Ereignissen bleibt eine absolute Größe (unabhängig vom Bezugssystem), aber er ist eine Kombination aus dem räumlichen und dem zeitlichen Abstand, die einzeln nicht mehr erhalten sind.

Eine besonders „klare" Darstellung der Raum-Zeit, die ich im folgenden häufiger benutzen werde, ist die der *Lichtkegel*. Man stelle sich einen Raumpunkt vor und einen Lichtblitz, der in diesem Punkt emittiert wird. Im materiefreien Raum bildet die Front der Lichtwelle eine ideale Kugeloberfläche um den Emissionspunkt, und der Radius dieser Kugel nimmt im Verlauf der Zeit mit Lichtgeschwindigkeit zu (Bild 2.3). Wir unterdrücken nun eine Raumdimension, damit wir die Welle auf einem Blatt Papier darstellen können. Die sich in der Zeit ausbreitende Lichtkugel wird zu einem Kegel, dessen Spitze dem Ort und der Zeit (d.h. dem Ereignis) der Emission des Blitzes entspricht, während der Kegel selber die weitere Entwicklung des Lichtblitzes beschreibt.

Bild 2.4 ist ein Diagramm der Raum-Zeit, in dem die Lichtkegel zu mehreren Ereignissen dargestellt sind. An einem gegebenen Ereignis E besteht der Lichtkegel aus zwei Flächen. Eine Fläche entspricht der Vergangenheit des Ereignisses, die andere seiner Zukunft. Diese Flächen werden von den Trajektorien sämtlicher Lichtstrahlen gebildet, die durch das Ereignis gehen. Dabei handelt es sich sowohl um die Lichtstrahlen, die ihren Ursprung in der Vergangenheit haben, als auch um diejenigen, die von diesem Ereignis in die Zukunft emittiert werden.

Das fundamentale Postulat der Speziellen Relativitätstheorie besagt, daß kein materielles Teilchen schneller als Licht sein kann, und daß die Lichtgeschwindigkeit unabhängig von jeder Bewegung eine absolute Konstante ist. Das bedeutet, daß kein Teilchen innerhalb einer Sekunde eine Strecke zurücklegen kann, die größer als 300 000 km ist, und daß Licht genau diese Strecke zurücklegt. In einem Raum-Zeit-Diagramm drückt sich diese Eigenschaft dadurch aus, daß die *Weltlinien* (die Bezeichnung für die Trajektorie in der Raum-Zeit) der materiellen Teilchen immer *innerhalb* der Lichtkegel verlaufen, und daß als Grenzfall die Weltlinien der Photonen sich auf dem Lichtkegel befinden, der gerade von ihnen aufgespannt wird.

Die kausale Struktur der Minkowskischen Raum-Zeit unterscheidet sich grundlegend von derjenigen der Newtonschen Raum-Zeit. Der Unterschied besteht hauptsächlich in der Tatsache, daß die Lichtgeschwindigkeit die maximale Übertragungsgeschwindigkeit für jede Form von Signal darstellt. Für jedes Ereignis E teilt der Lichtkegel die Raum-Zeit in zwei Bereiche auf: Ereignisse, die von einem elektromagnetischen Signal aus E beeinflußt werden können (das Innere des Lichtkegels), und solche, die nicht beeinflußt werden können

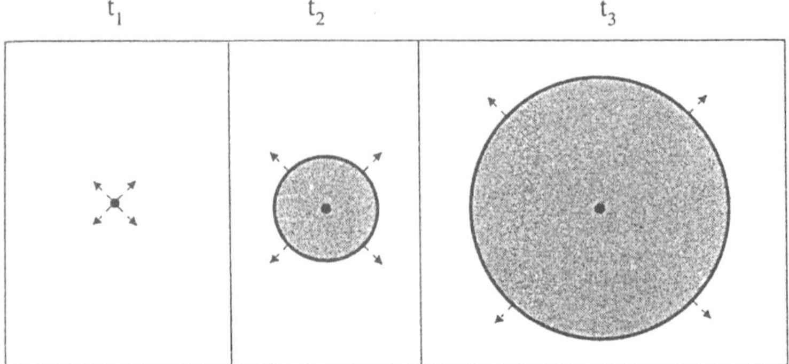

a) Räumliche Darstellung

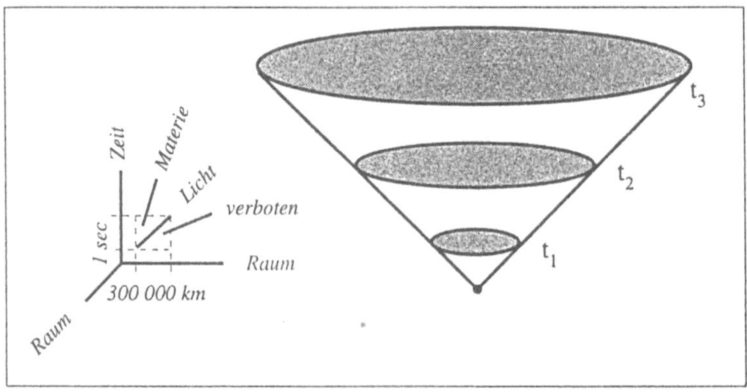

b) Lichtkegel

Bild 2.3 Der Lichtkegel. Ein Lichtblitz wird von einem gegebenen Punkt emittiert. Die Front der Lichtwelle bildet eine Kugeloberfläche, die sich mit einer Geschwindigkeit von 300 000 km/s ausbreitet. Sie ist in a) zu drei aufeinanderfolgenden Zeitpunkten dargestellt. Die Darstellung des Lichtkegels b) faßt die gesamte Geschichte der Wellenfront in einem einzigen Raum-Zeit-Diagramm zusammen. Unterdrückt man eine Raumdimension, so wird eine Kugeloberfläche zu einem Kreis (in der Projektion zu einer Ellipse). Die Ausbreitung der Lichtkreise erzeugt einen Lichtkegel, dessen Ursprung der Emissionspunkt ist. In diesem Raum-Zeit-Diagramm wurde als Längeneinheit 300 000 km und als Zeiteinheit 1 Sekunde gewählt, so daß die Lichtstrahlen auf Geraden unter einem Neigungswinkel von 45° austreten.

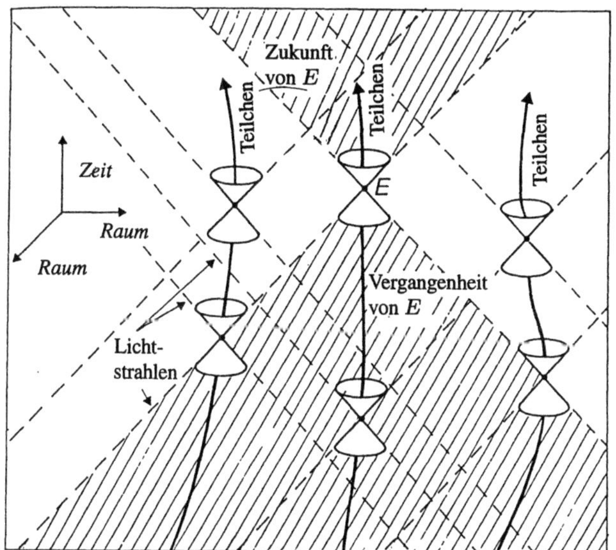

Bild 2.4 Die Raum-Zeit der Speziellen Relativitätstheorie. An jedem Ereignis E der Raum-Zeit bilden die Lichtstrahlen die beiden Flächen des Lichtkegels. Die von E ausgesandten Lichtstrahlen erzeugen die Fläche, die die Zukunft einschließt, die bei E ankommenden Lichtstrahlen bilden die Fläche, die die Vergangenheit einschließt (graue Zone). Materielle Teilchen können sich nicht schneller als das Licht bewegen, ihre Trajektorien bleiben daher immer innerhalb des Lichtkegels. Kein Lichtstrahl oder Teilchen, das durch E geht, kann in den Bereich „Anderswo" (weiße Zone) eindringen. Die absolute Konstanz der Lichtgeschwindigkeit im Vakuum drückt sich dadurch aus, daß alle Lichtkegel dieselbe Neigung haben: Die Raum-Zeit der Speziellen Relativitätstheorie, frei von jeder schweren Materie, ist starr.

(das Äußere des Lichtkegels, oder auch „Anderswo"). Die Spezielle Relativitätstheorie verbietet es einer Weltlinie, in der Zukunft durch den Lichtkegel hindurch in den Bereich „Anderswo" zu treten, bzw. in der Vergangheit aus dem Bereich „Anderswo" in den Lichtkegel zu gelangen[2].

Zusammenfassend können wir sagen, daß die Trajektorien der Lichtstrahlen es ermöglichen, das *Gerüst der Raum-Zeit* zu veranschaulichen. In der Speziellen Relativitätstheorie, frei von Gravitation, sind die Lichtkegel sämtlicher

---

[2] Allerdings ist nicht ausgeschlossen, daß es Weltlinien gibt, die ausschließlich im Bereich „Anderso" verlaufen. Diese hypothetischen Teilchen aus „Anderswo", deren Geschwindigkeit immer größer als die Lichtgeschwindigkeit ist, bezeichnet man als „Tachyonen", und die Annahme ihrer Existenz führt auf schwerwiegende Interpretationsprobleme. Bisher wurden sie noch nie in einem Laboratorium nachgewiesen.

Ereignisse „parallel" zueinander. Das Gerüst der Minkowskischen Raum-Zeit
ist daher nicht verformbar, es ist „flach". Die getrennte Starrheit der Galilei-
Newtonschen Raum-Zeit wurde wurde durch die vereinigte Raum-Zeit ersetzt.

2.9 Zeit zum Spielen

Neben der Kausalität gibt die Einsteinsche Relativitätstheorie der Zeit auch
noch die Eigenschaft einer *Elastizität*. Die Zeit, die einem Beobachter von einer
mittransportierten Uhr angezeigt wird, die sogenannte *Eigenzeit*, unterscheidet sich von den Zeiten, die Uhren in relativer Bewegung zu dem Beobachter
anzeigen. Dieser Unterschied macht sich zwar erst bei Geschwindigkeiten nahe der Lichtgeschwindigkeit bemerkbar, trotzdem führt die Anwendung dieser
neuen Regeln für die Zeit zu einigen Überraschungen.

Wegen des berühmten *Zwillingsparadoxons* ist schon viel Tinte geflossen.
Betrachten wir zwei Zwillingsbrüder im Alter von 20 Jahren. Einer von beiden
erkundet den Kosmos an Bord einer Rakete. Er fliegt mit einer konstanten Geschwindigkeit von 297 000 km/s (99% der Lichtgeschwindigkeit) zu einem 20
Lichtjahre entfernten Stern und zurück. Bei seiner Rückkehr zur Erde zeigt die
Uhr des Astronauten eine Eigenzeit von 6 Jahren an, die seines auf der Erde zu-
rückgeblieben Bruders zeigt 40 Jahre an. Es handelt sich hierbei um wirklich
erlebte Zeit: Die biologischen Uhren lassen sich letztendlich auf die atomaren Uhren zurückführen und werden daher in derselben Weise beeinflußt. Man
könnte das Alter der Brüder auch ebensogut durch ihre Herzschläge messen:
Der Astronaut ist bei seiner Rückkehr wirklich sechsundzwanzig Jahre alt, sein
zu Hause gebliebener Zwillingsbruder ist sechzig!

Dieser überraschende Effekt wurde 1911 von dem französischen Physiker
Paul Langevin erklärt: Unter allen Weltlinien, die zwei Ereignisse miteinander
verbinden (hier den Abflug und die Ankunft der Rakete auf der Erde), hat dieje-
nige die längste Eigenzeit, die nicht beschleunigt wurde (Bild 2.5). Der Astronaut muß notwendigerweise irgendwann abgebremst und beschleunigt haben,
um zur Erde zurückkehren zu können, und in dieser Hinsicht ist die Situation
nicht symmetrisch. Seine Eigenzeit ist daher kürzer, als die seines Bruders[3].

---

[3] Der Unterschied in den erlebten Zeiten hängt nicht nur von der Beschleunigung des Astronauten
ab, sondern ganz wesentlich auch von der Gesamtdauer des Experiments. Die Beschleunigung
erlaubt es lediglich, die Zeit des Astronauten mit der Zeit auf der Erde zu vergleichen.

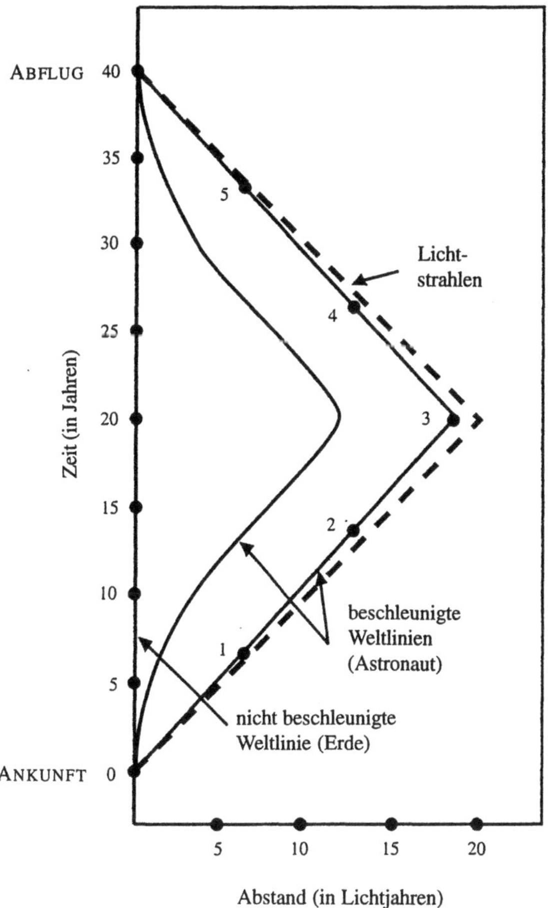

Bild 2.5 Das Zwillingsparadoxon von Langevin. Die Weltlinie mit der längsten Eigenzeit hat keine Beschleunigung erfahren (vertikale Achse). Vierzig Jahre sind für den auf der Erde zurückgebliebenen Zwilling vergangen. Sein Bruder und Astronaut wurde beim Abflug, auf halbem Wege und bei seiner Rückkehr beschleunigt. Die verbleibende Zeit hat er sich mit konstanter Geschwindigkeit bewegt. Seine Eigenzeit (durch die Zahlen angedeutet) ist um so kürzer, je näher seine Trajektorie dem Lichtkegel ist (unterbrochene Linie; den Grenzfall bildet die Eigenzeit der Lichtstrahlen, die identisch verschwindet). Die gekrümmte Linie zeigt die Trajektorie eines anderen Astronauten, der jeweils die eine Hälfte des Weges kontinuierlich beschleunigt und die andere Hälfte abbremst.

Obwohl uns dies paradox erscheint, bedeutet die fiktive Erfahrung der Zwillinge keinen inneren Widerspruch der Einsteinschen Relativitätstheorie, sondern sie ist im Gegenteil eine unausweichliche Konsequenz der Elastizität der Zeit.

Entgegen einer weitverbreiteten Meinung läßt sich nun verstehen, daß die Relativitätstheorie, obwohl sie keine Überschreitung der Lichtgeschwindigkeit erlaubt, eine Erforschung des fernen Kosmos unterstützt. In einer leichten Abänderung des Zwillingsparadoxons (bei dem die Beschleunigungen instantan erfolgten) wollen wir nun annehmen, daß das Raumschiff eine *konstante* Beschleunigung beibehält (relativ zu seinem jeweiligen inertialen Bezugssystem), die gleich der Erdbeschleunigung – und damit für den Astronauten sehr angenehm – ist. Die Geschwindigkeit des Raumschiffs wird sehr schnell anwachsen und sich der Lichtgeschwindigkeit nähern, ohne sie jedoch jemals zu erreichen. An Bord wird die Zeit erheblich langsamer vergehen als auf der Erde. Nach einer Eigenzeit von zwei Jahren und sechs Monaten erreicht das Raumschiff den nächstgelegenen Stern (Alpha Centauri), vier Lichtjahre von der Erde entfernt, und nach viereinhalb Jahren hat es vierzig Lichtjahre zurückgelegt, während auf der Erde vierzig Jahre vergangen sind. Das Zentrum unserer Milchstraße wird in zehn Jahren erreicht, wohingegen auf der Erde fünfzehntausend Jahre vergangen sind. Nach fünfundzwanzig Jahren Eigenzeit (weniger als die Lebenserwartung eines Kosmonauten) könnte das Raumschiff eine Reise um das gesamte beobachtbare Universum vollendet haben, d.h. *dreißig Milliarden Lichtjahre!* In diesem Fall wäre es besser, nicht zur Erde zurückzukehren: Die Sonne wäre seit langem erloschen, nachdem sie ihre Planeten verbrannt hat.

Diese fantastische Reise läßt sich leider wegen der ungeheuerlichen Mengen an Energie, die für die ständige Beschleunigung des Raumschiffs notwendig sind, nicht verwirklichen. Die beste Methode bestünde in der Umsetzung der Materie des Raumschiffs in Antriebsenergie. Selbst wenn wir eine optimale Effizienz dieser Umsetzung annehmen, würde bei einer Reise zum Mittelpunkt unserer Milchstraße bei der Ankunft nur noch *ein Milliardenstel* der anfänglichen Masse des Raumschiffs übriggeblieben sein. Ein Berg hat sich in eine Maus verwandelt!

2.10 Die relativistische Bombe

Hätte ich es gewußt, wäre ich Uhrmacher geworden.

ALBERT EINSTEIN

Die Spezielle Relativitätstheorie ist heute eine der am besten getesteten Theorien in der gesamten Physik. Die seltsamen Phänomene im Zusammenhang mit der elastischen Zeit wurden experimentell überprüft, zwar nicht am menschlichen Wesen (das Experiment wäre zu schmerzhaft), sondern an Elementarteilchen, die man mit akzeptablen Energiemengen bis fast auf Lichtgeschwindigkeit beschleunigen kann. Außerdem hat man Atomuhren von außerordentlicher Genauigkeit an Bord von Flugzeugen mitgenommen. Nach ihrer Rückkehr zur Erde hatten sie sich etwas langsamer gedreht, als die gleichen Uhren am Boden[4].

Die Transformationsgesetze zwischen Inertialsystemen, die vierdimensionale Struktur der Raum-Zeit oder auch die Elastizität der Zeit sind in erster Linie abstrakte Begriffe. Demgegenüber wurde die Äquivalenz zwischen Masse und Energie, ausgedrückt durch die einfache Gleichung $E = mc^2$, zu dem wohl bekanntesten Symbol der Speziellen Relativitätstheorie.

Während 1905 die praktischen Auswirkungen, die die Spezielle Relativitätstheorie einmal für die Menschheit haben könnte, noch nicht zu erkennen waren, war ihre einschlagende Wirkung auf die Philosophie um so plötzlicher, als jahrtausendealte Vorstellungen über Raum und Zeit zur Beschreibung der realen Welt sich als unangebracht herausstellten. Einige Philosophen, wie z.B. Bergson, lehnten es ab, ihre Weltanschauungen zu revidieren und disqualifizierten die Theorie Einsteins als reine Abstraktion. Es ist eine traurige Ironie des Schicksals, daß gerade die dramatischste Konsequenz der Speziellen Relativitätstheorie die letzten Zweifel an ihrer Richtigkeit beseitigte: die Vernichtung von Hiroshima durch die Atombombe.

Die Spezielle Relativitätstheorie ist überall dort anzuwenden, wo es sich um Prozesse bei großen Geschwindigkeiten und hohen Energien handelt. Die kosmische Strahlung, die in die obere Erdatmosphäre eindringt, erzeugt ganze Schauer von Elementarteilchen, die man *Mesonen* nennt. Ihre Lebensdauer im Flug erscheint uns fünfzigmal länger als ihre Eigen-Lebensdauer. Darüber hinaus ermöglicht uns die Spezielle Relativitätstheorie zu verstehen, warum

---

[4] Falls ein Reisender 60 Jahre seines Lebens an Bord eines Flugzeuges verbrächte, das ohne Halt mit einer Geschwindigkeit von 1 000 km/h fliegt, so würde er gegenüber jemandem, der am Boden bleibt, nur eine tausendstel Sekunde gewinnen.

31

die Sonne scheint und dabei pro Sekunde vier Millionen Tonnen Materie in Strahlungsenergie umwandelt.

Hier gibt es offensichtlich eine Brücke zwischen der Relativitätstheorie und der Astrophysik. Die schwarzen Löcher jedoch, die uns in erster Linie in diesem Buch interessieren, haben nichts mit der Speziellen Relativitätstheorie zu tun. Die schwarzen Löcher sind *vor allem* eine Folge der Gravitation, wohingegen die Raum-Zeit der Speziellen Relativitätstheorie nur das idealisierte Vakuum beschreibt, in dem sich elektromagnetische Wellen und sehr leichte Teilchen ausbreiten, deren Gewicht vernachlässigbar ist. In dem wirklichen Universum der Sterne, der Galaxien und der schwarzen Löcher unterliegt alles der Gravitation. Wollen wir sie verstehen, müssen wir die „Demolierung" des Raums und der Zeit noch weiter vorantreiben. Darin besteht die Herausforderung der *Allgemeinen Relativitätstheorie.*

Kapitel 3
Die gekrümmte Raum-Zeit

3.1 Das Äquivalenzprinzip

Ich glaube, daß reines Denken ausreicht, um die Wirklichkeit zu verstehen.

ALBERT EINSTEIN, 1933

Indem Einstein im Jahr 1905 einerseits die Korpuskeltheorie des Lichtes wieder zum Leben erweckte und andererseits die Konsistenz des Maxwellschen Elektromagnetismus zeigte, fand er sich plötzlich vor einem besorgniserregenden Dilemma. Diese beiden Aspekte der Strahlung widersprechen sich nämlich: Wenn Licht aus materiellen Teilchen besteht, wird es auch von anderer Materie als Folge der universellen Anziehung zwischen den Körpern beeinflußt. Wie kann aber in diesem Fall seine Ausbreitungsgeschwindigkeit eine absolute Konstante c sein, wie es von der Speziellen Relativitätstheorie gefordert wird?

Verantwortlich für diesen Konflik ist natürlich die Gravitation, jene in der Natur allgegenwärtige Gravitation, die die Materie *beschleunigt*, während es sich bei den Inertialsystemen der Speziellen Relativitätstheorie gerade um diejenigen handelt, die nicht beschleunigt werden. Die Gravitation wird von der Speziellen Relativitätstheorie ganz offensichtlich ignoriert. Einstein war sich dieses Mißstandes sehr wohl bewußt, und ihm war klar, daß die Einbeziehung der Gravitationskräfte in die „elektromagnetische" Raum-Zeit der Speziellen Relativitätstheorie zunächst ein neues Verständnis von dem Begriff der „Kraft" erforderte.

Im Zusammenhang mit der universellen, attraktiven Kraft Newtons wird jedem Körper eine intrinsische Eigenschaft zugeschrieben, die man als *schwere Masse* bezeichnet. Sie ist ein Maß für die Stärke an Gravitation, die von einem materiellen Körper ausgeht. Außerdem hatte Newton die Grundlagen der Mechanik materieller Körper, zwischen denen *beliebige Kräfte* wirken – nicht nur reine Gravitationskräfte – in drei Gesetzen zusammengefaßt. Bei dem ersten Gesetz handelte es sich einfach um das Trägheitsprinzip von Descartes: Ohne Einwirkung einer Kraft bleibt ein Körper in Ruhe oder im Zustand einer geradlinig-gleichförmigen Bewegung. Das zweite Gesetz besagt, daß auf einen beschleunigten Körper eine Kraft wirkt, die proportional zu seiner Beschleunigung und seiner Masse ist (die berühmte Formel $F = mg$). Das dritte Gesetz drückt die Gleichheit von Aktion und Reaktion (Kraft und Gegenkraft) aus: Zu jeder Kraft, die ein Körper auf einen anderen ausübt (Sie auf eine Wand, gegen die Sie sich lehnen) gibt es eine umgekehrte Kraft gleicher Stärke (die Wand drückt gegen Sie).

Die Newtonsche Kraft ist somit genau das, was einen materiellen Körper aus seiner gleichförmigen Bewegung herauszwingt, und die *träge Masse* ist ein Maß für den Widerstand, den ein Körper jeder Veränderung dieses Zustands der gleichförmigen Bewegung entgegensetzt. Von diesem Standpunkt aus betrachtet, ist die universelle, attraktive Kraft eine Kraft wie jede andere, und die schwere Masse, die für sie kennzeichnend ist, ist für die Gravitation das gleiche, wie die elektrische Ladung für die Elektrizität. Man weiß z.B., daß manche Körper elektrisch geladen sind und andere nicht, und daß zwei Körper mit derselben trägen Masse aber verschiedenen elektrischen Ladungen in einem konstanten elektrischen Feld unterschiedlich beschleunigt werden. Es gibt daher auch keinen Grund, warum in der Newtonschen Theorie die schwere Masse und die träge Masse eines Körpers gleich sein sollen.

Wie Galilei und Newton gezeigt haben, besteht die grundlegende Eigenschaft der Gravitation aber gerade darin, daß alle materiellen Gegenstände, unabhängig von ihrer schweren Masse, ihrer Größe oder ihrer chemischen Zusammensetzung, *gleichermaßen* von der Erdanziehung beschleunigt werden. Eine Feder, ein Molekül und eine Tonne Gußeisen, die auf die Erde fallen, werden alle mit derselben Rate von 9,8 m/s pro Sekunde beschleunigt[1].

Mit anderen Worten, es gibt nicht nur keine Gegenstände, die bezüglich der Gravitation „neutral" sind, sondern alle materiellen Gegenstände haben auch exakt dieselbe „Gravitationsladung". Das ist nur dann möglich, wenn die schwere Masse und die träge Masse absolut *äquivalent* sind. Diese Eigenschaft wurde zu einem Postulat erhoben, dem man daher zu Recht den Namen *Äquivalenzprinzip* gab.

Was zunächst nur näherungsweise wie eine Äquivalenz erschien, wurde mitt-

---

[1] D.h., daß ihre Geschwindigkeit jede Sekunde um 9,8 m/s zunimmt. Nach Ablauf einer Sekunde ist ihre Geschwindigkeit 9,8 m/s, nach Ablauf von zwei Sekunden ist sie 19,6 m/s usw., wobei man selbstverständlich vom Luftwiderstand absehen muß. Diese konstante Beschleunigung von 9,8 m/s^2 ist nichts anderes als die *Beschleunigung der Schwerkraft* an der Oberfläche der Erde.

lerweile zu einer der genauesten Messungen in der gesamten Wissenschaft. Der ungarische Baron Lorand von Eötvös verifizierte in den Jahren 1889 und 1922 das Äquivalenzprinzip mit einer Genauigkeit von nahezu eins zu einer Milliarden. Neuerdings konnte diese Genauigkeit sogar auf eins zu tausend Milliarden verbessert werden. Da jede Form von Energie in einem Körper zu seiner trägen Masse beiträgt (insbesondere auch die elektromagnetische Energie, die in einem Atom die Elektronen an den Kern bindet), kann man folgern, daß auch jede Form von Energie „ein Gewicht hat". Insbesondere gilt: *Licht hat ein Gewicht!*

Einstein erkannte, daß das Äquivalenzprinzip den wirklichen Schlüssel zur Gravitation darstellte; zu einer Gravitation, die dem Reich des Elektromagnetismus so vollkommen fremd ist, und deren Einbeziehung nur über eine radikale Erweiterung der Speziellen Relativitätstheorie möglich würde. Wir wollen zunächst die physikalische Bedeutung des Äquivalenzprinzips ausführlicher ergründen.

Für Einstein war die Äquivalenz zwischen der schweren und der trägen Masse nur eine abgeschwächte Form einer sehr viel stärkeren Äquivalenz, die eine Vereinigung von *gleichförmiger Gravitation und Beschleunigung* ausdrückt (Bild 3.1). Einstein erkannte nämlich,

1. daß jede Beschleunigung die Gravitation simuliert. Ein menschliches Wesen in einem Raumschiff, dessen Eigenbeschleunigung gleich der Schwerkraft der Erde ist, wird genau dasselbe feststellen, wie ein Mensch, der auf dem Erdboden steht.

2. daß man den Einfluß der Gravitation durch ein geeignet beschleunigtes Bezugssystem aufheben kann. Sein Lieblingsbeispiel dafür war ein Aufzug, dessen Aufhängung plötzlich durchtrennt wird. Ein Beobachter im Inneren dieses Aufzugs hat dasselbe Gefühl der Schwerelosigkeit, als ob er sich im freien Raum befände, frei von jedem Gravitationseinfluß irgendeines Planeten.

Genau hier liegt der große Unterschied zwischen der Gravitation und den anderen Kräften in der Natur, z.B. der elektrischen Kraft. Es ist unmöglich, das elektrische Feld durch eine Beschleunigung zu simulieren, da nicht alle Körper in einem elektrischen Feld dieselbe Beschleunigung erfahren (diese hängt noch von der Ladung der Körper ab). Mit anderen Worten, die Gravitation ist in Wirklichkeit keine Kraft zwischen zwei materiellen Gegenständen in der Raum-Zeit, sondern sie ist eine Eigenschaft der Raum-Zeit selber.

Dieser fundamentale Eingriff der Gravitation in die innerste Struktur der Raum-Zeit ist die Allgemeine Relativitätstheorie.

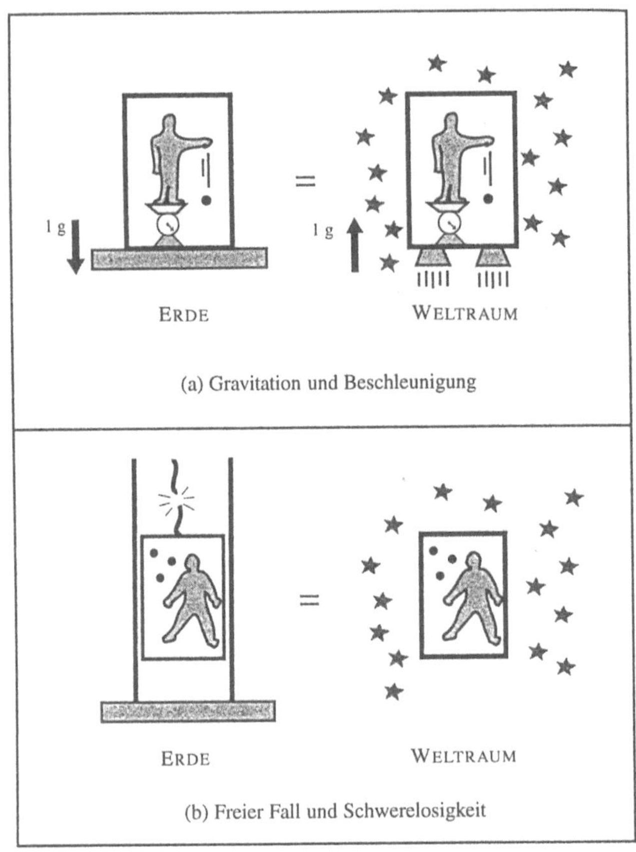

Bild 3.1 Verdeutlichung des Äquivalenzprinzips.

3.2 Ein neues Inertialsystem

An dieser Stelle sollten wir uns nochmals daran erinnern, daß es zu jeder guten physikalischen Beschreibung auch eine Form von Relativitätsprinzip geben muß, das die Art der Bezugssysteme festlegt, in denen die physikalischen Gesetze eine intrinsische Form annehmen. Es ist offensichtlich, daß die Allgemeine Relativitätstheorie in dieser Beziehung die Grundregeln der Speziellen Relativitätstheorie verletzt. In der Speziellen Relativitätstheorie befinden sich

die Inertialsysteme in einem Zustand gleichförmiger Bewegung, frei von jeder
Kraft oder Beschleunigung. Die Raum-Zeit ist eine flache Wüste, ohne lokale Besonderheiten, und diese Leere garantiert die Relativität von Orten und
Geschwindigkeiten. Gibt es jedoch Gravitation, so erfahren alle Bezugssysteme eine Beschleunigung. Es gibt daher in der Allgemeinen Relativitätstheorie
kein universelles inertiales Bezugssystem. Die Raum-Zeit verformt sich und
bekommt „Mulden", und Orte und Geschwindigkeiten lassen sich nun relativ zu diesen Mulden festlegen. Alle Bezugssysteme, ob Inertialsystem oder
nicht, eignen sich zur Beschreibung der Natur gleichermaßen, vorausgesetzt
man weiß, wie man von einem Bezugssystem zum einem anderen gelangt. In
dieser Hinsicht ist der Name für die Einsteinsche Theorie der Gravitation nicht
gut gewählt, da die Allgemeine Relativitätstheorie weniger relativ als die Spezielle Relativitätstheorie ist...

Da sich ein gleichförmiges Gravitationsfeld durch eine geeignete Beschleunigung aufheben bzw. simulieren läßt und umgekehrt, wirkt auf einen Körper,
der in einem solchen Feld frei fällt, keine Kraft. (Wenn wir die Schwerkraft
wahrnehmen, dann nur deshalb, weil wir nicht frei auf den Mittelpunkt der Erde fallen können: Der Boden übt auf unsere Füße einen Druck aus, der uns
daran hindert.) Der freie Fall in einem konstanten Gravitationsfeld ist daher
der „natürliche" Bewegungszustand eines Körpers. In jedem Gebiet des Universums, das ausreichend klein ist, so daß die Gravitation sich nicht wesentlich verändert, ist durch den freien Fall ein *lokales* Intertialsystem festgelegt,
in dem die physikalischen Gesetze eine besonders einfache Form annehmen.
Darüber hinaus werden diese Gesetze durch die Spezielle Relativitätstheorie
beschrieben. Es geht also gar nicht darum, die Spezielle Relativitätstheorie zu
verwerfen: Ganz im Gegenteil, und darin liegt das Wesen einer guten Verallgemeinerung, sie wird Teil einer verallgemeinerten Theorie, bleibt jedoch innerhalb eines bestimmten Gültigkeitsbereichs anwendbar.

3.3 Kosmisches Golfspiel

Man weiß heute, daß *die Raum-Zeit gekrümmt ist.* Aber was besagt diese seltsame und faszinierende Behauptung?

Das Zwillingsparadoxon zeigte deutlich, wie in der Speziellen Relativitätstheorie aus der starren Struktur der Raum-Zeit in Abhängigkeit vom Bewegungszustand des Beobachters für Raum und Zeit getrennt eine Verzerrung

(Konkration oder Dilatation) möglich ist. Hier nimmt die Allgemeinen Relativitätstheorie ihre volle Weite ein und stellt unsere Vorstellung vom Kosmos auf den Kopf, wenn sie uns sagt, daß die Einbeziehung der Gravitation eine Deformation der Raum-Zeit *selber* bedeutet.

Wenn es an einem gegebenen Punkt keinen direkten Effekt der Gravitation gibt, so können wir umgekehrt die relativen Effekte an benachbarten Punkten nachweisen. In dem herabfallenden Aufzug folgen zwei „freie" Kugeln in erster Näherung parallelen Trajektorien, aber in Wirklichkeit treffen sich diese beiden Trajektorien im Mittelpunkt der Erde, 6 400 km entfernt. Es gibt daher eine relative Beschleunigung zwischen diesen beiden Trajektorien (da sie sich annähern). Man könnte in diesem Fall auch von einem *differentiellen* Gravitationsfeld sprechen, das diese relative Beschleunigung hervorruft.

Ein erstaunliches Beispiel für den Unterschied zwischen der direkten Gravitation und der differentiellen Gravitation ist die Höhe von Ebbe und Flut der Meere. Obwohl die direkte Gravitation der Sonne an der Erdoberfläche 180mal stärker als die des Mondes ist, sind die Sonnengezeiten weniger ausgeprägt als die Mondgezeiten. Das liegt daran, daß die Gezeiten nicht durch die direkte Gravitation erzeugt werden, sondern durch die relative Differenz der Gravitation der Sonne bzw. des Mondes zwischen verschiedenen Punkten der Erde. Diese Differenz beträgt 6% für den Mond, aber nur 1,7% für die Sonne.

In Newtonscher Sprechweise werden die differentiellen Gravitationseffekte einfach als *Gezeitenkräfte* bezeichnet. Während die Gezeitenkräfte in unserem Sonnensystem sehr klein sind, können die von schwarzen Löchern erzeugten Gezeitenkräfte ganze Sterne zerstören (siehe Kapitel 17). Aber die Beschreibung der differentiellen Gravitation durch Gezeiten-„Kräfte" ist in der Allgemeinen Relativitätstheorie hinfällig: Es handelt sich nicht um mechanische Effekte, sondern um rein *geometrische*. Zur Verdeutlichung betrachten wir zwei Golfbälle: Sie sind zunächst nahe beieinander und folgen parallelen Trajektorien (Bild 3.2). Ist der Boden absolut flach, so bleiben die Trajektorien parallel. Falls nicht, wird sich ihre relative Position ändern; ein kleiner Hügel führt sie auseinander, eine Mulde bringt sie zusammen. Im kosmischen Golf kann die differentielle Gravitation durch eine Krümmung des „Grüns" der Raum-Zeit simuliert werden. Und da die Gravitation anziehend ist, entspricht die Krümmung immer einer Mulde und keinem Hügel!

Die fundamentale Bedeutung der Krümmung ist daher der Zusammenhang zwischen Gravitation und Geometrie, auferlegt durch das Äquivalenzprinzip. Die materiellen Körper müssen sich nicht durch eine „flache" Raum-Zeit bewegen und sind dabei den Gravitationskräften ausgesetzt, sondern sie folgen vollkommen frei den Konturen einer gekrümmten Raum-Zeit.

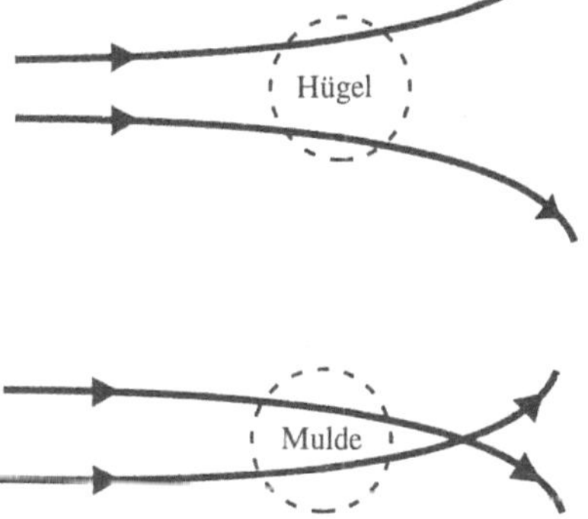

Bild 3.2
Kosmisches Golf. Zwei ursprünglich auf flachem Boden parallele Trajektorien gehen an einem Hügel auseinander bzw. kommen an einer Mulde zusammen.

3.4 Gekrümmte Geometrien

Gott schreibt mit Kurven gerade.

Freimaurerdenker, 1782

Das Wort „Krümmung" tritt schon in der Alltagssprache auf. In der dreidimensionalen Euklidischen Geometrie kann man von der Krümmung von Linien oder Flächen sprechen, also Objekten, die nur eine oder zwei Dimensionen haben. Ein Kreis ist ein eindimensionaler geometrischer Raum (er hat eine „Länge", aber keine „Breite" oder „Höhe"), und seine Krümmung ist um so größer, je kleiner sein Radius ist. Umgekehrt wird er zu einer geraden Linie und verliert seine Krümmung, wenn sein Radius gegen Unendlich geht. In derselben Weise wird eine Kugeloberfläche einer Ebene immer ähnlicher, wenn ihr Radius unendlich anwächst (für alltägliche Maßstäbe ist die Erdoberfläche flach, wenn man von Bodenunebenheiten absieht).

Die Krümmung hat daher eine wohldefinierte geometrische Bedeutung, aber mit wachsender Anzahl der Dimensionen, wird diese Definition immer komplizierter. Die Krümmung ist dann nicht mehr eine einzelne Zahl, wie für das Beispiel des Kreises, sondern man muß von „Krümmungen" sprechen. Betrachten wir das einfache Beispiel eines *Zylinders*, einer zweidimensionalen Fläche (Bild 3.3). Die Krümmung parallel zur Zylinderachse ist einfach Null, während die Krümmung senkrecht zu dieser Richtung gleich der Krümmung des eingezeichneten Kreises ist.

Ungeachtet der verschiedenen Formen von Krümmung kann man von ei-

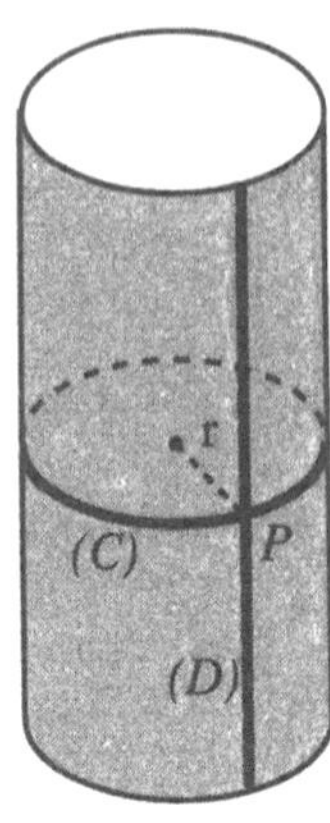

Bild 3.3
Die Krümmungen eines Zylinders. An einem Punkt P benötigt man zwei Zahlen zur vollständigen Angabe der Krümmung. In Richtung der Zylinderachse (D) verschwindet die Krümmung; in der dazu senkrechten Richtung ist sie gleich der Krümmung des eingezeichneten Kreises (C).

ner *intrinsischen* Krümmung sprechen. An jedem Punkt einer zweidimensionalen Fläche kann man zu zwei aufeinander senkrechten Richtungen die beiden Krümmungsradien messen. Das Inverse ihres Produktes ergibt die intrinsische Krümmung der Fläche. Befinden sich die beiden Krümmungsradien auf derselben Seite der Fläche, dann ist die Krümmung *positiv*, sind sie auf entgegengesetzten Seiten der Fläche, ist die Krümmung *negativ*. Der Zylinder hat daher eine verschwindende intrinsische Krümmung. Tatsächlich kann man einen Zylinder aufschneiden und flach auf einen Tisch legen, ohne daß er aufreißt, was mit einer Kugelfläche nicht möglich ist (Bild 3.4).

Normalerweise stellen wir uns eine Kugeloberfläche, einen Zylinder oder auch allgemein zweidimensionale Flächen als in den dreidimensionalen Euklidischen Raum „eingebettet" vor. Das verleitet dazu, den Begriffen „Innen" und „Außen" eine besondere Bedeutung beizumessen und davon zu sprechen, daß die Fläche „in etwas" gekrümmt ist. Streng im Sinne der Geometrie kann man jedoch alle Eigenschaften einer zweidimensionalen Fläche ausmessen, indem man die Existenz des einbettenden Raumes vollständig unberücksichtigt läßt. Das bleibt auch für beliebig viele Dimensionen so. *Man kann von der gekrümmten, vierdimensionalen Geometrie unseres Universums sprechen, ohne es verlassen zu müssen oder sich auf einen noch umfassenderen Raum zu beziehen.* Wir wollen nun sehen, wie.

Die mathematische Theorie der gekrümmten Räume wurde im 19. Jahrhundert entwickelt, hauptsächlich von Bernhard Riemann. Die gekrümmten Geometrien zeigen schon in den einfachsten Fällen Eigenschaften, die in der Euklidischen Geometrie unbekannt sind.

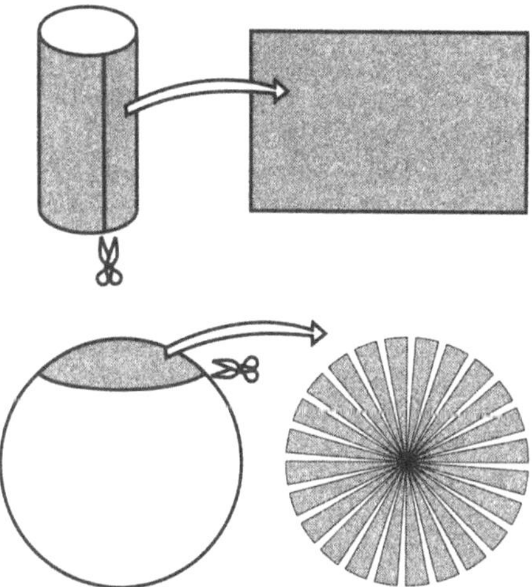

Bild 3.4 Der Zylinder und die Kugeloberfläche. Die intrinsische Krümmung eines Zylinders ist Null: Man kann ihn aufschneiden und flach auf ein Blatt Papier legen. Die Krümmung einer Kugeloberfläche ist positiv: Schneidet man entlang eines Kreises eine Kappe heraus und versucht, sie platt zu drücken, so wird die herausgeschnittene Oberfläche einreißen. Ihr Flächeninhalt ist kleiner als der eines aus einer Ebene herausgeschnittenen Kreises vom gleichen Radius.

Betrachten wir nochmals die Kugeloberfläche (Bild 3.5). Es handelt sich um einen zweidimensionalen Raum, dessen Krümmung positiv und konstant (an jedem Punkt dieselbe) ist, da die beiden Krümmungsradien gleich dem Kugelradius sind. Der kürzeste Weg, der zwei verschiedene Punkte auf der Kugeloberfläche verbindet, ist ein Bogen eines *Großkreises*, d.h. Teil eines Kreises auf der Oberfläche, der denselben Mittelpunkt wie die Kugel hat. Die Großkreise sind daher für die Kugeloberfläche dasselbe, wie die Geraden in der Ebene: die *Geodäten*, d.h. die kürzesten Verbindungen. Ein Pilot, der möglichst rasch und ohne Zwischenstop von Paris nach Tokio gelangen möchte (und verbotene Luftbereiche ignoriert), wird zunächst in Richtung Norden fliegen, Sibirien überqueren und sich schließlich in Richtung Süden wenden, um so die kürzeste Verbindung zu realisieren. Da alle Großkreise denselben Mittelpunkt haben, schneiden sich zwei beliebige Großkreise immer in zwei Punkten (die Meridiane schneiden sich z.B. an den Polen). Mit anderen Worten, auf der Kugeloberfläche gibt es keine parallelen „Geraden".

Die Euklidische Geometrie wurde also übel zugerichtet! Alle bekannten Gesetze der Euklidischen Geometrie beziehen sich auf Räume ohne Krümmung,

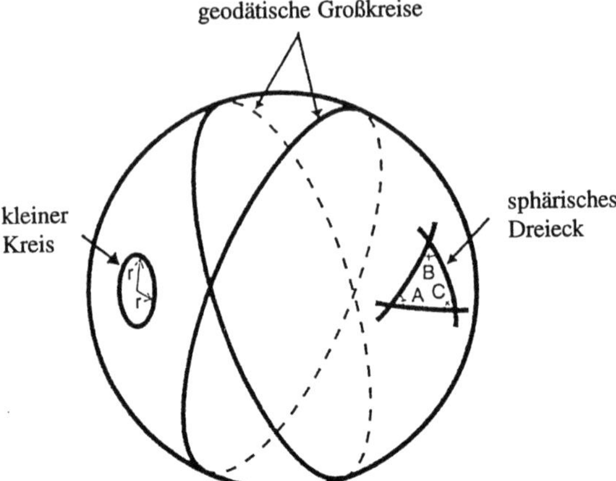

Bild 3.5 Die sphärische Geometrie. Die Kugeloberfläche ist eine zweidimensionale, geschlossene Fläche mit konstanter (an jedem Punkt dieselbe), positiver Krümmung. Die Geodäten (die kürzesten Verbindungslinien, entsprechend den Geraden in der Ebene) sind die Großkreise. Sie alle haben den Kugelmittelpunkt als Zentrum und denselben Radius wie die Kugel. Es gibt daher keine parallelen Geodäten. Die intrinsische Geometrie der Kugeloberfläche ist nicht Euklidisch. Die Summe der Winkel in einem sphärischen Dreieck ABC ist größer als die Winkelsumme in einem ebenen Dreieck (180°). Das Verhältnis von Umfang zu Radius ist bei einem kleinen Kreis kleiner als 2π.

d.h. auf „flache" Räume. Sobald es Krümmung gibt, sind diese vertrauten Gesetze ungültig. Die offensichtlichste geometrische Eigenschaft der Kugeloberfläche ist folgende: Während in der Ebene jede gerade Linie nach Unendlich entweicht, kommt man auf der Kugeloberfläche von hinten wieder an seinen Ausgangspunkt zurück, wenn man sich entlang einer geraden Linie (d.h. einem Großkreis) bewegt. Die Kugeloberfläche ist daher *endlich, geschlossen,* obwohl sie keine Ränder hat (keiner der Großkreise wird unterbrochen). Die Sphäre ist der ideale Prototyp eines endlichen Raumes in einer beliebigen Anzahl von Dimensionen[2].

Wir wollen nun das Beispiel eines Raums mit negativer Krümmung untersuchen. Betrachten wir der Einfachheit halber wiederum zwei Dimensionen, so ist das klassische Beispiel der *Hyperboloid.* Einen Ausschnitt davon kann man sich wie einen Pferdesattel vorstellen (Bild 3.6). Bewegen wir uns entlang einer

---

[2] Die Erdoberfläche, verformt durch die Rotation, die Bodenunebenheiten und die Gezeiten, ist zwar keine exakte Kugeloberfläche, sie besitzt jedoch dieselben Eigenschaften.

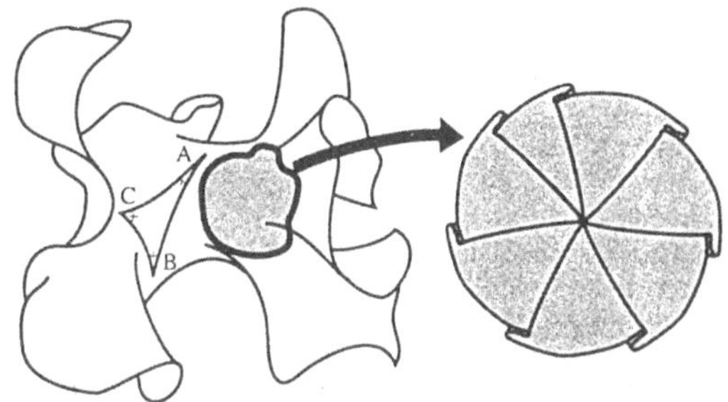

Bild 3.6 Die hyperbolische Geometrie. Die Krümmung ist überall negativ. Die Winkelsumme in einem hyperbolischen Dreieck ABC ist kleiner als 180°. Schneidet man entlang eines Kreises ein Stück aus der Fläche heraus und versucht, es flach hinzulegen, so wird sich dieses Stück falten, und seine Fläche ist größer als die eines Kreises vom selben Radius, der aus einer Ebene herausgeschnitten wurde.

geraden Linie auf der Oberfläche, so werden wir im allgemeinen nicht wieder an den Ausgangspunkt zurückkommen, sondern uns immer weiter entfernen. Ebenso wie die Ebene ist der Hyperboloid eine *offene* Fläche, aber das ist auch die einzige Ähnlichkeit, denn aufgrund seiner Krümmung ist der Hyperboloid alles andere als Euklidisch!

Für allgemeine Flächen gibt es keinen Grund, warum ihre Krümmung überall nur positiv oder nur negativ sein soll, wie bei der Kugeloberfläche oder dem Hyperboloiden. Der Wert der Krümmung verändert sich von Punkt zu Punkt, und auch ihr Vorzeichen kann zwischen verschiedenen Gebieten wechseln.

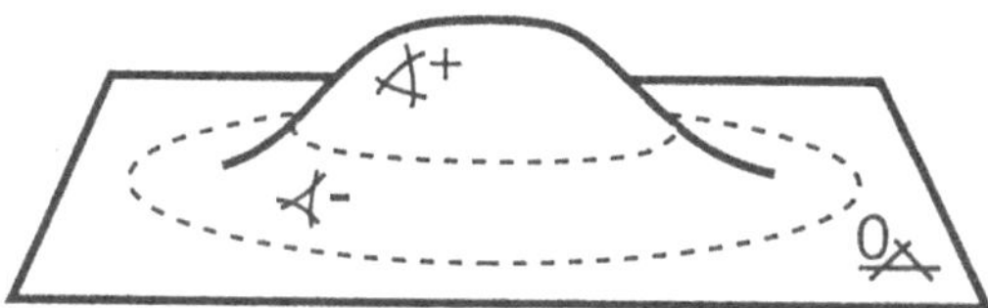

Bild 3.7 Eine Fläche mit wechselnder Krümmung.

3.5 Geometrie und Materie

Wo es Materie gibt, da gibt es Geometrie.

JOHANNES KEPLER

Kommen wir nun zur vierdimensionalen Geometrie der Allgemeinen Relativitätstheorie. Es ist wichtig, sich darüber im klaren zu sein, daß die *Raum-Zeit* gekrümmt ist, nicht nur der Raum alleine. Schon Riemann hatte versucht, Elektromagnetismus und Gravitation in Einklang zu bringen, indem er den Raum verbog. Er scheiterte jedoch, weil er nicht auch der Zeit „den Hals umdrehte".

Nehmen wir an, wir wollten verschiedene Projektile auf eine Zielscheibe in 10 Metern Entfernung schießen. Wegen der Erdeanziehung haben alle Projektile eine parabolische Trajektorie, die durch den Schützen und die Zielscheibe verläuft, deren Bogenhöhe jedoch von der anfänglichen Geschwindigkeit abhängt (Bild 3.8 a). Handelt es sich um einen Ball, der mit 10 m/s geworfen wird, so kann die Zielscheibe nach anderthalb Sekunden getroffen werden, wobei der Ball einen Bogen von 3 Metern Höhe durchfliegt. Handelt es sich um eine Gewehrkugel, die mit einer Geschwindigkeit von 500 m/s abgeschossen wird, so erreicht man die Zielscheibe nach zwei hundertstel Sekunden über einen Bogen von 0,5 Millimetern Höhe, oder aber auch nach Ablauf von einhundert Sekunden, indem man sie einige dutzend Kilometer in die Höhe schießt und wieder herunterfallen läßt[3]. Im Grenzfall kann man die Zielscheibe auch mit einem Lichtstrahl mit einer Geschwindigkeit von 300 000 km/s erreichen. Der Bogen ist in diesem Fall nicht mehr wahrnehmbar und die Trajektorie im Raum praktisch geradlinig. Offensichtlich sind die Krümmungsradien aller dieser parabolischen Bögen vollkommen unterschiedlich.

Nun fügen wir auch noch die Zeitdimension hinzu (Bild 3.8 b). Mißt man die Krümmungsradien *in der Raum-Zeit*, so sind sie *alle gleich*, unabhängig davon, ob es sich um den Ball, die Gewehrkugel oder das Photon handelt. Die Größenordnung beträgt ein Lichtjahr! Es ist daher sehr viel sinnvoller, davon zu sprechen, daß die Trajektorien in der Raum-Zeit „Geraden" sind, und daß es die Raum-Zeit selber ist, die durch die Gravitation der Erde gekrümmt ist. Da auf die Projektile keine Kraft wirkt, folgen sie den Geodäten („den geraden Linien") in einer gekrümmten Geometrie.

Das obige Beispiel zeigt auch, daß die Raum-Zeit ebenso in der Zeit wie

---

[3] Dabei vernachlässigen wir die Störungen durch die Atmosphäre und die Erdrotation!

44

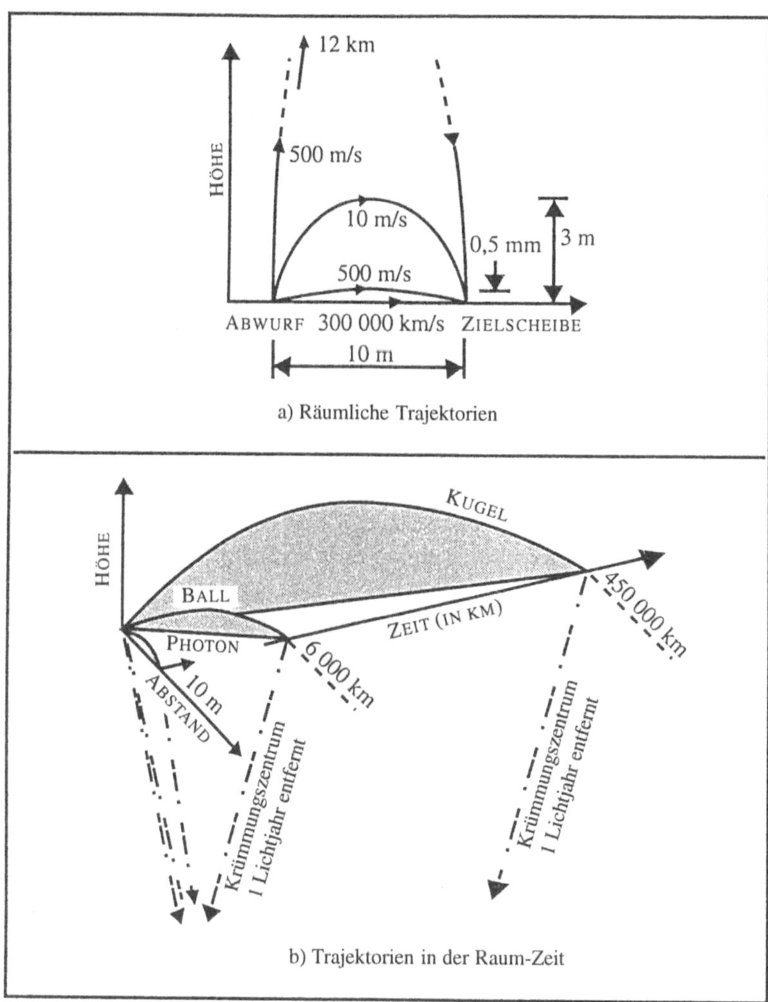

Bild 3.8 Die Krümmung der Raum-Zeit. In a) sind nur die rein räumlichen Trajektorien dargestellt. Ihre Krümmungen sind sehr unterschiedlich. In b) sind diese Trajektorien in der Raum-Zeit wiedergegeben. Da das Licht eine Strecke von 300 000 km pro Sekunde zurücklegt, kann man die Zeit auch in Kilometern messen: Der Ball erreicht die Zielscheibe nach einer Zeit von 450 000 km (d.h. nach 1,5 Sekunden), die Kugel nach einer Zeit von 6 000 km (0,02 Sekunden). Die Krümmungen der Trajektorien des Photons, des Balls und der Kugel sind nun alle gleich. Das Gravitationsfeld der Erde erzeugt diese Krümmung.

im Raum gekrümmt ist. Diese zeitliche Krümmung spüren wir um so mehr, je größer unsere Geschwindigkeit ist.

Eine kleiner Buckel auf der Straße, eine kleine Irregularität der räumlichen Krümmung, ist für einen langsamen Fußgänger kaum spürbar. Aber für ein mit 120 km/h dahinrasendes Auto kann der Buckel zu einer Gefahr werden. Der Buckel erzeugt in der Zeitdimension eine erheblich größeren Verformung.

Arthur Eddington berechnete die Raumkrümmung einer Masse von einer Tonne im Zentrum eines Kreises mit einem Radius von 5 m und fand, daß die Abweichung für das Verhältnis von Umfang zu Durchmesser (in der Euklidischen Geometrie die Zahl π) erst an der 24. Dezimale auftritt. Es bedarf also einer enormen Masse, um die Raum-Zeit in einer spürbaren Weise zu verformen. Der Krümmungsradius der Raum-Zeit an der Oberfläche der Erde ist so groß (ein Lichtjahr, d.h. über eine Milliarde mal größer als der Erdradius), weil das Feld der Schwerkraft, das lokal einen Gegenstand um 9,8 m/s beschleunigt, so klein ist. Zur Beschreibung der meisten physikalischen Experimente in der Nähe der Erde kann man weiterhin die flache Minkowskische Raum-Zeit und die Spezielle Relativitätstheorie benutzen. Der Raum kann als Euklidisch angesehen werden, und die Newtonsche Mechanik bleibt gültig, sofern die Geschwindigkeiten klein sind.

Obwohl es lokal flach erscheint, ist das Universum durch die vorhandene Materie wirklich verformt. Die Effekte der Krümmung machen sich jedoch nur in der Nähe sehr großer Massenkonzentrationen (z.B. den schwarzen Löchern) oder auf sehr großen Längenskalen (mehrere Millionen Lichtjahre) bemerkbar, wenn man die Haufen von tausenden von Galaxien berücksichtigt. Die in neuerer Zeit entdeckten *Mehrfachquasare* (siehe Kapitel 15) sind ein schöner Beweis für die Realität der gekrümmten Raum-Zeit: Die Lichtstrahlen, die von einem dieser weit entfernten Sterne ausgesandt werden, erreichen uns über verschiedene optische Wege der gekrümmten Raum-Zeit und geben uns ein mehrfaches Abbild einer einzigen Quelle.

3.6 Der Licht-Pudding

Licht ... mehr Licht.   Die letzten Worte von GOETHE, 1832

Die starre Struktur der Raum-Zeit der Speziellen Relativitätstheorie – und erst recht die des Newtonschen Raumes – ist durch den Einschlag der Gravitation vollkommen zerbrochen. Die Raum-Zeit ist *weich*, verformt durch die

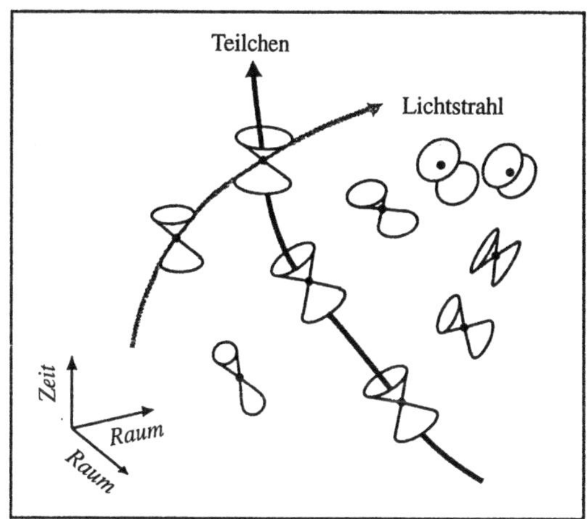

Bild 3.9 Die weiche Raum-Zeit der Allgemeinen Relativitätstheorie. Die Lichtkegel, die sich entsprechend der Krümmung neigen und verformen, verdeutlichen das Äquivalenzprinzip und den Einfluß der Gravitation auf jede Form von Energie. Die Spezielle Relativitätstheorie bleibt jedoch lokal gültig: Die Raum-Zeit-Trajektorien der Teilchen bleiben immer innerhalb der Lichtkegel.

in ihr enthaltene Materie, und die Materie bewegt sich, wie es die Krümmung vorgibt.

Die Trajektorien der Lichtstrahlen folgen nach wie vor den kürzesten Wegen. Das Gerüst dieses Raum-Zeit-„Puddings" ist immer noch aus Licht gewoben, und seine Darstellung durch *Lichtkegel* verdeutlicht das Wesen der Allgemeinen Relativitätstheorie (Bild 3.9).

Eine andere, oft lehrreiche Darstellung der gekrümmten Raum-Zeit und ihres Einflusses auf die Bewegung der Materie benutzt ein *elastisches Band*. Man stelle sich einen Abschnitt der Raum-Zeit, reduziert auf zwei Dimensionen, als ein dehnbares Tuch vor. Ohne irgendeinen Gegenstand bleibt dieses Tuch flach. Legt man eine Kugel auf dieses Tuch, so verformt es sich und bildet eine Mulde um die Kugel. Diese Mulde ist um so ausgeprägter, je größer die Masse der Kugel ist. Diese Form der Darstellung, die zunächst aus der Luft gegriffen erscheint, läßt sich mathematisch durch sogenannte *eingebettete Diagramme* rigoros formulieren. Ich werde zur Beschreibung bestimmter seltsamer Eigenschaften der schwarzen Löcher noch ausführlicher auf sie zurückgreifen (siehe Kapitel 12). In Bild 3.10 verdeutlicht diese Form der Darstellung die Ablen-

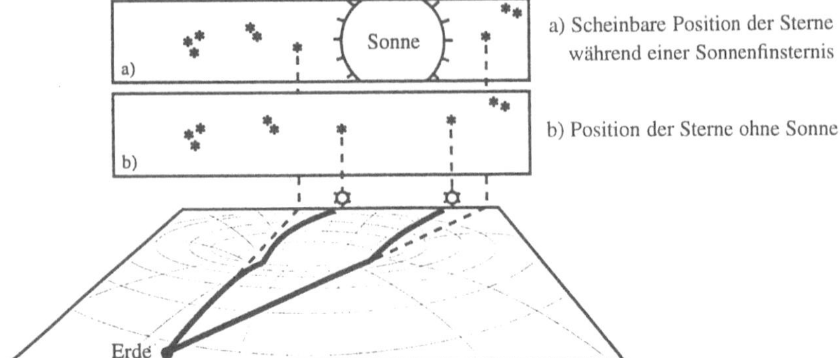

a) Scheinbare Position der Sterne
während einer Sonnenfinsternis

b) Position der Sterne ohne Sonne

Bild 3.10 Die Ablenkung der Lichtstrahlen an der Sonne. Steht die Sonne vor einen Hintergrund weit entfernter Sterne, so krümmt sie die dazwischenliegende Raum-Zeit und lenkt die Lichtstrahlen ab, die sich der Krümmung anpassen müssen. Die scheinbare Richtung der Sterne ist relativ zu ihrer wirklichen Lage verschoben.

kung der Lichtstrahlen an der Sonne und die daraus resultierenden Konsequenzen für die scheinbare Lage der Sterne während einer Sonnenfinsternis.

3.7 Die Einsteinschen Gleichungen

Die Vorstellung, daß Physiker in der Zukunft die Theorie der Tensoren erlernen müssen, führte nach Ankündigung der ersten Bestätigung der Einsteinschen Vorhersagen unter ihnen zu einer wirklichen Panik.

A. WHITEHEAD, 1920

Jede Theorie hat ihre Gleichungen. Die Einsteinschen *Gleichungen für das Gravitationsfeld* verknüpfen den Grad der Verformung der Raum-Zeit mit der Art und der Bewegung der Gravitationsquellen. Die Materie sagt der Raum-Zeit, wie sie sich zu krümmen hat, und die Raum-Zeit sagt der Materie, wie sie sich zu bewegen hat.

Die Komplexität der Einsteinschen Gleichungen ist enorm. Die Größen, die dabei auftreten, sind nicht einfach Kräfte oder Beschleunigungen, auch nicht nur Abstände oder Zeitspannen. Es handelt sich um *Tensoren*, d.h. eine Art von Tabelle mit mehreren Komponenten, die die gesamte Information über die Geometrie und die Materie enthalten.

Die Wirkung der Gravitation auf die Materie ist erheblich komplizierter als die des elektrischen Feldes und verlangt für ihre Beschreibung kompliziertere mathematische Objekte, als nur Zahlen oder dreikomponentige Vektoren. Der Leser, der sich davon gerne überzeugen möchte, sei daran erinnert, daß in der Newtonschen Gravitationstheorie nur die schwere Masse eines Gegenstandes Quelle der Gravitaton ist. Diese schwere Masse ist durch eine einzige Zahl charakterisiert und kann dem Gegenstand intrinsisch zugeordnet werden. In der Einsteinschen Theorie ist die schwere Masse nur ein Aspekt der Eigenschaften eines Körpers, die die Gravitation erzeugen. Schon die Spezielle Relativitätstheorie (die in einem kleinen Gebiet der Raum-Zeit, in dem die Gravitation konstant ist, immer anwendbar ist) hat gezeigt, daß jede Form von Energie äquivalent mit Masse ist und daher sowohl ein Gewicht hat, als auch Gravitation erzeugt. Nun hängt die Energie eines Gegenstands aber von der relativen Bewegung des Beobachters ab, der sie mißt. Für einen „ruhenden“ Gegenstand besteht die gesamte Energie aus seiner „Ruhemasse“ ($E = mc^2$!); sobald sich dieser Gegenstand bewegt, erzeugt jedoch auch seine kinetische Bewegungsenergie eine Masse und damit Gravitation. Zur Berechnung dieses Gravitationseffekts eines Gegenstandes muß man daher seine Ruheenergie mit einem „Impulsvektor“, der seine Bewegung beschreibt, verknüpfen. Aus diesem Grunde werden die Quellen der Gravitation erst durch einen „Energie-Impuls-Tensor“ vollständig beschrieben.

Außerdem benötigt man für jeden Punkt der Raum-Zeit 20 Zahlen, um die Krümmung vollständig zu beschreiben. Die geometrischen Verformungen der Raum-Zeit erfordern daher einen sogenannten „Krümmungstensor“ (man erinnere sich, daß die Krümmung mit zunehmender Anzahl von Dimensionen immer komplizierter wird). Die Einsteinschen Gleichungen stellen die Verbindung zwischen dem Krümmungstensor und dem Energie-Impuls-Tensor her, indem sie die beiden Tensoren jeweils rechts und links von einem „Gleichheitszeichen“ plaziert: Die Materie erzeugt die Krümmung, und die Krümmung erzeugt die Bewegung der Materie!

Es ist in diesem Buch leider nicht möglich, noch ausführlicher auf die Reichhaltigkeit der Einsteinschen Gleichungen einzugehen. Die einzelnen Komponenten des Krümmungstensors und des Energie-Impuls-Tensors sind derart komplex untereinander vermischt, *daß es im allgemeinen nicht möglich ist, eine exakte Lösung zu finden*, oder auch nur global zu definieren, was Raum und was Zeit ist. Um überhaupt „irgendetwas“ berechnen zu können, muß man die Quellen der Gravitation oft derart vereinfachen, daß die meisten so gefundenen Lösungen (d.h. gekrümmte Raum-Zeiten) nichts mehr mit der wirklichen Raum-Zeit zu tun haben. Die Einsteinschen Gleichungen sind in gewisser Hinsicht so ergiebig, daß sie unendlich viele theoretische Universen mit teilweise bizarren Eigenschaften erzeugen.

Diese außerordentliche Reichhaltigkeit hat vermutlich der Glaubwürdigkeit der Einsteinschen Theorie eher geschadet. Man sollte jedoch nicht glauben, daß die Allgemeine Relativitätstheorie nur Eigenschaften vorhersagt, die der Beobachtung oder dem menschlichen Verstand unzugänglich sind. Ganz im Gegenteil. Einstein war sowohl Physiker als auch Philosoph, und als solcher versuchte er, die Welt zu beschreiben, angefangen mit unserem Planetensystem. Mit Hilfe von Näherungslösungen seiner Gleichungen berechnete er zunächst im Rahmen seiner Theorie drei besondere Effekte der Gravitation, die von der Newtonschen Theorie nicht vorhergesagt werden, und die in unserem Sonnensystem gemessen werden können: Die Ablenkung von Lichtstrahlen nahe der Sonne, die anormale Bewegung des Merkur und die Frequenzverschiebung der elektromagnetischen Strahlung in einem Gravitationsfeld. Im folgenden Abschnitt werde ich von dem Erfolg dieser drei Vorhersagen der Allgemeinen Relativitätstheorie sprechen.

Darüber hinaus gibt es natürliche Situationen, in denen die vereinfachenden Annahmen über die Quellen der Gravitation vollkommen gerechtfertigt sind. Die exakten Lösungen der Einsteinschen Gleichungen, die man so erhält, ermöglichen daher eine zufriedenstellende Beschreibung des einen oder anderen Teils des Universums. Paradoxerweise handelt es sich um zwei sehr extreme Längenskalen, bei denen diese Vereinfachungen besonders fruchtbar sind. So läßt sich das Gravitationsfeld um einen isolierten Körper im Vakuum berechnen (d.h. die Deformationen der Raum-Zeit um diesen Körper). Die Umgebung eines Sterns – z.B. das Sonnensystem – oder die Umgebung eines schwarzen Loches stimmen mit diesen Berechnungen sehr gut überein. In diesen Fällen ist die Materie effektiv in einem kleinen Gebiet der Raum-Zeit konzentriert und ansonsten praktisch von Vakuum umgeben. Das andere Extrem bildet das mittlere Gravitationsfeld des gesamten Universums (seine Geometrie). Dieses kann man berechnen, da bei solch großen Längenskalen die Materie nahezu gleichförmig verteilt ist, und sich die Galaxien wie die Moleküle in einem homogenen kosmischen Gas verhalten. Die Allgemeine Relativitätstheorie ermöglicht es daher, *Kosmologie* zu betreiben, d.h. die Form und die Entwicklung des Universums als Ganzes zu untersuchen. Bevor um 1970 die relativistische Astrophysik an Bedeutung gewann, war es die Kosmologie, in der die Allgemeine Relativitätstheorie nahezu ihre einzige Anwendung fand – zusammen mit den schwarzen Löchern zweifelsohne die faszinierendste.

Die dritte Hauptanwendung der Allgemeinen Relativitätstheorie muß vermutlich bis zum 21. Jahrhundert warten: die *Gravitationswellen*. Die Einsteinschen Gleichungen spielen in der Gravitation eine vergleichbare Rolle, wie die Maxwell-Gleichungen im Elektromagnetismus. Nun erinnern wir uns, daß die Bewegung von elektrischer Ladung elektromagnetische Wellen erzeugt. Ganz entsprechend sagt die Allgemeine Relativitätstheorie vorher, daß die Bewegung von Gravitationsquellen Wellen an Krümmung erzeugt, die sich mit Lichtgeschwindigkeit in dem elastischen Gewebe der Raum-Zeit ausbreiten. Ich werde von den Gravitationswellen in Kapitel 18 ausführlicher sprechen.

3.8 Die Allgemeine Relativitätstheorie auf dem Prüfstand

In vielerlei Hinsicht ist der theoretische Physiker ein Philosoph in einem Arbeitsanzug.

P. BERGMANN, 1949

Die drei Messungen, die von Einstein als Test seiner Allgemeinen Relativitätstheorie vorgeschlagen wurden, beziehen sich auf die Ablenkung der Lichtstrahlen in der Nähe der Sonne, die Anomalie der Bahn des Merkur und die Rotverschiebung atomarer Spektrallinien in einem Gravitationsfeld.

Die Ablenkung von Licht, das nahe der Sonne vorbeifliegt (dargestellt in Bild 3.10), wurde während der Sonnenfinsternis 1919 gemessen und stimmt mit dem von Einstein berechneten Wert überein.

Der zweite Test bezieht sich auf die Bewegung der Planeten. Die Newtonsche Himmelsmechanik besagt, daß ein einzelner Planet die Sonne auf einer „festen" Ellipse umkreist (deren Hauptachse sich nicht dreht). Diese Bewegung wird durch die anderen Planeten jedoch gestört, und die elliptische Bahn verschiebt sich im Laufe der Zeit langsam nach vorne. Der französische Astronom Urbain Le Verrier entdeckte 1859, daß sich das *Perihel* des Merkur (der Punkt der Bahnkurve, welcher der Sonne am nächsten ist) schneller voranbewegt, als es von der Newtonschen Theorie vorhergesagt wird (Bild 3.11). Eine detaillierte Berechnung der Störungen durch die äußeren Planeten (hauptsächlich Jupiter) ergab nämlich ein Voranschreiten von 5 514 Bogensekunden pro Jahrhundert, während die wirkliche Vorwärtsbewegung des Merkur 5 557 Bo-

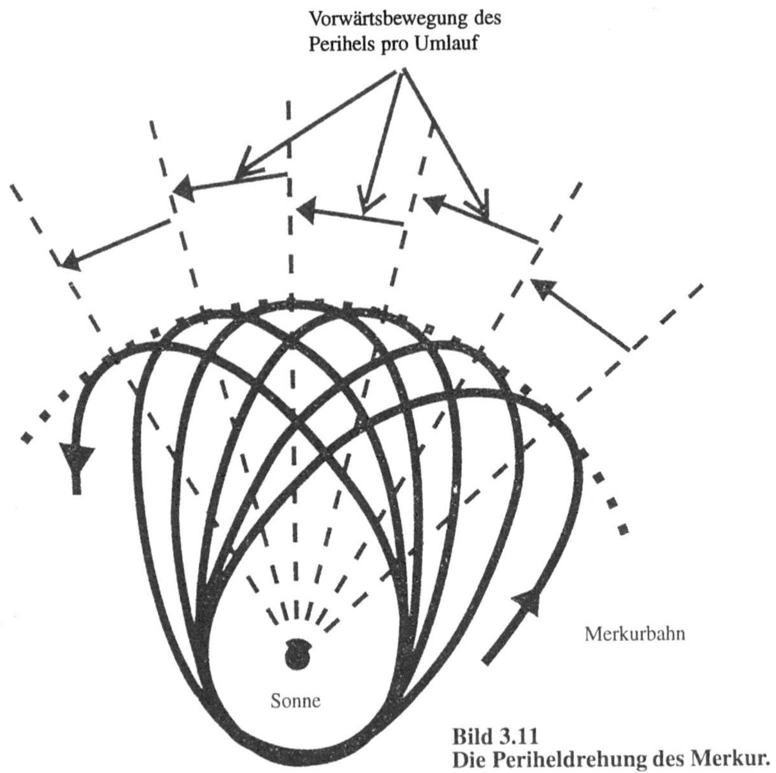

Bild 3.11
Die Periheldrehung des Merkur.

gensekunden pro Jahrhundert beträgt, d.h. 43 „zu viel"[4]. Offensichtlich ist die Anomalie sehr klein (bei dieser Geschwindigkeit benötigt der Merkur drei Millionen Jahre, um eine volle Vorwärtsdrehung auszuführen), aber die Himmelsmechanik ist der Hauptanwendungsbereich der Newtonschen Theorie, und dort ist sie so genau, daß sie eine Erklärung hätte geben müssen.

Die natürlichste Annahme wäre die Existenz eines störenden Körpers gewesen: ein Materiering auf einer Bahn um die Sonne oder ein noch unbekannter Planet. Solche Überlegungen hatten Le Verrier bereits berühmt gemacht, denn

---

[4] Der Kreis bildet einen Bogen von 360 Grad, und jedes Grad besteht aus 3 600 Bogensekunden.

aus einer genauen Analyse der Störungen der Bahn des Uranus konnte er 1846 die Existenz des Planeten Neptun vorhersagen, der auch kurz darauf entdeckt wurde. So schloß Le Verrier – in der Hoffnung, seinen Erfolg wiederholen zu können – auf die Existenz eines weiteren Planeten, der der Sonne noch näher als Merkur sein sollte, und den er sinnigerweise Vulkan nannte. Le Verrier berechnete, daß Vulkan nur selten vor der Sonnenscheibe erscheinen würde (der dunkle Fleck wäre die einzige Möglichkeit für seinen Nachweis), aber er starb 1877, kurz vor dem vorhergesagten Erscheinen. Er hat so von seinem Fehlschlag nie erfahren. An jenem Tag richteten sich alle Fernrohre auf die Sonne, aber Vulkan lehnte es hartnäckig ab, sich zu zeigen!

Leicht abgeänderte Newtonsche Theorien der Gravitation schossen wie Pilze aus dem Boden, alle mit dem einen Ziel, die Periheldrehung des Merkur zu erklären. Man stellte fest, daß auch die anderen Planeten dasselbe Phänomen der Periheldrehung aufwiesen: Venus, Erde, Mars und der Asteroid Ikarus, aber die Theorien, die für die Periheldrehung eines Planeten angepaßt waren, schlugen bei den anderen fehl.

Als man sich schließlich klarmachte, daß die Planeten mit der stärksten Periheldrehung der Sonne am nächsten sind, suchten die Astonomen die Ursache der Störung in der Sonne selber. Die Sonne ist letztendlich keine vollkommene Kugel, und ihre Abflachung könnte im Prinzip einem Perihel „den Kopf verdrehen". In Wirklichkeit ist die Sonne aber zu rund. Die Newtonschen Theorien der Gravitation, ob abgeändert oder nicht, wurden weiterhin von den Launen eines kleinen Haufens von Planeten verspottet.

Im Jahre 1916 lieferte schließlich die Allgemeine Relativitätstheorie von Einstein eine kohärente und umfassende Erklärung für die Periheldrehung der Planeten. Diese werden nun nicht mehr von einer geheimnisvollen Kraft angezogen, die von der Sonne ausgeht, sondern sie bewegen sich *frei* in einer Raum-Zeit, die durch die Masse unseres Sterns gekrümmt wird. Die Trajektorien der Planeten sind Geodäten, und die Geodäten einer durch die Sonnenmasse gekrümmten Raum-Zeit bilden keine exakten Ellipsen oder Hyperbeln mehr. Ihre Achsen drehen sich im Verlauf der Zeit langsam um einen Betrag, der genau den Beobachtungen entspricht (Bild 3.12).

Der dritte von Einstein vorgeschlagene Test bezieht sich auf die scheinbare „Verlangsamung" von Licht in einem Gravitationsfeld. Die Verringerung der Frequenz einer elektromagnetischen Strahlung bedeutet eine Verlängerung ihrer Wellenlänge, eine „Rötung" ihres Spektrums (die Farbe Rot hat die längste Wellenlänge im Bereich des sichtbaren Lichts). In bezug auf die Sonne ist dieser Effekt kein wirklicher Test der Allgemeinen Relativitätstheorie, da er zu schwach und die Ungenauigkeit der Spektralmessungen zu groß ist. Selbst bei

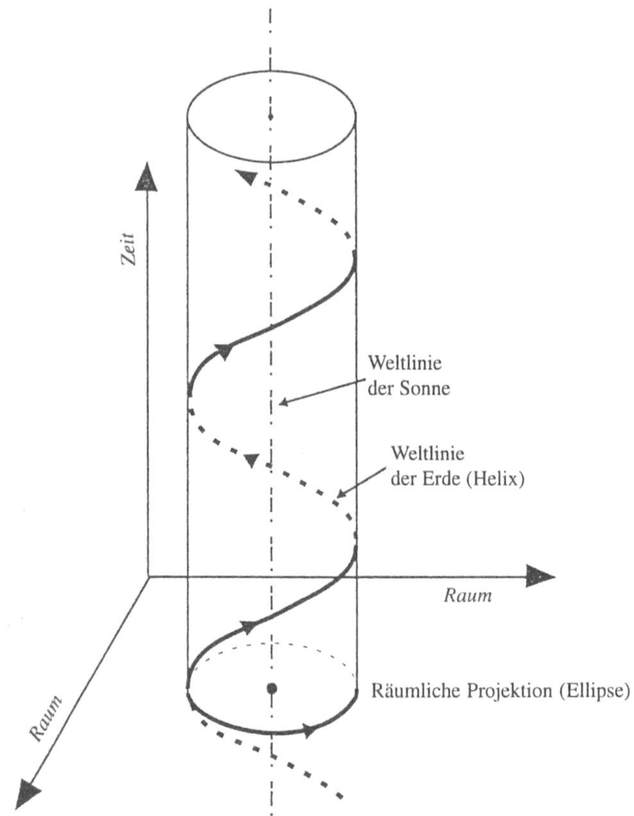

Bild 3.12 Die Bewegung der Erde in der Raum-Zeit. Die Weltlinie der Erde in ihrer Bewegung um die Sonne ist eine Schraubenlinie, die sich um eine zylinderartige Fläche windet. Ihre räumliche Projektion ist eine Ellipse, deren große Achse sich langsam dreht.

Sternen, die erheblich dichter sind als die Sonne und daher die Lichtstrahlen stärker zurückhalten – wie z.B. die weißen Zwerge, siehe Kapitel 5 – werden die Spektren von magnetischen Feldern oder unbekannter Materie innerhalb der Sterne so stark beeinflußt, daß es schwierig ist, die verschiedenen Störeffekte korrekt zu berücksichtigen.

Bei dem dritten Test handelt es sich im Grunde genommen um eine Form

der Zeitelastizität in einem Gravitationsfeld. Schon die Spezielle Relativitätstheorie hatte gezeigt, daß beschleunigte Uhren langsamer gehen (das Zwillingsparadoxon). Nach dem Äquivalenzprinzip kann man daraus schließen, daß
die Gravitation ebenfalls die Uhren verlangsamt: Uhren im Erdgeschoß ticken
langsamer, als Uhren in der ersten Etage.

Erst nach dem Tode Einsteins gelang es, so genaue Uhren zu konstruieren,
daß man die Elastizität der Zeit selbst in einem so schwachen Gravitationsfeld,
wie dem der Erde, messen konnte. Im Jahre 1960 gelang es Physikern an der
Universität Harward, die Frequenzverschiebung von Gamma-Strahlen (elektromagnetische Strahlung von sehr hoher Energie), die vertikal einen Höhenunterschied von 23 Metern zurückgelegt hatten, mit einer Genauigkeit von eins
zu tausend nachzuweisen. Während man für die Messung der Lichtablenkung
an der Sonne auf eine Sonnenfinsternis warten muß, oder zum Nachweis der
zu raschen Periheldrehung des Merkurs die Beobachtungen von einem Jahrhundert zusammentragen muß, handelt es sich hier um eine Messung in einem
Laboratorium, die jederzeit wiederholt werden kann. Ein blühendes Zeitalter
begann für die experimentelle Gravitation.

Seit 1976 hat man immer wieder außerordentlich stabile Uhren, mit einer
Genauigkeit von eins zu einer Billiarde, an Bord von Flugzeugen auf sehr große
Höhen gebracht, wo das Kraftfeld der Erde spürbar schwächer als am Boden
ist. Das elektromagnetische Ticken dieser Uhren wurde mit identischen Uhren im Laboratorium verglichen. Die Differenz der Taktzeiten ist meßbar und
stimmt exakt mit den Vorhersagen der Allgemeinen Relativitätstheorie überein.

Der stärkere Einfluß des Gravitationsfeldes der *Sonne* auf die Elastizität der
Zeit läßt sich nachweisen, seit es Raumsonden gibt. Ein Radar sendet eine Radiowelle in Richtung eines Satelliten, der sich auf der anderen Seite der Sonne
befindet. Das Radiosignal wird reflektiert und kehrt zur Erde zurück, wo man
die Dauer seiner Reise bestimmt. Die durch die Sonnengravitation gekrümmte
Geometrie führt zu einem Unterschied im Vergleich zur Ausbreitungszeit der
Welle in einer leeren und flachen Raum-Zeit. Dieses Experiment wurde 1971
mit einer Mariner-Sonde verwirklicht und bestätigte einmal mehr den verlangsamenden Einfluß der Gravitation.

Der Leser könnte sich nun fragen, warum man so viele kostspielige Tests
durchführt, nur um eine Theorie zu bestätigen, die doch gut zu funktionieren
scheint. Der Grund dafür ist, daß alle diese Experimente zur Allgemeinen Relativität sich nur innerhalb der Gravitationsfelder ausführen lassen, die es in
unserem Sonnensystem gibt, die sehr schwach sind und außerdem stationär
(d.h. sie verändern sich nicht im Verlauf der Zeit). Nun führte dieses Zeitalter einer blühenden experimentellen Gravitation auch dazu, die Phantasie der

Theoretiker anzuregen. Daraus entstanden unzählige Theorien der Gravitation, die mit der Einsteinschen konkurrieren. Die meisten dieser Theorien enthalten zusätzliche Parameter, die nach Belieben ihres Erfinders gewählt werden können. Das gilt z.B. für die bekannteste dieser Theorien, entwickelt von dem Deutschen Paul Jordan und dem Franzosen Yves Thiry, in Amerika bekannt unter dem Namen zweier Landsleute, Carl Brans und Robert Dicke (der letztere spielte eine führende Rolle bei der Entwicklung der experimentellen Gravitation).

Dank der Freiheit bei der Wahl der Parameter können diese alternativen Theorien so angepaßt werden, daß sie allen Effekten, die sich im Sonnensystem messen lassen, Rechnung tragen. Wie entscheidet man nun aber, welche Theorie die „richtige" ist?

Nur eine Untersuchung dieser Theorien und ihrer Vorhersagen für sehr starke und dynamische Gravitationsfelder (die sich sehr rasch im Verlauf der Zeit verändern) könnte eine Antwort bringen. Bis vor kurzem hatte uns die Natur jedoch keine geeignete Stätte für solche Untersuchungen zur Verfügung gestellt. Mit der Entdeckung eines *Doppel-Pulsars* im Jahre 1974 (siehe Kapitel 7) änderte sich jedoch alles. Die beobachtete Verlangsamung der Bahnperiode dieser beiden eng aneinander gebundenen Neutronensterne stimmt mit der Einsteinschen Theorie überein, und steht im Widerspruch zu praktisch allen anderen konkurrierenden Theorien.

3.9   Eine magische Theorie

Der Zauber dieser Theorie ist so stark, daß sich ihm praktisch keiner entziehen kann, der sie einmal verstanden hat.

ALBERT EINSTEIN

Die Allgemeine Relativitätstheorie ist sicherlich einer der eindrucksvollsten intellektuellen Fortschritte, der jemals von einem einzelnen Individuum erzielt wurde. Im Jahre 1911, während er an der Universität von Prag arbeitete, berechnete Einstein zum ersten Mal die Ablenkung von Licht in einem Gravitationsfeld. Die experimentelle Überprüfung hätte bei der Sonnenfinsternis im Jahre 1914 erfolgen sollen, das Projekt wurde jedoch wegen des Kriegsausbruchs abgesagt. Glück für Einstein: Seine Theorie war noch nicht voll ausgereift, und seine Vorhersage stellte sich später als falsch heraus. Ein Mißerfolg hätte ihn jedoch zweifelsohne nicht entmutigt. Nach seiner eigenen Aussage war er ein wissenschaftlicher „Monomane". Der englische Physiker Paul Dirac äußerte sich später über ihn: „Die wissenschaftlichen Ideen beherrschten das ganze Denken Einsteins. Er gab Ihnen einen Tee, und während Sie den Tee umrührten, suchte er nach einer wissenschaftlichen Erklärung für die Bewegung der Teeblätter in der Tasse."

Im November 1915 hatte Einstein die endgültige Form der Gleichungen der Allgemeinen Relativitätstheorie, und er veröffentlichte seine Ergebnisse in den *Berliner Berichten* in den Ausgaben vom 4., 11., 18. und 25. November. Von da an hatte seine Theorie einen explosionsartigen Erfolg. Die beiden ersten Bücher über die Allgemeine Relativitätstheorie erschienen im Jahre 1918, eines in London von Arthur Eddington[5], das andere in Berlin von Hermann Weyl. Die Ablenkung der Lichtstrahlen an der Sonne wurde dank des Eifers von Frank Dyson und Eddington während der Sonnenfinsternis am 29. Mai 1919 in Sobral (Brasilien) gemessen. Die Vorhersagen Einsteins wurden auf einem berühmten Treffen der Royal Society in London am 6. November 1919 bestätigt.

Der Erste Weltkrieg war gerade zu Ende. Die Welt war enttäuscht und auf der Suche nach einem neuen Ideal. Einsteins Theorie mit ihren bizarren Ideen einer gekrümmten Raum-Zeit war wie geschaffen dafür, obwohl praktisch kaum jemand ein Wort verstand. Unzählige allgemeinverständliche Artikel erschienen in den Zeitungen, gewöhnlichen wie auch philosophischen. Die Öffentlichkeit war begeistert, und die Relativitätstheorie wurde zu einem beliebten Gesprächsthema. Einstein wurde einer der gefeiertsten Wissenschaftler der Welt und seine Meinung zu allen möglichen Fragen eingeholt. Die Vereinigten Staaten empfingen ihn mit großem Pomp, und er gehörte zur bekannten Prominenz.

Unter den Wissenschaftlern war der Enthusiasmus zum Teil gedämpft. Einige Wissenschaftler erstarrten fast vor Bewunderung für die Einzelleistung Einsteins und versuchten, das frühere Lob für Newton noch zu überbieten. „Eines der wunderbarsten Beispiele für die Macht des spekulativen Denkens", bestätigt Hermann Weyl und scheut sich nicht hinzuzufügen: „als ob eine Wand, die uns von der Wahrheit trennte, plötzlich zusammenfällt". „Die größte Tat des menschlichen Geistes", sagt Max Born im Jahre 1955. Man sollte betonen, daß die leidenschaftlichsten Verfechter der Allgemeinen Relativitätstheorie unter

---

[5] In jenen Jahren war die deutsche Wissenschaft „in Ungnade gefallen", und englische Bibliotheken bezogen keine Zeitschriften mehr aus Deutschland. Eddington wußte von den Artikeln Einsteins nur über einen holländischen Freund, der ihm durch einen Boten Kopien der Artikel übersandte. Es waren vermutlich die einzigen verfügbaren Kopien in England.

den Physikern gleichzeitig diejenigen waren, die auch die Fähigkeit hatten, sie zu verstehen.

Auf der anderen Seite tobten diejenigen, denen die Theorie verschlossen blieb. Es ist schwer, die verblüffende Äußerung des Physikers H. Bouasse stillschweigend zu übergehen: „Der Grund dieses Erfolgs – von dem ich glaube, daß er nur kurzfristig sein wird – ist, daß die Einsteinsche Theorie nicht in den Rahmen der physikalischen Theorien paßt: Es handelt sich um eine metaphysische Hypothese, die obendrein unverständlich ist, ein doppelter Grund für ihren Erfolg [...]. Letztendlich werden wir, die Physiker im Laboratorium, das letzte Wort haben: Wir akzeptieren nur die Theorien, die uns passen; wir lehnen diejenigen ab, die wir nicht verstehen, und die für uns daher nutzlos sind."

Ein weiterer energischer Gegner der Allgemeinen Relativitätstheorie war Allvar Gullstrand, schwedischer Augenarzt und Mathematiker, Nobelpreisträger für Medizin im Jahre 1911 und Mitglied des Nobelkomitees für Physik. Das ist vermutlich der Grund, warum der Nobelpreis 1921 Einstein in erster Linie für „seine Entdeckung des photoelektrischen Effekts" und nicht für seine Relativitätstheorie verliehen wurde!

Dazu bemerkt der französische Physiker Jean Eisenstaedt: „Es ist der Fanatismus, der die biederen Menschen in Aufregung versetzt und sie dazu bringt, die Gemälde der Kubisten, Dadaisten, und die nicht-gegenständliche Malerei zu Beginn dieses Jahrhunders zu hassen. Diese biederen Menschen rühmen sich, von der neuen Kunst nichts zu verstehen; einer Kunst, der die Snobs applaudieren, ohne sie zu verstehen."

Hier ist der Vergleich zwischen wissenschaftlicher Kreativität und künstlerischer Kreativität angemessen. Die Allgemeine Relativitätstheorie wurde oft mit einem prachtvollen Werk der abstrakten Kunst verglichen. Aber die ästhetische Schönheit einer Theorie garantiert noch nicht ihre Richtigkeit, und die Gemeinschaft der pragmatischen Physiker wird Zeit brauchen, bis sie die Allgemeine Relativitätstheorie akzeptiert hat. Die internationale Vereinigung der Astronomen (die alle drei Jahre Astronomen aus der ganzen Wert versammelt) gründete 1922 voller Enthusiasmus eine „relativistische" Kommission. Sie traf sich ein einziges Mal... und entschied anschließend, daß es nutzlos sei, die Arbeit fortzusetzen!

Auch heute ist das Spiel noch nicht gewonnen. Aber seit ungefähr dreißig Jahren sind wir auf einem guten Weg. Dies insbesondere seit dem Tag, als das flackernde Licht von seltsamen und weit entfernten Sternen an die Tore der großen Radioteleskope klopfte.

Teil II
Außergewöhnliche Überreste

Sterne sind die goldenen Früchte eines unerreichbaren Baumes.
GEORGE ELIOT

Vorbemerkungen

Die Wissenschaft ersetzt das komplizierte Sichtbare durch das einfache Unsichtbare.

JEAN PERRIN

Vor einigen Jahren begann ein Astrophysiker auf einer Tagung seinen Vortrag mit den Worten: „Ein Stern ist eine sehr einfache Sache." Daraufhin konterte einer seiner Zuhörer: „Selbst Sie sähen aus einer Distanz von einhundert Lichtjahren sehr einfach aus!"

Diese Bemerkung ist vollkommen gerechtfertigt. Obwohl unsere Sonne uns nur ihre „Haut" zeigt, eröffnet sich uns eine ganze Palette an Phänomenen: Granulen, Sonnenflecke, Eruptionen, Protuberanzen. Nur die riesigen Entfernungen der anderen Sterne lassen sie in der Nacht zu einfachen schimmernden Lichtpunkten werden. Lediglich ihre Strahlung erreicht uns, ein entferntes und stark abgeschwächtes Zeichen ihrer ungeheuren inneren Aktivität. Und da schon die Erforschung der Strahlung wunderbare Einsichten ermöglicht, benötigen wir von Zeit zu Zeit die Sternentheoretiker, die uns helfen können zu verstehen, wie alles „funktioniert". Wer von Theorie spricht, spricht auch von Abstraktion, d.h. von bewußtem Vergessen der „Epiphänomene", um sich dem Wesentlichen zuwenden zu können. Genau das möchte ich auch in dieser Einführung in die überschwengliche Welt der Sterne versuchen.

In dieser vereinfachten Sicht läßt sich ein Stern durch wenige Worte charakterisieren: ein riesiger Ball aus heißem Gas. Aber jedes dieser Worte ist von Bedeutung und benötigt eine Erklärung.

Wenn man von einem Ball aus Gas spricht, setzt man ein Gleichgewicht in diesem Ball voraus. Wir wissen z.B., daß sich die Sonne seit fünf Milliarden Jahren praktisch nicht verändert hat. Das erscheint überraschend, denn auf der Erde sind wir es gewohnt, daß sich ein freies Gas ausbreitet und den ganzen umgebenden Raum auszufüllen versucht. Demgegenüber verfliegt das Gas eines Sternes nicht, sondern bleibt in einem eng umgrenzten Gebiet. Die Bezeichnung „riesig" ist der Schlüssel zu diesem ersten Rätsel: Bei so großen Massen, wie sie in einem Stern vorhanden sind, wird die Gravitation zum uneingeschränkten Organisator der Materie. Jedes Atom eines Sterns wird zum Zentrum hingezogen, und die gegenseitige Anziehung zwischen den Atomen des Sterns sorgt für die Kohäsion des Gases. Gleichzeitig erwirkt die Gravita-

61

tion die Form des Sterns: eine fast perfekte Kugel, sofern die Rotation nicht zu groß ist.

Hier könnte man wiederum überrascht sein: Wenn alle Teilchen eines Sterns auf sein Zentrum hingezogen werden, warum fällt ein Stern nicht in sich zusammen? Der Grund dafür liegt in dem Wort „heiß": Hitze, d.h. Energie, entsteht im Zentrum des Sterns. Diese Energie breitet sich zur Oberfläche aus und wirkt so dem Gewicht des Sterns entgegen. An der Oberfläche angelangt, entweicht sie in Form von Strahlung.

Spricht man daher über die Sterne, so taucht immer wieder ein Wort auf: Gravitation. Sie nimmt an der Entstehung der Sterne teil, ist aber auch der Grund für ihren Tod. Das Leben eines Sterns besteht aus einem permanenten und verzweifelten Kampf gegen sein eigenes Gewicht. Permanent, weil der Stern in jedem Stadium seiner Entwicklung neue Energiequellen finden muß, die ihn stützen. Verzweifelt, da der Kampf schon verloren ist: Früher oder später wird die Gravitation triumphieren und der Stern in sich zusammenfallen.

Diesem uneingeschränkten Einfluß der Gravitation auf das Schicksal der Sterne begegnet man auf einem noch riesigeren Maßstab wieder. Alle großen Strukturen in unserem Universum werden von der Gravitation geformt. Der durch die Gravitation verursachte Kollaps erzeugt die Sterne, die Sternhaufen und die Galaxien; und in diesem Kollaps gehen sie auch zugrunde.

Das schwarze Loch ist ein möglicher Überrest eines Sterns. In meinen Augen ist es auch der außergewöhnlichste Überrest, insofern es sich um den extremsten, nahezu absurdesten Ausgang eines Gravitationskollapses handelt. Daher möchte ich auch nicht von den schwarzen Löchern sprechen, ohne das Schicksal der Sterne beschrieben zu haben; wie sie geboren werden, leuchten und schließlich sterben.

Kapitel 4
Chronik der heißen Jahre

4.1 Die Geburt der Sterne

Wie der Regen, so ist ein Stern ein kondensierter Tropfen im Inneren einer
Gaswolke. Verglichen mit den Bedingungen auf der Erde könnte man fast sagen, daß ein Stern sich aus dem Nichts bildet: Die Luft, die wir atmen, enthält
dreißig Milliarden Milliarden Atome pro Kubikzentimeter, eine interstellare
Wolke enthält kaum mehr als einige dutzend. Andererseits erstreckt sie sich
über einige hundert Lichtjahre und umfaßt eine Masse, die mehreren tausend
Sonnen entspricht. Eine interstellare Wolke unterscheidet sich von einer atmosphärischen Wolke auch in ihrer chemischen Zusammensetzung: Sie enthält
im Mittel sechzehn Wasserstoffatome[1] auf ein Heliumatom, außerdem Spuren
von höheren Elementen, wie Kohlenstoff, Stickstoff oder Eisen.

Eine interstellare Wolke ist nicht nur sehr verdünnt, sondern auch sehr kalt:
höchstens 100 Grad Kelvin[2]. Eine solche Wolke könnte unendlich lange stabil
bleiben, da die thermische Bewegung der Atome gerade den kontrahierenden
Einfluß der Gravitation ausgleicht. Aus diesem Grunde können die Sternen-
tropfen nur kondensieren, wenn die Wolke *gestört* wird.

Man kennt einige Mechanismen, die eine Wolke zusammendrücken und die
Entstehung eines Sterns auslösen. In den sogenannten *Spiral-Nebeln* befinden
sich die Sterne hauptsächlich in den riesigen Armen, die von einem verdickten
Zentrum, dem *Kern*, ausgehen. Diese Arme drehen sich langsam um den Kern.
So dreht sich die Sonne, im sogenannten Orionarm, innerhalb von zweihun-
dert Millionen Jahren einmal vollständig um das Zentrum unserer Galaxis. Die
Spiralarme transportieren Materie und damit einen Dichteüberschuß, dessen
Bewegung durch die interstellare Materie zu einer *Kompression* führt, und dort
die Kondensation von Sternen auslöst.

---

[1] Die sich meist in Moleküle gruppieren.

[2] Grad Kelvin geben die Temperatur in bezug auf den *absoluten* Nullpunkt an, d.h. die tief-
ste Temperatur, die theoretisch erreicht werden kann. Sie ist gleich minus 273 Grad Celsius.
100 °Kelvin entsprechen daher minus 170 °C.

Ein anderes Modell der Sternentstehung beruht auf der schönen Idee, nach der die Geburt oder der Tod eines einzelnen Sterns die Kondensation von unzähligen neuen Sternen auslösen kann. Bildet sich nämlich ein Stern im Zentrum einer Wolke, so erhitzt und komprimiert seine intensive Strahlung die Umgebung in der Wolke, bis es dort zu einer richtigen „Epidemie" von Kondensationen kommt. Der explosionsartige Tod eines Riesensterns in Form einer Supernova[3] hat ganz ähnliche Auswirkungen. Die Überreste des Sterns bahnen sich ihren Weg mit einer Geschwindigkeit von mehreren zehntausend Kilometern pro Sekunde und verwandeln die interstellare Wolke so in einen Teilch junger Sterne.

Wenn die interstellare Wolke beginnt, sich zusammenzuziehen, wird sie undurchsichtig. Da sie nun das Licht der anderen Sterne nicht mehr absorbiert, kühlt sie sich bis fast auf den absoluten Nullpunkt ab. Die Atome der Wolke werden dadurch so langsam, fast gefroren, daß die gegenseitige gravitative Anziehung ihre thermische Bewegung übertrifft. Die Materieverteilung in der Wolke ist nun nicht mehr vollkommen homogen; es gibt Klumpen an Stellen, wo sich im Mittel etwas mehr Atome befinden, und es gibt Löcher, wo es etwas weniger Atome sind. Und da Materie auch Gravitation erzeugt, gibt es um jeden der Klumpen eine Verstärkung der Gravitation. Dadurch werden die langsamen, abgekühlten Atome aus der Umgebung unwiderstehlich angezogen, und die Anziehungskraft der Klumpen wächst mit den eingefangenen Atomen. Die Klumpen werden so zu noch dichteren *Globulen* von einigen Milliarden Kilometern Durchmesser und dem Äquivalent von mehreren Sternenmassen.

In diesem Stadium zeigt sich ein Mechanismus, der eine Schlüsselrolle einnimmt: die *Jeanssche Instabilität*. Danach wird in einem ausgedehnten Medium eine Dichtewelle instabil, wenn sie eine bestimmte kritische Masse überschreitet. Die Störung entkoppelt daher von dem Medium und bildet ein stabiles System, das von seiner eigenen Gravitation zusammengehalten wird. Genau das passiert einem Globul: Er ist zu kalt, um sich gegen sein eigenes Gewicht zu behaupten, zieht sich zusammen und isoliert sich vom Rest der Wolke. Während er sich zusammenzieht, wird das Gas in seinem Zentrum immer stärker zusammengedrückt, und der Druck, die Temperatur und die Dichte wachsen über alle Grenzen. Das heiße Gas beginnt, Energie abzustrahlen; der ehemals schwarze Globul wird rot...

Ein „Stern" ist geboren. Allerdings würde man ihn noch nicht „Stern" nennen, da die abgestrahlte Energie nicht ausreicht, um sich selbst am Kollaps zu

---

[3] Siehe Kapitel 6.

hindern. Der Protostern zieht sich daher immer weiter zusammen, jedoch mit einer kleineren Geschwindigkeit. Erst wenn die Temperatur in seinem Zentrum zehn Millionen Grad erreicht, beginnt der Wasserstoff, in sogenannten *thermonuklearen Reaktionen* zu verbrennen. Eine neue Energie durchströmt das Innere des Protosterns und stabilisiert ihn: Dies ist ein Stern.

4.2 Der Kampf des Feuers

Oh Sonne, das ist die Zeit der brennenden Vernunft.

GUILLAUME APOLLINAIRE

In seinem andauernden Kampf gegen die Gravitation ist die Hauptwaffe eines Sterns die Nuklearwaffe. Sein Inneres ist eine Bombe, die ständig versucht, den Stern auseinanderzureißen, und nur weil die Nuklearkraft sich gerade so anpaßt, daß sie die Gravitation des Sterns kompensiert, kann er sich für eine lange Zeit der Ruhe, bis zu Milliarden von Jahren, stabilisieren.

Wie der Name andeutet, finden die thermonuklearen Reaktionen zwischen den Atomkernen bei sehr hohen Temperaturen statt, und sie hängen daher mit der fundamentalen Struktur der Materie zusammen. Im Zentrum eines Sterns wie der Sonne erreicht die Temperatur fünfzehn Millionen Grad, und der Druck ist gleich dem dreihundertmilliardenfachen atmosphärischen Druck der Erde[4]. Unter diesen Bedingungen sind die Gasatome nicht nur ihrer elektronischen Hülle beraubt und auf ihren Kern reduziert, sondern sie schießen auch mit derart großen Geschwindigkeiten aufeinander, daß die Kerne ihre elektrische Abstoßung überwinden und sich durchdringen können, sie *fusionieren*. Wir wollen nun genauer sehen, wie dieser Vorgang abläuft.

Ein Stern wird im Zentrum einer großen Wolke aus molekularem Wasserstoff erzeugt und besteht daher in erster Linie aus Wasserstoff. Dies ist das einfachste chemische Element: Es besteht nur aus einem Kern mit einer positiven elektrischen Ladung, dem *Proton*, und einem *Elektron* mit einer negativen elektrischen Ladung. In einem Stern ist die Temperatur so hoch, daß die Protonen von den Elektronen getrennt sind und sich zickzackförmig in alle Richtungen bewegen, wie die Moleküle in einem Gas. Da sich elektrische Ladungen mit gleichem Vorzeichen abstoßen, ist jedes Proton durch eine Art

---

[4] Dieser beträgt schon ein Kilogramm pro Quadratzentimeter.

65

elektrischen Schutzschild „abgeschirmt" und hält sich seine Partner auf Distanz. Im Zentrum eines jungen Sterns, bei fünfzehn Millionen Grad, bewegen sich die Protonen jedoch so schnell, daß sie beim Aufeinandertreffen nicht wie Gummibälle zurückprallen, sondern ihre Schutzschilde zersprengen und aneinander kleben bleiben.

Wenn vier Protonen fusionieren, so bilden sie einen *Heliumkern*. Helium ist das zweithäufigste Element in der Natur[5]. Ein Heliumkern wiegt weniger als die Summe der vier Protonen, aus denen er entstanden ist. Zwar ist diese Differenz nur ein minimaler Teil der Gesamtmasse (sieben tausendstel), wegen der von Einstein entdeckten Äquivalenz von Masse und Energie führt diese kleine Massendifferenz jedoch zu einer riesigen freiwerdenden Energiemenge. Die Umsetzung von einem Kilogramm Wasserstoff zu Helium liefert dieselbe Energiemenge, wie die Verbrennung von 200 Tonnen Kohlenstoff, und sie reicht aus, um eine 100-Watt-Birne für eine Millionen Jahre brennen zu lassen. Nun haben sonnenähnliche Sterne ein großes Zentrum. Es handelt sich nicht um einige Kilogramm, sondern um sechshundert Millionen Tonnen Wasserstoff, die jede Sekunde in Helium umgewandelt werden. Die entstehende Menge an Kernenergie ist daher so riesig, daß sie auf ihrem Weg nach Außen die Kontraktion des Sterns durch die Gravitation aufzuhalten vermag.

Es gibt mehrere mögliche Reaktionsketten für die Umwandlung von Wasserstoff in Helium. Die beiden häufigsten Reaktionen sind die Proton-Proton-Kette (an der ausschließlich Wasserstoffkerne teilnehmen) und der sogenannte C-N-O-Zyklus (dabei handelt es sich um eine geschlossene Reaktionskette, bei der schwerere Elemente, wie z.B. Kohlenstoff C, Stickstoff N und Sauerstoff O, als Katalysatoren auftreten). In der Sonne entsteht der Hauptteil der Kernenergie durch Proton-Proton-Reaktionen. In reiferen Sternen mit noch heißeren Zentren ist es jedoch umgekehrt: Je höher die Temperatur, desto besser arbeitet der C-N-O-Zyklus. Unabhängig von der Temperatur ist Wasserstoff jedoch ein schlechter Brennstoff: Ein Proton wartet im Mittel ... vierzehn Milliarden Jahre, bis es mit drei seiner Partner über eine Proton-Proton-Reaktion fusioniert[6]. Diese „astronomische" Zeitdauer erklärt die lange Lebenszeit der Sterne während ihrer Kernverbrennung und vermittelt eine vage Vorstellung von der ungeheuren Anzahl von Wasserstoffkernen in ihrem Zentrum.

---

[5] Auf unserem Planeten ist Helium praktisch verschwunden. Es ist nur eines der seltenen Gase in der Luft und dient zum Aufblasen der Zeppeline. Wenn Helium trotzdem zu den häufigeren Elementen in unserem Universum zählt, so weniger, weil es in den Sternen erzeugt wird, als weil es zusammen mit Wasserstoff und einigen anderen leichten Elementen während der ersten Minuten der Entstehung des Universums gebildet wurde.

[6] „Nur" dreizehn Millionen Jahre für eine C-N-O-Reaktion.

Am 16. Juli 1945 in Alamogordo, Neu-Mexiko, brachte der Mensch zum ersten Mal eine Atombombe zur Explosion. In Wirklichkeit handelte es sich dabei jedoch nicht um ein „Stück" eines Sterns, sondern um eine *Fissions*- oder auch *Spalt*-Bombe, bei der die Kernenergie durch die Spaltung bestimmter Kerne entsteht. Diese Kerne sind dabei sehr viel schwerer als Protonen. Seitdem hat sich der Mensch den Sternen genähert und die Wasserstoffbombe entwickelt, bei der wirklich Protonen fusionieren. An diesem Punkt endet jedoch auch schon der Vergleich mit den Sternen. Die Einzelheiten der Kernreaktionen sind verschieden. In einer Bombe muß man keine zehn Milliarden Jahre warten, bis die Protonen verschmelzen, da die für die Reaktion notwendigen Bestandteile von außen zugeführt werden. In einem Stern bilden sich diese Zwischenprodukte mit einer sehr langsamen Rate selber.

Vor allem ist der Mensch jedoch noch nicht in der Lage, die Fusion von Wasserstoff zur friedlichen Nutzung zu kontrollieren. Es ist noch nicht möglich, Behälter zu bauen, die den hohen Temperaturen und dem riesigen Druck standhalten, wie sie für solche Reaktionen notwendig sind. Die Sterne verwirklichen jedoch diese vom Menschen gesuchten Schmelztiegel in ganz natürlicher Weise: Ihre Masse ist so groß, daß die Gravitation die Protonen in dem gewünschten Volumen zusammenhält; ihr riesiger Kernreaktor ist stabil, und die Energieerzeugung kontrolliert...

4.3 Das verbleibende Leben

Strahlender Stern, warum bin ich nicht so unveränderlich?

John Keats

Die Sonnenenergie wird, nachdem sie im Zentrum freigesetzt wurde, in Form von Photonen (Lichtteilchen) ausgestrahlt. Ein Photon hat jedoch noch einen langen Weg zu durchlaufen, bevor es die Oberfläche erreicht und in den interplanetaren Raum entwischen kann. Dort wird es dann den Schweif der Kometen „zerzausen" oder die vereiste Oberfläche der Planeten erwärmen. Man könnte zunächst meinen, daß ein im Zentrum der Sonne emittiertes Photon bei einer Geschwindigkeit von ungefähr 300 000 km/s nur 2,3 Sekunden benötigt, um die 700 000 km bis zur Oberfläche zurückzulegen. Dies ist jedoch nicht der Fall; im Gegenteil: Es benötigt im Mittel zehn Millionen Jahre! Das Licht, das wir auf der Erde empfangen, hat die Oberfläche der Sonne acht Minuten vorher

67

verlassen. Es wurde jedoch in ihrem Zentrum zu einer Zeit erzeugt, als Primaten und Mastodonten ein Afrika durchquerten, das von Eurasien noch getrennt war.

Die Erklärung ist einfach: Anstatt geradlinig davonzufliegen, trifft das Photon auf unzählige Elektronen, die neben den Protonen den Hauptanteil der stellaren Materie ausmachen, und wird so ständig von seiner Bahnkurve abgelenkt. Sollte das Zentrum der Sonne plötzlich erlöschen, so würde uns das Licht noch für weitere zehn Millionen Jahre erreichen.

Die Sterne führen daher ein Leben nach einem vollkommen geregelten Ablauf. Nahezu alle Sterne, die man am Himmel mit bloßem Auge oder mit einem Teleskop wahrnehmen kann, sind, ebenso wie die Sonne, ausgereifte Sterne, die im Zentrum vehement ihren Wasserstoff verbrennen. Diese sehr stabile Phase umfaßt 99% der nuklearen Lebensdauer eines Sterns. Man bezeichnet sie als *Haupt-Entwicklungsstadium* (siehe Anhang A1). Seit fünf Milliarden Jahren folgt die Sonne friedlich dieser Phase und wandelt dabei ihren Wasserstoff in Helium um. Sie hat die Hälfte des Weges bereits zurückgelegt.

4.4   Roter Psalm

Der „konstante" Weg der Sonne hat jedoch ein Ende. Jede Geschichte über Brennstoffe endet irgendwann bei Asche und beim Verlöschen. Wenn der Wasserstoff bei seiner Transformation in Helium verbraucht ist, verliert das zentrale Feuer seine Nahrung, und der friedliche Gang des Sternenlebens durch das Haupt-Entwicklungsstadium erreicht seinen Abschluß. Es beginnt nun eine Zeit großer Erschütterungen und Umwälzungen.

Der Verbrauch des Treibstoffs führt zu einem plötzlichen Abfall der thermonuklearen Reaktionsraten. Das Gleichgewicht zwischen der Gravitation und dem Strahlungsdruck ist erneut zugunsten der ersteren gestört. Der Stern mit einem Zentrum aus Helium und einer Hülle aus Wasserstoff fällt unter seinem eigenen Gewicht zusammen. Der Druck, die Dichte und die Temperatur wachsen. Der in den äußeren Schichten unverbrauchte Wasserstoff beginnt zu verbrennen, und die Hülle dehnt sich aus, während sich umgekehrt das Zentrum zusammenzieht.

In der kunstvollen Alchimie der Natur gibt es viele Elemente, die sich über den Weg der thermonuklearen Reaktion in andere Elemente verwandeln können. Die komplexeren Kerne als Träger von mehreren positiven elektrischen Ladungseinheiten stoßen sich jedoch noch viel stärker voneinander ab, als die

Protonen, die nur eine elektrische Elementarladung tragen[7]. Aus diesem Grund benötigen die schweren Kerne eine sehr große thermische Geschwindigkeit, um ihre elektrischen Schutzschilde zu zerbrechen und untereinander zu fusionieren. Mit anderen Worten, ihre Umwandlung erfordert eine sehr viel höhere Temperatur als fünfzehn Millionen Grad.

Erreicht nun das Zentrum eines sich kontrahierenden Sterns einhundert Millionen Grad, so können jeweils drei Heliumkerne verschmelzen und einen Kohlenstoffkern bilden. Diese wiederum können weitere Heliumkerne einfangen und zu Sauerstoffkernen werden. Die Geschwindigkeit dieser neuen Fusionsreaktionen ist mit dem langsamen Abbau der Wasserstoffkerne nicht mehr vergleichbar. Sie beginnen blitzschnell[8], und der Stern versucht so gut als möglich, seine Struktur dieser Situation anzupassen. Er benötigt dazu eine Millionen Jahre. Danach hat sich der Fluß an Kernenergie stabilisiert. Für einige hundert Millionen Jahre hat das nukleare Sternenleben wieder eine gewisse Ruhe gefunden. Das Helium wird in seinem Zentrum verbraucht, der Wasserstoff in den äußeren Schichten. Aber diese Anpassung hat ihren Preis gefordert. Mehr noch als der Frosch in der Fabel, mußte sich der Stern unmäßig aufblasen, um seine Struktur der Zunahme an Leuchtkraft anzupassen. Sein Volumen hat sich einemilliardenfach vergrößert. Dabei hat er seine Farbe verändert, denn durch den größeren Abstand von der zentralen Brutstätte haben sich die äußeren Schichten abgekühlt. Der Stern wurde zu einem *roten Riesen.*

Trotz ihrer geringeren Oberflächentemperatur sind die roten Riesen außerordentlich hell, da ihre räumliche Ausdehnung gigantisch ist. Das Pantheon der für das bloße Auge hellsten Sterne ist voller roter Riesen: Beteigeuze, Aldebaran, Arctur, Antares. Auch die Sonne wird in fünf oder sechs Milliarden Jahren zu einem roten „Monster". Sobald der Wasserstoff in ihrem Zentrum verbrannt ist, wird unser Stern sich aufblasen. Der kleine Planet Merkur, nur sechzig Millionen Kilometer entfernt, wird verdampfen. Die Atmosphäre der Venus wird hinweggeblasen, und die Ozeane der Erde werden zu kochen beginnen. Anschließend wird sich die Sonne noch weiter ausdehnen und die Erde verwüsten. Der maximale Radius der zukünftigen Sonne wird während ihrer Phase als roter Riese die einhundertfünfzig Millionen Kilometer der Erdbahn einschließen. Die verbrannten Überreste unseres Planeten werden in der heißen, aber außerordentlich dünnen Atmosphäre der riesigen Sonne weiter kreisen: Die Dichte der äußeren Schichten eines roten Riesen sind viel kleiner als die des besten Vakuums, das sich in einem Laboratorium auf der Erde herstellen läßt.

---

[7] Je schwerer ein Atom ist, desto mehr Protonen enthält sein Kern und desto mehr Ladung trägt er. Die Atomkerne enthalten auch nichtgeladene Teilchen, die *Neutronen* (siehe Kapitel 6).

[8] Man bezeichnet diesen Vorgang auch als „Helium-Blitz".

Kapitel 5
Asche und Diamant

Die Entwicklungsgeschichte eines Sterns ist mit der Phase als roter Riese noch lange nicht zu Ende, denn die Gravitation ist mehr als je zuvor bei der Arbeit. Das Schicksal eines Sterns ist vollständig durch seine Masse bestimmt[1]. Je größer ein Stern ist, desto schneller entwickelt er sich und verschwendet freigebig seine nuklearen Reserven. Wenn das nukleare Leben der Sonne ungefähr zwölf Milliarden Jahre dauert, so ist das Leben eines zehnmal massiveren Sterns eintausendmal kürzer. Außerdem erzeugen sie nicht dieselben Produkte: Die massiveren Sterne bilden auch die schwereren Elemente. Ich werde im nächsten Kapitel darauf zurückkommen. Verfolgen wir für den Moment das Schicksal eines einfacheren Sterns, wie z.B. das der Sonne.

Das Zentrum aus Kohlenstoff und Sauerstoff, das sich während der Phase als roter Riese bildet, kann thermonuklear nicht weiter reagieren. Es wird durch das Gewicht der Hülle nicht ausreichend zusammengedrückt. Außerhalb des Zentrums hält die Aktivität jedoch an. Die Schichten aus Wasserstoff und Helium werden nach und nach verbrannt und verzehren langsam den ganzen Stern, indem sie sich auf der Suche nach Brennstoff immer weiter zum Rand hin ausbreiten. Bei diesem kargen „Knabbern" kann der Energiefluß das Gewicht der Schichten nur noch zeitweise halten. Der sterbende, destabilisierte Stern gerät für mehrere tausend Jahre in eine pulsierende Phase. Was früher ein Vorbild an konstanter Gleichförmigkeit war, macht nun wilde Veränderungen durch. Wie ein Luftballon bläst er sich auf und fällt wieder in sich zusammen, und bei jedem Schlag stößt er eine Gaswolke ab. Schließlich entledigt er sich seiner Hülle und hinterläßt ein nacktes Zentrum aus Kohlenstoff und Sauerstoff.

Das freigewordene Gas – die Asche – bildet einen *Planetarischen Nebel*. Dem zusammengeschrumpften stellaren Überrest ist prophezeit, das Schicksal eines Diamanten zu führen: Er wird zu einem *weißen Zwerg*.

---

[1] Zumindest das Schicksal eines „alleinstehenden" Sterns. Das Schicksal von Doppelsternen bzw. binären Systemen hängt noch von anderen Faktoren ab, von denen ich später sprechen werde.

5.1 Die Planetarischen Nebel

Der spektakuläre Gasauswurf in Form eines Planetarischen Nebels steht nicht nur der Sonne bevor, sondern jedem mittelgroßen Stern, dessen Masse zwischen einer und acht Sonnenmassen liegt[2]. Kleinere Sterne sind so sparsam, daß sie sich seit ihrer Geburt praktisch kaum entwickelt haben, während massivere Sterne sehr rasch verbrennen und ihre Existenz in einer gigantischen Explosion beenden.

Der erste Planetarische Nebel wurde im Jahre 1779 von Antoine Darguier im Sternbild Lyra entdeckt. Er beschreibt ihn als einen Körper „so groß wie Jupiter" und einem Planeten ähnlich. Weitere ähnliche Sterne wurden schnell in das Verzeichnis aufgenommen. Der Musiker und Entdecker des Uranus, William Herschel, gab dieser neuen Klasse von Himmelskörpern den Namen „Planetarische Nebel", weil sie einerseits wie ein Nebel aussehen und andererseits nach Herschels Vorstellung die Bildung der Planeten erklären könnten. Er irrte sich zwar in diesem Punkt, aber das Adjektiv „planetarisch" blieb als eine der Anomalien in der astronomischen Nomenklatur. Selbst die Bezeichnung „Nebel" – wenn auch weniger ungenau – zeugt nur von den bescheidenen Möglichkeiten der Instrumente jener Zeit. In jener Epoche war die Astronomie eine Art Himmelsbotanik, und es wurden Begriffe aus einer Welt buchstabiert, die der Mensch kaum zu lesen wußte. Einer jener großen Botaniker war Charles Messier. Er war in erster Linie an Kometen interessiert (Ludwig XV. nannte ihn „Kometenwiesel"), und so verfaßte er 1781 einen Katalog von 103 Nebeln, die einem Kometen mehr oder weniger ähnlich waren, sich jedoch nicht wie diese am Himmel bewegten. Mit seiner Hilfe verwechselten die Kometenjäger ihr „Wild" nicht mehr mit jenen geheimnisvollen, verschwommenen und unbeweglichen Flecken.

Heute weiß man, daß der Messier-Katalog – für Amateurastronomen immer noch nützlich – die unterschiedlichsten Objekte enthält, angefangen von den Planetarischen Nebeln (der in Lyra trägt die Nummer 57) über interstellare Wolken und Sternenhaufen in unserer Galaxis bis hin zu wirklichen, weit entfernten Galaxien, von denen jede viele Milliarden Sterne enthält.

---

[2] Im folgenden bezeichnet das Symbol $M_\odot$ die Sonnenmasse von 2×10^{33} Gramm, die als astronomische Masseneinheit benutzt wird.

5.2   Eine Farbenpalette

Warum zählen die Planetarischen Nebel, die von einem kleinen, sterbenden Stern ausgestoßenen gasförmigen Überreste, zu den beeindruckendsten Objekten am Himmel? Weil ihr Gas die Strahlung abfängt, die von der glühenden Oberfläche des Zentralsterns emittiert wird. Ein Gegenstand von mehr als zwanzigtausend Grad Hitze strahlt weniger im sichtbaren Bereich, als im *ultravioletten*. Diese Art der Strahlung ist energiereicher als das sichtbare Licht[3] und kann die Atome des Nebels anregen. Unter diesem unablässigen Beschuß von Photonen springen die Elektronen in die Bahnen höherer Energie. Beim Zurückfallen emittieren sie eine Strahlung mit einer charakteristischen Farbe: Das Gas wird *fluoreszierend*. Jedes Atom in diesem Gas (Wasserstoff, Kohlenstoff, Sauerstoff) absorbiert die ultraviolette Strahlung und emittiert sie anschließend mit einer anderen Wellenlänge, deren Farbe eine Art Markenzeichen des Elements darstellt.

In den innersten Bereichen des Nebels, die dem Zentralstern am nächsten und daher der ultravioletten Strahlung am meisten ausgesetzt sind, werden Sauerstoff und Stickstoff angeregt und strahlen in ihrer charakteristischen grünen Farbe. In den äußeren Bereichen ist die ultraviolette Strahlung durch Absorbtion abgeschwächt und kann nur noch Wasserstoff anregen, der dann seine rote Farbe emittiert.

Ein planetarischer Nebel ist ein Himmelskörper, der sich schnell entwickelt. Sein maximaler Durchmesser wird nie größer als ein Lichtjahr. Sein Gas breitet sich mit einer Geschwindigkeit von 10 bis 30 km/s aus und endet schließlich nach weniger als einhunderttausend Jahren vollkommen verdünnt im interstellaren Raum. Das ist für astronomische Größenordnungen eine so kurze Zeit, daß man die Gesamtzahl der Planetarischen Nebel in unserer Galaxis auf nur 20 000 bis 50 000 schätzt, mit einer Geburtsrate von ein oder zwei pro Jahr. Von diesen sind ungefähr eintausend beobachtbar, die anderen sind durch den Staub der galaktischen Scheibe verdeckt.

---

[3] Siehe Tabelle 1.1.

5.3 Der Garten der weißen Zwerge

Die seltsamen Objekte, die uns unaufhörlich eine Art von Spektrum zeigen, das nicht mit ihrer Helligkeit übereinstimmt, können uns letztendlich mehr lehren, als die Sterne, die nach den Regeln strahlen.

ARTHUR EDDINGTON, 1922

Die Asche der Planetarischen Nebel interessiert die Astronomen in mehrfacher Hinsicht, nicht zuletzt, weil sie den interstellaren Raum mit Kohlenstoff, Stickstoff oder Sauerstoff anreichern. Der übriggebliebene Stern ist jedoch noch aufregender, sowohl aus theoretischen Gründen, als auch als Objekt der Beobachtung.

Nach der ungeheuren Ausdehnung, die die Phase des roten Riesen charakterisiert, und dem irreversiblen Abfall der thermonuklearen Reaktionsrate, stößt der Stern die äußere Gashülle ab und zieht sich bis auf die Größenordnung der Erde zusammen, d.h. auf einige Tausend Kilometer Durchmesser. Die Temperatur an der ebenfalls reduzierten Oberfläche wächst so weit an, bis er im wahrsten Sinne des Wortes „weißglühend" ist. Diese beiden Eigenschaften – winzige Größe und hohe Oberflächentemperatur – haben ihm seinen Namen gegeben: *weißer Zwerg*.

Weiße Zwerge treten in der Geschichte der Astronomie zum ersten Mal im Jahre 1834 auf, als Friedrich Bessel die Eigenbewegung von Sirius, dem hellsten Stern am Himmel, genauer untersuchte. Seiner ruhigen Kreisbahn um das Zentrum der Galaxis überlagern sich kleine periodische Störungen, die zeigen, daß es sich bei Sirius um einen *Doppelstern* handelt und die Masse seines Begleiters ungefähr gleich der Masse der Sonne ist. Auf diese Distanz sollte ein Partner vom Typ der Sonne sichtbar sein; er war es jedoch nicht. Der geheimnisvolle Stern, den man Sirius B nannte, wurde erst dreißig Jahre später von Alvan Clarke entdeckt. Seine Helligkeit, zehntausendmal schwächer als die seines Partners, gleicht einer verlorenen Laterne in einem grellen Lichtschein.

Bei einer solch bescheidenen Leuchtkraft nahm man zunächst an, daß die Oberflächentemperatur von Sirius B klein sei. Im Jahre 1917 untersuchte Walter Adams das Spektrum von Sirius B und fand eine weiße Farbe (entsprechend 8 000 K) statt des erwarteten Rot (1 300 K). Wie verbindet man eine geringe Helligkeit mit einer hohen Temperatur? Indem man sich erinnert, daß die Leuchtkraft eines Sterns nicht nur von seiner Temperatur, sondern auch von seiner Größe abhängt. Die naheliegendste Erklärung für das schwache Leuch-

73

ten von Sirius B ist daher ein für einen Stern außergewöhnlich kleiner Radius: nur dreimal der Durchmesser der Erde.

Man findet hier eine für die wissenschaftliche Forschung typische Situation (was die Forschung nur noch interessanter macht): Sobald ein Problem gelöst ist, tauchen andere, bisher unbekannte Probleme auf. Im Fall des Begleiters von Sirius hatte man das Problem der Leuchtkraft gelöst, indem man die Größe des Sterns auf die eines Planeten reduzierte. Aber ein Körper von der Größe eines Planeten und dem Gewicht der Sonne muß eine mittlere Dichte von ... *achthundert Kilogramm pro Kubikzentimeter* haben, d.h. vierzigtausendmal mehr als die dichtesten Metalle, die man auf der Erde kennt, z.B. Gold oder Platin! Um in einem Labor eine solche Materiekonzentration erreichen zu können, müßte man den Eiffelturm in einem Würfel von dreißig Zentimeter Kantenlänge einsperren ...

Diese Zahlen waren für die Physiker um 1920 derart überraschend, daß sogar Arthur Eddington sie als „absurd" einstufte[4]. Die Fakten stimmten jedoch dafür, und die Theorie muß sich immer den beobachteten Tatsachen anpassen. Außerdem war Sirius B nicht der erste Stern, von dem man wußte, daß er von der „Norm" abweicht: Der Begleiter des Sterns 40 Eridani war ebenfalls berühmt für eine Oberflächentemperatur, die in keinem Verhältnis zu seiner Helligkeit steht. In den folgenden Jahren wuchs die Liste der weißen Zwerge rasch an, und es wurde immer dringlicher, eine Erklärung für dieses Rätsel zu finden: Woraus bestehen weiße Zwerge?

5.4 Entartete Materie

Bis zu Beginn des 20. Jahrhunderts konnten sich die Physiker keine Materiezustände vorstellen, die sehr viel dichter waren als diejenigen, die man auf unserem Planeten beobachtet. Ob Wasser, Holz, der menschliche Körper oder Felsen, alle Dichten sind von derselben Größenordnung: einige Gramm pro Kubikzentimeter. Erst die Entwicklung der Quantenmechanik ermöglichte es zu verstehen, warum die übliche Materie diese Eigenschaft hat.

In einem Atom sind die negativen Elektronen durch die anziehenden elektrischen Kräfte an den positiven Kern gebunden, und sie befinden sich unablässig

---

[4] Die Nachricht von den ungewöhnlichen Eigenschaften von Sirius B erschien in allen großen Zeitschriften und wurde von Missionaren auch in Afrika verbreitet. Einige Jahre später erfuhr der französische Anthropologe Marcel Griaule mit Erstaunen, daß Sirius B eine wesentliche Rolle in der Kosmologie der Dogonen spielt, einem Volk in Mali. Griaule nahm zunächst leichtgläubig an, daß es sich um ein geheimnisvolles, altes Wissen handele.

in Bewegung. Ebenso wie die ständigen Stöße von Gasmolekülen gegen die Wände eines Behälters einen Druck erzeugen, sind auch die an den Kern gebundenen Elektronen Ursache für einen Druck, der die Materie daran hindert, sich unter eine bestimmte Grenze zusammenzuziehen. Diese Grenze ist durch das *Ausschließungsprinzip* gegeben, das von Wolfgang Pauli im Jahre 1925 entdeckt wurde.

Bildlich gesprochen, gibt es nach diesem Grundprinzip der Teilchenphysik elementare Zellen, in denen sich nicht mehr als zwei Bewohner aufhalten können. In „gewöhnlicher" Materie (deren Dichte nahe bei der von Wasser liegt) sind die meisten dieser Zellen unbesetzt. In diesem Sinne kann man davon sprechen, daß es viel „leeren Raum" in der Materie gibt: Jedes ihrer Atome besteht aus einem Kern, der praktisch die gesamte Masse enthält, und der von Elektronen auf sehr weit entfernten Bahnen umkreist wird. Hätte der Kern die Größe einer Murmel, dann käme das Atom auf einen Durchmesser von zwei Kilometern.

Während die Quantenmechanik so einerseits die Erklärung für eine sehr vertraute Eigenschaft der Materie gibt, sagt sie gleichzeitig die Existenz möglicher Materiezustände voraus, die man als *entartet* bezeichnet, und bei denen sämtliche elementaren Zellen durch Teilchen angefüllt sind.

Nicht jede Art von Materie kann *entartet* sein. Die Elementarteilchen lassen sich in zwei Kategorien einteilen, deren kollektives Verhalten bei großen Dichten oder sehr tiefen Temperaturen vollkommen unterschiedlich ist: Die *Fermionen* (nach dem italienischen Physiker Enrico Fermi) und die *Bosonen* (nach dem indischen Physiker Satyendra Nath Bose, der mit Einstein auf diesem Gebiet gearbeitet hat). Die wesentliche Eigenschaft, bezüglich der sich die beiden großen Familien von Elementarteilchen unterscheiden, ist ihr *Spin*. Der Spin ist eine intrinsische Eigenschaft eines Teilchens und hängt mit seinem Eigendrehimpuls zusammen[5]. Die Quantenmechanik hat insbesondere gezeigt, daß der Spin von Teilchen *quantisiert* ist, d.h. daß er nur diskrete Werte annehmen kann, die ganz- oder halbzahlige Vielfache einer fundamentalen Einheit sind, der sogenannten „normierten Planckschen Konstanten" $\hbar$. Im Alltagsleben wird man die Quantisierung des Spins aus einem einfachen Grund kaum bemerken: $\hbar$ ist eine derart kleine Größe, daß die makroskopischen Gegenstände in unserer Umgebung einen riesigen Eigendrehimpuls haben. Der Drehimpuls eines einfachen Kinderkreisels beträgt schon $10^{30}\hbar$! Erst bei atomaren Größenordnungen macht sich die Diskontinuität des Spins bemerkbar. Das gleiche gilt auch für andere quantisierte Größen, z.B. die Energie.

---

[5] Grob gesprochen, das Produkt aus seinem Radius und der Geschwindigkeit seiner Eigenrotation.

Der Unterschied zwischen Fermionen und Bosonen besteht darin, daß Fermionen einen halbzahligen Spin haben ($1/2\hbar$, $3/2\hbar$, usw.), wohingegen Bosonen einen ganzzahligen Spin haben ($0\hbar$, $1\hbar$, $2\hbar$, usw.). Die fundamentalen Bestandteile der Atome – Protonen, Neutronen und Elektronen – sind Fermionen mit Spin $1/2\hbar$, während das Photon – das Lichtteilchen – ein Boson mit Spin $1\hbar$ ist. Pauli zeigte folgendes grundlegende Prinzip: *Zwei identische Fermionen können sich nicht in demselben Quantenzustand befinden.* Für Bosonen gilt die Regel nicht. Nach diesem wichtigen Gesetz sind sehr dichte Verteilungen von Fermionen verboten. Auf diesen Punkt wollen wir nun genauer eingehen.

In einem Atom ist der Quantenzustand eines Elektrons durch seine Energie (festgelegt durch die Bahnkurve, auf der es sich befindet) und durch die Richtung seines Spins gegeben. Dieser kann zwei Orientierungen einnehmen, „oben" oder „unten", je nachdem, ob er sich in derselben oder entgegengesetzten Richtung zur Bahnkurve dreht. Nach dem Paulischen Ausschließungsprinzip kann man daraus schließen, daß eine Bahnkurve zu gegebener Energie höchstens mit zwei Elektronen besetzt sein kann, welche die beiden möglichen Spinorientierungen besitzen. Die Natur verbietet also die Anwesenheit jedes weiteren Elektrons auf derselben Bahnkurve.

Betrachten wir nun ein Elektronengas in einem Kasten. Der Quantenzustand eines Elektrons ist nun durch seine Energie, seinen linearen Impuls[6] und seinen Spin festgelegt. Nach der Quantenmechanik sind auch die Energie und der Impuls „quantisierte" Größen, die nur diskrete Werte annehmen können. Schließt man daher Elektronen in einem immer kleiner werdenden Volumen ein, so erreicht man schließlich einen Punkt, an dem alle Energieniveaus und Impulszustände durch Elektronen besetzt sind. Außerdem haben diese Elektronen auch sämtliche möglichen Spinorientierungen. Wiederum tritt das Ausschließungsprinzip in Aktion und verbietet, daß das Volumen noch weiter bevölkert wird. Als Folge beginnen die Elektronen plötzlich, sich jeder äußeren Komprimierung zu widersetzen und üben einen riesigen inneren „Quanten"-Druck aus, den man auch als *Entartungsdruck* bezeichnet. Die charakteristische Eigenschaft dieses Drucks ist seine Unabhängigkeit von der Temperatur, im Gegensatz zum Druck eines gewöhnlichen Gases, der um so größer wird, je heißer das Gas ist.

---

[6] Das Produkt aus seiner Masse und seiner Geschwindigkeit.

5.5 Die Enthüllung der weißen Zwerge

Der Druck lastete auf mir, aber ich habe ihm standgehalten.

Ein Tennis-„Star"

Der Engländer Ralph Fowler übertrug zum ersten Mal die Vorhersagen der Quantenmechanik auf die Astrophysik. Im Jahre 1925 äußerte er die Vermutung, daß die Kompression eines Sterns durch die Gravitation, sobald der innere Strahlungsdruck ihr nicht mehr entgegenwirken kann, in der Lage ist, die Elektronen zur Besetzung sämtlicher möglicher Zustände zu zwingen, und daß der Kollaps der weißen Zwerge durch den Entartungsdruck der Elektronen aufgehalten werden kann.

Kurze Zeit später bewies William Anderson, daß sich die thermische Geschwindigkeit von Elektronen bei Dichten oberhalb von einer Tonne pro Kubikzentimeter der Lichtgeschwindigkeit nähert. Man spricht in diesem Fall von *relativistischen* Elektronen. Damit soll angedeutet werden, daß ihre Bewegung nicht mehr den Gesetzen der Galileischen Mechanik folgt, sondern denen der Speziellen Relativitätstheorie. Nun läßt sich wiederum mit der Quantenmechanik zeigen, daß relativistische Teilchen bei einer gegebenen Dichte weniger Druck ausüben, als langsame Teilchen. Das ist der tieferliegende Grund, warum weiße Zwerge nicht beliebig massiv sein können.

Diese fundamentale Entdeckung, die zu einer Revolution in der theoretischen Astrophysik geführt hat, geht auf den indischen Astrophysiker Subrahmanyan Chandrasekhar zurück. In seinem berühmten Artikel aus dem Jahre 1931 beweist er die Existenz einer maximalen Masse für weiße Zwerge und berechnet: $1{,}4\,M_\odot$. Dieses Ergebnis führte zu einer lebhaften Kontroverse, und Eddington verurteilte es als absurd. Nach dem Resultat von Chandrasekhar[7] blieb das endgültige Schicksal von Sternen, die wesentlich schwerer als die Sonne sind, ein Geheimnis. Doch Chandrasekhar hatte Recht. Heute vermutet man, daß Sterne mit einer „Geburtsmasse" von bis zu $8\,M_\odot$ trotzdem zu weißen Zwergen der Masse $1{,}4\,M_\odot$ werden, da sie im Laufe ihres Lebens so viel Gas in Form von interstellarem Wind abgeben, daß sich ihre Masse schließlich auf einen Wert unterhalb der Chandrasekhar-Grenze reduziert. Das Schicksal noch massiverer Sterne werden wir im Anschluß an die Theorie der weißen

---

[7] Chandrasekhar war auch der Autor vieler bedeutender Arbeiten über die innere Struktur dieser außergewöhnlichen Sterne. Später widmete er sich mit demselben Erfolg noch vielen weiteren Themen aus der theoretischen Astrophysik und erhielt 1983 den Nobelpreis.

Zwerge aufklären, wenn wir auf die Vorhersagen der *Neutronensterne* und der *schwarzen Löcher* zu sprechen kommen.

5.6 Heiß und kalt

Weiße Zwerge bilden den Schlußpunkt der Entwicklungsgeschichte von weniger massiven Sternen und sind in unserer Galaxis sehr häufig. Man vermutet, daß sie gegenwärtig zehn Prozent aller Sterne ausmachen (d.h. ungefähr zehn Milliarden), und dieses Verhältnis kann im Laufe der Zeit nur ansteigen.

Von dieser Vielfalt sind nur einige Tausend registriert. Ihre Leuchtkraft ist so schwach, daß nur die nächstgelegenen weißen Zwerge nachgewiesen werden können. Eine Methode zur Entdeckung von isolierten weißen Zwergen besteht einfach in der Erfassung der Sterne mit einer großen Eigenbewegung – also in unserer Nähe – und der Ausmessung ihres Spektrums zur Bestimmung der Farbe. Ihre Lage in einem Farben-Helligkeits-Diagramm (siehe Anhang A1) zeigt zweifelsfrei an, ob es sich um einen weißen Zwerg oder einen Stern kleiner Masse handelt.

Untersuchen wir nun einen weißen Zwerg etwas genauer: Je massiver er ist (bis zu einem Grenzwert von $1,4\,M_\odot$), desto kleiner ist sein Radius. Das zeigt wiederum, daß die Gravitation die Kontraktion und damit die Komprimierung der entarteten Materie bewirkt. Die atomaren Strukturen im Inneren eines weißen Zwerges sind zerstört, die Elektronen haben sich von den Kernen gelöst und bewegen sich frei inmitten eines „entarteten Meeres". Trotz der außerordentlichen Gedrängtheit der Elektronen gibt es noch genug Platz, und die Kerne befinden sich im Vergleich zu ihrer Größe in einem solch großen Abstand voneinander, daß sie sich wie Moleküle in der Luft verhalten.

Die mechanische Struktur eines weißen Zwerges wird im wesentlichen durch das Verhalten des Elektronenmeeres bestimmt, während seine thermische Struktur von der Bewegung der Kerne abhängt. Da die entarteten Elektronen sehr gute Wärmeleiter sind, gleicht das Innere eines weißen Zwerges einem glühenden Metallstück. Die innere Temperatur erreicht bei gerade entstandenen weißen Zwergen einhundert Millionen Grad und fällt für ältere weiße Zwerge auf einige Millionen. Obwohl die thermische Energie auf einer sehr hohen Temperatur beruht, bleibt sie weit unter der Energie der Ruhemasse der Elektronen. Das zeigt, daß die Temperatur für das Gleichgewicht eines weißen Zwerges eine vernachlässigbare Rolle spielt. Obwohl ein weißer Zwerg sehr viel heißer als die Sonne ist, läßt er sich vollkommen korrekt durch ein Modell beschreiben, in dem *seine Temperatur vollkommen verschwindet.* In diesem Sinne repräsentieren weiße Zwerge einen der *kalten* Gleichgewichtszustände der Materie (siehe Anhang A2).

Das Innere eines weißen Zwerges wird von der interstellaren Kälte durch einen dünnen Mantel von einigen Kilometern Dicke geschützt. Dieser Mantel ist lichtundurchlässig und isolierend, und er besteht aus nicht-entarteter Materie, deren Temperatur einhunderttausend Grad nicht überschreitet. Diese Oberflächentemperatur, zehnmal höher als die der Sonne, ist für die Leuchtkraft verantwortlich. Doch da sich die strahlende Oberfläche wie Chagrinleder[8] zusammengezogen hat, bleibt die gesamte Helligkeit gering. So wird der weiße Zwerg zu einem bleichen Phantom, das auf große Entfernung nur schwer zu entdecken ist.

5.7 Das Zeitalter des Kristalls

Da keine thermonuklearen Reaktionen dem weißen Zwerg neue Energie zuführen, kühlt er sich in dem Maße ab, in dem er Strahlung emittiert. Doch der weiße Zwerg hat eine sparsame Natur. Hat er sich einmal gebildet, so benötigt er Milliarden von Jahren, um sich abzukühlen. Zu Anfang bewegen sich die nicht-entarteten Kerne frei, wie in einem gewöhnlichen Gas, und ihre kinetische Energie ist für die Temperatur verantwortlich. Nachdem diese durch die Abstrahlung langsam verflogen ist, kommt zwangsläufig der Moment, wo die kinetische Energie kleiner wird als die elektrostatische Energie der Kerne. Diese elektrostatische Energie wiederum versucht, die Kerne in die Maschen eines starren Gitters einzubinden. Die Bewegungen beginnen zu erstarren, und die Kerne ordnen sich zu einem kristallinen Gitter, während die entarteten Elektronen sich weiterhin frei durch diesen Kristall bewegen. Der gealterte weiße Zwerg hört praktisch auf zu strahlen und verwandelt sich in einen riesigen Kristall, der noch härter als Diamant ist. Er ist zu einem *schwarzen Zwerg* geworden.

Das Schwarzwerden eines Zwerges erfolgt sehr langsam, und es ist gut möglich, daß sich seit dem Beginn des Universums, d.h. seit ungefähr fünfzehn Milliarden Jahren, noch kein schwarzer Zwerg gebildet hat. Sehr viel Geduld

---

[8] Nach dem gleichnamigen Roman von Balzac. Der Glücksbringer aus Leder schrumpft bei jedem Wunsch, den er seinem Besitzer erfüllt.[A. d. Ü.]

ist dafür notwendig. Die Sonne, die gegenwärtig die Hälfte ihres Haupt-Entwicklungsstadiums durchlaufen hat, wird in fünf Milliarden Jahren ihren „dritten Lebensabschnitt" als Planetarischer Nebel beginnen. Für einhunderttausend Jahre wird sie nochmals kurz sehr aktiv sein, während weiterer zehn Milliarden Jahre im Zustand eines weißen Zwerges friedlich ausbrennen, und schließlich in einem endlosen Zeitalter als Kristall langsam erlöschen.

5.8 Zukünftiges Funkeln

Einzelsterne, wie z.B. die Sonne, sind in der Minderheit. Weit über die Hälfte der Sterne in der Galaxis leben als Paar. Einige unterhalten sogar sehr enge (gravitative) Beziehungen mit zwei, drei oder auch vier Partnern. Der weiße Zwerg Sirius B hat zwar einen Begleiter, aber das Verhältnis der beiden ist zu distanziert, als daß sein Schicksal dadurch beeinflußt werden könnte. Als isolierter weißer Zwerg ist er vermutlich zu einer unerbittlichen Abkühlung verdammt. Führt das Paares jedoch ein engeres Leben, so kann sich die Entwicklung eines weißen Zwerges auf lange Sicht verändern.

Der Hauptgrund für diese Umwandlung ist der *Materieaustausch* zwischen den beiden Partnern. Der Begleiter eines weißen Zwerges kann, wenn er sehr nahe ist oder sich in einem Stadium großer räumlicher Ausdehnung befindet (roter Riese), seine äußere Hülle nach und nach an den weißen Zwerg verlieren. Im allgemeinen kann das abgesaugte Gas nicht direkt auf die Oberfläche des weißen Zwerges fallen, da wegen der Bahnbewegung Zentrifugalkräfte wirken. Es sammelt sich statt dessen in einer mehr oder weniger flachen Scheibe auf einer Bahn um den weißen Zwerg, die man als *Akkretionsscheibe* bezeichnet (Bild 5.1). Wenn der Gasstrom von dem Begleiter auf die Scheibe trifft, führt dies zu einer deutlichen lokalen Erwärmung, einem *Brennfleck*, der für sich wie ein Stern leuchten kann und indirekt die Anwesenheit des weißen Zwerges verrät. In anderen Fällen, insbesondere wenn der weiße Zwerg stark magnetisiert ist, wird sich die Scheibe erst gar nicht bilden, sondern das Gas wird entlang der magnetischen Feldlinien in Richtung der Polkappen des weißen Zwerges geleitet. Dort erzeugt sein Aufprall eine Strahlung im optischen, ultravioletten oder sogar Röntgen-Bereich, die den weißen Zwerg unregelmäßig zum Leuchten bringt. Dieser wird als *kataklysmischer Veränderlicher* sichtbar.

Dieser relativ stabile Zustand wird oft von intensiven und plötzlichen „Fieberanfällen" unterbrochen, die unter dem Namen *Novae* – „neue Sterne" – bekannt sind. Ursprünglich bezeichnete dieser Name eine Klasse von Sternen,

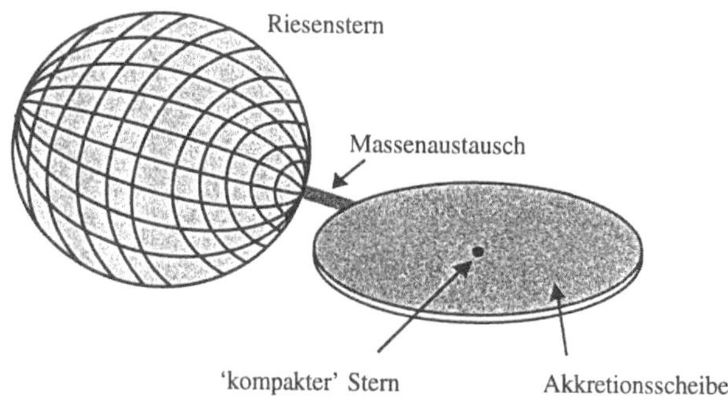

Bild 5.1 Akktretionsscheibe in einem binären System aus einem Riesenstern und einem „kompakten" Stern.

deren Leuchtkraft plötzlich anstieg, um danach langsam wieder abzunehmen. Tatsächlich umfaßt der Begriff „Nova" die unterschiedlichsten Klassen von Phänomenen, aber allen gemeinsam ist ein kompakter Stern in einem binären System.

Der Mechanismus einer Nova besteht vermutlich in einer *thermonuklearen Explosion der Oberfläche*. Gas lagert sich beständig auf dem weißen Zwerg ab, wo es durch das Gravitationsfeld komprimiert und erhitzt wird. Auf einer bestimmten kritischen Stufe fusioniert plötzlich der Wasserstoff – der Hauptbestandteil des Gases –, und die obere Schicht des weißen Zwerges explodiert. Für mehrerer Wochen erscheint der weiße Zwerg in hellstem Glanz und zeugt von seiner Anwesenheit bis an die Grenzen der Galaxis.

Manche Novae sind wiederkehrend, d.h. die Explosionen ereignen sich regelmäßig mit Intervallen von einigen Monaten. Andere Novae hingegen explodieren nur einmal, die freiwerdende Energie ist jedoch in diesem Fall viel größer. Eine der hellsten jemals beobachteten Novae, Nova Cygni 1975, hatte für drei Tage eine Helligkeit von Millionen Sonnen. Dieser Zusammenhang zwischen der Intensität der Explosion und der Wiederkehrperiode bestätigt das Modell von dem Massenaustausch zwischen den Partnern. Die freigewordene Energie ist ein Maß für die Gasmenge, die sich auf der Oberfläche des weißen Zwerges angesammelt hat.

Der Mechanismus des Massenaustauschs zwischen einem „normalen" Stern und einem „kompakten" Begleiter spielt eine wichtige Rolle bei den meisten sehr energiereichen astronomischen Erscheinungen. Dieser Punkt wird ausführlicher im 4. Teil behandelt. Es zeigt sich nämlich, daß bestimmte schwarze Löcher, die isoliert vollkommen unsichtbar blieben, durch ein enges Doppel-

leben mit einem Partner auf ihre Existenz in strahlender Form aufmerksam
machen können...

82

Kapitel 6
Die Supernova

6.1 Die nukleare Kette

Die chemischen Bestandteile der Natur beschränken sich nicht auf Wasserstoff, Helium, Kohlenstoff und Sauerstoff. Lebende Materie, Holz, Erde oder Felsen benötigen auch Silizium, Magnesium, Phosphor, Schwefel, Eisen und einige „schwere" Atome, deren Kern mehr als vierzig Protonen und Neutronen enthält. Wer schmiedet diese Elemente, wenn die Sonne und die meisten Sterne nicht in Frage kommen?

Es sind ebenfalls Sterne, jedoch nur ein kleiner Teil unter ihnen: die massivsten. Erst oberhalb von $8\,M_\odot$ besitzt ein Stern, nachdem er seine Haupt-Entwicklungsstufe beendet hat, genügend Rohstoffe, um die schweren Kerne zu bilden. Der Schmelztiegel ist das Zentrum des Sterns, zusammengepreßt durch das Gewicht der Hülle. Der Ausgangsstoff ist die Asche aus der Verbrennung von Wasserstoff und Helium, d.h. Kohlenstoff und Sauerstoff. Gezündet wird die Reaktion durch einen Temperaturanstieg auf sechshundert Millionen Grad.

Bei diesen Temperaturen kann sich Kohlenstoff nicht mehr zurückhalten. Die Kerne fallen übereinander her, verkleben und bilden Neon und Magnesium. Eine ganze Produktionskette entsteht nun, denn jede neue thermonukleare Reaktion setzt Energie frei, erhöht die Temperatur und ermöglicht so weitere Transformationen. Bei einer Milliarden Grad greift Neon sich einen Heliumkern und wird zu Magnesium. Bei anderthalb Milliarden Grad beginnt auch Sauerstoff zu brennen und erzeugt eine ganze Reihe noch schwererer Kerne: Schwefel, Silizium, Phosphor. Bei drei Milliarden Grad verbrennt Silizium und setzt einige hunderte Kernreaktionen in Gang, die die Glut noch weiter anheizen. Und so geht es weiter... In diesem Durcheinander von mehreren tausend Reaktionen werden immer schwerere und reichhaltigere Kerne erzeugt. Die letzten Lebensabschnitte eines massiven Sterns werden immer hitziger, denn je schwerer die gebildeten Kerne werden, um so schneller verläuft ihre Verbrennung. Für einen „Modell"-Stern von $25\,M_\odot$ dauert die Verbrennung von

Kohlenstoff 600 Jahre, die von Neon ein Jahr, die von Sauerstoff 6 Monate und die von Silizium einen Tag.

6.2 Eine riesige Zwiebel

Bei diesem Tempo muß die nukleare Kette irgendwann einmal abbrechen. Die „Flut" der umgewandelten Elemente konvergiert gegen einen speziellen Atomkern: das *Eisen*. Dieser Kern hat ganz besondere Eigenschaften. Die sechsundfünfzig Protonen und Neutronen, aus denen er besteht, sind so fest untereinander verschmolzen, daß keine Fusionsenergie sie mehr auseinanderreißen kann. Eisen ist die Asche im Zentrum der massiven Sterne.

Zusammengesetzt aus einem thermonuklear reaktionsträgen Zentrum und Schichten, die nacheinander abbrennen, muß sich der Stern ständig seinem neuen Gleichgewicht anpassen, indem er seine Hülle weiter ausdehnt. Er bläht sich übermäßig auf und wird zu einem *roten Superriesen*.

Die roten Superriesen sind die größten Sterne im Universum. Setzte man einen Superriesen ins Zentrum unseres Sonnensystems, so würde er sämtliche Bahnkurven der Planeten bis hin zu Pluto in fünf Milliarden Kilometern Entfernung umfassen. Den inneren Aufbau eines roten Superriesen bezeichnet man manchmal als *Zwiebelschale*, um damit bildlich die übereinanderliegenden, konzentrischen Schichten zu beschreiben, in denen die verschiedenen chemischen Elemente verbrennen (Bild 6.1). Die leichtesten Elemente verbrennen im äußeren Bereich, wo die Temperatur am tiefsten ist, die schwereren in den inneren Schichten um das reaktionsträge Zentrum aus Eisen.

6.3 Neutronisation

Obwohl seine Temperatur über einer Milliarde Grad liegt, erzeugt der Eisenkern keine weitere Energie. Er ist „kalt" und kann für sich das gravitative Gleichgewicht des Superriesen nicht mehr aufrecht erhalten. Die Materie zieht sich zusammen, und die Elektronen entarten. Es folgt eine kurze Ruhepause, der enorme Druck der entarteten Elektronen kann für einen Moment das Gewicht der Hülle tragen.

Erinnern wir uns: Eine kalte Masse aus entarteten Elektronen kann einem Gewicht von mehr als $1,4\,M_\odot$ nicht mehr standhalten. Das ist die Chandrasekhar-Grenze, oberhalb derer es keinen Ausgleich zwischen der Gravitation

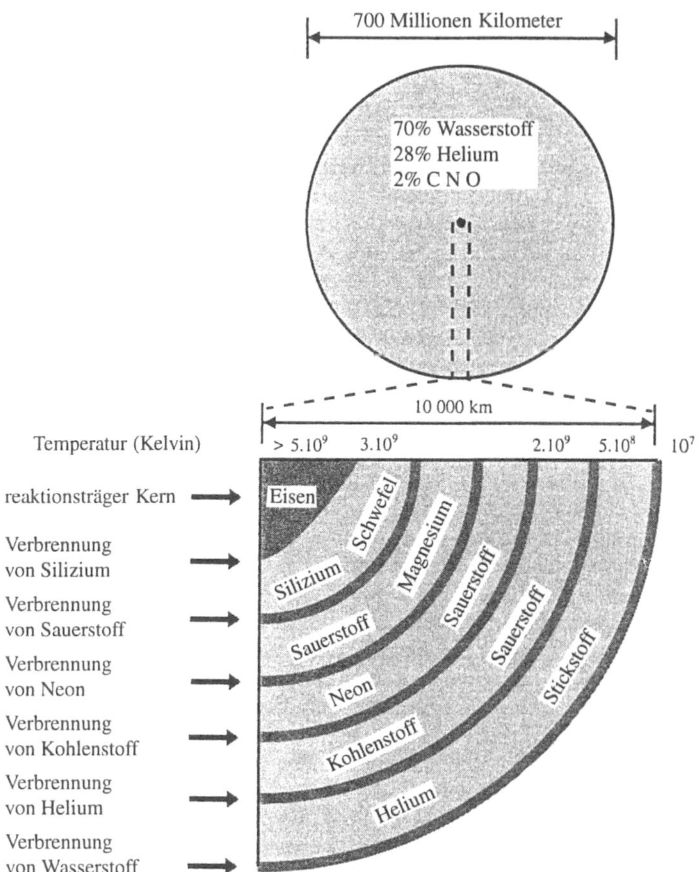

Bild 6.1 „**Zwiebelschalenförmiger" Aufbau eines massiven Superriesen vor der Supernova-Explosion.** Die chemische Zusammensetzung jeder Schicht setzt sich aus den Produkten der thermonuklearen Reaktionen zusammen, die in den immer tiefer liegenden Bereichen größerer Temperatur und Dichte entstehen.

und dem Quantendruck der Elektronen mehr gibt. Nun wird immer mehr „frisches" Eisen in den Schichten um das Zentrum des Superriesen erzeugt. Da es schwerer ist, fließt es zum Zentrum. Unweigerlich kommt der Moment, wo die zentrale Masse aus Eisenkernen und entarteten Elektronen die Chandrasekhar-Grenze überschreitet.

Eine grobe Abschätzung zeigt, daß jeder Stern, dessen Masse $10\,M_\odot$ überschreitet (Zentrum und äußere Schichten zusammen), ein Zentrum aus mehr als $1,4\,M_\odot$ entwickeln kann. Die Dichte erreicht dabei eine Milliarde Gramm pro Kubikzentimeter. Das Zentrum aus entarteter Materie läßt plötzlich locker und fällt in sich zusammen. In einer zehntel Sekunde steigt die Temperatur auf fünf Milliarden Grad. Die herumfliegenden Photonen tragen so viel Energie, daß sie die Eisenkerne zersprengen und zu Heliumkernen zerstäuben. Dieses Phänomen bezeichnet man als *Photodesintegration.*

Im Gegensatz zu den Fusionsreaktionen, bei denen die Kerne größer werden und Energie frei wird, *zerteilt* die Photodesintegration die Kerne und *absorbiert* Energie. Für das Gleichgewicht des Zentrums hätte nichts Schlimmeres passieren können. Immer weniger kann es der komprimierenden Kraft entgegensetzen. Grenzenlos geschrumpft sieht es seine Temperatur weiter steigen, bis sich sogar die Heliumkerne in ihre elementaren Bestandteile auflösen: Protonen, Neutronen und Elektronen. Bei diesen Temperaturen haben die Elektronen jedoch nahezu Lichtgeschwindigkeit. Obwohl sie entartet sind, können sie daher dem Druck nicht weiter standhalten. Innerhalb einer zehntel Sekunde werden sie sogar in das Innere der Protonen gedrückt. Ihre elektrische Ladung wird neutralisiert, und es entstehen *Neutronen*, begleitet von einer beträchtlichen Wolke an *Neutrinos.*

Das Neutrino (was so viel wie „kleines Neutrales" bedeutet) ist ein Elementarteilchen, dessen Existenz im Jahre 1931 von Pauli vorhergesagt wurde, bevor es experimentell im Jahre 1956 nachgewiesen werden konnte. Normalerweise zeigt das Neutrino so wenig Wechselwirkung mit Materie, daß es dicke Schichten durchqueren kann, ohne angehalten oder auch nur von seinem Weg abgelenkt zu werden. In Zentrum eines massiven zusammenstürzenden Sterns besitzt die Flut an Neutrinos, die durch die Neutronisierung freigeworden ist, so viel Energie, daß die Hülle des Sterns den Stoß aufnimmt und einen großen Teil zurückbehält. Der Rest entweicht dem Stern mit Lichtgeschwindigkeit und durchfliegt ohne weiteren Widerstand das interstellare Medium.

Was das Neutron betrifft, so bildet es zusammen mit dem Proton die Bausteine der Atomkerne (es ist ein *Nukleon*). Es wurde erst im Jahre 1932 entdeckt, denn alleine kann es nicht überleben. Sobald es sich außerhalb eines Kerns befindet, ist seine Lebensdauer sehr begrenzt. Nach ungefähr zehn Minuten zerfällt es spontan, verliert seine elektrische Neutralität und wird zu einem Proton, einem Elektron und einem Antineutrino[1].

Wir kommen nun zum wichtigsten Punkt: Sein Spin ist halbzahlig, das Neutron ist also ein *Fermion*. Ebenso wie das Elektron gehorcht es dem Paulischen Ausschließungsprinzip. Sein „Besetzungsvolumen" ist jedoch erheblich kleiner: Der Abstand zwischen zwei Neutronen kann bis auf 10^{-13} cm absinken, d.h. die Neutronen können sich berühren. Die Neutronisierung ist daher von einer wirklichen *Implosion* der Materie begleitet, und die Dichte erfährt einen ungeheuerlichen Anstieg zu einem entarteten Zustand. Eine viertel Sekunde nach dem Beginn des gravitativen Kollaps des Zentrums erreicht die Dichte $10^{14}\,\mathrm{g/cm}^3$ (einhundert Millionen Tonnen in einem Fingerhut). Es ist die Dichte der Atomkerne, so als ob man in gewöhnlicher Materie sämtliche Elektronen entfernt hätte und nur die Kerne übrigbleiben, die nun in Kontakt treten dürfen. Bildlich gesprochen gibt es keine „Leere" mehr im Zentrum des Sterns. Es ist zu einer Art riesigem Atomkern geworden, der nur aus Neutronen besteht. Dieser neue, entartete Materiezustand – noch viel dichter als ein weißer Zwerg – ist ein *Neutronenstern*.

6.4 Der Blow-out

Sobald Materie die nukleare Dichte erreicht, wird sie praktisch inkompressibel. Die nicht-neutronisierten äußeren Schichten des Sterns stürzen mit einer Geschwindigkeit von 40 000 km/s auf das Zentrum und werden an einer unvorstellbar harten Wand zerdrückt. Ihr Einsturz wird abrupt gestoppt, und die Materie in Form einer *Schockwelle* zurückgeworfen[2].

Beim Gravitationskollaps breitet sich nach dem Rückstoß der Hülle eine Schockwelle vom Zentrum nach außen aus, die die Oberfläche des Sterns nach

---

[1] Das Antineutrino ist das Antiteilchen des Neutrinos. Der Zerfall eines isolierten Neutrons ist gerade die umgekehrte Reaktion zum Elektroneneinfang durch ein Proton, wie sie im Zentrum der kollabierenden Sterne stattfindet.

[2] Eine Schockwelle besteht aus der Ausbreitung einer Diskontinuität in einem materiellen Medium, d.h. einer plötzlichen Veränderung bestimmter physikalischer Eigenschaften, wie z.B. Druck, Temperatur oder Dichte. In der Natur sind alle explosionsartigen Erscheinungen von Schockwellen begleitet, die sich besonders dann bilden, wenn die Ausbreitungsgeschwindigkeit der Materie größer als die lokale Schallgeschwindigkeit wird. Überschreitet die Geschwindigkeit eines Flugzeugs 330 m/s, so durchbricht es die „Schallmauer". Dieser Vorgang ist von einer Schockwelle begleitet, die sich in den atmosphärischen Schichten ausbreitet und einen akustischen „Knall" erzeugt.

einigen Tagen erreicht. Diese Schockwelle transportiert eine riesige Energiemenge und schleudert förmlich die Hülle des Sterns weg. Der „Modell"-Stern
von 25 $M_\odot$, von dem ich früher gesprochen habe, wirft auf diese Weise 24 $M_\odot$
von sich und hinterläßt einen Rest von 1 $M_\odot$ in Form eines Neutronensterns.
Dieses Phänomen bezeichnet man als *Supernova*.

Eine Supernova stellt eine riesige Explosion dar, die in ihren Ausmaßen
weit über unsere Vorstellungskraft geht. Innerhalb weniger Tage versprüht der
Stern ebenso viel Energie, wie in seinem früheren Leben während des Haupt-
Entwicklungsstadiums im Verlauf von hunderten Millionen von Jahren. Seine
Leuchtkraft nimmt milliardenfach zu, so daß der „neue" Stern für einige Tage
heller als eine ganze Galaxis erstrahlen kann.

Die Erscheinung eines Planetarischen Nebels, der die Kompression eines
Sterns zu einem weißen Zwerg begleitet, ist ein vergleichsweise friedlicher
Tod, eine Art Bestattung zweiter Klasse. Demgegenüber handelt es sich bei
einer Supernova um einen extremen Tod, bei dem viel mehr Asche herausgeschleudert wird und ein dichterer stellarer Körper übrigbleibt.

Das interstellare Medium wird mit den schwereren Elementen, die sich in
der „Zwiebelschale" bilden, angereichert. Dadurch spielt das bei den Supernovae verpuffte Gas eine noch wichtigere Rolle für die Entwicklung der Galaxien,
als die Planetarischen Nebel. Die riesigen molekularen Wolken, in denen sich
ganze Generationen von Sternen bilden, sind von nahegelegenen Supernovae
geimpft. Vor fünf Milliarden Jahren, als sich die Sonne mit ihren Begleitern
– Asteroiden, Meteoriden, Kometen und Planeten – aus den ursprünglichen
Wolken herauslösten, hatte die Galaxis immerhin ein Alter von zehn Milliarden Jahren, und viele massive Sterne waren schon ausgebrannt und hatten ihre
Asche in alle Himmelsrichtungen des galaktischen Raumes zerstreut. Die Erde
hat lediglich einige der schweren Elemente aufgesammelt, die in den Zentren
längst verschwundener Sterne entstanden sind.

6.5 Beobachtung mit allen Mitteln

Supernovae gibt es natürlich nicht nur bei den massiven Sternen in unserer Galaxis. Da jedoch die scheinbare Leuchtkraft eines Sterns mit seiner Entfernung
rasch abnimmt, mußte man bis zu den großen Teleskopen des 20. Jahrhunderts warten, bis man die Explosionen von Supernovae in anderen Galaxien
beobachten konnte. Bis heute sind mehrere hundert Supernovae registriert. Im

Mittel gibt es zwei Supernovae pro Monat, verteilt über einige tausend Galaxien in unserer Nachbarschaft. Man kann daraus schließen, daß sich in einer gegebenen Galaxis ungefähr vier Supernovae Explosionen pro Jahrhundert ereignen.

Mit bloßem Auge kann man nur die Sterne in unserer Galaxis beobachten. Seit ungefähr zweitausend Jahren gibt es darüber schriftliche Aufzeichnungen. Im Verlauf dieser Zeit müssen ungefähr einhundert Supernovae explodiert sein, berichtet wird jedoch nur über eine kleine Anzahl von ihnen.

Der Hauptgrund für die Seltenheit solcher Aufzeichnungen liegt darin, daß die Sonne sich, ebenso wie die meisten der massiven Sterne, die eine Supernova erzeugen können, in der galaktischen Ebene befindet. Nun ist die optische Durchlässigkeit in Richtung der galaktischen Ebene (die am nächtlichen Himmel dem hellen Streifen der Milchstraße entspricht) erheblich reduziert. Grund dafür sind die riesigen Mengen an Staub, die das sichtbare Licht absorbieren. Man kann nur einige hundert Lichtjahre in das Innere der galaktische Scheibe hineinsehen, d.h. nur ein sehr kleiner Teil unserer Galaxis ist optisch zugänglich[3].

Die Fortschritte auf dem Gebiet der beobachtenden Astronomie in jüngerer Zeit sowie in naher Zukunft ermöglichen bzw. sollten es ermöglichen, daß man sich dieser Einschränkung entledigt. Bei der Explosion einer Supernova entstehen nicht nur Lichtteilchen, sondern auch andere Strahlungsformen, die problemlos das Staubhindernis durchdringen können. Insbesondere *Neutrinos* werden im Überfluß emittiert, und sie können ohne Wechselwirkung Lichtjahre an Materie durchdringen. Könnte man sie auf der Erde einfangen, so besäße man eine Fundgrube an neuen Informationen über die Natur der Quelle, die sie erzeugt. Das Problem besteht gerade in ihrem Nachweis. Da sie Materie gegenüber so scheu sind, wechselwirken sie auch kaum mit den üblichen Meßinstrumenten.

Die thermonuklearen Reaktionen, die sich im Zentrum der Sonne abspielen, erzeugen einen permanenten Strom von Neutrinos, von dem ein winziger Teil auf der Erde nachgewiesen wird. Dies geschieht mit Hilfe eines riesigen Behälters, der sechshundert Tonnen Tetrachloräthylen (C_2Cl_4) enthält und in einer Goldmine in Dakota vergraben ist. Trifft ein Neutrino in diesem seltsamen Schwimmbecken auf ein Chloratom, so wird dieses in Argon umgewandelt, das dann aus der Mischung extrahiert werden kann. (Eine neuere europäische Variante benutzt Gallium als Zielscheibe.) Die Neutrinos einer Supernova sind

---

[3] Wir werden später sehen, daß Radiowellen, Infrarot- und Röntgenstrahlen wesentlich weniger absorbiert werden und zur Erde durchdringen.

sehr viel energiereicher, als die Sonnenneutrinos. Ihre Detektoren waren ursprünglich für ganz andere Zwecke gedacht. Die Teilchenphysiker hatten nämlich tief unter der Erde (als Schutz gegen die kosmische Strahlung) riesige Wasserbecken gebaut, um eventuell den natürlichen Zerfall eines Protons und die daraus resultierenden Lichtblitze nachweisen zu können. Die Frage nach der Lebensdauer eines Protons, die im Zusammenhang mit neueren Theorien zur Vereinheitlichung der Wechselwirkungen aufgeworfen wurde, ist von besonderer Bedeutung, da das Proton der fundamentale Baustein der Atomkerne ist. Bis heute gibt es noch keine Anzeichen für eine endliche Lebensdauer eines Protons. Andererseits sind diese wasserhaltigen Detektoren auch empfindlich für energiereiche Antineutrinos, wie sie von einer nahen Supernova emittiert werden. Wechselwirkt ein Antineutrino mit einem Proton aus dem Becken, so entsteht ein Neutron und ein Antielektron. Dieses erzeugt einen Cerenkov-Blitz, der von tausenden von photoempfindlichen Zellen in dem Becken registriert wird. Diese Methode hatte im Februar 1987 einen großartigen Erfolg bei der Supernova SN 1987 A, auf die wir später noch zurückkommen.

Eine andere Form von Strahlung, die bei einer Supernova emittiert wird, ist möglicherweise noch vielversprechender. Es handelt sich dabei nicht um elektromagnetische Strahlung, sondern um *gravitative*[4]. Nach der Allgemeine Relativitätstheorie von Einstein gibt es eine Ausbreitung von Krümmungswellen, wenn sich ein Gravitationsfeld sehr rasch verändert. Daher sollten diese Wellen auch beim Kollaps eines Sternes erzeugt werden. Bis zum Jahre 2000 könnten die Gravitationsteleskope in der Lage sein, die Signale aufzufangen, die von einer Supernova im Umkreis von ungefähr einhundert Millionen Lichtjahren emittiert werden. Innerhalb dieser Entfernung gibt es viele tausend Galaxien, und die Gravitationsteleskope sollten pro Monat ungefähr einen Strahlungsschauer nachweisen können.

6.6 Historische Supernovae

Auch wenn wir von der Astronomie von morgen träumen, so müssen wir doch nicht verzweifelt auf den Tod eines nahen Sterns warten. Auch die Astronomie der Vergangenheit ist eine wertvolle Informationsquelle: In den schriftlichen Überlieferungen der Menschheit ruhen durchaus noch astronomische Schätze, die wenig ergründet wurden.

---

[4] Das Problem der Gravitationswellen wird in Kapitel 18 untersucht.

Der explosionsartige Tod massiver Sterne hat lange vor der Erfindung der Teleskope in den Annalen der beobachtenden Astronomie seine Spuren hinterlassen. Die professionellen Astronomen im Fernen Osten – überwiegend als Astrologen tätig – waren von den Herrschern beauftragt, den Himmel ständig zu überwachen und von allen ungewöhnlichen Ereignissen zu berichten und diese zu interpretieren. Im Verlauf von mehreren chinesischen Dynastien bis ins zweite Jahrhundert vor Christus wurden viele solcher Ereignisse mit bemerkenswerter Genauigkeit in den astronomischen Schriften gesammelt. Noch ältere Aufzeichnungen sind leider verloren gegangen. Dieser unersetzbare Verlust geht auf den übermäßigen Hochmut eines einzigen Menschen zurück, Ch'in Shih Huang-ti, der sich zum ersten „wirklichen" Kaiser von China ernannte. Er entschied, daß die Weltgeschichte erst mit seiner Regierungszeit zu beginnen habe und ordnete 213 v. Ch. eine große Bücherverbrennung an, der die Mehrzahl der alten Aufzeichnungen zum Opfer fiel.

Zum Glück war China nicht das einzige Land, das von der Astronomie begeistert war. In Japan und Korea begannen die regelmäßigen astronomischen Beobachtungen um 1000 v. Ch. Von dieser Zeit an lassen sich mehrere gleichzeitige Aufzeichnungen von demselben Ereignis finden, was eine zuverlässige Interpretation der oft geheimnisvoll abgefaßten Berichte erleichtert.

Die genaue Anzahl der „historischen" Supernovae ist nicht genau bekannt, ist aber kaum größer als zehn. Allerdings wurden nicht alle Annalen von solchen Historikern zusammengetragen, die eine Vorliebe für Astronomie haben, und noch weniger von geschichtlich interessierten Astronomen, die die orientalischen Sprachen beherrschen.

Die ersten drei neuen Sterne, die in China beobachtet wurden, werden nur sehr kurz erwähnt. Einer scheint im Jahre 185 für zwanzig Monate im Sternbild Centaurus erschienen zu sein, ein anderer im Jahre 396 für acht Monate im Sternbild Skorpion, der letzte im Jahre 827 ebenfalls im Sternbild Skorpion.

Für die Supernova aus dem Jahre 1006 im Sternbild des Lupus gibt es eine ausreichende Übereinstimmung zwischen verschiedenen Aufzeichnungen, so daß ihre Authentizität als gesichert gilt. Der neue Stern wurde gleichzeitig von den Europäern (vermerkt in den Jahrbüchern der mittelalterlichen europäischen Kloster), den Arabern, den Chinesen und den Japanern beobachtet. Für 25 Monate blieb er dem bloßen Auge sichtbar und seine maximale Helligkeit überstieg nach einer poetischen irakischen Beschreibung ein Viertel der Helligkeit des Mondes.

6.7 Identifikation eines Sterns

Ich falle auf meine Knie. Ich habe die Erscheinung eines Gaststernes beobachtet. Seine Farbe ist schillernd gelb [...]. Das Land wird einen großen Reichtum erfahren.

YANG WEI-T'E, kaiserlicher Astronom, 1054

Die wohl bekannteste historische Supernova (zumindest für uns) wurde im Jahre 1054 von den Japanern und Chinesen beobachtet. Besonders die letztere Beschreibung ist Dank der peniblen Genauigkeit von Yang Wei-T'e außerordentlich präzise. Als kaiserlicher Astronom am chinesischen Hof während der Sung-Dynastie war er mit den Sternbildern vertraut. Am Tag des Ch'ih Chiu im 5. Mond des ersten Jahres der Shih-Huo Periode – d.h. am 4. Juli 1054! – beobachtet Yang Wei-T'e am Himmel das Erscheinen eines außergewöhnlichen Sternes. Einige Minuten vor Sonnenaufgang erhebt sich ein unbekannter Stern über den Horizont, sehr viel heller als Venus oder irgendein anderer Stern, der jemals am Himmel gesehen wurde. Der kaiserliche Astronom bezeichnet ihn als „Gaststern" und vermerkt sein Erscheinen in den Annalen. Er verfaßt einen Bericht an seinen Herrn, deutet die Erscheinung als gutes Omen und behält sie anschließend unter sorgfältiger Beobachtung. Der Gaststern ist für 23 Tage auch *tagsüber* auszumachen und für eine Gesamtzeit von zwei Jahren am nächtlichen Himmel sichtbar. Schließlich verfinstert sich der neue Stern und das Schauspiel ist vorüber. Yang Wei T'e wurde Zeuge der Explosion einer Supernova mit einer unglaublichen Leuchtkraft von 250 Millionen Sonnen[5].

Dies alles blieb vergessen, bis der englische Amateurastronome John Bevis im Jahre 1731 im Sternbild des Stiers einen Nebel entdeckte. Da es sich um ein diffuses Objekt handelte, wurde es als Nr. 1 in den berühmten Messier-Katalog aufgenommen. Lord Ross, der im Jahre 1844 seine Gestalt untersuchte, gab ihm den netten Namen „Krebsnebel" (oder auch Crabnebel). Dank einer Übersetzung der chinesischen astronomischen Annalen konnte der Schwede Lundmark im Jahre 1919 zum ersten Mal einen Zusammenhang zwischen dem Krebsnebel und der Supernova aus dem Jahre 1054 ziehen, die beide in derselben Himmelgegend liegen. Im Jahre 1928 schließlich bestimmte Edwin Hubble, der Vater der modernen Kosmologie, die Expansionsgeschwindigkeit des Krebsnebels. Er konnte so die Zeit „zurückrechnen" und das Alter des Nebels

---

[5] Berücksichtigt man die Entfernung des Sterns, so fand die Explosion vor fünftausend Jahren statt.

auf ungefähr 900 Jahre schätzen, in guter Übereinstimmung mit dem Explosionsdatum von 1054. Die Beziehung zwischen dem explodierenden Stern und seinen gasförmigen Überresten steht seither außer Zweifel.

6.8 Die Supernovae der Renaissance

Die Supernova aus dem Jahre 1572 wurde im Westen von dem dänischen Astronomen Tycho Brahe im Sternbild der Cassiopeia beobachtet. Für mehrere Tage hatte sie die gleiche Helligkeit wie Venus. Als erste Supernova, die wissenschaftlich beobachtet wurde, hat sie eine wichtige historische Bedeutung. Zu jener Zeit beherrschte noch das überlieferte Weltbild der Griechen und Araber das Denken. Danach waren die Sterne an einer weit entfernten, starren Sphäre befestigt, in deren Zentrum sich die Erde befand. Tycho Brahe zeigte, daß der neue Stern von 1572 sicherlich weiter entfernt sein muß als der Mond und sich daher in der Sphäre der Fixsterne befindet. Dadurch erschütterte er zugleich das Dogma der Unveränderlichkeit der Fixsterne, das schon von der kopernikanischen Theorie angezweifelt wurde, und bereitete den Weg für die große astronomische Revolution von Kepler.

Darüber hinaus ist die Explosion von 1572 der Ursprung für die Bezeichnung „Supernova", die ihr im 20. Jahrhundert gegeben wurde. Hätte es sich um einen gewöhnlichen neuen Stern gehandelt (eine Nova), so hätte er sich nach der augenscheinlichen Helligkeit in einer Entfernung von nur wenigen dutzend Lichtjahren befinden müssen. Auf eine solch kurze Distanz wäre jedoch ein weißer Zwerg – der Überrest einer Novaexplosion – mit einem Teleskop beobachtbar gewesen, was nicht der Fall war. Der neue Stern von 1572 mußte also erheblich heller sein als eine Nova und sich außerdem in einem viel größeren Abstand befinden. Aus diesem Grund schlugen Fritz Zwicky und Walter Baade im Jahre 1937 die Bezeichnung „Supernova" vor.

Die Supernova von 1604 im Sternbild des Schlangenträgers wurde gleichzeitig in Europa, China und Korea beobachet. Man bezeichnet sie oft als Keplersche Supernova, denn es war dieser bekannte deutsche Astronom, der ihre exakte Position bestimmte. Im Jahre 1943 fand Walter Baade um den Ort der Explosion einen kleinen Nebelfleck.

Damit endet die Liste der bekannten Supernovae in unserer Galaxis[6]. Die letzte liegt vierhundert Jahre zurück. Die unerwartete Erscheinung einer Supernova im Februar 1987 – zwar nicht in unserer Galaxis, aber „in der Nähe",

---

[6] Ausgenommen möglicherweise die von Cassiopeia A (siehe Seite 95).

nämlich in der Großen Magellanschen Wolke – wurde jedoch zu einem Ereignis von besonderer Tragweite, das die Aufmerksamkeit der beobachtenden Astronomen, wie auch die der Theoretiker, für Monate in fieberhafter Aktivität auf sich zog. Wir werden das Ende dieses Kapitels diesem Ereignis widmen.

6.9 Die Überreste des Festes

Zeige mir, was Du auf Deinem Teller läßt, und ich sage Dir, wer Du bist.

Französisches Sprichwort

Während die außergewöhnliche Helligkeit einer Supernova nur wenige Monate anhält, lassen sich die bei der Explosion in den interstellaren Raum geschleuderten Überreste über sehr viel längere Zeiträume beobachten. Die gasförmigen Trümmer der Supernovae, die vor langen Zeiten geleuchtet haben, können wir in unserer Galaxis heute noch sehen. Aber diese Überreste verflüchtigen sich auch. Viele von ihnen haben sich verteilt und sind dünn geworden, so daß ihr sichtbares Licht uns nicht mehr erreicht. Im Verlauf ihrer Expansion kollidieren sie mit dem interstellaren Medium und erzeugen dabei Radiowellen und Röntgenstrahlen. Insgesamt kennt man ungefähr zwanzig beobachtbare Überreste im sichtbaren Bereich und mehr als hundert im Radiobereich.

Der bekannteste Überrest einer Supernova ist der Krebsnebel, der bei der Explosion von 1054 entstand. Die Überreste der sogenannten Vela-Supernova im Gumnebel gehen auf die Explosion zu einer Zeit zurück, als die Menschen sicherlich den Himmel schon betrachtet haben, ihre Beobachtungen jedoch noch nicht aufgezeichnet haben: neuntausend Jahre vor Christus. Der Stern muß eine maximale Leuchtkraft erreicht haben, die dem ersten Quartal des Mondes entspricht. Und die Explosion, die zu dem großartigen Schleier-Nebel im Schwan führte, hat sich vor zwanzig- oder dreißigtausend Jahren ereignet.

Die Überreste einer Supernova enthalten eine Fülle an Informationen über die Art der Explosion, die zu ihrer Entstehung führte. Man unterscheidet im allgemeinen zwei Typen von Supernovae, die sich in der zeitlichen Entwicklung ihrer Helligkeit unterscheiden. Bei einer Supernova vom Typ I ist die maximale Leuchtkraft größer als beim Typ II, und der Lichtabfall ist unregelmäßiger und treppenförmig.

Die theoretischen Astrophysiker sind sich in der Interpretation dieser beiden
Arten von Supernovae nicht ganz einig. Einige berufen sich auf einen Vergleich
der Spektren der beiden Supernova-Typen und vermuten lediglich eine unter-
schiedliche chemische Zusammensetzungen der explodierenden Sterne. Generell unterscheidet man für die Sterne zwei „Populationen". Der Unterschied
liegt in ihrer chemischen Zusammensetzung und in ihrem Alter. Die *Population II* besteht aus den alten Sternen, die sich bei der Entstehung der Galaxien
gebildet haben, und die daher nur wenig „Metalle" enthalten[7]. Diese Population überwiegt in elliptischen Galaxien, die praktisch kein Gas mehr enthalten
und in denen keine Sterne mehr entstehen, außerdem in den Halos der Spiralnebel. Die *Population I* besteht demgegenüber aus den jüngeren Sternen, die
sich in den galaktischen Ebenen der Spiralnebel gebildet haben und seit ihrer
Entstehung mit „Metall" angereichert sind. Dieses Metall wurde von älteren
Sternengenerationen erzeugt. Die Supernovae vom Typ I werden in jeder Art
von Galaxis beobachtet (Spiralnebel oder elliptische Nebel), während die vom
Typ II nur in den Spiralnebeln beobachtet werden. Es ist daher naheliegend,
die Supernovae vom Typ II mit der Population I in Verbindung zu bringen, und
die Supernovae vom Typ I mit der Population II. Die Übereinstimmung ist eher
schlecht, um so mehr, als die Zusammenhänge vermutlich sehr viel komplexer
sind.

Bei den Theoretikern herrscht weitgehende Einigkeit darüber, daß die Supernovae vom Typ II auf Explosionen von massiven Sternen (mehr als $10\,M_\odot$)
zurückzuführen sind, bei der sich gleichzeitig Neutronensterne bilden. Für die
Explosionen vom Typ I gibt es jedoch viele Interpretationen. Die Modelle zeigen, daß der Gravitationskollaps eines isolierten Sterns von ein bis acht Sonnenmassen nicht viel ergibt: einen Planetarischen Nebel mit einem weißen
Zwerg, bestenfalls einen Neutronenstern, jedoch nur wenig freiwerdende Energie. Die Sterne zwischen acht und zehn Sonnenmassen können jedoch in einer
Supernova vom Typ I explodieren, wobei die Energie durch die Verbrennung
von Kohlenstoff geliefert wird.

6.10 Gefährliche Liebschaften

Eine andere Erklärung, die gegenwärtig sehr verbreitet ist, beruft sich auf einen
völlig anderen Explosionsmechanismus. Danach handelt es sich bei den Su-

---

[7] Ein Astrophysiker bezeichnet großzügigerweise jedes chemische Element außer Wasserstoff
und Helium als Metall.

pernovae vom Typ I um weiße Zwerge aus Kohlenstoff und Sauerstoff, die Teil eines sehr engen binären Systems bilden. Nach diesem Modell wird dem Begleiter das Helium entrissen und sammelt sich auf der Oberfläche des weißen Zwerges. Erreicht diese Schicht eine kritische Temperatur und Dichte, so wird die Fusion von Helium ausgelöst. Dies führt zunächst zu einem Lichtblitz, anschließend zu einem allmählichen Abfall der Leuchtkraft, genau so, wie es bei den Supernovae vom Typ I beobachtet wird. Eigentlich verdient die „Supernova" nur in dieser Interpretation ihren Namen, da es sich wirklich um eine große Nova handelt[8].

Eine Variante dieses Doppelsystem-Modells geht davon aus, daß sich der weiße Zwerg sehr nahe an seiner Stabilitätsgrenze von $1,4\,M_\odot$ befindet. Unter diesen Umständen führt die ständige Ablagerung von Gas an seiner Oberfläche zu einer Massenzunahme und schließlich zu einem Überschreiten der kritischen Grenze. Die Verletzung der Chandrasekhar-Grenze hat einen Gravitationskollaps zur Folge. Dieser ist zwar schwach, genügt jedoch, um die Reaktion von Kohlenstoff – den Hauptbestandteil eines weißen Zwerges – in Gang zu setzen und ihn instantan in Nickel und Eisen umzuwandeln. Der weiße Zwerg zerbricht bei dieser Explosion.

Eine andere Version dieser „gefährlichen Liebschaften" ist seit kurzem dabei, sich in der astrophysikalischen „Szene" durchzusetzen. In einem binären System aus zwei sehr eng beieinanderliegenden weißen Zwergen verbraucht die Gravitationsstrahlung die orbitale Energie des Systems und führt so zu einer Annäherung der beiden weißen Zwerge im Verlauf einer Zeit, die kürzer als das Zeitalter des Universums ist. Es ist möglich, daß bei der Kollision der weißen Zwerge Energien freigesetzt werden, die denen einer Supernova vom Typ I vergleichbar sind.

Diese Vielfalt der Modelle für Supernovae vermittelt eine Vorstellung von den Schwierigkeiten, denen sich ein theoretischer Astrophysiker gegenübersieht, wenn er sich mit extremen Zuständen der Materie beschäftigt, die sich im Labor nicht realisieren lassen.

6.11 Begegnung der dritten Art

Die Untersuchungen der Überreste der Supernova Cassiopeia A haben das Verständnis der verschiedenen Explosionsmechanismen noch erschwert. Dieser

---

[8] Man erinnere sich, daß bei einer Nova Wasserstoff an der Oberfläche eines weißen Zwerges in einem binären System verbrannt wird.

Nebel hat den Vorteil, sowohl im optischen Bereich wie auch im Bereich der Röntgen- und Radiostrahlen beobachtbar zu sein. Messungen seiner Expansionsgeschwindigkeit haben ergeben, daß die Supernova um 1670 in einem Abstand von nur 9 000 Lichtjahren explodiert sein muß. Zu dieser Zeit wurde jedoch kein neuer Stern bemerkt, obwohl die Astronomen des Abendlandes den Himmel sehr genau erforschten. Eine solch nahe Supernova hätte ihnen kaum entgehen können. Für einen Monat hätte sie die Helligkeit von Sirius übertreffen müssen!

Erst vor kurzem haben Wissenschaftshistoriker anscheinend eine Spur des neuen Sterns gefunden, als sie den berühmten Sternenkatalog (zusammen mit prachtvollen Stichen der Sternbilder) des „königlichen" englischen Astronomen John Flamsteed untersuchten. Dieser Himmelsatlas erschien im Jahre 1725, basiert jedoch auf Beobachtungen aus dem Jahre 1680. Er zeigt an der gegenwärtigen Position der gasförmigen Überreste von Cassiopeia A einen kleinen Stern der Größe 6^m (gerade noch mit bloßem Auge zu erkennen), der von Flamsteed C Kassiopeia genannt wurde. Dieser Stern fehlt sowohl in früheren Katalogen, als auch in der späteren Sammlung aus dem Jahre 1835. Zu dieser Zeit war sich niemand, auch nicht Flamsteed, der Tatsache bewußt, daß dieser kleine Lichtfleck nur vorübergehend am Himmel leuchtete!

Wie läßt sich eine so unauffällige Sternenexplosion erklären? Es wäre natürlich möglich, daß Staubwolken, die sich reichlich in der expandierenden Hülle um die Supernova gebildet haben, das zentrale Licht absorbiert haben. Dieses Argument wird jedoch durch andere verwirrende Tatsachen geschwächt. Das Fehlen von Eisen unterscheidet die chemische Zusammensetzung dieses Nebels von der anderer Supernovareste vom Typ I oder II. Andererseits scheint Cassiopeia A keinen Neutronenstern hinterlassen zu haben: Dreihundert Jahre nach seiner Bildung betrüge die Oberflächentemperatur eines Neutronensterns immer noch 3 Millionen Grad und würde als nachweisbare Quelle von Röntgenstrahlen in Erscheinung treten.

Mit anderen Worten, es handelt sich hier vermutlich um eine neue Art von Supernova, genannt „Typ III"[9], die sehr selten auftritt. Es könnte sich um eine andere Form einer Sternenexplosion handeln, die nicht durch einen Kollaps des Zentrums ausgelöst wird, sondern durch die Instabilität eines ultra-heißen Sterns, welcher der sogenannten „Wolf-Rayet"-Klasse angehört. Ein kürzlich am Zentrum für Nuklearforschung in Saclay entwickeltes Modell sagt eine effektive maximale Leuchtkraft voraus, die nur der einhundertmillionenfachen Leuchtkraft der Sonne entspricht, d.h. zehnmal weniger als eine „normale" Su-

---

[9] Einige Autoren ziehen die Bezeichnung Typ Ib vor.

pernova. Eine solche Explosion könnte den Stern vollkommen zerstören und keinen kompakten Rest zurücklassen.

Es gibt noch eine weitere Hypothese, die vielleicht noch reizvoller ist: Der Kollaps des entarteten Kerns hat tatsächlich stattgefunden, aber anstatt einen Neutronenstern zu bilden, führte er zur Geburt eines *schwarzen Loches*. Wie wir später sehen werden, besitzt ein schwarzes Loch keine feste Oberfläche. Es kann daher auch der stellaren Hülle durch einen Rückprall keinen Stoß versetzen. Die Wirkung einer Supernova ist also wesentlich kleiner.

6.12   Die Magellansche Supernova

In der Nacht vom 23. auf den 24. Februar 1987 hatte der kanadische Astronom Ian Shelton, der am Observatorium von Las Campanas in Chile arbeitete, das außergewöhnliche Glück, der erste „Professionelle" zu sein, der eine Supernova in der Großen Magellanschen Wolke entdeckte (ein Nachtassistent hatte gerade mit bloßem Auge die Entstehung eines Sterns der Helligkeit 4^m beobachtet). Die Große Magellansche Wolke ist eine irreguläre Galaxis, Satellit der Milchstraße mit einem Orbit bei ungefähr 170 000 Lichtjahren. Ein Telegramm wurde eilig an das Büro der Internationalen Astonomischen Union aufgegeben und versetzte die Gemeinschaft der Astronomen sofort in Aufregung. Diese Supernova mit der Bezeichnung SN 1987 A war seit der Keplerschen aus dem Jahre 1604 die erste Supernova, die mit bloßem Auge erkennbar war, und die nächstgelegene. Da sie jedoch nur auf der südlichen Hemisphäre sichtbar war, konnten nur die Observatorien in Chile, Australien und Süd-Afrika ihre Teleskope auf sie richten. Als die Nacht über Australien hereinbrach, identifizierte ein Astronom aus diesem Land die Supernova mit einem Stern, der vorher unter dem Namen Sanduleak–69 202 verzeichnet war, einem blauen Riesen der Stärke 12^m. Daraus entstand ein interessantes Problem für die Theoretiker, die eher die Explosion eines roten Riesen erwartet hätten.

Das zweite Rätsel war, daß das Spektrum des explodierenden Sterns Linien von Wasserstoff aufwies, was einer Supernova vom Typ II entsprach (der Explosion eines massiven Sterns). Aber von Beginn an zeigte seine „Lichtkurve" (die Veränderung der Leuchtkraft im Verlauf der Zeit) Anomalien im Vergleich zu den typischen Vertretern seiner Klasse. Insbesondere war seine maximale Helligkeit ungefähr einhundertmal schwächer als erwartet.

Nachdem sie von der Entdeckung von Shelton gehört hatten, machten sich die Theoretiker in Princeton sofort an die Arbeit und verfaßten innerhalb von zwei Tagen einen Artikel, in dem sie „rückwärtig“ vorhersagten, daß die unter der Erde befindlichen Neutrinodetektoren einige Stunden vor der sichtbaren Erscheinung der Supernova Neutrinos aufgefangen haben müßten. Sie berechneten ihre Anzahl und ihre Energie. Bei einer Supernova vom Typ II werden die Neutrinos durch die Neutronisierung erzeugt, d.h. durch den Einfang der Elektronen durch die Atomkerne während des Gravitationskollaps des Zentrums. Der Hauptteil der Energie einer Supernova wird so von den Neutrinos abtransportiert. Die Leuchtkraft der Neutrinos ist gleich der Leuchtkraft an Licht, das in einer Sekunde von einhundert Millionen Galaxien erzeugt wird! Diese fantastische Zahl entspricht einem Fluß von einhundert Milliarden Neutrinos pro Quadratzentimeter auf der Erdoberfläche ... oder auf Ihrer Haut.

Tatsächlich hatte am 23. Februar, fast 22 Stunden *vor* der Erscheinung der Supernova im sichtbaren Bereich, ein Wasserdetektor tief im Inneren der Mine Kamioka in Japan, während eines Intervalls von elf Sekunden elf Mal unter dem Ansturm eines Antineutrinoschauers von SN 1987 A geblinzelt. Das Ergebnis konnte von der Forschergruppe in Kamioka erst nach fünfzehn Tagen harter Arbeit der Datenanalyse verkündet werden. Etwas später gab eine amerikanische Gruppe ein ähnliches Resultat bekannt: Zum selben Zeitpunkt wie in Japan hatte ihr Detektor in einer Mine in Cleveland acht Blitze verzeichnet. Hat die südliche Hemisphäre das Licht der Magellanschen Supernova empfangen, so sammelte die nördliche Hemisphäre ihre Neutrinos. Insgesamt neunzehn Signale, eine kleine Ernte, aber von größter Bedeutung: Sie bestätigten nicht nur, daß die Supernova 1987 A nicht vom Typ I war (die Explosion eines weißen Zwerges in einem binären System, bei der keine Neutrinos emittiert werden), sondern leiteten auch das Zeitalter einer neuen Astronomie ein, die sich nicht nur dem Nachweis der elektromagnetischen Wellen widmet, sondern auch dem der Neutrinos, die von anderen Sternen als der Sonne emittiert werden.

Kehren wir zu der Lichtkurve zurück. Die Anomalien der ersten Tage verschwanden nach einigen Monaten: Die Leuchtkraft folgt einem exponentiellen Abfall, der für den radioaktiven Zerfall von Kobalt 56 charakteristisch ist. Darin bestand ein weiterer Erfolg für die theoretischen Modelle: Dieses Element ist das Hauptprodukt der explosionsartigen Nukleosynthese in massiven Sternen. Die anfängliche Anomalie konnte im nachhinein durch die besondere Natur des ursprünglichen Sterns erklärt werden, der als blauer Stern und nicht als roter explodiert war. Sanduleak–69 202 war in früheren Zeiten vermutlich ein roter Superriese, der sich nach der Verbrennung seines Heliums übermäßig aufgebläht hatte. Unter dem Einfluß eines starken stellaren „Windes“ hatte er anschließend im Verlauf von zehntausend Jahren seine rote, weniger heiße Hülle verloren und war zu einem leuchtenden blauen Stern von etwas bescheidenerer Größe geworden (immerhin noch der 40fache Sonnendurchmesser statt der 500fache). Die Theoretiker haben eifrig an neuen Modellen gearbeitet, die den Beobachtungen entsprachen, und diese im Verlauf der Monate den eintreffenden neuen Daten angepaßt.

Es bleibt jedoch die Frage, die uns alle in erster Linie interessiert: Ist der Überrest der Explosion ein Neutronenstern oder ein schwarzes Loch? Beide Standpunkte sind gerechtfertigt, denn der Vorgängerstern hatte eine Masse von ungefähr zwanzig Sonnen. Seit nunmehr vier Jahren sind verschiedene Detektoren auf den Ort der Explosion gerichtet, um dort die Spuren eines Neutronensterns nachzuweisen (ein schwarzes Loch wäre „weniger interessant", da es keine nachweisbaren Signale aussendet). Trotz einiger falscher Alarme blieben die Forschungen bisher ohne Ergebnis. Das ist nicht verwunderlich. Der Überrest wird noch von den inneren Schichten des expandierenden Nebels verdeckt. Sollte es sich jedoch um einen Neutronenstern handeln, so wird er sich früher oder später auch zeigen, wenn sich die letzten Schleier bis zur Transparenz verflüchtigt haben. Nach einigen Jahren oder Jahrzehnten wird die Röntgenstrahlung der ultra-heißen Oberfläche des Neutronensterns zum Vorschein kommen. Man könnte auch von der Geburt eines Baby-Radiopulsars träumen, falls sein Strahl durch einen außerordentlichen Zufall die Sichtlinie der Erde kreuzen sollte (näheres im folgenden Kapitel). Etwas weniger spekulativ kann man auf ein indirektes Signal hoffen, wie z.B. die Aufheizung des expandierenden Nebels durch den zentralen Pulsar. Was auch immer geschehen wird, die Magellansche Supernova wird eines der großen astronomischen Ereignisse dieses Jahrhunderts bleiben.

Kapitel 7
Pulsare

Die Wissenschaft besteht aus Theorien und Experimenten (bzw. im Fall der Astronomie aus Beobachtungen), die manchmal in einem gesunden Wettstreit gegeneinander antreten, und die abwechselnd die Siege davontragen. Die Neutronensterne bilden ein besonders schönes Beispiel, wo die theoretische Vorhersage der Entdeckung durch die Beobachtung voranging.

Das Neutron wurde 1932 im Labor von James Chadwick nachgewiesen[1]. Man sagt, daß der große sowjetische Physiker Lev Landau an genau diesem Tag der Entdeckung zusammen mit einigen Kollegen über die Existenz von Sternen spekuliert haben soll, die vollständig aus Neutronen bestehen. Aber Landau veröffentlichte die Früchte dieser Überlegungen nicht sofort, und so blieb dies zwei amerikanischen Astrophysikern vorbehalten, die ebenso aufmerksam den Entwicklungen in der Teilchenphysik folgten, und die zwei Jahre später die reifen Früchte ernten konnten. Inspiriert von den weißen Zwergen, die – wie es von Ralph Fowler vorgeschlagen wurde – ihrem Eigengewicht durch den Druck ihrer entarteten Elektronen entgegen wirken können, kamen Fritz Zwicky und Walter Baade auf die Idee, daß Neutronen einen noch größeren Entartungsdruck ausüben und auf diese Weise den Kollaps eines stellaren Körpers, dessen Masse noch über der Chandrasekhar-Grenze liegt, verhindern könnten. Die beiden Wissenschaftler interessierten sich auch sehr für den Krebsnebel, die Überreste der Supernova von 1054, in dessen Zentrum sich gerade ein zusammengeschrumpfter Körper befand, der kein weißer Zwerg war...

Kurz vor Ausbruch des Zweiten Weltkrieges entwickelten Robert Oppenheimer[2] und G. Volkoff eine wirkliche Theorie der Neutronensterne. Sie zeigten insbesondere, daß es für ein entartetes Neutronengas ein hydrostatisches Gleichgewicht geben kann, wenn die Sternenmasse von der Größenordnung der Masse der Sonne ist.

---

[1] Er erhielt drei Jahre später den Nobelpreis.
[2] Der spätere „Vater" der Atombombe.

Diese Vorhersagen wurden von den meisten Astronomen schlicht ignoriert.
Die Ausgabe des berühmten Buches *Astronomie populaire* von Camille Flammarion aus dem Jahre 1955, durch das meine erste Leidenschaft für Astronomie geweckt wurde, widmet nur wenige Zeilen der „revolutionären" Theorie von Zwicky: „Es handelt sich dabei noch um sehr unscharfe Vorstellungen, die durch Beobachtungen nicht getestet werden können." Dieser Test mußte noch zwölf Jahre warten.

7.1   Leuchttürme am Himmel

Ich versuchte, mit einer neuen Technik meinen Doktor zu machen, und da waren plötzlich diese verrückten kleinen grünen Männchen, die meine Antenne und meine Frequenz gewählt hatten, um mit uns in Kontakt zu treten!

JOCELYN BELL

Im Jahre 1967 hatte Jocelyn Bell, damals eine junge Studentin an der Universität von Cambridge, England, von ihrem Doktorvater Anthony Hewish die Aufgabe erhalten, eine neue Art von Antennen zu entwickeln und zu testen, mit denen man die Szintillation von weit entfernten Radioquellen messen konnte. Während sie von Hand die vielen hundert Meter Millimeterpapier an Daten aus den Aufnahmegeräten analysierte, wurde ihre Neugierde pötzlich von periodischen Signalen geweckt, die absolut gleichförmig in einem regelmäßigen Abstand von 1,337 301 13 Sekunden auftraten. J. Bell hatte durch Zufall einen Stern entdeckt, der Impulse im Radiowellenbereich aussendet: einen *Pulsar*.

Weitere Neulinge kamen rasch hinzu. 1968 wurden Pulsare in den Überresten der Supernovae des Krebsnebels und der Vela gefunden. Für einige Monate herrschte helle Aufregung, selbst außerhalb der astrophysikalischen Gemeinschaft. Man vermutete, daß solch präzise Signale nur künstlicher Natur sein könnten, von außerirdischen Wesen – den „kleinen grünen Männchen" in der Sprache der Science-Fiction-Literatur – absichtlich zu uns geschickt. In Ermangelung einer offiziellen Bezeichnung wurden die ersten Pulsare daher spaßeshalber LGM1, LGM2 usw. getauft (für „Little Green Man": „Kleine grüne Männchen")! Was vermutlich nur als astronomischer Scherz gedacht war, wurde von der Sensationspresse sehr ernst genommen, und die Neuigkeit einer ersten Kontaktaufnahme mit einer außerirdischen Zivilisation verbreitete sich rasch und regte die Phantasien an...

Gleichzeitig nahmen sich die theoretischen Astrophysiker dieser Frage nüchtern an. Franco Pacini und Thomas Gold schlugen 1968 als Erklärung für das Phänomen der Pulsare einen sehr rasch rotierenden Neutronenstern vor. Die Grundidee läßt sich in wenigen Zeilen zusammenfassen: Ein Neutronenstern besitzt ein sehr starkes Magnetfeld. Die magnetischen Feldlinien transportieren die elektrisch geladenen Teilchen (Elektronen und Protonen) entlang ihrer Achse, wodurch aufgrund des „Synchrotron-Effekts" ein gebündelter Strahl an Radiowellen emittiert wird, der zusammen mit dem Stern rotiert. Bei jeder Umdrehung empfängt die Erde in dem Moment einen Impuls, in dem das Strahlenbündel die Sichtlinie des Radioteleskops überstreicht (Bild 7.1). Dieser *Leuchtturm-Effekt* tritt nur dann auf, wenn die Rotationsachse und die magnetische Achse nicht zusammenfallen – eine häufige Erscheinung in der Astronomie.

Diese Erklärung ist so natürlich und schlüssig, daß sie sich sofort durchgesetzt hat und bis heute das Arbeitsmodell der Spezialisten geblieben ist. 1974 wurde Anthony Hewish für das Konzept seiner Radioteleskope der Nobelpreis verliehen. Die Entdeckung der Pulsare wurde lediglich im Anhang der Doktorarbeit von Jocelyn Bell erwähnt...

7.2   Extreme Sterne

Warum sind die Rotationsgeschwindigkeit und das Magnetfeld bei Pulsaren so ausgeprägt?

Die Rotationsgeschwindigkeit von Neutronensternen, die sich nach dem zentralen Kollaps eines ausreichend massiven, rotierenden Sterns bilden, wird aufgrund der Drehimpulserhaltung im Verlauf der Kontraktion außerordentlich groß. Nach dem gleichen Prinzip erhöht ein Eiskunstläufer seine Rotationsgeschwindigkeit, indem er die Arme an seinen Körper zieht. Und was das Magnetfeld betrifft, so sind die Feldlinien in gewisser Weise in der stellaren Materie eingeschlossen und werden bei deren Bewegung mitgerissen. Während der Stern zusammenstürzt, verengen sich auch die Linien, und das Magnetfeld nimmt zu (Bild 7.2).

Tatsächlich ist ein Neutronenstern in mancher Hinsicht eine extreme Version eines weißen Zwerges. Sein Radius beträgt nur ungefähr fünfzehn Kilometer. Damit liegt das Größenverhältnis zwischen einem weißen Zwerg und einem

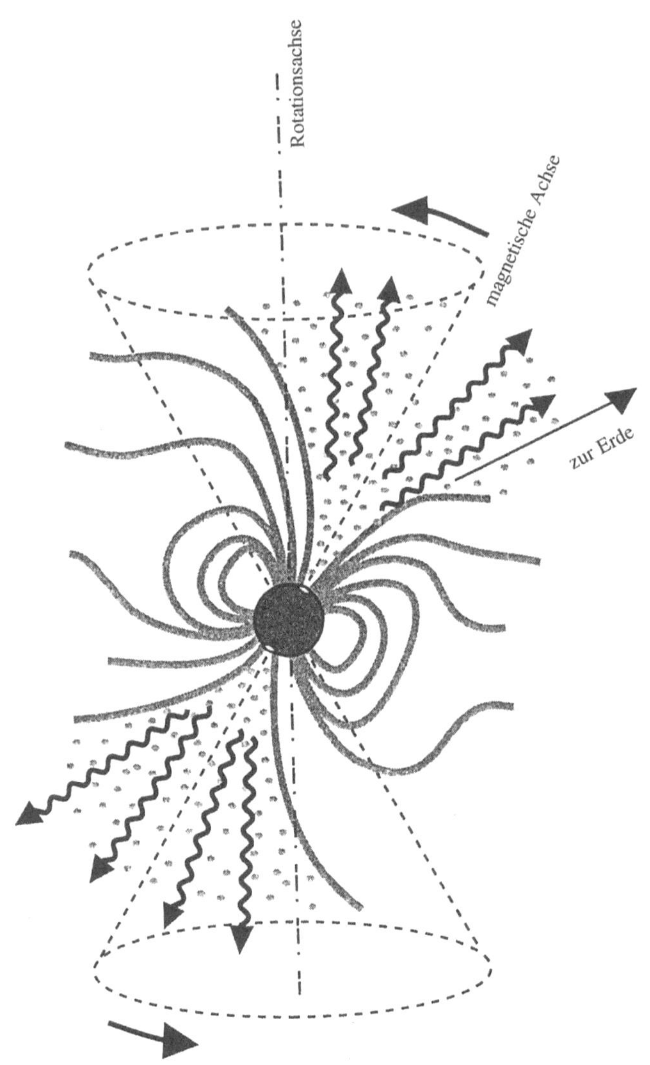

Bild 7.1 Das Modell eines Pulsars. Das bei Neutronensternen sehr starke Magnetfeld beschleunigt die Elektronen, die ein Bündel von Radiowellen abstrahlen, das entlang der magnetischen Achse fokusiert ist. Die Achse des Magnetfeldes stimmt nicht mit der Rotationsachse des Neutronensterns überein, so daß der Radiostrahl bei jeder Umdrehung die Sichtlinie zum Beobachter auf der Erde überstreicht.

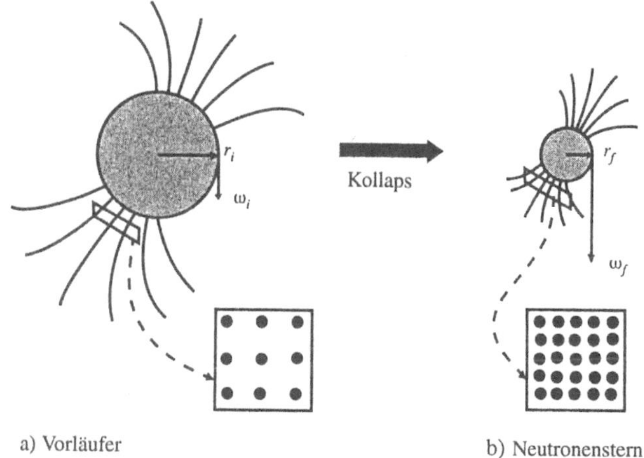

Bild 7.2 Entstehung eines Pulsars. Diese Abbildung zeigt schematisch, warum die Rotationsgeschwindigkeit und die magnetische Feldstärke während der Bildung eines Neutronensterns durch den Gravitationskollaps zunehmen. Vor dem Kollaps hat das Zentrum der Präsupernova einen Drehimpuls von $mr_i^2\omega_i$, wobei m die Masse, r_i der Radius und ω_i die Winkelgeschwindigkeit des Zentrums sind.
Nach dem Kollaps hat der Neutronenstern ungefähr die gleiche Masse und den gleichen Drehimpuls. Da sein Radius r_f sehr viel kleiner als r_i ist, muß seine Winkelgeschwindigkeit ω_f umgekehrt proportional zum Quadrat des Radius zugenommen haben. Nimmt man weiterhin an, daß das Magnetfeld an die zusammenfallende Materie gekoppelt ist, so nimmt seine Intensität – ausgedrückt durch die Anzahl der Feldlinien pro Flächeninhalt – wie $1/r^2$ zu.

Neutronenstern noch weit über dem Verhältnis zwischen der Sonne und einem weißen Zwerg, und ist ungefähr vergleichbar mit dem Verhältnis von einem roten Riesen zur Sonne (Bild 7.3). Die mittlere Dichte beträgt nicht mehr eine Tonne, sondern einhundert Millionen Tonnen pro Kubikzentimeter. Während die Sonne sich in 25 Tagen einmal um sich selber dreht[3], benötigt ein Neutronenstern für eine Drehung höchstens eine Sekunde[4]. Ähnliches gilt für das Magnetfeld: Das Magnetfeld der Sonne ist mit dem der Erde vergleichbar, d.h. ungefähr ein *Gauss*, das eines weißen Zwerges kann schon bis zu einhundert Millionen Gauss betragen, während es sich bei einem Neutronenstern auf ei-

---

[3] Am Sonnenäquator; die Rotationsgeschwindigkeit hängt vom Breitengrad ab.

[4] Man nimmt an, daß sich isolierte weiße Zwerge nur langsam drehen, möglicherweise auch gar nicht.

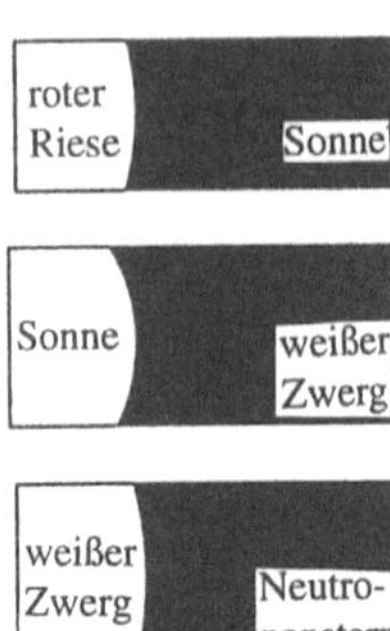

Bild 7.3 Größenvergleiche der Sterne. Die Sterne sollen alle die gleiche Masse wie die Sonne haben. Der Reduktionsfaktor von einem roten Riesen zur Sonne beträgt 250, der von der Sonne zu einem weißen Zwerg ist 100, und der zwischen einem weißen Zwerg und einem Neutronenstern ist 500. Das schwarze Loch ist in diesem Diagramm nicht dargestellt, da ein Stern nur dann zu einem schwarzen Loch werden kann, wenn sein Gewicht mehr als drei Sonnenmassen ausmacht. In diesem Fall hätte es eine Größe, die mit dem Neutronenstern vergleichbar ist.

ner milliardenfach kleineren Oberfläche konzentriert und eine Billionen Gauss erreicht[5]!

Gerade diese extremen Eigenschaften führten zur Entdeckung der Neutronensterne. Diese erfolgte allerdings nicht im optischen Bereich, denn die thermische Lichtstärke eines Neutronensterns ist trotz einer auf zehn Millionen Grad erhitzen Oberfläche wegen der Kleinheit dieser Fläche viel zu schwach. Ein Körper mit einem Durchmesser von dreißig Kilometern ist trotz einer Oberflächentemperatur von zehn Millionen Grad aus mehr als einigen Lichtjahren Entfernung kaum mehr sichtbar. Das ist im Vergleich zu den üblichen interstellaren Abständen viel zu klein. Trotzdem hat man zu einigen Pulsaren optische Gegenstücke gefunden, z.B. im Krebsnebel und in der Vela, wobei die optischen Pulsationen exakt mit den Radiopulsationen synchronisiert sind. Der Vela-Pulsar ist übrigens einer der lichtschwächsten Sterne, die bis heute im sichtbaren Bereich entdeckt wurden: Seine Helligkeit ist zwanzig Milliarden mal geringer als die des Sirius.

Andererseits führen die Rotation und das Magnetfeld zur Emission von periodischen Wellen, die nicht nur im Radiobereich nachweisbar sind, sondern auch in Wellenlängenbereichen mit höherer Energie: Röntgenstrahlen und Gam-

---

[5] Die größten im Labor erzeugbaren Magnetfelder haben ungefähr 300 000 Gauss. Dazu benutzt man riesige Elektromagnete mit einem Gewicht von mehr als zehn Tonnen.

mastrahlen. Und alle Frequenzen sind in derselben Weise durch die Rotation des Sternes moduliert.

7.3 Schreie und Flüstern

Man vermutet, daß bei einigen Pulsaren eine hochenergetische Strahlung von den Polkappen eines Neutronensterns emittiert wird. Diese Polkappen werden durch den Aufprall von geladenen Teilchen, die von dem Magnetfeld geleitet und mit nahezu Lichtgeschwindigkeit auf die ultra-harte Oberfläche auftreffen, sehr stark erhitzt. Ein Neutronenstern ist nichts anderes als ein riesiger rotierender Magnet, der wie ein Dynamo arbeitet. Bei einer Umdrehung pro Sekunde kann ein Neutronenstern eine Potentialdifferenz von 10^{16} Volt erzeugen. Unter diesen Bedingungen können die elektrischen Kräfte die enormen Gravitationskräfte an der Oberfläche übertreffen, so daß die geladenen Teilchen herausgerissen und anschließend beschleunigt werden. Diese Teilchen erzeugen sofort energiereiche Gamma-Strahlung, die jedoch – noch im Magnetfeld eingefangen – Mühe hat zu entkommen, und sich in Elektron-Positron-Paare verwandelt[6]. Umgekehrt annihilieren nun diese Paare und erzeugen erneut Gammastrahlen, die daraufhin wieder Elektron-Positron-Paare produzieren. So geht es weiter, bis die Strahlung schließlich den Bereich verläßt und entflieht. Bei einem solchen Vervielfältigungsprozeß, den man auch als *Kaskade* bezeichnet, können aus ursprünglich einem von der Oberfläche herausgerissenen Teilchen mehrere tausend weitere Teilchen erzeugt werden.

In dem elektromagnetischen Getöse, das von dem Pulsar ausgeht, ist die Radiostrahlung nur ein schwacher Schrei, aber gerade der wird von unseren Instrumenten aufgefangen. Heute versuchen die Pulsartheoretiker, Modelle für die Atmosphäre (die man Magnetosphäre nennt, wegen der grundlegenden Bedeutung des Magnetfeldes) zu entwickeln, mit deren Hilfe man alle Einzelheiten der Pulsaremission erklären kann. Das könnte man mit dem Versuch vergleichen, die Funktionsweise einer großen, in einer Fabrik versteckten Maschine zu verstehen, indem man nur auf das ferne Geräusch hört, das nach draußen dringt.

---

[6] Das Positron ist das Antiteilchen des Elektrons.

7.4 Die Nacht des Sternes

Radioteleskope bestehen aus großen Flächen, glatt oder vergittert, an denen die
Radiowellen reflektiert werden. Antennen wandeln die Wellen in elektrische
Signale um. Diese Signale kann man verstärken und damit die Membranen
eines Lautsprechers in Schwingung versetzen. Das menschliche Ohr kann so
das Klopfen der Pulsare hören. Ein ultra-schneller Pulsar beispielsweise, der
sich 440mal pro Sekunde um sich selber dreht, kann auf diese Weise die Note
a hervorbringen. Die weniger schnellen Pulsare erzeugen ein Hämmern, das
eher einer afrikanischen Trommel ähnelt. Im Jahre 1990 hatte der französische
Musiker Gérard Grisey die Idee, diese Himmelstrommler an der Aufführung
eines musikalischen Werks teilnehmen zu lassen, das für Schlaginstrumente
geschrieben worden war. Ich hatte das Glück, an der Ausarbeitung dieses Spek-
takels mitzuwirken. Fremdartige Sphärenmusik in dieser *Nacht des Sternes* . . .
Die sechs Musiker sitzen an erhöhten Plätzen kreisförmig um das Publikum.
Am Himmel leuchten strahlende Felder und aufgespannte Zeltdächer wie die
Flügel von großen, weißen Vögeln. Das Lied der Pulsare wird durch Lautspre-
cher im Raum verteilt. Die Metronome des Weltraumes, vom Zufall im Zentrum kollabierender Sterne geschmiedet, sind zu einem *direkten* Dialog mit der
menschlichen Musik geladen. Ein Rendezvous mit einem Pulsar bahnt sich an,
voller Leidenschaft und Präzision. Der kosmische Rhythmus, vor vielen tausend Jahren entstanden, muß auf die Minute im Konzertsaal eintreffen. Ein
Pulsar wartet mit seinem Spiel nicht auf die Menschen. Vor dem Fenster eines
Radioteleskops mit einem festen Spiegel, wie z.B. das in Nançay in der So-
logne, kommt ein Pulsar nur für eine halbe Stunde vorbei. Dieser Durchgang
verschiebt sich jeden Tag um fünf Minuten, und es gibt Zeiten im Jahr, wo
der Pulsar unhörbar bleibt, weil er zu tief über dem Horizont ist. Das Konzert
ist an diese weit entfernte Uhr gebunden und der Zuhörer so mit den kosmischen Kräften vereint. Rund einhundertzwanzig Schlaginstrumente aus Fellen
und Metall erzeugen für eine Stunde die Vorstellung von Rotation, Periodizität, Verlangsamung, Beschleunigung, Sprüngen. Und aus dieser geheimnisvollen Schmiede tauchen die dumpfen Schläge aus dem Zentrum des Pulsars
0329+54 auf – vierundachtzig Schläge pro Minute –, Tanz und Lied des Todes,
gespielt von einem sterbenden Stern in 7 500 Lichtjahren Entfernung.

7.5   Ein Pulsar verstummt

Ebenso wie das Schicksal eines isolierten Sterns durch seine Masse vorbestimmt ist, ist das Schicksal eines Pulsars (d.h. die Entwicklung seiner Rotationsperiode) durch sein anfängliches Magnetfeld vorgegeben. Es ist leicht vorherzusehen, daß die Rotation eines Pulsars im Laufe der Zeit in dem Maße, wie er seine Energie verliert, langsamer wird. Und da das Magnetfeld für den Energieverlust verantwortlich ist, kann man aus einer Messung dieser Verlangsamung das Magnetfeld der Neutronensterne berechnen.

Die jungen Pulsare drehen sich daher durchschnittlich schneller als die alten. Der Pulsar im Krebsnebel, geboren im Jahre 1054 und damit noch ein Kind, ist tatsächlich einer der schnellsten: Er dreht sich 33mal pro Sekunde um sich selber, während die Periode der älteren Pulsare mehrere Sekunden betragen kann. Die Rotationsdauer eines Pulsars kann jedoch nicht kürzer als eine Millisekunde sein. Bei einer kürzeren Periode könnte ein Neutronenstern trotz seiner Festigkeit den Zentrifugalkräften nicht standhalten und würde zerbrechen.

Pulsare werden mit einer Rate von 10^{-12} bis 10^{-19} pro Sekunde langsamer. Obwohl diese Werte außerordentlich klein sind, sind sie trotzdem während einer Beobachtungszeit von mehreren Jahren meßbar. Wenn die Rotation zu langsam wird, endet die pulsierende Emission. Die Lebensdauer eines Pulsars ist nicht länger als einige Millionen Jahre.

7.6   Supernovae und Pulsare

Ich habe mehrmals die Pulsare im Krebsnebel und der Vela erwähnt, die als Reste von berühmten Supernovae gelten. Bei den anderen bekannten Überresten, wie z.B. Cassiopeia A, dem Schleier-Nebel im Sternbild des Schwans oder den Supernovae von Tycho Brahe (1572) und Kepler (1604), konnte jedoch bis heute kein Pulsar nachgewiesen werden. Die Verbindung zwischen einem Pulsar und den Überresten einer Supernova ist sogar die Ausnahme: Unter den 450 Pulsaren und den 200 Überresten von Supernovae, die gegenwärtig (1992) bekannt sind, gehören nur fünf zusammen (darunter der Krebsnebel und Vela)! Viele Umstände können zu diesem überraschenden Ergebnis geführt haben. Die einfachste Erklärung ist, daß es letztendlich gar keine Neutronensterne in den Trümmern einer Supernova gibt, entweder, weil die Explosion einer Supernova zu einer anderen Art von stellarem Überrest führt (vollständige Zerstörung oder schwarzes Loch), oder weil die Neutronensterne sich zwar während

der Explosion gebildet, anschließend jedoch ihren Platz verlassen haben. So
wird z.B. das Zentrum eines Vorläufersterns im allgemeinen nicht vollkommen
kugelsymmetrisch kollabieren. Stimmt die Rotationsachse des Sterns nicht mit
der Achse des Magnetfeldes überein, wird die Materie asymmetrisch herausgeschleudert. Bei Geschwindigkeiten von über 10 000 km/s genügt schon der
Abstoß einer Ecke, die mehr als zehn Prozent der Gesamtmasse des Sterns ausmacht, um dem Pulsar eine Geschwindigkeit von mehreren hundert Kilometern
pro Sekunde in die entgegengesetzte Richtung zu geben. Dieses Phänomen, das
dem Rückstoß eines Gewehr vergleichbar ist, folgt aus der Impulserhaltung.
Durch den Rückstoßeffekt könnte die Supernova von ihrem Neutronenstern
„entkernt" worden sein, und die Astronomen wären gezwungen, an anderer
Stelle nach den Pulsaren zu suchen.

Es ist auch möglich, daß viele Pulsare, ebenso wie andere Sterne, Teil eines binären Systems sind oder waren. Die Explosion des massiven Begleiters
eines Pulsars in Form einer Supernova könnte heftig genug sein, um das Paar
zu trennen und die Neutronensterne auf Geschwindigkeiten zu bringen, die
den tatsächlich beobachteten Größenordnungen entsprechen (zwischen 10 und
500 km/s).

Eine andere plausible Erklärung für das nahezu systematische Fehlen eines
Pulsars in den Überresten einer Supernova ist die, daß zwar ein Neutronenstern
vorhanden ist, die pulsierende Emission jedoch nicht beobachtet wird. Eine wesentliche Eigenschaft der Emission bei einem Pulsar ist ihre große Anisotropie:
Ein Pulsar ähnelt einem Leuchtturm, dessen Licht in einem engen, relativ zur
Rotationsachse geneigten Kegel fokusiert ist. Zeigt die Emissionsachse nicht
genau in die richtige Richtung, so überstreicht ihr Lichtstrahl die Erde nicht
mehr. Grundsätzlich ist der Neutronenstern also ein Pulsar, er kann aber von
den Astronomen auf der Erde nicht mehr als solcher beobachtet werden.

Pulsare sind im allgemeinen viel älter als die Überreste der Supernovae. Die
Phase der pulsierten Radioemission nimmt zwar nur einen kleinen Teil im Leben eines Neutronensterns ein, sie ist jedoch immer noch viel länger, als die
Lebensdauer der Reste einer Supernova. Die mittlere Lebensdauer der Pulsare
läßt sich aus der Verlangsamung ihrer Periode bestimmen und ergibt sich zu
ungefähr drei Millionen Jahre[7], während sich die Emissionsnebel einer Supernova nach dieser Zeit vollständig aufgelöst haben. Tatsächlich beobachtet man
erheblich mehr Pulsare als Reste von Supernovae. In unserer Galaxis könnte es
insgesamt einige zehn Millionen Pulsare geben.

---

[7] Die ältesten sind jedoch über eine Milliarden Jahre alt.

7.7 Himmelskreisel

1982 wurde ein „ultra-schneller" Pulsar entdeckt, der 660 Umdrehungen pro Sekunde ausführt[8]. Seine Periodenveränderung ist so klein, daß dieser Pulsar eine Uhr darstellt, die genauer ist als die meisten Caesium-Uhren, die auf der Erde zur „Eichung" der Zeit benutzt werden[9].

Dieser ultra-schnelle Pulsar mit dem Namen PSR 1937+21[10] warf ein besonders interessantes theoretisches Problem auf. Da seine magnetische Reibung so gering ist, muß sein Magnetfeld zehntausendmal schwächer sein, als das des schnellen Krebs-Pulsars oder des Vela-Pulsars. Nach der traditionellen Auffassung über die Entwicklung von Pulsaren würde jedoch aus dem relativ schwachen Magnetfeld ein großes Alter folgen, was wiederum mit seiner phantastischen Rotationsgeschwindigkeit nicht im Einklang steht. Wie lassen sich diese beiden Gegensätze vereinbaren?

Ein sehr verlockendes theoretisches Modell nimmt an, daß der Pulsar Teil eines binären Systems ist, und seine Rotation durch aufprallende Gase, die er seinem Partner entrissen hat, beschleunigt wurde. Diese Modell wird bestätigt durch die Entdeckung anderer ultra-schneller Pulsare (zwischen 1 und 10 Millisekunden), bei denen Begleiter sichtbar sind. Andererseits wurde bisher noch kein Partner von PSR 1937+21 nachgewiesen. Möglich wäre, daß der Pulsar in der Vergangenheit auf einer sehr engen Umlaufbahn von einem weißen Zwerg begleitet wurde. Die Gravitationsstrahlung, die von diesem System emittiert wurde, könnte zu einer Abnahme des Bahnradius geführt haben. Die beiden Sterne sind kollidiert, und der weiße Zwerg ist verschwunden, zerbrochen durch die riesigen Gezeitenkräfte. Sein Aufprall könnte die Rotationsgeschwindigkeit des Neutronensterns auf den heute beobachteten Wert beschleunigt haben.

Ebenso wie das Schicksal eines gewöhnlichen Sterns, der Teil eines binären Systems ist, durch den Massenaustausch mit seinem Partner verändert wird, unterscheidet sich offensichtlich auch die Entwicklung eines begleiteten Pulsars von der eines alleinstehenden. Die Beobachtung bestimmter Pulsare mit außergewöhnlichen Werten für das Magnetfeld und die Rotationsgeschwindigkeit wirft auf die Entstehungsgeschichte der Neutronensterne ein neues Licht.

---

[8] Seine Periode beträgt somit 1,5 Millisekunden.

[9] Die Verlangsamung eines ultra-schnellen Pulsars beträgt 10^{-10} Sekunden pro Sekunde. Mit anderen Worten, seine Rotationsperiode verändert sich in einem Jahrhundert nur um eine Milliardenstel Sekunde!

[10] Die Zahlen geben die Äquatorkoordinaten des Sterns an: Rektaszension 19 h 37 min, Deklination $+21°$.

Einige unter ihnen, die sich in einem binären System befinden, konnten nicht direkt durch den Gravitationskollaps eines Supernovazentrums entstehen, sondern erst durch das ständige Anwachsen eines weißen Zwerges, der das Gas eines nahen Begleiters zu sich herüberzieht. Er überschreitet schließlich die Chandrasekhar-Grenze und verdichtet sich zu einem Neutronenstern... es genügt ein Tropfen, der das Faß zum überlaufen bringt!

Mit Hilfe dieser phantastischen kosmischen Uhren, die die ultra-schnellen Pulsare darstellen, konnte man 1991 die ersten Planeten außerhalb des Sonnensystems nachweisen. Tatsächlich ist die „Zeitmessung" der Pulsare derart genau, daß sich die Bahnbewegung eines Begleiters in einer meßbaren Verschiebung der Ankunftszeiten der Radioimpulse äußert. Der ultra-schnelle Pulsar PSR 1257+12 offenbarte so mindestens zwei begleitende Körper von der Masse der Erde, die ihn in 67 und 98 Tagen umkreisen. Die Astronomen hatten seit Jahrhunderten auf eine solche Bestätigung dessen gewartet, was sie schon immer vermutet hatten: Es gibt Planten auch um andere Sterne. Diese Sterne sind jedoch zu weit entfernt, als daß die nahen Planeten, die ihr Licht reflektieren, mit traditionellen Teleskopen sichtbar seien. Die Hoffnungen lagen auf einem Teleskop im All, einem Spiegel von 2 Metern Durchmesser, der sich auf einer Bahn oberhalb der Erdatmosphäre befindet, und dessen Leistung die optische Entdeckung großer Planeten (die „Jupiter") um die nächstgelegenen Sterne möglich gemacht hätte. Die Hoffnungen wurden enttäuscht, als sich infolge eines technischen Fehlers beim Schleifen der Spiegel die Leistungsfähigkeit des Raumteleskops drastisch verringerte. Durch eine Ironie des Schicksals, wie man sie oft in der Geschichte der Wissenschaften findet, enthüllten sich die ersten Planeten außerhalb unseres Sonnensystems dort, wo man sie absolut nicht vermutet hatte: um einen Neutronenstern. Und nachgewiesen wurden sie mit einem unerwarteten Instrument: einem Zeitmesser, gekoppelt an ein Radioteleskop!

Diese großartige Entdeckung bedeutete gleichzeitig eine Herausforderung an die Astrophysiker, die nun erklären müssen, wie und warum sich solche Planeten gebildet haben (vor oder nach der Entstehung des Pulsars?), und wie sie die verschiedenen Katastrophen überlebt haben, die das Leben eines ultraschnellen Pulsars kennzeichnen. Auch die Anhänger von außerirdischem Leben sehen ihre Hoffnungen erfüllt, denn diese Entdeckung bedeutet, daß es in einer Galaxis möglicherweise mehr Planetensysteme geben kann, als man bisher glaubte. Andererseits würde ich keinen Centime auf die Existenz von Leben auf *diesen Planeten* verwetten!

7.8 Doppelpulsare kommen zur Hilfe

Gegenwärtig (1992) kennt man ein Dutzend binärer Radiopulsare. Eine ihrer vielen Vorteile ist, daß man das Gewicht der Neutronensterne messen kann. Unter ihnen ist das 1974 entdeckte System PSR 1913+16 bei weitem das interessanteste. PSR 1913+16 befindet sich 17 000 Lichtjahre entfernt im Sternbild des Adlers und ist wirklich ein Doppelpulsar. Es besteht aus einem Neutronenstern mit $1,4\,M_\odot$, der zum Zeitpunkt seiner Entdeckung 16,94 Radiopulsationen pro Sekunde emittierte[11], und einem „stummen" Begleiter der gleichen Masse, bei dem es sich ebenfalls um einen Neutronenstern handelt. Diese beiden kompakten Sterne kreisen in 7 Stunden und 45 Minuten auf einer außergewöhnlich engen Bahn von einigen Millionen Kilometern einmal umeinander. Unter solchen Bedingungen bietet der Doppelpulsar PSR 1913+16 einen idealen Test der Allgemeinen Relativitätstheorie. Eine ihrer Vorhersagen ist nämlich, daß eine beschleunigte Masse Energie in Form von *Gravitationswellen*[12] abstrahlen muß. Diese Energiedissipation des Doppelpulsars führt zu einer Verengung des Orbits, was sich im Laufe der Zeit in einer geringfügigen Verkürzung der Bahnperiode äußert.

Die Berechnungen aufgrund der Einsteinschen Theorie stimmen hervorragend mit den Beobachtungen überein, die seit siebzehn Jahren sorgfältig aufgezeichnet wurden. Darüber hinaus versagen die meisten konkurrierenden Theorien der Gravitation bei diesem Test. Die Bahnperiode von PSR 1913+16 nimmt pro Jahr um 76 Millisekunden ab. In ungefähr 300 Millionen Jahren werden die beiden Neutronensterne verschmelzen und dabei einen letzten Stoß an Gravitationsstrahlung von sich geben.

7.9 Sternenbeben

Noch ein anderes Phänomen verändert die Rotation eines Pulsars, diesmal jedoch sehr plötzlich und in Form einer Beschleunigung. Die *Glitches*[13] verkürzen die Periode eines Pulsars (d.h. erhöhen seine Rotationsgeschwindigkeit) über einen Zeitraum von einigen Tagen um eine zehnmillionenstel Sekunde

---

[11] Seine Rotationsgeschwindigkeit wurde seitdem langsamer.
[12] Siehe Kapitel 18.
[13] Dieses englische Wort ist unübersetzbar. Es ist der Sprache der Elektronik entnommen, wo es ein plötzliches und nicht vorhersehbares Ereignis in der Funktionsweise eines ansonsten einwandfrei arbeitenden Systems bezeichnet.

(Bild 7.4). So wurde z.B. im Februar 1969 der Vela-Pulsar plötzlich beschleunigt. Zwei weitere Glitches traten 1971 und 1976 auf. Einige andere Pulsare haben ebenfalls Glitches, darunter auch der Krebs-Pulsar. Die plötzliche Zunahme der Rotationsgeschwindigkeit ist jedoch klein, so daß der Neutronenstern nach einem Monat durch die natürliche Verlangsamung aufgrund der magnetische Reibung seine alte Rotationsgeschwindigkeit, die er vor dem Glitch hatte, wiedererlangt hat.

Bei diesen Glitches könnte es sich um riesige *Sternenbeben* handeln, die auf bestimmte Instabilitäten in der Kruste der Neutronensterne zurückzuführen sind und den Drehimpuls plötzlich verändern. Ein rasch rotierender Neutronenstern ist an den Polen leicht abgeflacht und am Äquator verbreitert. Die durch die Abplattung entstandenen Oberflächenspannungen können zu Rissen in der Kruste führen und eine ruckartige Einränkung in eine kugelförmigere Gestalt auslösen. Obwohl diese Anpassung nur von der Größenordnung einiger Millimeter ist, können kolossale Energien ins Spiel kommen. Das Beben eines Neutronensternes erreicht eine Stärke von 25 auf der Richter-Skala[14], wohingegen die stärksten auf der Erde registrierten Beben nicht stärker als 8,5 waren.

Für einige Astrophysiker hat die Tatsache, daß der Vela-Pulsar rückfällig geworden ist, einige Zweifel an dem Modell der Oberflächenbeben aufkommen lassen. Die Intervalle zwischen aufeinanderfolgenden Einränkungen sollten nach diesem Modell eher in Jahrhunderten als in Jahren ausgedrückt werden. So wurden andere mögliche Erklärungen für die Glitches vorgeschlagen, die auf noch radikaleren Veränderungen in der Struktur eines Neutronensterns beruhen: turbulente Bewegungen in tieferen Schichten oder sogar ein „Phasenübergang" – ganz analog zum Übergang vom flüssigen zum festen Zustand – im Kern, denen sich die Hülle anpassen muß.

Glitches vermitteln daher auch wertvolle Informationen über die innere Beschaffenheit der Neutronensterne. Es handelt sich hier um ein schönes Beispiel für die Unterstützung, die sich für die Elementarteilchenphysik aus den astronomischen Beobachtungen ergibt. Aber was weiß man tatsächlich über die innere Beschaffenheit der Neutronensterne?

---

[14] Die Richter-Skala wird benutzt zur Charakterisierung der bei einem Erdbeben freigewordenen Energie. Eine Zunahme um eine Einheit auf der Richter-Skala bedeutet eine zwanzigfach größere Energie.

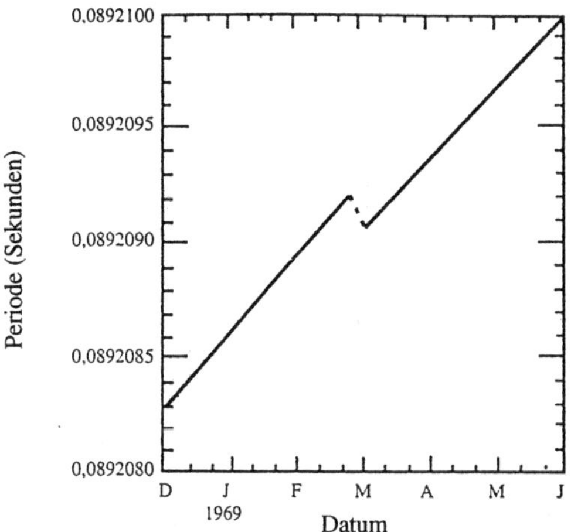

Bild 7.4 Der Glitch des Vela-Pulsars. Die Periode von Pulsaren nimmt im Laufe der Zeit gleichmäßig zu, d.h. sie drehen sich langsamer. Die Verlangsamung des Vela-Pulsars wurde zwischen dem 24. Februar und dem 3. März 1969 durch einen Glitch, der den Pulsar beschleunigte, gewaltsam unterbrochen. Während dieses Glitches ist die Periode nur um zweihundert Milliardenstel Sekunden kleiner geworden. Nach dem Glitch ging die Verlangsamung normal weiter.

7.10 Das Innere eines Neutronensterns

Auf den ersten Blick ist ein Neutronenstern ein riesiger Atomkern. Der Unterschied besteht darin, daß ein Neutronenstern durch die Gravitation zusammengehalten wird, ein Atomkern hingegen durch die Kernkräfte.

In einem Neutronenstern, der alles in allem nur einen Durchmesser von einigen Kilometern hat, ist der Einfluß der Gravitation so stark, daß die Materie in sehr präzise Strukturen gepreßt wird. So werden z.B. alle Unregelmäßigkeiten der Oberfläche beseitigt. Die höchsten Berge eines Neutronensterns sind nicht größer als einige Zentimeter. In dieser dünnen Schicht, auf zehn Millionen Grad aufgeheizt, ereignen sich alle Phänomene, die für die elektromagnetische Abstrahlung bei Pulsaren verantwortlich sind.

Die innere Struktur eines Neutronensterns bleibt zwar reine Vermutung, aber die folgende Beschreibung ist sehr plausibel (Bild 7.5) Der Stern ist in einen äußeren Panzer aus Eisen von 1 km Dicke gehüllt, ein fester Kristall von Eisenkernen, die in einem Meer entarteter Elektronen baden. Die Dichte variiert

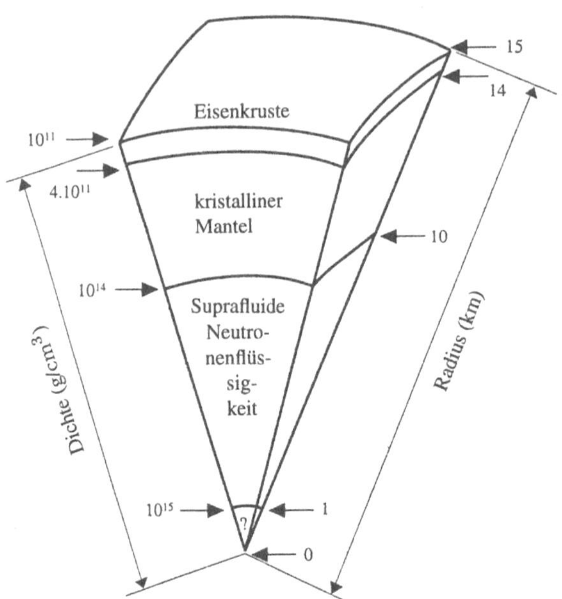

Bild 7.5 Der innere Aufbau eines Neutronensterns.

von 1 Tonne pro Kubikzentimeter – kaum mehr als ein weißer Zwerg – bis zu 400 000 Tonnen pro Kubikzentimeter.

Darunter befindet sich der „Mantel". Je tiefer man eindringt, desto mehr sind die Kerne mit Neutronen angereichert. Andererseits sind sie immer weniger in der Lage, die Neutronen auch zu halten, die in gewisser Hinsicht immer flüssiger werden. Bis zu einer Tiefe von ungefähr 5 km „verlassen" die Neutronen praktisch die Kerne und lösen sich in einem degenerierten Meer auf, in dem Agglomerate von Protonen herumschwimmen. Die Dichte erreicht einhundert Millionen Tonnen pro Kubikzentimeter.

Noch tiefer, über eine Dicke von ungefähr zehn Kilometern, bildet die Neutronenmaterie den wichtigsten Teil des Sterns. Unter dem Einfluß eines unvorstellbaren Drucks zerfallen die kristallinen Strukturen und lösen sich in einer Flüssigkeit auf, die im wesentlichen aus Neutronen, Protonen und Elektronen besteht. Diese Flüssigkeit ist wahrscheinlich *suprafluid*, eine Art ideale Flüssigkeit mit erstaunlichen Eigenschaften, frei von jeder Zähigkeit. Die Zähigkeit ist dafür verantwortlich, daß unregelmäßige Strukturen in einem Fluid verschwinden. So ist Honig erheblich zäher als Wasser. In einer suprafluiden Flüssigkeit können sogar Wirbel für mehrere Monate fortbestehen[15].

Die Zusammensetzung des festen Zentrums von ungefähr 1 km Radius ist sehr hypothetisch, da man praktisch nichts über die möglichen Zustände der Materie bei Dichten oberhalb von Milliarden von Tonnen pro Kubikzentimeter weiß. Aber es ist natürlich nicht verboten, über die Art der Elementarteilchen, die das Zentrum ausmachen, zu spekulieren, und es gibt verschiedene Modelle mit seltsamen Namen, die gegenwärtig konkurrieren: fester Neutronenkristall, Pionenkondensat, Quarkmaterie, hadronische Suppe...

7.11 Die Geheimnisse dichter Materie

Neutronensterne sind ein wunderbarer Anwendungsbereich für viele Zweige der modernen Physik – Kernphysik, Atomphysik, Plasmaphysik, Relativitätstheorie, Elektrodynamik – unter extremen Bedingungen von Temperatur, Dichte, Druck und Magnetfeld, die sich in einem Labor niemals realisieren lassen.

Wir haben insbesondere gesehen, daß wir für die Beschreibung des Inneren der Neutronensterne größtenteils von der experimentellen Physik extrapolieren müssen, da sie uns die Geheimnisse der Materie bei so großen Dichten noch nicht preisgegeben hat. *Die Zustandsgleichung*[16] von dichter Materie ist nur sehr ungenügend bekannt. Man kann sie jedoch zwischen zwei Extremfälle eingrenzen: einerseits das freie Gas, bei dem zwischen den Teilchen keinerlei Kräften wirken, andererseits der „harte" Zustand mit einem Maximum an Materiefestigkeit, und in dem die Schallgeschwindigkeit gleich der Lichtgeschwindigkeit ist[17].

Alle erlaubten Zustände der Materie liegen zwischen diesen beiden Extremfällen. Was jedoch die Materie von Neutronensternen betrifft, so hängt die Wahl zwischen verschiedenen Möglichkeiten von den Einzelheiten einer Physik ab, die nur schlecht verstanden ist, wie z.B. den Starken Wechselwirkungen der Elementarteilchen.

---

[15] Man kann im Labor eine suprafluide Flüssigkeit herstellen, indem man Helium auf Temperaturen nahe dem absoluten Nullpunkt abkühlt.

[16] Diese Gleichung beschreibt, wie sich bestimmte thermodynamische Größen, z.B. der Druck, als Funktion von anderen Größen, z.B. der Dichte, verhalten.

[17] Die Schallgeschwindigkeit in einem Material ist tatsächlich um so größer, je fester es ist. Sie beträgt 330 m/s in der Luft, erreicht 1 500 m/s in Wasser und 5 km/s in Stahl.

Eine wesentliche Eigenschaft der Neutronensterne hängt jedoch glücklicherweise nicht sehr empfindlich von den Einzelheiten der Zustandsgleichung dichter Materie ab. Es handelt sich um die *maximale Masse von Neutronensternen.*

Der Leser wird sich erinnern, daß weiße Zwerge einem Gewicht von mehr als $1{,}4\,M_\odot$ nicht mehr standhalten können, da in diesem Fall die entarteten Elektronen relativistisch werden und unter dem Gewicht „zusammenbrechen". Aus demselben Grund können auch die Neutronensterne nicht beliebig schwer werden. Die Stabilitätsgrenze entspricht dem Moment, in dem die entarteten Neutronen unter dem Einfluß des enormen Gravitationsdrucks ebenfalls relativistisch werden.

Wollte man die maximale Masse der Neutronensterne mit derselben Genauigkeit wie die der weißen Zwerge berechnen, so müßte man auch die Zustandsgleichung der entarteten Neutronen mit derselben Genauigkeit wie die der entarteten Elektronen kennen, was nicht der Fall ist. Die folgende Argumentation führt jedoch auf eine gute Näherung für die Grenzmasse. Die Dichte der Neutronensterne nimmt vom Rand zum Zentrum hin zu. Irgendwo dazwischen erreicht sie die Dichte von Atomkernen, und von diesem Punkt an kann die Zustandsgleichung nur noch mit Vorsicht angewandt werden. Man benutzt daher die Zustandsgleichung der Materie bei sub-nuklearen Dichten, die experimentell bekannt ist, für die Beschreibung der Hülle der Neutronensterne, während man für die Beschreibung des Zentrums von der Zustandsgleichung für die größtmögliche Festigkeit ausgeht. Verbindet man die beiden Lösungen, so erhält man die Gesamtmasse für Hülle + Zentrum.

Die so gefundene Grenze beträgt $3{,}2\,M_\odot$. Diese Grenze ist jedoch eher überschätzt, und detailliertere Modelle führen auf eine maximale Masse zwischen 2 und $3\,M_\odot$. Dieses Ergebnis ist von fundamentaler Bedeutung, da es sofort die Frage aufwirft: Was ist das Ergebnis des Gravitationskollaps von sehr massiven Sternen?

Kapitel 8
Die Gravitation triumphiert

Was wäre die Physik ohne die Gravitation?

A. EINSTEIN, 1950

Weiße und schwarze Zwerge, Neutronensterne und Pulsare, dies sind stellare Körper, die wir uns ohne große geistige Verwirrung noch vorstellen können. Aber schwarze Löcher? Michell und Laplace haben sich zwar überlegt, daß es die großen unsichtbaren Sterne geben könnte, aber sie hatten keine Vorstellungen von den Mechanismen, die zu ihrer Entstehung führen, und sie haben die Existenz schwarzer Löcher von stellaren Massen gar nicht erst in Betracht gezogen. Ihnen fehlten die Kenntnisse der heutigen Wissenschaft: Quantenmechanik und Allgemeine Relativitätstheorie.

Die Wiederauferstehung der Theorie der schwarzen Löcher als mögliches Ergebnis eines Gravitationskollaps geht auf das Jahr 1939 zurück, als die amerikanischen Physiker Robert Oppenheimer (der schon die Theorie der Neutronensterne entwickelt hatte) und Hartland Snyder den Kollaps eines vereinfachten „Modellsterns", kugelförmig und ohne inneren Druck, mit Hilfe der Gleichungen der Allgemeinen Relativitätstheorie untersuchten. Sie entdeckten, daß unter bestimmten Umständen der Gravitationsdruck so groß werden kann, daß die Formation eines stabilen Neutronensterns nicht möglich ist; im Gegenteil, nichts kann die Kontraktion des Sterns auf einen „Punkt" von verschwindendem Volumen und unendlicher Dichte aufhalten. Bevor dieser Zustand erreicht ist, bricht der kollabierende Stern jedoch jede Kommunikation mit dem äußeren Universum ab.

Die theoretische Vorhersage dieser stellaren schwarzen Löcher beruhte auf drei Schlüsselargumenten:

- Es gibt in der Natur keine Kraft, die in der Lage wäre, dem Gewicht von mehr als der dreifachen Sonnenmasse an „kalter"Materie, d.h. ohne thermonukleare Reaktionen, entgegenzuwirken.

- Viele der beobachteten heißen Sterne haben eine Masse, die erheblich größer als $3\,M_\odot$ ist.

- Die Zeitskala, in der ein massiver Stern seinen nuklearen Brennstoff verbraucht hat und dem Gravitationskollaps ausgesetzt ist, beträgt einige Millionen Jahre, d.h. solche Ereignisse haben in einer alten Galaxis von mehr als zehn Milliarden Jahren schon stattgefunden.

Der schwache Punkt in dieser Argumentation liegt in der Annahme, daß sich in einem massiven Stern ein *entartetes Zentrum* bilden kann – nur dieses unterliegt dem Kollaps –, das massiver ist als die Stabilitätsgrenze eines Neutronensterns. Die größten bekannten Sterne erreichen ungefähr einhundert Sonnenmassen[1]. Aber im Laufe ihrer Entwicklung verlieren alle Sterne durch den sogenannten „stellaren Wind" einen Teil ihrer Masse. Im Fall der Sonne und der einfacheren Sterne ist dieser Verlust während ihrer Haupt-Entwicklungsphase sehr klein. Eine Abstoßung von Masse findet im wesentlichen gegen Ende der nuklearen Entwicklung statt, in der Phase des Planetarischen Nebels. Es gibt jedoch gute Gründe zu glauben, daß sehr massive Sterne von Beginn ihrer Existenz an große Mengen an Materie abgeben. Unsere heutigen Kenntnisse zu dieser Frage, theoretisch wie auch aus Beobachtungen, sind so dürftig, daß eine gesicherte Schlußfolgerung nicht möglich ist. Noch nicht einmal die extreme Hypothese läßt sich widerlegen, nach der ein Stern, unabhängig von seiner anfänglichen Masse, durch den stellaren Wind immer so viel Masse verlieren wird, daß die Masse seines entarteten Zentrums auf weniger als $3\,M_\odot$ reduziert wird. In diesem Fall wäre die Bildung eines schwarzen Loches im Zentrum einer Supernova schlicht und einfach verboten...

Man glaubt jedoch heute, wie wir im 4. Teil sehen werden, in bestimmten Röntgen-Quellen wirklich schwarze Löcher von einigen Sonnenmassen gefunden zu haben. Beim gegenwärtigen Kenntnisstand kann man daher vernünftigerweise annehmen, daß jeder Vorläufer einer Supernova zwischen zehn und hundert Sonnenmassen entweder als Neutronenstern oder als schwarzes Loch enden wird. Auch die detaillierten Modelle einer Supernova-Explosion, die auf leistungsstarken Computern durchgerechnet wurden, zeigen, daß sich ein schwarzes Loch unter zwei Bedingungen bilden kann:

- Wenn die Masse des entarteten Zentrums die Stabilitätsgrenze eines Neutronensterns überschreitet, führt der Kollaps direkt zu einem schwarzen

---

[1] Der Rekord wird gegenwärtig von dem Stern HD 689 gehalten, dessen Masse $113\,M_\odot$ beträgt.

Loch. Es ist jedoch nicht bekannt, ob bei diesem Vorgang Materie abgestoßen wird (die stellare Hülle kann nicht mehr von einem harten Kern zurückgestoßen werden, wie bei einem Neutronenstern).

- Wenn die Masse des Zentrums unter der kritischen Masse liegt, aber nur wenig Masse abgestoßen wird, bildet sich zunächst ein Neutronenstern. Ist dieser nicht in der Lage, das Gewicht der Hülle zu tragen, wird er instabil und kollabiert zu einem schwarzen Loch.

Zu diesen beiden Möglichkeiten der Entstehung eines schwarzen Loches von einigen Sonnenmassen in einer Supernova kommt noch eine dritte hinzu, die über mehrere Etappen und einen sehr viel längeren Zeitraum verläuft. Dabei bildet sich zunächst in einer Supernova ein Neutronenstern. Es folgt anschließend eine lange Periode des Einfangs und der Anhäufung von Materie an der Oberfläche des Neutronensterns – die beste Voraussetzung dafür ist sicherlich ein binäres System –, bis die Gesamtmasse die kritische Stabilitätsgrenze überschreitet. Dieser Mechanismus ähnelt dem plötzlichen Übergang von einem weißen Zwerg zu einem Neutronenstern. Er kann aber nur dann wirksam werden, wenn die gasförmigen Ablagerungen nicht, wie es bei einer Nova der Fall ist, in regelmäßigen Abständen durch Kernreaktionen an der Oberfläche abgestoßen werden.

Zusammenfassend kann man sagen, das schwarze Loch betritt die Bühne des Sternenlebens als der endgültige Triumph der Gravitation in seiner Rolle als Gestalter der stellaren Entwicklung (siehe Anhang A2). Aber es ist viel mehr als das. Die Gravitation steuert alle großen Materieansammlungen im Universum. Wir werden später sehen, daß ein dichter Sternenhaufen sich durch eine Kontraktion seines Zentrums ebenfalls zu einem schwarzen Loch entwickeln kann – kein schwarzes Loch von einigen Sonnenmassen, sondern von tausend, Millionen oder sogar Milliarden Sonnenmassen! Wir werden ebenfalls sehen, daß ein schwarzes Loch wächst, indem es Materie verschluckt, und daß es sich von einem Zwerg in einen Riesen verwandeln kann, in einen jener unsichtbaren Sterne, die Michell und Laplace sich vorgestellt haben. Und schließlich gibt es auch noch die schwarzen Mini-Löcher, die viel zu leicht sind, als daß sie unter ihrem Gewicht zusammengebrochen wären. Sie wurden unter einem riesigen äußeren Druck, wie er nur während des frühen Universums bestanden haben kann, „zusammengepreßt".

Das schwarze Loch ist ein seltsamer Körper... und tatsächlich ist es alles andere als tot. Sobald es einmal existiert, hat es eine großartige Zukunft vor sich, voller „Saus und Braus". Die zweite Hälfte dieses Buches erzählt seine Geschichte.

Teil III
Verlöschtes Licht

Kapitel 9
Der wesenlose Horizont

*In der unsterblichen Langeweile einer Sternenruhe
sehnen wir uns nach einer Sonne, deren Verlust wir beweinen...*

JEAN DE LA VILLE DE MIRMONT,
L'Horizon chimèrique

9.1 Die Schwarzschild-Lösung

Im Dezember 1915, einen Monat nachdem Einstein in seinen Artikeln die
Gleichungen der Allgemeinen Relativitätstheorie veröffentlicht hatte, fand der
deutsche Astrophysiker Karl Schwarzschild die Lösung, die das Gravitationsfeld außerhalb einer kugelsymmetrischen Massenverteilung im Vakuum beschreibt. Schwarzschild sandte sein Manuskript von der russischen Front[1], wo
er kämpfte, an Einstein und bat ihn, sich um die Publikation zu kümmern. Einstein war sehr beeindruckt. Er antwortete: „Ich hätte nicht erwartet, daß sich
eine exakte Lösung des Problems formulieren läßt. Ihre analytische Behand-
lung erscheint mir wundervoll."

Es gibt ein zweifaches Interesse an der von Schwarzschild entdeckten Geometrie der Raum-Zeit. Zum einen beschreibt sie überraschend gut das Gravitationsfeld im Sonnensystem. Die Sonne ist praktisch kugelförmig, und die Masse der Materie, die sie umgibt, ist im Vergleich zu ihrer eigenen Masse so klein,
daß man sie dem Vakuum gleichsetzen kann. Die Bewegungen der Lichtstrahlen, der Planeten, der Kometen und der anderen Körper, die sich im freien Fall
auf die Sonne befinden, folgen daher Geodäten[2] in der gekrümmten Schwarz-
schildschen Raum-Zeit. Diese Bewegungen können genau berechnet werden

---

[1] Als Patriot hatte Schwarzschild sich freiwillig zur preußischen Armee gemeldet. Zu dem Zeitpunkt, als er seine Lösung entdeckte, zog er sich eine unheilbare Krankheit zu, Pemphigus. Er
wurde eilig von der Front zurückgebracht und starb im Mai 1916.
[2] Sie sind die „geraden Linien" in einer gekrümmten Geometrie, siehe Seite 41.

und stimmen mit den beobachteten Werten für die Ablenkung der Lichtstrahlen an der Sonne und die Periheldrehung der Planeten, die die Newtonsche Anziehungskraft nicht erklären konnte, überein.

Außerdem gibt es ein allgemeines Interesse an der Schwarzschild-Lösung, denn sie ist unabhängig von der Art des Sterns, der das Gravitationsfeld erzeugt. Sie hängt nur von einer Größe ab: der Masse. Das Gravitatonsfeld außerhalb der Sonne und das eines Neutronensterns sind identisch, wenn ihre Massen gleich sind. Im Grenzfall würde auch eine punktförmige Masse dieselbe Schwarzschild-Raum-Zeit erzeugen.

Genau hier beginnen die Schwierigkeiten. Das Verhalten der Geometrie wird verwirrend, sobald man sich „sehr nahe" an der punktförmigen Quelle der Gravitation befindet. Genauer geschieht dies bei einem kritischen Abstand von $r = 2\,GM/c^2$, wobei M die Masse des zentralen Sterns ist, G die Newtonsche Gravitationskonstante und c die Lichtgeschwindigkeit[3]. Dieser Abstand ist offensichtlich proportional zur schweren Masse. Für die Sonnenmasse beträgt er 3 km, er ist 3 Millionen Kilometer für eine Million Sonnenmassen, und er reduziert sich auf 1 cm für die Masse der Erde. Dieser *Schwarzschild-Radius* ist gerade der kritische Radius eines Sterns, unterhalb dessen die Fluchtgeschwindigkeit „à la Newton" gleich der Lichtgeschwindigkeit wird. Ohne es zu wissen, hatte Schwarzschild die Türe zu den vergessenen Spekulationen von Michell und Laplace über die unsichtbaren Sterne wieder geöffnet.

9.2 Der magische Kreis

Auf dem Weg von der Schwarzschild-Lösung zu der Theorie der schwarzen Löcher liegen noch zwei große Hindernisse; eines ist mathematischer Natur, das andere astronomischer.

In der Version von Schwarzschild verlieren Raum und Zeit innerhalb des kritischen Radius $r = 2M$ ihre Identität. Die „Vorschriften", nach denen man in dem äußeren Bereich Abstände und Zeitdauern messen kann, werden an dieser Stelle unsinnig; im einen Fall erhält man Unendlich, im anderen Null. Arthur Eddington beschreibt diese „Singularität" der Geometrie mit den Worten: „Es gibt einen magischen Kreis, in dessen Inneres uns keine Messung führen kann."

Das Problem des magischen Kreises war Gegenstand heftiger Diskussionen während des Kolloquiums von Paris 1922. Um Einstein versammelten sich die

---

[3] Im folgenden werde ich die vereinfachte Formel $r = 2M$ benutzen. Das bedeutet eine Wahl der Einheiten, in denen die fundamentalen Konstanten G und c den Wert 1 annehmen.

besten „Relativisten", die man sich vorstellen konnte, unter ihnen Jean Becquerel, Henri Brillouin, Elie Cartan, Jacques Hadamard und Paul Langevin. Trotzdem kam diese Armada an theoretischen Physikern nicht zu einer Lösung des mathematischen Problems, das durch den kritischen Radius entstanden war. Bestenfalls ahnten sie die Möglichkeit des Gravitationskollaps.

Der magische Kreis wurde lange Zeit als eine Inkohärenz der Allgemeinen Relavititätstheorie betrachtet und verzögerte die Entwicklung der Theorien der schwarzen Löcher. Erst in den 50er Jahren verständigten sich die Theoretiker auf eine Interpretation der Singularität des Schwarzschild-Radius. Das „pathologische" Verhalten der Geometrie ist nur ein mathematisches Artifakt. David Finkelstein konnte zeigen, daß es sich nur aus einer schlechten Wahl für das Koordinatensystem[4] ergab. Einige Jahre früher hatte Eddington den Schlüssel zur Lösung des Geheimnisses gefunden, als er zum ersten Mal ein Koordinatensystem konstruiert hatte, in dem die Schwarzschild-Geometrie am kritischen Radius ihre Magie verliert. Aber Eddington konnte oder wollte die Konsequenzen daraus nicht ziehen, da er mit einem astronomischen Problem beschäftigt war: dem Probelm der gravitativ kondensierten Sterne.

9.3 Die unsichtbaren Sterne erscheinen wieder

Die Vorstellung, daß sich ein Stern wie die Sonne auf eine Kugel mit einem Radius von 3 km zusammenziehen könnte, war zu Beginn des 20. Jahrhunderts ebenso unakzeptabel, wie zu den Zeiten von Laplace, da dies eine unvorstellbare Materiedichte erforderte. Im Jahre 1931 veröffentlichte der Japaner Yusuke Hagihara eine beeindruckende mathematische Arbeit, in der er sämtliche Geodäten der Schwarzschild-Raum-Zeit berechnete, einschließlich derjenigen, die durch den „magischen Kreis" liefen. Seine Schlußfolgerung war jedoch: „Tatsächlich ist es nahezu unmöglich, daß in einem wirklichen Stern der Abstand $r = 2M$, gemessen vom Zentrum aus, größer als sein Radius sein könnte. Damit der Radius eines Sterns von der Masse unserer Sonne gleich dem Abstand $r = 2M$ wird, müßte er ungefähr 10^{17}mal die Dichte von Wasser haben, während der dichteste Stern, der Begleiter von Sirius, ein weißer Zwerg, ungefähr 6×10^4mal die Dichte von Wasser hat[5]. Die Unterschiede zwischen den

---

[4] In der Allgemeinen Relativitätstheorie sind alle Koordinatensysteme für die Beschreibung physikalischer Phänomene äquivalent, aber in einigen werden die Berechnungen einfacher als in anderen.

[5] Spätere Beobachtungen haben gezeigt, daß die weißen Zwerge zehnmal dichter sind, als von Hagihara angegeben, siehe Kapitel 5.

Massen der Sterne sind nicht so groß, als daß ein derart beängstigender Wert, wie die kritische Dichte, möglich wäre. Eine Bahnkurve, die in das Innere von $r = 2M$ eindringt, ist daher physikalisch höchst unwahrscheinlich."

Dieses Zitat faßt die pragmatische Einstellung der meisten Astrophysiker sehr gut zusammen. Sie interessieren sich nur für sehr weit entfernte äußere Bereiche der Schwarzschild-Geometrie, wie sie in unserem Sonnensystem Anwendung finden, und ignorieren das seltsame Verhalten am kritischen Radius.

Einige gingen in ihren Behauptungen jedoch weiter. Im Jahre 1920 fragte sich A. Anderson, was einen Stern erwarten könnte, der wirklich auf ein Volumen von der Größe seines magischen Kreises zusammenfiele: „Wenn sich eine Sonne immer weiter zusammenzieht, so wird der Moment kommen, wo sie in Finsternis gehüllt sein wird, nicht, weil es kein Licht mehr zu emittieren gibt, sondern weil ihr Gravitationsfeld für das Licht undurchlässig wird." Ein Jahr später wiederholt Sir Oliver Lodge nahezu Wort für Wort die alte Argumentation von Michell und Laplace: „Wenn Licht ein Gewicht hat, so ist ein genügend massiver und dichter Körper in der Lage, das Licht zurückzuhalten, und er kann es daran hindern zu entkommen. Es ist jenseits aller Vernunft zu glauben, die Sonne könnte sich auf eine Kugel von 3 km zusammenziehen, oder die Erde auf eine Kugel von 1 cm. Für eine isolierte Masse scheint diese Möglichkeit zwar kaum vorstellbar, aber ein Sternenhaufen mit einer Masse von $10^{16}\,\mathrm{M_\odot}$, könnte bei einem Radius von 1 000 Lichtjahren eine mittlere Dichte von $10^{-15}\,\mathrm{g/cm^3}$ haben, ohne daß viel Licht entkommen könnte... Das scheint, keine vollkommen unmögliche Materiekonzentration zu sein."

Man sieht, wie sich manche Astrophysiker an den unvorstellbaren Dichten stoßen, die in Sternen von einigen Sonnenmassen auftreten, wenn sie unterhalb ihres Schwarzschild-Radius zusammengedrückt sind, daß einige von ihnen jedoch bereit sind, ihre Existenz für sehr viel größere Massen zu akzeptieren, einfach weil die zugehörige Dichte „vernünftig" wird, d.h. vergleichbar mit in der Natur bekannten Dichten.

Gleichzeitig unterstützt die noch junge Theorie der Quantenmechanik das Modell des Gravitationskollaps, indem sie die Existenz von „entarteten" Zuständen der Materie vorhersagte, bei denen Dichten auftreten, die man sich bis dahin nicht hatte vorstellen können. Die Zeit schien reif für die Rehabilitation der unsichtbaren Sterne. Aber ihre Stunde war noch nicht gekommen. Der große englische Astrophysiker Arthur Eddington war paradoxerweise einer der eifrigsten Verfechter der Allgemeinen Relativitätstheorie, aber auch der energischste Gegner der Idee von Sternen, die unterhalb ihres Schwarzschild-Radius kondensiert sind: „Ich glaube, daß es ein Naturgesetz geben muß, das einen Stern davon abhält, sich in einer solch absurden Weise zu verhalten!"

Zur Unterstützung seiner Vorstellungen mußte Eddington willkürlich das Fermische Gesetz über entarteten Zustände abändern, so daß jede noch so große kalte Masse im Gleichgewicht bleiben kann. Er erläuterte seine Ideen 1935 auf der Internationalen Vereinigung der Astronomen, deren Präsident er drei Jahre später wurde. Ein junger indischer Physiker mit Namen Chandrasekhar schob dem Tagungsvorsitzenden eine Nachricht zu, mit der Bitte um Erlaubnis für eine Gegendarstellung. Die Erlaubnis wurde abgelehnt. Eddington war so berühmt, daß seine Meinung nicht in Zweifel gezogen werden konnte!

Trotz solcher Vorfälle kann die Geschichte der Wissenschaften nicht aufgehalten werden. Chandrasekhar wurde berühmt für die Entwicklung der ersten Modelle der kondensierten Sterne: die weißen Zwerge. Im Jahre 1939 wurde, Dank der Arbeiten von Oppenheimer und Snyder (siehe Kapitel 8), die Theorie vom Gravitationskollaps endgültig geboren. Mit Hilfe der Gleichungen der Allgemeinen Relativitätstheorie konnten sie den Kollaps einer kugelförmigen Massenverteilung unterhalb ihres Schwarzschild-Radius berechnen. Sie zeigen rigoros, daß die Materie – und mit ihr die Raum-Zeit – kollabieren und ein Gebiet bilden würde, von dem selbst Licht nicht mehr entweichen kann.

Der Ausdruck *schwarzes Loch* wurde zum ersten Mal am 29. Dezember 1969 von John Archibald Wheeler während eines Vortrags in New York benutzt. Die blitzartige Karriere der schwarzen Löcher konnte beginnen...

9.4 Dunkler als man denkt

Der indische Astrophysiker Jayant Narlikar berichtete über folgende Begebenheit. Im 18. Jahrhundert befand sich in Kalkutta die Festung Fort William, in der es eine berüchtigte Zelle mit dem Namen „schwarzes Loch von Kalkutta" gab. Diese fünf auf vier Meter große Zelle war zur Unterbringung von drei Gefangenen gedacht. Im Jahre 1757 gab es einen blutigen Aufstand in Bengal. Als Bestrafung ließ der grausame Gouverneur der Provinz 146 Gefangene der gegnerischen Armee im schwarzen Loch von Kalkutta einsperren. Sie blieben dort für zehn Stunden während der heißesten Zeit des Sommers. 22 von ihnen überlebten.

Manche Historiker haben die Authentizität dieser makaberen Geschichte angezweifelt. In jedem Fall symbolisiert sie die Vorstellungen eines gefräßigen schwarzen Loches, das alles verschlingt, was über seine Schwelle tritt. Der schauerliche Beigeschmack, der von einer bestimmten Art von Presse in der

Öffentlichkeit verbreitet wird, entspricht jedoch nur einem der vielen Gesichter eines schwarzen Loches. Das schwarze Loch ist ein „Objekt", das einerseits einfach ist, andererseits aber durch die Art der Verbiegungen der Raum-Zeit auch außerordentlich verwirrend ist. Wir beginnen mit der traditionellen Vorstellung des schwarzen Loches als *kosmisches Gefängnis*.

Dazu müssen wir zu den Anfängen zurückkehren und uns die grundlegende Definition eines schwarzen Loches ins Gedächnis rufen: *Ein Gebiet der Raum-Zeit, in dessen Inneren das Gravitationsfeld so intensiv ist, daß jede Form von Materie und Strahlung daran gehindert wird zu entkommen.* Wer von einem starken Gravitationsfeld spricht, muß auch von einer hohen Materiekonzentration sprechen. Um ein schwarzes Loch „herzustellen", muß man daher eine bestimmte Masse in einem bestimmten kritischen Volumen einschließen. Im Fall einer Kugel ist die Größe dieses Volumens durch den Schwarzschild-Radius gegeben. Wie man in Tabelle 9.1 erkennt, ist das schwarze Loch tatsächlich ein außergewöhnlicher Stern, denn bei den bekannten Körpern, Atomen oder Sternen, sind diese Bedingung weit davon entfernt, erfüllt zu sein.

Sehen wir für den Moment einmal von möglichen Mechanismen für ihre Entstehung ab, so kann es theoretisch schwarze Löcher von jeder Größe und Masse geben: Mikroskopische schwarze Löcher mit der Größe von Elementarteilchen und der Masse eines Berges, schwarze Löcher von zehn Sonnenmassen und einem Radius von einigen Kilometern, schwarze Riesenlöcher von einigen Milliarden Sonnenmassen und der Größe eines Sonnensystems (siehe Anhang A2). Entgegen einer verbreiteten Meinung muß die mittlere Dichte eines schwarzen Loches also nicht notwendigerweise groß sein. Sie ist umgekehrt proportional zum Quadrat seiner Masse. Während ein schwarzes Loch von 10 $M_\odot$, das durch den Gravitationskollaps eines massiven Sterns jenseits der Phase eines Neutronenstern entstanden ist, eine „nukleare" Dichte von 10^{14} g/cm^3 haben muß, hat ein schwarzes Loch von mehreren Milliarden Sonnenmassen eine mittlere Dichte, die einhundertmal kleiner als die von Wasser ist! Das schwarze Loch ist nicht notwendigerweise ein sehr dichter Stern; es ist ein ausreichend *kompakter* Stern, um das Licht gefangen zu halten[6].

---

[6] Der Begriff der Dichte eines Gegenstandes unterscheidet sich von dem seiner Kompaktheit. Die Dichte ist das Verhältnis aus Masse zu Volumen, während die Kompaktheit das Verhältnis aus kritischer Größe zu realer Größe ist (siehe Tabelle 9.1).

Objekt	Masse	Größe R	Schwarzschild-Radius Rg	Gravitations-Parameter Rg/R
Atom	10^{-26} kg	10^{-8} cm	10^{-51} cm	10^{-43}
Menschliches Wesen	100 kg	1 m	10^{-23} cm	10^{-25}
Berg	10^{12} kg	1 km	10^{-13} cm	10^{-18}
Erde	10^{25} kg	10^4 km	1 cm	10^{-9}
Sonne	10^{30} kg $= 1\,M_\odot$	10^6 km	1 km	10^{-6}
weißer Zwerg	$1\,M_\odot$	10^4 km	1 km	10^{-4}
Neutronenstern	$1\,M_\odot$	10 km	1 km	0,1
Galaxis	$10^{11}\,M_\odot$	100 000 Lj.	0,01 Lj.	10^{-7}
Universum (geschlossen)	$10^{23}\,M_\odot$?	10^{10} Lj.	10^{10} Lj.	1?

Tabelle 9.1 Der Gravitationsparameter von gewöhnlichen Körpern. Der Gravitationsparameter ist das Verhältnis vom Schwarzschild-Radius eines Gegenstandes – der nur von seiner Masse abhängt – und seiner wirklichen Ausdehnung. Mit anderen Worten, er mißt die „Kompaktheit" eines Körpers. Je größer dieser Parameter ist, d.h. näher an eins, desto näher ist der Körper dem Zustand eines schwarzen Loches. Die in der Tabelle angeführten numerischen Werte sind jeweils zur nächsten Zehnerpotenz aufgerundet. Die Parameter für das Universum sind mit Vorsicht anzusehen, siehe Kapitel 19.

9.5 Die Gefangennahme des Lichtes

Er ist hier, der Kampf zwischen Tag und Nacht...

Die letzten Worte von Victor Hugo

Wir stellen uns nun einen ideal kugelsymmetrischen Stern vor, der von Vakuum umgeben ist, und der ohne Verformungen unterhalb seines Schwarzschild-Radius zusammenschrumpft. Seine Oberfläche ist heiß und emittiert Strahlung. Wie kommt es zu der allmählichen Gefangennahme des Lichtes und dem Übergang in den Zustand eines schwarzen Loches? An dieser Stelle, an der Michell und Laplace die Fluchtgeschwindigkeit ins Spiel gebracht hätten, wird die Antwort der Allgemeinen Relativitätstheorie etwas komplexer. G. Birkhoff hat 1923 gezeigt, daß die Schwarzschild-Lösung nicht nur die Geometrie der

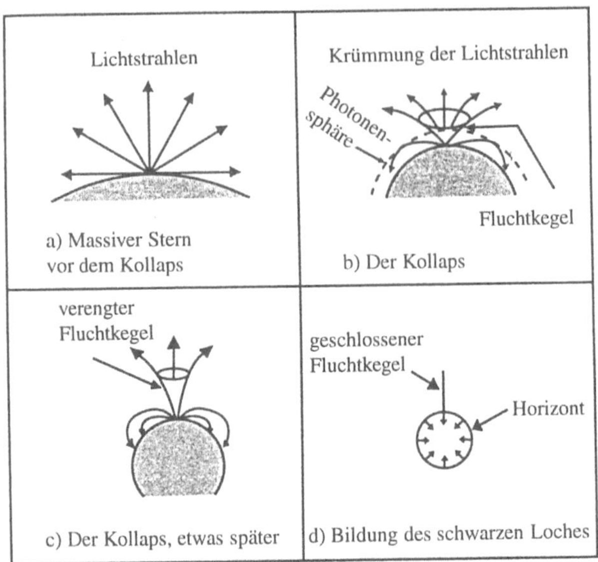

Bild 9.1   Vier Momentaufnahmen von der Gefangennahme des Lichtes.

Raum-Zeit außerhalb einer statischen Masse beschreibt, sondern allgemeiner die Raum-Zeit um einen kollabierenden oder expandierenden Stern, vorausgesetzt, er bleibt exakt kugelsymmetrisch. Würde die Sonne in alle Richtungen gleichermaßen zu vibrieren beginnen, sich aufblasen oder sich zusammenziehen, oder selbst wenn man sie durch ein kugelförmiges schwarzes Loch derselben Masse ersetzen würde, die Geometrie des Sonnensystems würde sich nicht ändern. Die Bahnen der Planeten oder Kometen wären davon in keiner Weise betroffen. Es gäbe lediglich kein Licht mehr. Aufgrund des Birkhoffschen Theorems weiß man daher, daß sich das Verhalten der Lichtstrahlen, die von einem kollabierenden kugelsymmetrischen Stern emittiert werden, zuverlässig durch die Geodäten der Schwarzschild-Geometrie beschreiben läßt.

Bild 9.1 zeigt vier Momentaufnahmen des Gravitationskollaps eines kugelförmigen Sterns, der das Licht allmählich zurückhält. Vor dem Kollaps (Bild 9.1a) verteilt sich die Masse des Sterns in einem sehr viel größeren Volumen, als dem durch den Schwarzschild-Radius definierten. Nach der Allgemeinen Relativitätstheorie hat sein Gravitationsfeld noch wenig Einfluß auf das „elastische Gewebe" der Raum-Zeit. Das Licht, das von einem Punkt auf der Oberfläche des Sterns entweicht, kann entlang einer geraden Linie und in jede Richtung entfliehen.

Anschließend beginnt der Stern zu kollabieren (Bild 9.1b). Je mehr sich der wirkliche Radius dem kritischen Schwarzschild-Radius nähert, um so tiefer wird der Gravitationstopf. Die Krümmung der Raum-Zeit wird immer ausgeprägter, und die Trajektorien der Lichtstrahlen müssen nach dem Äquivalentprinzip die gerade Linie verlassen und sich – der Krümmung angepaßt – entlang der Geodäten ausbreiten. Erreicht der Radius das Anderthalbfache des Schwarzschild-Radius, so „fallen" die *tangential* ausgesandten Lichtstrahlen auf die Oberfläche zurück, genauso wie der Wasserstrahl eines Brunnens. Sie bilden eine „Photonenkugel", eine Art Kokon aus Licht, das den kollabierenden Stern umkreist, und immer wieder werden einige dieser Photonen zu den weit entfernten Astronomen entfliehen.

Je weiter der Kollaps voranschreitet, um so weniger Lichtstrahlen können entkommen. Der „Fluchtkegel" des Lichts zieht sich zusammen (Bild 9.1c). Erreicht der Stern die kritische Schwarzschild-Größe, sind alle Lichtstrahlen gefangen, selbst diejenigen, die *radial* (d.h. senkrecht zur Oberfläche) emittiert werden. Der Fluchtkegel ist ganz geschlossen, und die Photonensphäre ist verschwunden (Bild 9.1d). Das Licht ist vollkommen erloschen. Das eigentliche schwarze Loch ist geboren. Seine Oberfläche, die Schwarzschild-Kugel, ist eine Grenze, über die man nicht hinausschauen kann. Sie bildet einen *Horizont*.

9.6   Der Ereignishorizont

Der Horizont auf der Erde entsteht durch die Krümmung unseres Planeten und bildet eine räumliche Grenze, über die hinaus ein Seefahrer nichts sieht. Der Erdhorizont ist relativ. Es ist ein Kreis, in dessen Zentrum sich der Seefahrer befindet, und der sich mit ihm bewegt.

Demgegenüber ist der Horizont eines schwarzen Loches absolut. Er bildet eine Grenze der *Raum-Zeit*, unabhängig von jedem Beobachter, und teilt die Menge der Ereignisse in zwei Klassen. Außerhalb des Horizonts kann man über beliebig große Distanzen mit Hilfe von Lichtsignalen kommunizieren. Dies ist das gewöhnliche Universum, in dem wir uns aufhalten. Innerhalb des Horizonts können die Lichtstrahlen nicht mehr beliebig zwischen den Ereignissen hin und her reisen, sondern sie sind auf das Zentrum gerichtet. Die Kommunikation zwischen Ereignissen ist strengen Einschränkungen unterworfen. Das ist das schwarze Loch.

Bild 9.2 zeigt ein Diagramm der Raum-Zeit, das die Schwarzschild-Geometrie um einen kugelförmigen Stern während des Gravitationskollaps, der in der Formation eines schwarzen Loches endet, darstellt. Es ist die wichtigste Abbildung in diesem Buch, denn sie ist der Hauptschlüssel zum wirklichen Verständnis der schwarzen Löcher. Daher gebührt ihr eine besondere Aufmerksamkeit.

Wie in allen Raum-Zeit-Diagrammen wird die Krümmung mit Hilfe der Lichtkegel dargestellt. Es sei daran erinnert, daß der Lichtkegel in einem Ereignis aus den Trajektorien der elektromagnetischen Wellen besteht, und daß er die Weltlinien von allen materiellen Teilchen, die sich nicht schneller als mit Lichtgeschwindigkeit bewegen können, umfaßt. Ohne Gravitation sind alle Lichtkegel „parallel" zueinander, d.h. ihre Kegel sind unter 45° geneigt, und ihr Öffnungswinkel ist 90° (bei geeigneter Wahl der Längen- und Zeiteinheiten, siehe Bild 2.3). Sie beschreiben die flache Minkowskische Raum-Zeit, das Gerüst der Speziellen Relativitätstheorie. Ist ein Gravitationsfeld vorhanden, d.h. eine Krümmung der zugrundeliegenden Geometrie, so sind die Lichtkegel verbogen und ihre Öffnungen verkleinert.

Zur Vereinfachung der Bild sind nur die Lichtstrahlen dargestellt, die sich in radialer Richtung (einlaufend oder auslaufend) ausbreiten. Die oben erwähnte Photonensphäre tritt daher nicht auf. Weit entfernt von dem Gebiet des Kol-

Bild 9.2 Die Entstehung eines schwarzen Loches durch einen Gravitationskollaps.
Mit Hilfe des Raum-Zeit-Diagramms übersieht man die gesamte Geschichte eines Sternenkollaps, angefangen von seiner ursprünglichen Kontraktion, bis zur Bildung eines schwarzen Loches und einer Singularität. Zwei räumliche Dimensionen sind horizontal gezeichnet, die Zeit vertikal. Die zeitliche Entwicklung liest sich von unten nach oben. Das Zentrum des Sterns ist bei $r = 0$. Die Oberfläche des Sterns zu einem gegebenen Zeitpunkt ist normalerweise eine Kugel, reduziert sich hier jedoch auf einen Kreis, da eine räumliche Dimension unterdrückt ist.
Die Krümmung der Raum-Zeit wird durch die Lichtkegel verdeutlicht, die von den Trajektorien der Lichtstrahlen gebildet werden. Auslaufende Strahlen sind durch gestrichelte Linien dargestellt, einlaufende Strahlen durch gestrichelte Geraden. Weit vom zentralen Gravitationsfeld entfernt ist die Krümmung so klein, daß die Lichtkegel gerade bleiben. In der Nähe des Gravitationsfeldes sind die Lichtkegel von der Krümmung verbogen. Auf der kritischen Oberfläche mit Radius $r = 2M$ sind die Lichtkegel um 45° gekippt und eine ihrer Seiten wird vertikal, so daß die erlaubte Ausbreitungsrichtung für Teilchen und elektromagnetische Wellen ins Innere dieser Fläche zeigt. Dort liegt der Ereignishorizont, die Grenze des eigentlichen schwarzen Loches (dunkelgrauer Bereich). Jenseits dieser Grenze kollabiert die Materie des Sterns weiter, bis zu einer Singularität von verschwindendem Volumen und unendlicher Dichte bei $r = 0$. Sobald sich das schwarze Loch einmal gebildet hat, und nachdem die gesamte Materie des Sterns in der Singularität verschwunden ist, kollabiert die Geometrie der Raum-Zeit selber weiter auf die Singularität zu, wie es durch die Lichtkegel angedeutet wird.
Die Emission der Lichtstrahlen bei E_1, E_2, E_3 und E_2 und ihre Wahrnehmung durch einen weit entfernten Beobachter wird auf Seite 135 diskutiert.

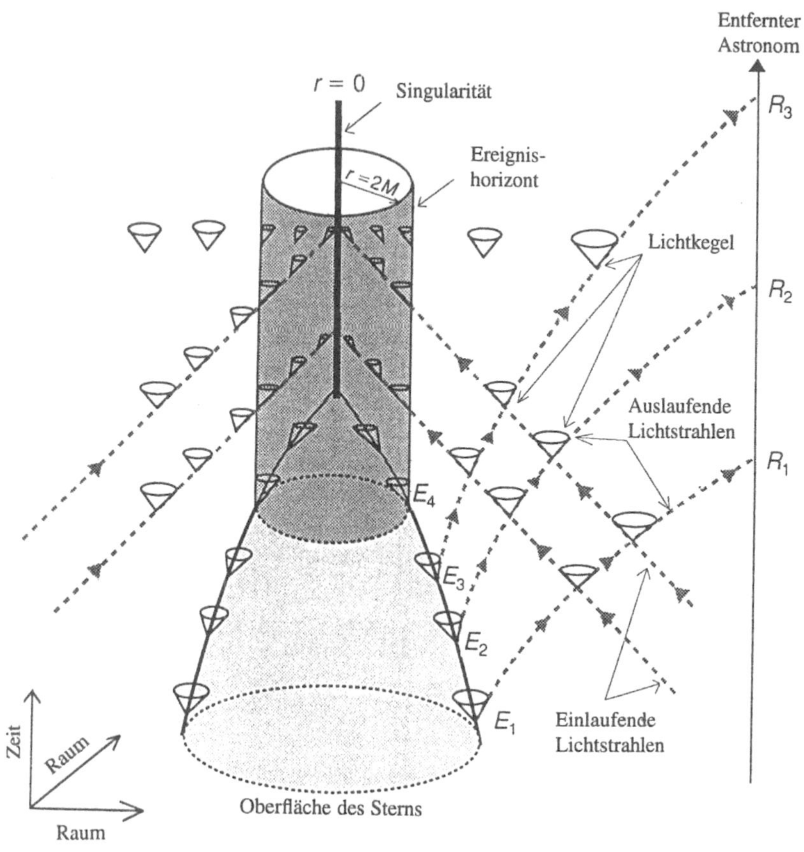

Entfernter Astronom
r = 0
Singularität
Ereignis-horizont
r = 2M
Lichtkegel
R_3
R_2
R_1
Auslaufende Lichtstrahlen
Einlaufende Lichtstrahlen
E_4
E_3
E_2
E_1
Zeit
Raum
Raum
Oberfläche des Sterns

laps ist die Raum-Zeit praktisch flach und die Lichtkegel sind gerade. Tatsächlich wird das Gravitationsfeld der zentralen Masse mit zunehmender Entfernung schwächer, und die Krümmung der Raum-Zeit verflacht. Man sagt auch, daß die Schwarzschild-Raum-Zeit *asymptotisch flach* ist, womit man andeuten will, daß sie bei sehr großen Abständen von der Masse in eine Minkowskische Raum-Zeit übergeht.

Nähert man sich der Quelle des Gravitationsfeldes, so nimmt die Krümmung zu und beeinflußt die Lichtkegel, die enger werden und sich auf das Innere des Kollapsgebietes zuneigen. Für die Lichtstrahlen wird es immer schwieriger zu entweichen. Es kommt der Punkt, wo sich die Lichtkegel um $45°$ gekippt haben und eine ihrer Seiten vertikal wird, so daß alle erlaubten Richtungen für die Bahnkurven ins Zentrum des Gravitationsfeldes zeigen. An dieser Stelle ist das Licht endgültig gefangen, und bei $r = 2M$ bildet sich der Ereignishorizont. Jenseits dieses Horizonts sind die Lichtkegel noch mehr gekippt, und ihre Öffnung ist noch kleiner. Die Bahnkurven aller materiellen Teilchen müssen innerhalb des Lichtkegels bleiben und laufen daher unerbittlich auf die vertikale Linie $r = 0$ zu. Dieses geometrische Zentrum eines schwarzen Loches ist wirklich eine *Singularität*, wo sämtliche Materie ebenso wie die Krümmung der Raum-Zeit selber unendlich komprimiert werden.

Mit der Bildung eines schwarzen Loches teilt sich die Raum-Zeit in zwei Gebiete, die durch den Ereignishorizont getrennt sind. Materie und Strahlung können vom äußeren Gebiet in das innere Gebiet gelangen, aber nicht umgekehrt. Hierin liegt die Rechtfertigung für den Ausdruck „schwarzes Loch".

9.7 Der unvorsichtige Reisende

In großem Abstand von einem kugelförmigen schwarzen Loch unterscheidet sich die äußere Raum-Zeit nicht von der Raum-Zeit im Sonnensystem; sie ist durch die zentrale Masse unseres Sterns leicht gekrümmt. Während die Schwarzschild-Geometrie an der Oberfläche der Sonne, 700 000 km vom Zentrum, jedoch aufhört, erstreckt sie sich bei einem schwarzen Loch bis zur zentralen Singularität. Die charakteristischen Kräfte eines schwarzen Loches zeigen sich allerdings erst in der Nähe des Horizonts.

Wie jede Quelle der Gravitation, erzeugt auch ein schwarzes Loch *Gezeitenkräfte*[7]. Stellen wir uns einen Astronaut vor, der sich im freien Fall auf das schwarze Loch zubewegt. Fällt er kopfvoran, so werden seine Füße weniger

---

[7] Das ist die Übersetzung der Raum-Zeit-Krümmung in Newtonsche Sprache, siehe Seite 38.

stark angezogen als sein Kopf. Sein Körper wird durch die Gezeitenkräfte gestreckt, und die werden immer größer, je näher er dem schwarzen Loch kommt. Angenommen, der menschliche Körper könnte Zug- oder Druckkräfte nur bis zum einhundertfachen Atmosphärendruck (der schon $1\,\text{kg/cm}^2$ beträgt) aushalten, dann würde ein Astronaut, der von einem schwarzen Loch von $10\,M_\odot$ – der Radius beträgt 30 km – angezogen wird, lange vor Erreichen des Horizonts, nämlich in einer Höhe von 400 km, von den Gezeitenkräften getötet. Am Horizont wären die Zugkräfte dieselben, als ob er sich an einem der Träger am Eifelturm festhielte, und sich die gesamte Bevölkerung von Paris an seine Fußknöchel hinge!

Die Stärke der Gezeitenkräfte hängt jedoch von der Materiedichte ab, die sie erzeugt. Je massiver ein schwarzes Loch ist, desto geringer ist seine Dichte, und desto schwächer ist die Krümmung der äußeren Raum-Zeit. Daher könnte für einen Menschen der Zugang zu einem schwarzen Loch, das sehr viel schwerer als es ein Stern ist, durchaus erträglich sein. Unser Test-Astronaut könnte den Horizont eines schwarzen Loches von tausend Sonnenmassen unversehrt erreichen, und er könnte sogar das Innere eines schwarzen Riesenloches von einhundert Millonen Sonnenmassen ergründen. Die Gezeitenkräfte am Horizont sind in diesem Fall viel schwächer, als die schon unmerklichen Gezeitenkräfte an der Erdoberfläche. Trotzdem – ist der Horizont einmal überschritten, wird der Astronaut von der zentralen Singularität unentrinnbar gefangengenommen und unabhängig von der Masse des schwarzen Loches durch ihre Gezeitenkräfte zerrissen!

9.8 Die eingefrorene Zeit

Bild 9.2 zeigt unter anderem einige Lichtstrahlen, die bei E_1, E_2, E_3 und E_4 die Oberfläche des kollabierenden Sterns verlassen und bei R_1, R_2, $R_3 \dots$ einen weit entfernten Astronomen (dessen Weltlinie durch eine vertikale gerade Linie dargestellt ist) erreichen. Wir nehmen an, daß die Zeitintervalle zwischen den Emissionspunkten E_1, E_2, E_3 und E_4 vollkommen gleich sind, wenn man sie mit einer Uhr mißt, die sich an der Oberfläche des Sterns befindet und an dem Kollaps teilnimmt. Das Raum-Zeit-Diagramm zeigt jedoch, daß die Intervalle zwischen den Ankunftszeiten R_1, R_2, $R_3 \dots$ immer länger werden. Den Grenzfall bildet der Lichtstrahl, der bei E_4 emittiert wurde, also gerade in dem Moment, wo sich der Ereignishorizont bildet. Dieser Lichtstrahl braucht unendlich lange, um den äußeren Astronomen zu erreichen.

Dieses Phänomen der „eingefrorenen Zeit" ist ein extremes Beispiel für die
Zeitelastizität, die von der Einsteinschen Relativitätstheorie vorhergesagt wird.
Danach ist die verstrichene Zeit für zwei Beobachter verschieden, wenn sie
relativ zueinander beschleunigt werden[8]. Die Oberfläche eines kollabierenden
Sterns wird relativ zu einem entfernten Astronomen, der an dem freien Fall
nicht teilnimmt, effektiv beschleunigt. Daher ist die *Eigenzeit* des Kollaps, gemessen durch eine Uhr an der Oberfläche des Sterns, von der *scheinbaren Zeit*
für den Kollaps, gemessen durch eine weit entfernte unabhängige Uhr, verschieden. Die Kontraktion des Sterns unter seinen Schwarzschild-Radius erfolgt nach einer endlichen Eigenzeit, aber in einer unendlichen scheinbaren
Zeit. Der weit entfernte Astronom könnte genaugenommen die Bildung des eigentlichen schwarzen Loches *niemals sehen*, und daher kann er erst recht nicht
hineinsehen.

Das Einfrieren der scheinbaren Zeit äußert sich in der Zunahme der Zeitintervalle für den Empfang der Signale. Es zeigt sich aber auch an der Verringerung der scheinbaren Frequenz der Strahlung, die den Stern verläßt, da die
Frequenz die Anzahl der Vibrationen der Lichtwellen pro Sekunde mißt[9]. Da
sich die scheinbare Frequenz der Strahlung verringert, nimmt ihre scheinbare
Wellenlänge zu. Man spricht auch von einer *Rotverschiebung* der Welle, was an
die Tatsache erinnern soll, daß die längsten noch sichtbaren Wellenlängen der
Farbe Rot entsprechen (siehe Tabelle 1.1). Der entfernte Astronom muß nicht
nur immer länger auf die Bilder warten, er empfängt sie auch immer „röter"
und schwächer.

Bild 9.3 ist eine sehr bildhafte Darstellung der einfrierenden Zeit. Ein Raumschiff hat die Aufgabe, das Innere eines schwarzen Loches zu erkunden – bevorzugt eines schwarzen Riesenloches, damit die Gezeitenkräfte es nicht zu
früh zerstören. An Bord schickt der Kommandeur einen letzten Gruß an die
Menschheit, gerade in dem Moment, in dem das Schiff ohne Aussicht auf eine
Rückkehr den Ereignishorizont überquert. Seine Geste wird über Fernsehen an
die weit entfernten Zuschauer übertragen.

Der Film A zeigt die Bilderfolge, die in konstanten Intervallen bezüglich der
Eigenzeit des Astronauten aufgenommen wurden. Er zeigt somit die Szene,
wie sie von der Besatzung an Bord des Raumschiffes beobachtet werden kann.
Der Gruß des Kommandanten beginnt bei 1356,00 Sekunden auf der Borduhr
und endet bei 1357,20 Sekunden. Die Überquerung des Horizonts, die während
dieser Geste stattfindet, macht sich durch kein besonderes Ereignis bemerkbar.

---

[8] Oder, was nach dem Äquivalenzprinzip das gleiche ist, wenn sie sich in verschiedenen Gravitationsfeldern befinden.

[9] Das ist der Einsteinsche Effekt, der schon in Kapitel 3 erwähnt wurde.

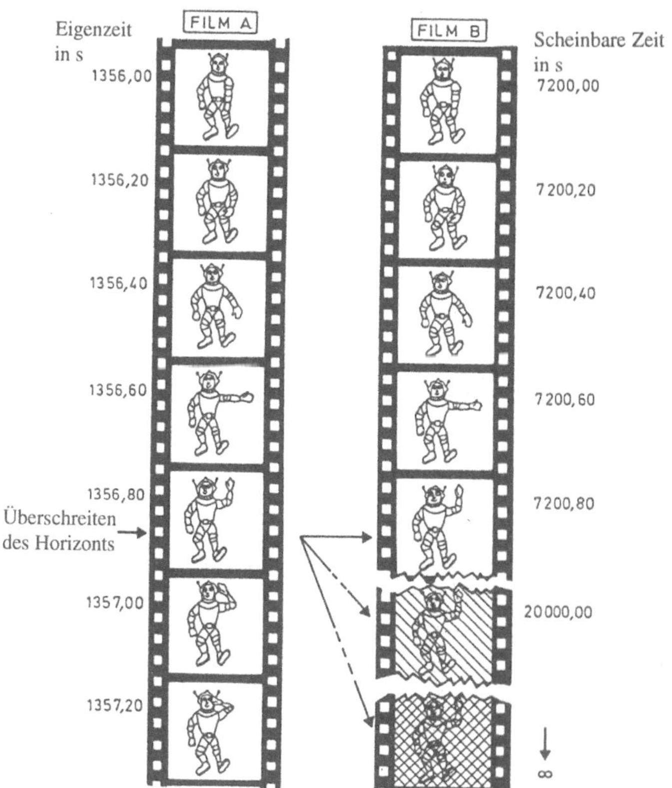

Bild 9.3 Der Gruß des Astronauten. Der Film auf der linken Seite zeigt die Szene, wie sie sich in der wirklichen Zeit an Bord des Raumschiffes abspielt, d.h. gemessen mit einer Uhr an Bord des Raumschiffes, während dieses in das schwarze Loch fällt. Der Gruß des Astronauten wurde in einzelne Momentaufnahmen zerlegt, die durch Zeitintervalle von jeweils 0,2 Sekunden Eigenzeit getrennt sind. Das Überschreiten des Horizonts macht sich durch kein besonderes Ereignis bemerkbar.

Der Film auf der rechten Seite zeigt die Szene, wie sie von den entfernten Beobachtern mit Hilfe von Fernsehbildern empfangen wird. Sie wurde ebenfalls in scheinbare Zeitintervalle von 0,2 Sekunden zerlegt. Zu Beginn der Geste ist der scheinbare Gruß gegenüber dem wirklichen Gruß etwas verzögert, aber zunächst ist dieser Unterschied viel zu schwach, um bemerkt zu werden, denn beide Filme sind praktisch identisch. Erst sehr nahe am Horizont gefriert die scheinbare Zeit plötzlich. Der rechte Film zeigt daher den Astronauten für ewige Zeiten mitten in seinem Gruß erstarrt, genauer nähert er sich unmerklich der Haltung, die er bei seinem Überschreiten des Horizonts einnahm. Andererseits erzeugt die Frequenzverschiebung im Gravitationsfeld ein Verblassen der Bilder, die rasch unsichtbar werden.

Für die Forschungsreisenden auf dem Raumschiff hat die Grenze zum schwarzen Loch nichts „magisches".

Film B zeigt die Bildfolge, wie sie auf dem Kontrollbildschirm der entfernten Beobachter empfangen wird, in Abständen von gleichen scheinbaren Zeitintervallen. Zunächst ist der Film identisch mit dem vorherigen, aber je mehr sich das Raumschiff dem Horizont nähert, um so langsamer wird der Film. Die entfernten Beobachter empfangen endlos nahezu identische Bilder, die auf ewig den Astronauten in der Haltung zeigen, die er bei seinem Überschreiten des Horizonts innehatte. Tatsächlich werden die Bilder wegen der Frequenzverschiebung und der Intensitätsabnahme sehr schnell zu schwach, um sichtbar zu bleiben. Für die äußeren Beobachter ist der gesamte Teil der Reise innerhalb des schwarzen Loches daher verloren. Das Fernsehbild, das von dem Raumschiff genau in dem Moment der Überschreitung des Horizonts übertragen wird, entweicht nach Unendlich, und alle später übertragenen Bilder verlassen das schwarze Loch erst gar nicht, sondern fallen zurück in die Singularität.

Die eingefrorene Zeit eines schwarzen Loches, wie sie von einem äußeren Beobachter – egal wie nahe er sich am Ereignishorizont befindet – gemessen wird, ist eine solch überraschende Eigenschaft, daß der Ausdruck des „eingefrorenen Sterns"[10] oft zur Bezeichnung eines schwarzen Loches benutzt wurde. Er wurde schließlich wieder aufgegeben, da er nur einen ganz bestimmten Aspekt der Physik der schwarzen Löcher beschreibt. Auch wenn der Horizont eines schwarzen Loches in die unendliche Zukunft der äußeren Zuschauer geworfen wird, so ist das schwarze Loch doch kein Hirngespinst. Man kann bis zum Ende dem Schauspiel des Gravitationskollaps beiwohnen, allerdings nur unter der Bedingung, daß man selber mitspielt. Die Allgemeine Relativitätstheorie erlaubt die Erkundung des Inneren eines schwarzen Loches (ohne Furcht vor den Gezeitenkräften!). Also, beginnen wir!

9.9 Eine invertierte Welt

Laßt jede Hoffnung, die ihr mich durchschreitet.

DANTE, Die Göttliche Komödie

Im Gegensatz zu anderen kompakten Sternen, wie z.B. den weißen Zwergen

---

[10] Insbesondere von den russischen Astrophysikern.

oder den Neutronensternen, deren Gravitationskollaps durch den internen Widerstand der Materie aufgehalten wird, und die eine harte Oberfläche haben, kann den Gravitationskollaps nichts mehr stoppen, sobald der Schwarzschild-Radius einmal überschritten ist und sich ein Ereignishorizont gebildet hat. Aus diesem Grund ist *das Innere eines schwarzen Loches leer, mit einer Singularität in der Mitte*[11].

Für diejenigen, die schon über die unvorstellbaren mittleren Dichten der stellaren schwarzen Löcher die Nase rümpfen, wird es noch schlimmer: Die gesamte Masse eines schwarzen Loches befindet sich theoretisch in seinem Zentrum, in einer mathematischen Singularität mit verschwindendem Volumen! Bevor wir uns jedoch über die zentrale Singularität den Kopf zerbrechen – dieses Problem wurde von der modernen Physik noch nicht gelöst – erkunden wir den Bereich, der sie umgibt.

Dieser Bereich „ist in Bewegung", da sich seine Geometrie zusammenzieht. Mit anderen Worten, es ist unmöglich, im Inneren eines schwarzen Loches unbeweglich an einem Ort zu bleiben. Wie in dem Raum-Zeit-Diagramm in Bild 9.2 deutlich wird, hätte ein Verbleiben an einem festen Ort notwendigerweise zur Folge, daß die Geschwindigkeit größer als die Lichtgeschwindigkeit ist (die Weltlinien zu konstantem Abstand r sind Geraden, parallel zur Zeitachse, die im Inneren des schwarzen Loches aus den Lichtkegeln heraustreten). Das Verbot der Relativitätstheorie gegen eine Überschreitung der Lichtgeschwindigkeit gilt innerhalb eines schwarzen Loches ebenso wie außerhalb. Innerhalb des Horizonts sind die einzigen erlaubten Bahnkurven, die den Lichtkegel nicht verlassen, unausweichlich auf die zentrale Singularität gerichtet.

Man vergleicht daher das Innere eines schwarzen Loches mit einer „invertierten Welt". Dieses Bild hat zu vielen Mißverständnissen Anlaß gegeben, es hat jedoch seinen Ursprung in der folgenden Analogie. In dem Bereich außerhalb des Horizonts eines schwarzen Loches, z.B. dem Teil der Raum-Zeit, in dem wir uns befinden, kann man sich innerhalb eines dreidimensionalen Raumes in alle Richtungen bewegen, von vorne nach hinten, von links nach rechts und von oben nach unten. Andererseits fließt die Zeit unerbittlich in eine Richtung, von der Vergangenheit in die Zukunft. Die Zeit entspricht einer „gerichteten" Koordinate, deren Fluß man als *Kausalität* bezeichnet (siehe Seite 2.8). Im Inneren eines schwarzen Loches sind die Rollen vertauscht. Die Koordinate, die den Abstand vom Zentrum des schwarzen Loches beschreibt,

---

[11] Diese Extrapolation des Gravitationskollaps ist möglicherweise zu einfach. Man läßt dabei die wirkliche Dynamik der Materie im Inneren eines schwarzen Loches unberücksichtigt. Einige Spekulationen dazu werden in Kapitel 19 geäußert.

und deren Wert am Horizont $2M$ und an der Singularität 0 ist, wird zu einer gerichteten Koordinate. Umgekehrt wird die Koordinate, die außerhalb des schwarzen Loches dazu dient, die Zeit zu beschreiben, innerhalb zu einer Art räumlichen Koordinate. Der Raum wird in gewisser Hinsicht im Inneren eines schwarzen Loches „unerbittlich", denn für jede Form der Materie muß diese Abstandskoordinate kleiner werden, ebenso, wie in der äußeren Raum-Zeit die Ereignisse so aufeinanderfolgen müssen, daß ihre Zeit niemals abnimmt.

Aber man sollte diese Überlegungen mit Vorsicht handhaben. Nur weil im Inneren eines schwarzen Loches die Zeitkoordinate zu einer Art Raumkoordinate wird, darf man nicht meinen, daß man die Zeit zurücklaufen und die Kausalität verletzen könnte! Diese Koordinate, die am Horizont ihren Charakter verändert, stellt nicht die wirkliche Zeit dar, weder im Inneren noch im Äußeren eines schwarzen Loches (wo sie die scheinbare Zeit beschreibt, die von unendlich weit entfernen Uhren gemessen wird). Die einzige physikalisch sinnvolle „Zeit" ist die *Eigenzeit*, die von solchen Uhren gemessen wird, die sich im freien Fall auf die Singularität zubewegen. Nun hängt die Eigenzeit im Inneren eines schwarzen Loches aber einfach von der Abstandskoordinate vom Zentrum ab und nimmt in dem Maße zu, wie dieser Abstand abnimmt. Daher fließt die wirkliche Zeit, ebenso wie außerhalb, weiterhin in Richtung Zukunft. Der Unterschied ist, daß die Zukunft ein Ende hat: die Singularität im Zentrum des schwarzen Loches. Es vergeht eine endliche Eigenzeit zwischen dem Moment, wo das Raumschiff den Horizont überquert, und dem Moment, wo es in der zentralen Singularität zerschellt (Bild 9.4). Diese Zeit ist unabhängig von der Leistung der Motoren oder der Flugrichtung. Die „Frist" ist um so länger, je massiver das schwarze Loch ist. Für ein stellares schwarzes Loch von $10\,M_\odot$ beträgt sie nur etwas mehr als eine tausendstel Sekunde, aber für ein schwarzes Riesenloch im Zentrum einer Galaxis kann die Reise im Inneren eine Stunde dauern.

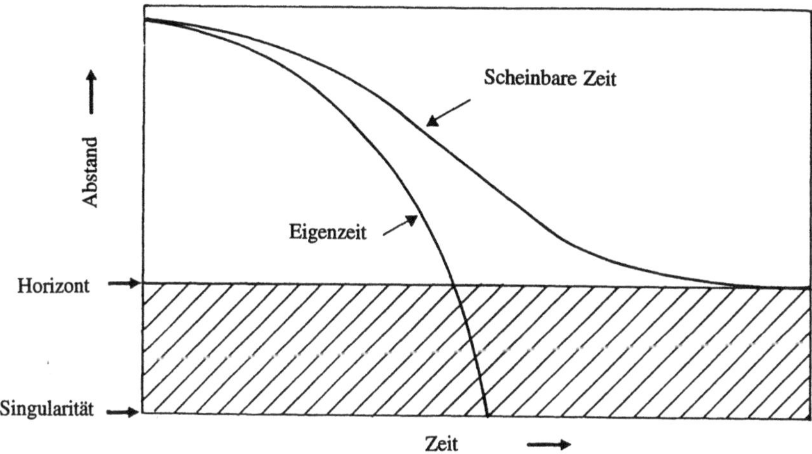

Bild 9.4 Die beiden Zeiten für ein schwarzes Loch. Für einen Körper, der sich im freien Fall auf das schwarze Loch zubewegt, vergeht eine endliche Eigenzeit, bis er die zentrale Singularität erreicht. Demgegenüber dauert die Annäherung an das schwarze Loch für einen äußeren Beobachter eine unendliche scheinbare Zeit. Der Horizont wird niemals überschritten.

Kapitel 10
Illuminationen

Die Platte am schwarzen Herd, der Sonnen Wirklichkeit auf jedem Gestade:
O, Schächte der Magie.

ARTHUR RIMBAUD, Illuminationen

10.1 Eine Frage der Beleuchtung

Eine der besten Möglichkeiten, einen Gegenstand konkret darzustellen, besteht darin, sein Bild festzuhalten – ihn zu fotografieren. Kann man sich vorstellen, eine Fotografie von einem schwarzen Loch zu machen?

Die Frage mag sonderbar klingen, denn per Definition läßt ein schwarzes Loch kein Licht entkommen. Aber das gilt für alle ausreichend kalten Gegenstände, die selbst keine Quellen von nachweisbarer Strahlung sind. Die Alltagsgegenstände müssen beleuchtet werden, damit man sie sehen kann. Unter den Himmelskörpern würden die Planeten, deren Zentrum durch keine thermonukleare Energie gespeist wird, unsichtbar bleiben, wenn ihre Oberfläche das Sonnenlicht nicht reflektierte[1]!

In dieser Hinsicht gilt für ein schwarzes Loch dasselbe, wie für einen Planeten. Man könnte sicherlich ohne irgendeine Beleuchtungsquelle nichts von einem schwarzes Loch sehen, aber ein geeignet beleuchtetes schwarzes Loch kann ein Bild zurückschicken. Im Licht von Scheinwerfern kann ein schwarzes Loch fotografiert werden!

---

[1] Jupiter, der schwerste Planet in unserem Sonnensystem, besitzt eine innere Energiequelle. Indem er langsam schrumpft, wird in seinem Zentrum atomarer Wasserstoff in „metallischen" Wasserstoff umgewandelt, bei dem die Atome wie in Eis in einer Gitterstruktur angeordnet sind. Bei diesem „Phasenübergang" wird etwas Energie freigesetzt, die Jupiter eine Eigenhelligkeit verleiht. Diese liegt etwas über der Helligkeit, die er durch die Reflektion des Sonnenlichts erhält.

Jeder natürliche Gegenstand absorbiert und reflektiert elektromagnetische Wellen in einer für ihn typischen Weise. Bei dem in Bild 10.1 dargestellten Experiment werden verschiedene kugelförmige, „idealisierte" Gegenstände mit parallelen Lichtstrahlen beleuchtet, und das reflektierte Licht wird aus einer Richtung senkrecht zum einfallenden Strahl beobachtet. Die Art des reflektierten Bildes hängt von der Natur des Gegenstandes ab, d.h. wie er mit elektromagnetischen Wellen reagiert.

Im Fall eines vollkommen *schwarzen* Gegenstandes (z.B. eine mit perfekt absorbierendem schwarz angemalte Kugel) werden alle Lichtstrahlen absorbiert, und da es keine Reflektion gibt, sieht der Beobachter von der Kugel absolut nichts (Bild 10.1a).

Im Fall einer *matten* Oberfläche (wie die des Mondes und der Planeten) wird das Licht „isotrop" reflektiert, d.h. mit derselben Intensität in alle Richtungen. An jedem Punkt der Oberfläche wird daher genau ein Lichtstrahl unter exakt 90° relativ zu seiner Einfallsrichtung reflektiert und von dem Beobachter empfangen. Das Ergebnis (Bild 10.1b) erinnert an das vertraute Bild des Halbmondes.

Das nächste Beispiel ist das einer *perfekt reflektierenden* metallischen Kugel. Diesmal gibt es nur einen Punkt auf der Oberfläche, der den einfallenden Lichtstrahl unter 90° in Richtung des Beobachter reflektiert. Das Bild der Kugel (Bild 10.1c) besteht lediglich aus einem einzelnen Lichtpunkt, der sich bei ungefähr dem 0,707fachen des wirklichen Kugelradius befindet.

Betrachten wir zum Abschluß ein *schwarzes Loch*. Der wesentliche Unterschied zu den bisher untersuchten Gegenständen besteht darin, daß ein schwarzes Loch keine feste, greifbare Oberfläche hat, an der die einfallenden Lichtstrahlen auftreffen und reflektiert werden können. Es ist das *Gravitationsfeld* eines schwarzen Loches, das die Lichtstrahlen ablenkt. Der Einflußbereich eines schwarzen Loches beschränkt sich daher nicht nur auf seine Oberfläche, d.h. den Ereignishorizont, sondern erstreckt sich nach Unendlich. Die Trajektorien der Lichtstrahlen sind keine geraden Linien mehr, die an einem Punkt der Oberfläche gebrochen werden, sondern es sind durch das Gravitationsfeld gekrümmte Linien. Bei einer Beleuchtung werden durch das Gravitationsfeld des schwarzen Loches mehrere Lichtstrahlen in die Richtung des Beobachters abgelenkt. Das Bild des schwarzen Loches besteht aus einer Reihe von Lichtpunkten (Bild 10.1d). Auf der linken Seite, in einem Abstand gleich dem 2,96fachen Schwarzschild-Radius, sieht man das „Primärbild", erzeugt durch die Lichtstrahlen, die um 90° abgelenkt wurden. Auf der rechten Seite, beim 2,61fachen Schwarzschild-Radius, findet man das „Sekundärbild". Es entsteht durch die Lichtstrahlen, die noch einen weiteren Halbkreis zurückgelegt haben,

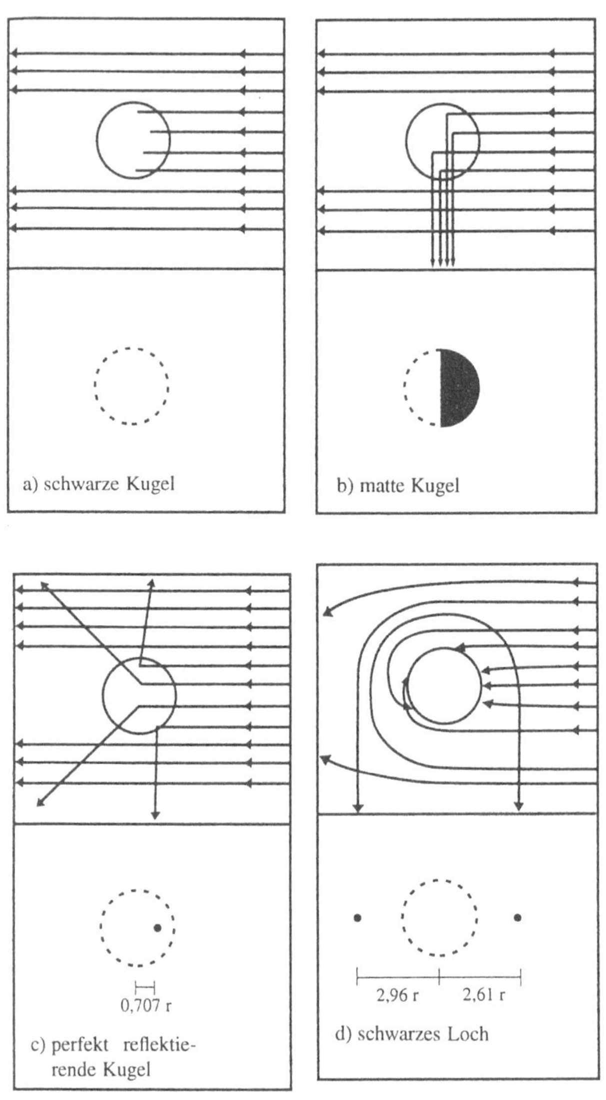

Bild 10.1   Die sichtbaren Erscheinungen von vier Arten von Gegenständen.

d.h. insgesamt um 270° abgelenkt wurden. Die vollständige Berechnung der Raum-Zeit-Geodäten in der Schwarzschild-Geometrie, die zu den Trajektorien von Lichtstrahlen gehören, zeigt, daß es *unendlich* viele Bilder gibt. Das dritte Bild entspricht einer Ablenkung um 450° usw.; jedesmal kommt ein weiterer Halbkreis hinzu. In Wirklichkeit sind die Bilder höherer Ordnungen (größer als zwei) jedoch zu schwach und zu nahe an dem Primär- bzw. Sekundärbild, um aufgelöst zu werden.

Wir können also festhalten, daß unter den verschiedenen Arten von Gegenständen, die nicht selbstleuchtend sind, das schwarze Loch bei weitem nicht der dunkelste ist. Es wirft sogar mehr Licht zurück, als eine schwarze oder eine reflektierende metallische Kugel.

10.2   Das glänzende schwarze Loch

Bei einer Variante des vorherigen Experiments wird das schwarze Loch wieder durch parallele Strahlen beleuchtet, das reflektierte Licht wird jedoch nicht unter einem rechten Winkel beobachtet, sondern aus *derselben* Richtung. Diese „Rückkehr des Lichtes" von einem schwarzen Loch ist in Bild 10.2 dargestellt.

Das Bild des eigentlichen schwarzen Loches ist vergrößert, sein Durchmesser erscheint 2,6mal größer als sein wirklicher Durchmesser. Das kommt daher, daß ein Großteil des einfallenden Strahls von dem schwarzen Loch eingefangen wird: Nicht nur die Strahlen, die direkt in den Ereignishorizont hineinfallen, sondern auch diejenigen, die innerhalb $5,2M$ am Zentrum vorbeifliegen (der wirkliche Radius des schwarzen Loches ist gleich $2M$). Davon abgesehen, ist die schwarze Scheibe von einer Art Strahlenkranz umgeben, der sich aus einer Reihe konzentrischer Lichtringe zusammensetzt. Der äußere Ring besteht aus den Lichtstrahlen, die in einem Halbkreis um das schwarze Loch gelenkt wurden, die inneren Ringe aus den Lichtstrahlen, die weitere Vollkreise durchlaufen haben. Das Bild erinnert an den *Halo-Effekt*, der aus der traditionellen Optik bekannt ist: Wenn das Sonnenlicht von den unzähligen kleinen Wassertropfen in einem Nebel gestreut wird, ist es möglich, den reflektierten Schatten des eigenen Kopfes wahrzunehmen, der von einem hellen Ring um die Sichtlinie eingerahmt wird.

Im Fall des „glänzenden" schwarzen Loches ist nur der äußere Ring sichtbar, da die höheren Ordnungen des zurückkommenden Lichtes nicht mehr aufgelöst werden können.

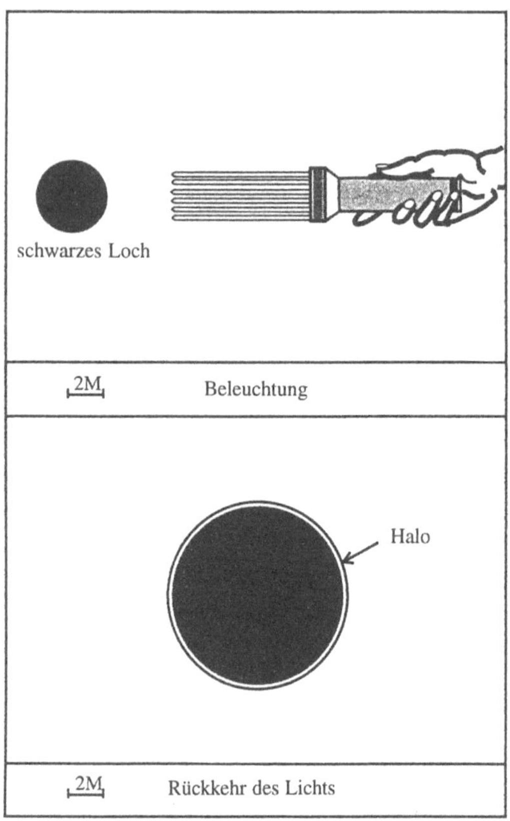

Bild 10.2 Der „Glorienschein" eines nackten schwarzen Loches. Man beleuchtet ein schwarzes Loch mit parallelen Lichtstrahlen und beobachtet das zurückkommende Licht. Dies besteht aus den Strahlen, die von dem Gravitationsfeld des schwarzen Loches um 180° abgelenkt werden.

10.3 Kopf und Zahl

Diese Gedankenexperimente sind durchaus keine sinnlosen Spiele. Wenn schwarze Löcher in der Natur wirklich existieren, dann ist es sehr wahrscheinlich, daß sie von äußeren Lichtquellen beleuchtet werden.

Für ein schwarzes Loch ist, ebenso wie für einen Planeten, die naheliegendste Quelle einer solchen Beleuchtung ein Stern. Dieser Stern könnte z.B. in einem binären System an das schwarzen Loch gebunden sein. Obwohl solche

Verbindungen in einer Galaxie vermutlich weitverbreitet sind, wären die zugehörigen schwarzen Löcher durch diesen Effekt kaum nachweisbar. Das von dem schwarzen Loch reflektierte Bild des Begleitsterns würde hinter dem viel helleren direkten Bild verblassen.

Eine vom Standpunkt der Beobachtbarkeit aus viel interessantere Situation ergibt sich, wenn die Beleuchtungsquelle sich, beispielsweise in Form eines materiellen Ringes, um das schwarze Loch herum erstreckt. Ich werde im letzten Teil dieses Buches die Gründe dafür angeben, warum man glaubt, daß viele schwarze Löcher von solchen materiellen Strukturen umgeben sind, die man auch *Akkretionsscheiben* nennt. Die Ringe des Planeten Saturn sind ein berühmtes Beispiel einer Akkretionsscheibe. Sie bestehen aus amalgamierten Stein und Eisbrocken, während die Akkretionsringe bei einem schwarzen Loch aus heißen Gasen gebildet werden[2]. Dieses Gas fällt nach und nach spiralförmig in das schwarze Loch, ähnlich wie die Bewegung von Wasser in einem Strudel. Das herabfallende Gas erhitzt sich und emittiert Strahlung. Das ist die Lichtquelle: Die Akkretionsringe strahlen und beleuchten das zentrale schwarze Loch.

Bild 10.3 zeigt die Umrisse einer kreisförmigen Scheibe, die das kugelförmige schwarze Loch umgibt. Das Bild wird aus großem Abstand fotografiert, wobei die Richtung nur leicht gegenüber der Ebene der Scheibe geneigt sein soll. Die starke Krümmung der Raum-Zeit um das schwarze Loch zeigt sich in einer Verzerrung des scheinbaren Bildes der Scheibe, die nicht einfach als Ellipse erscheint, wie z.B. die Saturnringe, die man von der Erde aus durch eine praktisch flache Raum-Zeit beobachtet. Hier zerfällt das Bild in zwei Teile. Das *Primärbild* besteht aus den Lichtstrahlen, die von dem *oberen* Teil der Scheibe emittiert werden, und die um weniger als 180° abgelenkt werden. Hier zeigt sich eine erste Überraschung: *Der gesamte obere Teil des Rings ist sichtbar*, einschließlich des Teils, der „normalerweise" in einer Geometrie ohne Krümmung verdeckt wäre (die Saturnringe sind, so wie man sie von der Erde aus sieht, teilweise durch die Scheibe des Planeten verdeckt).

Aber die Überraschung wird noch größer, wenn man sich überlegt, daß man wegen der Raum-Zeit-Krümmung um das schwarze Loch *auch den unteren Teil des Ringes sehen kann*. Das ist das „Sekundärbild". Bei der Akkretionsscheibe eines schwarzen Loches kann man beide Seiten – „Kopf und Zahl" – gleichzeitig sehen!

Streng genommen gibt es unendlich viele Bilder, da die von der Scheibe

---

[2] Ein weiterer wichtiger Unterschied liegt in der Tatsache, daß die Akkretionsscheibe eines schwarzen Loches ständig mit Gas aufgefüllt wird, während die des Saturn nur ein Überrest aus den Anfängen unseres Sonnensystems ist.

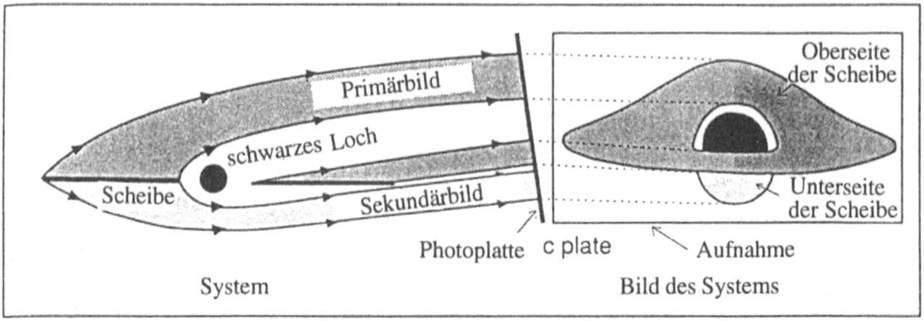

Bild 10.3 Optische Verzerrung in der Umgebung eines schwarzen Loches. Ein schwarzes Loch sei von einer hellen Scheibe umgeben. Wir beobachten das System aus großem Abstand und aus einer Richtung, die um $10°$ relativ zur Scheibenebene geneigt ist. Die Lichtstrahlen werden auf einer fotografischen Platte festgehalten. Wegen der Raum-Zeit-Krümmung in der Umgebung eines schwarzen Loches unterscheidet sich das Bild sehr von den Ellipsen, die man bei einem gewöhnlichen Stern anstelle des schwarzen Loches beobachten würde. Das Licht, das von der oberen Seite der Scheibe emittiert wird, bildet das direkte Bild und zeigt eine beachtliche Verzerrung, so daß man die gesamte Oberseite sehen kann. Die Unterseite der Scheibe ist als indirektes Bild ebenfalls sichtbar und wird durch stark abgelenkte Lichtstrahlen erzeugt.

emittierten Lichtstrahlen das schwarze Loch beliebig oft umkreisen können, bevor sie dem Gravitationsfeld entkommen und zu einem entfernten Astronomen gelangen. Das Primärbild zeigt die Oberseite, das Sekundärbild die Unterseite, das Tertiärbild wieder die Oberseite und so weiter. Die Bilder von höherer als zweiter Ordnung sind jedoch optisch nicht interessant, da sie förmlich am Rand der zentralen schwarzen Scheibe kleben. Diese entspricht dem vergrößerten Bild des eigentlichen schwarzen Loches.

10.4 Das fotografierte schwarze Loch

*Als ich nach dem göttlichen Auge forschte, – fand ich nur eine ungeheu-
erliche Augenhöhle, – schwarz und bodenlos, – aus der die Nacht, die
darin haust, – ihre Strahlen auf die Welt wirft und immer mehr sich verdichtet.*

*Ein seltsamer Regenbogen schwebt über diesem finsteren Brunnen, – der
Schwelle des alten Chaos, dessen Schatten das Nichts ist, – ein kreisen-
der Schlund, der die Welten und die Tage einschluckt.*

GÈRARD DE NERVAL, Die Chimären

Obwohl diese „Beleuchtungsexperimente" sehr idealisiert sind, haben sie
zumindest gezeigt, daß ein schwarzes Loch mit seinem Gravitationsfeld auf
die Strahlung wie eine *Linse* wirkt, die das Bild einer einzelnen Quelle vervielfältigt. Kommen wir nun zu einer realistischeren Situation. Die Materieringe
um Himmelskörper wurden im Verlauf der letzten zwanzig Jahre intensiv untersucht, da sie auf eine Großzahl astronomischer Phänomene anwendbar sind:
Planeten (Saturn, Jupiter, Uranus), aber auch binären Systeme, bei denen einer der Partner ein kondensierter Stern ist (weißer Zwerg, Neutronenstern oder
schwarzes Loch). Das schwarze Loch saugt mit seinem starken Gravitationsfeld das überfließende Gas seines Begleiters auf, lagert es in einer Akkretionsscheibe und verzehrt es allmählich.

Die detaillierten Modelle von Akkretionsscheiben können die hochenergetische Strahlung, die von einigen binären Systemen, wie z.B. Cygnus X-1, emittiert wird, sehr gut erklären. Auf sehr viel größerem Maßstab läßt sich auch
die ungeheure Leuchtkraft mancher galaktischer Zentren und Quasare durch
einen Materiestrom auf ein schwarzes Loch von einigen Millionen oder sogar Milliarden Sonnenmassen erklären. Eine ausführliche Diskussion der Rolle
der schwarzen Löcher bei diesen verschiedenen astronomischen Erscheinungen wird Gegenstand des letzten Teils dieses Buches sein. Für den Moment
genügt es zu wissen, daß die Materie, sofern der von dem schwarzen Loch
verschluckte Materieanteil nicht zu groß ist, wirklich eine *dünne* Akkretionsscheibe bilden kann, deren Emission an Strahlung genau berechnen läßt.

1978 rekonstruierte ich die fotografische Aufnahme eines kugelförmigen
schwarzen Loches, das von einer sehr dünnen Gasscheibe umgeben ist, indem
ich die Trajektorien der Lichtstrahlen in der Schwarzschild-Raum-Zeit mit Hilfe eines Computers berechnete (Bild 10.4). Bei einer dünnen Scheibe hängt die

151

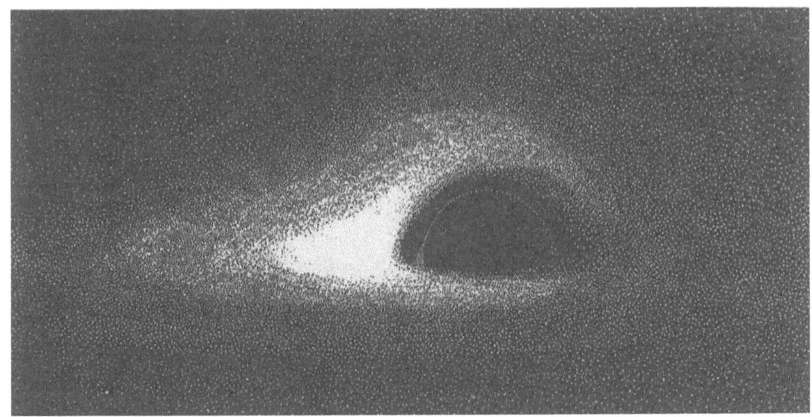

Bild 10.4 Erscheinung eines schwarzen Loches, das von einer Akkretionsscheibe umgeben ist. Das Bild wurde auf einem Computer berechnet. Wie in der vorhergehenden Abbildung beobachtet man das System aus großer Entfernung und aus einer Richtung, die um 10 Grad relativ zur Oberseite der Scheibenebene geneigt ist. Das Bild ist in dem Sinne realistisch, als es die physikalischen Eigenschaften der gasförmigen Scheibe berücksichtigt.

Intensität der von einem gegebenen Punkt emittierten Strahlung nicht von dem Abstand dieses Punktes vom schwarzen Loch ab. Das so gewonnene Bild ist daher universell, d.h. unabhängig von der Masse des schwarzen Loches und der verschluckten Materiemenge. Es kann sowohl ein schwarzes Loch mit einem Radius von 10 km darstellen, aber auch ein schwarzes Loch von der Größe des Sonnensystems, das interstellares Gas anzieht.

Wie in Bild 10.3 ist die Oberseite der Scheibe vollständig sichtbar. Allerdings ist nur ein kleiner Teil der Unterseite beobachtbar. Unter realistischen Umständen ist die Gasscheibe nämlich lichtundurchlässig und absorbiert die auftreffenden Lichtstrahlen. Aus diesem Grund ist der größte Teil des Sekundärbildes, das die Unterseite der Scheibe zeigt, hinter dem Primärbild verborgen. Der sehr verzerrte sichtbare Teil klebt am Rand des schwarzen Loches.

Keine Strahlung kommt aus dem Gebiet zwischen dem schwarzen Loch und dem inneren Rand der Scheibe. Die Eigenschaften der Schwarzschild-Raum-Zeit verbieten es einer dünnen Akkretionsscheibe, die Oberfläche des schwarzen Loches zu berühren. Die fast kreisförmigen Gasbahnen können sich nur bis zu einem kritischen Abstand halten, der dem dreifachen Schwarzschild-Radius entspricht. Unterhalb ist die Scheibe instabil: Die Gasteilchen tauchen direkt in das schwarze Loch ein, ohne daß sie die Zeit haben, elektromagnetische Strahlung zu emittieren.

Das Charakteristische an der „Fotografie" eines schwarzen Loches ist der scheinbare Helligkeitsunterschied zwischen den verschiedenen Bereichen der Scheibe. Die größte Helligkeit haben die inneren Bereiche, die dem Horizont am nächsten sind, da dort das Gas am heißesten ist. Aber die scheinbare Helligkeit der Scheibe unterscheidet sich sehr von ihrer intrinsischen Leuchtkraft. Abgesehen von der geometrischen Verzerrung der kreisförmigen Ringe, ist die Strahlung, die in großem Abstand auf eine fotografische Platte trifft, relativ zur emittierten Strahlung frequenz- und intensitätsverschoben. Diese Verschiebung erfolgt auf zwei Weisen. Das Gravitationsfeld bewirkt eine Verringerung der Frequenz und eine Abschwächung der Intensität. Diesem schon mehrfach erwähnten *Einstein-Effekt* überlagert sich noch der bekannte *Doppler-Effekt* durch die Bewegung der Quelle relativ zum Beobachter. Bei Annäherung der Quelle erfolgt eine Verstärkung, entfernt sich die Quelle, so gibt es eine Abschwächung[3]. Hier wird der Doppler-Effekt durch die Rotation der Scheibe um das schwarze Loch verursacht. Die Bereiche der Scheibe, die dem schwarzen Loch am nächsten sind, drehen sich fast mit Lichtgeschwindigkeit, der Doppler-Effekt ist also beträchtlich. Auf der Fotografie entfernt sich die Materie auf der rechten Seite vom Beobachter, während sie auf der linken Seite auf ihn zukommt. Bei der zurückweichenden Materie überlagern sich die Abschwächung durch den Doppler-Effekt und die Abschwächung durch die Gravitation, was die starke Verdunklung in der rechten Hälfte der Aufnahme erklärt. Umgekehrt heben sich die beiden Effekte auf der linken Hälfte nahezu auf, d.h. das Bild zeigt mehr oder weniger die intrinsische Intensität.

---

[3] Siehe auch Kapitel 16.

Kapitel 11
Hinab in den Mahlstrom

Ich wurde von der höchsten Neugierde über diesen Strudel ergriffen. Ich hatte den festen Wunsch, seine Tiefen zu ergründen, trotz des Opfers, das damit verbunden war. Meine Hauptsorge war, daß ich niemals in der Lage sein würde, den alten Begleitern von der Küste über diese Geheimnisse berichten zu können.

EDGAR ALLAN POE,
Hinab in den Mahlstrom, 1840

11.1 Das schwarze Loch von Kerr

Alle Sterne drehen sich um sich selbst. Aus diesem Grunde sind sie auch nicht absolut kugelförmig, sondern an den Polen leicht abgeplattet. Der Gravitationskollaps eines wirklichen Sterns wird daher von der ideal kugelsymmetrischen Schwarzschild-Lösung nicht exakt beschrieben. In diesem Fall ist die Geometrie der äußeren Raum-Zeit wegen der Emission von *Gravitationswellen* komplizierter.

Warum stören die Gravitationswellen die Geometrie? Die Erklärung ist einfach: Materie, die sich bewegt (z.B. ein rotierender Stern), hat ein Gravitationsfeld, das sich zeitlich verändert. Die Krümmung, die der Raum-Zeit von diesem Gravitationsfeld aufgeprägt wird, muß sich daher zu jedem Zeitpunkt der neuen Materieverteilung anpassen. Dieses Readjustieren führt zu „Kräuselungen" der Krümmung, die sich mit Lichtgeschwindigkeit über die zugrundeliegende Geometrie ausbreiten. Das sind die Gravitationswellen[1].

Je mehr ein kollabierender Stern von der idealen kugelförmigen Gestalt abweicht, desto stärker ist die Emission von Gravitationswellen. Setzt sich der Kollaps bis in das Stadium eines schwarzen Loches fort, d.h. bis zur Bildung eines Ereignishorizonts, so vereinfacht sich mit einem Schlage alles. Der Horizont kann zwar im Moment seiner Entstehung eine irreguläre Form haben, die

---

[1] Siehe Kapitel 18.

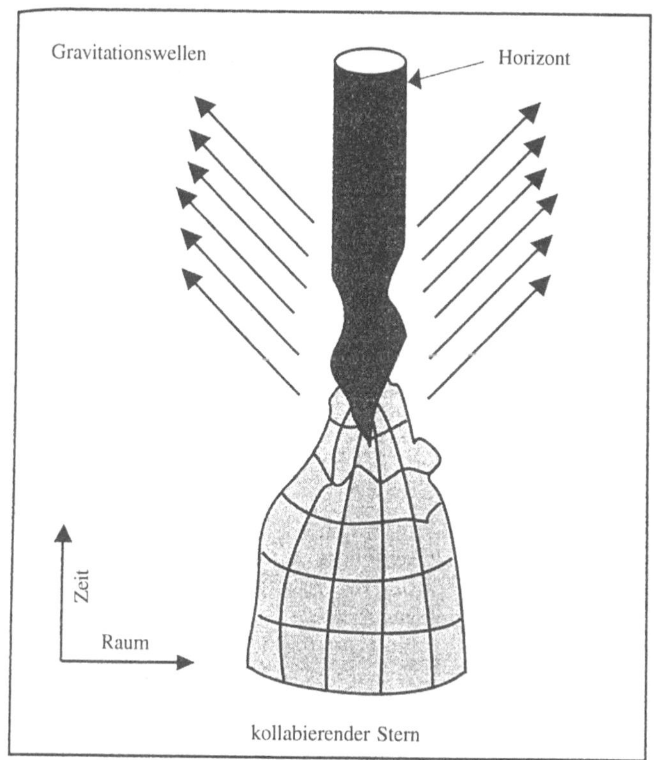

Bild 11.1 Entstehung eines nicht-kugelsymmetrischen schwarzen Loches. Die Deformationen eines kollabierenden Sterns dissipieren durch die Gravitationswellen, und das schwarze Loch stabilisiert sich rasch in einer axialsymmetrischen Form.

von heftigen Vibrationen begleitet ist, aber innerhalb des Bruchteils einer Sekunde haben die Gravitationswellen alle Irregularitäten verwischt (Bild 11.1). Der Horizont hört auf zu vibrieren und nimmt eine eindeutige, glatte Form an: Er wird zu einem Sphäroid, durch die Zentrifugalkräfte an den Polen abgeplattet.

Aus diesem Grund wird das Gravitationsfeld eines rotierenden Sterns, der zu einem schwarzen Loch kollabiert, letztendlich einen Gleichgewichtszustand erreichen, der nur von zwei Parametern abhängt: Der Masse und dem *Drehimpuls*. Diese letzte Größe hängt mit der Rotation des Sternes um sich selbst zusammen und entspricht dem Spin der Elementarteilchen (siehe Seite 75).

Es gibt für die Einsteinschen Gleichungen genau eine exakte Lösung, die nur von diesen beiden Größen abhängt. Sie wurde 1962 von dem Neuseeländer Roy Kerr gefunden und beschreibt das Gravitationsfeld eines rotierenden schwarzen Loches. Es handelt sich dabei zweifellos um eine theoretische Entdeckung von weitreichender astronomischer Bedeutung, vergleichbar mit der Entdeckung eines neuen Elementarteilchens. Wie so oft in den Wissenschaften, haben sich Theorie und Experiment gegenseitig befruchtet.

Im Gegensatz zur Schwarzschild-Geometrie, die das Gravitationsfeld einer kugelsymmetrischen Masse beschreibt – unabhängig, ob statisch oder nicht, und unabhängig, ob von einem schwarzen Loch oder nicht –, beschreibt die Kerr-Lösung die Geometrie des Gleichgewichtszustandes, der sich schließlich einstellt. Sie gilt daher nicht während des Kollaps des rotierenden Sterns, sondern erst nachdem sich ein regulärer Ereignishorizont gebildet hat, also alle Verformungen von den Gravitationswellen „weggefegt" wurden.

11.2   Das maximale schwarze Loch

Die meisten Sterne rotieren nicht starr. Sie bestehen aus mehr oder weniger dichtem Gas, und die verschiedenen Schichten drehen sich nicht mit derselben Geschwindigkeit. In unserem Sonnensystem lassen sich in den Planetenatmosphären z.B. von Jupiter und Saturn deutliche Anzeichen dieser nichtgleichmäßigen Rotation erkennen. So haben sich beispielsweise langgezogene Streifen parallel zum Äquator ausgebildet. Das schwarze Loch zur Kerr-Lösung rotiert absolut *starr*: Alle Punkte auf dem Horizont haben dieselbe Winkelgeschwindigkeit.

Andererseits können sich Sterne nicht mit beliebiger Geschwindigkeit drehen. Selbst Neutronensterne, wirkliche Kreisel des Himmels, können nicht mehr als tausend Umdrehungen pro Sekunde ausführen: bei höheren Geschwindigkeiten würden sie durch die Zentrifugalkräfte zerbrechen. Das gleiche gilt für ein schwarzes Loch. Es gibt einen kritischen Drehimpuls, oberhalb dessen der Ereignishorizont „zerplatzt" und die nackte Singularität im Zentrum bloßlegt. Bei diesem Grenzwert hat der Horizont eine Rotationsgeschwindigkeit, die gleich der Lichtgeschwindigkeit ist. Für solch ein „maximales" schwarzes Loch verschwindet die Gravitation am Ereignishorizont. In Newtonscher Sprechweise könnte man sagen, daß sich an der Oberfläche des maximalen schwarzen Loches die abstoßenden Zentrifugalkräfte und die anziehenden Gravitationskräfte gerade aufheben.

Es ist möglich, daß der Drehimpuls der meisten schwarzen Löcher, die sich durch den Kollaps eines schweren Sterns gebildet haben, nahe dieser kritischen Grenze liegt. Tatsächlich haben viele rotierende Sterne, obwohl sie noch weit vom Zustand eines schwarzen Loches entfernt sind, schon einen sehr großen Drehimpuls (für die Sonne beträgt er 20% des kritischen Werts). Falls der Drehimpuls während des Kollaps erhalten bleibt[2], ist es daher wahrscheinlich, daß die stellaren schwarzen Löcher diesem Maximalwert nahe kommen. Schon schwarze Löchern mit $3\,M_\odot$, von denen man glaubt, daß sie die „Motoren" der binären Röntgen-Quellen sind (siehe Teil 4), müssen ungefähr 5 000 Umdrehungen pro Sekunde ausführen!

Aber Vorsicht: Das schwarze Loch ist kein rotierender Kreisel in einem ruhenden äußeren Raum. Man kann nicht einfach eine Lampe am Horizont aufhängen und die Durchläufe pro Sekunde zählen. Durch die Rotation des Kerrschen schwarzen Loches *wird die gesamte Raum-Zeit mitgerissen*[3]. Theoretisch hört die Raum-Zeit erst bei einem unendlichem Abstand auf „sich zu drehen", und nur dort kann man dem Horizont eines schwarzen Loches einen Drehimpuls zuschreiben. Näher am schwarzen Loch wird die Raum-Zeit unwiderstehlich in eine wirbelförmige Bewegung hineingezogen. Nach der Gefangennahme des Lichts zeigt sich hier eine zweite charakteristische Eigenschaft eines schwarzen Loches: ein *kosmischer Mahlstrom*.

11.3 Der kosmische Mahlstrom

Nur wenig Zeit wird mir verbleiben, um über mein Schicksal nachzudenken!

Die Kreise werden schnell kleiner – wir werden wie verrückt in dem Wirbel herumgerissen – und mitten in einem Brüllen, Bellen und Donnern des Ozeans und des Sturms erzittert das Schiff – oh! Gott – und . . . es versinkt!

EDGAR ALLAN POE,
„In einer Flasche gefundenes Manuskript"

---

[2] Die Erhaltung des Drehimpulses erklärt die sehr großen Rotationsgeschwindigkeiten der Neutronensterne, siehe Kapitel 7.

[3] Nach der Allgemeinen Relativitätstheorie gilt das für jeden rotierenden Körper, aber dieses Mitreißen der Geometrie – der sogenannte *Lense-Thirring-Effekt* – ist minimal, solange der Körper nicht zu einem schwarzen Loch kollabiert ist.

Es gibt eine sehr enge Analogie zwischen einem rotierenden schwarzen Loch und der vertrauten Erscheinung eines Wirbels, sei es ein einfacher Wasserwirbel, wie er sich beim Abfließen der Badewanne bildet, oder in sehr viel größerem Maßstab ein riesiger Mahlstrom, der von Meeresströmungen erzeugt wird. Beispiele dafür sind der legendäre Moskenstraumen vor der Küste Norwegens, der von Edgar Allan Poe in seinen *Geschichten des Grauens* beschrieben wurde, oder der nicht weniger berühmte Corrievreckan im Archipel der Kleinen Hebriden in Schottland, der von Jules Verne in seinem Roman *Der Grüne Strahl* erwähnt wird[4].

In einem Wirbel strömt das Wasser in einer spiralförmigen Bewegung, die sich in eine kreisförmige Bewegung und eine radiale Bewegung zum Zentrum hin zerlegen läßt. Die kreisförmige Bewegung erfolgt mit einer Geschwindigkeit (rein tangential), die umgekehrt proportional zum Quadrat des Abstands vom Wirbelzentrum ist. Die radiale Geschwindigkeit der Bewegung zum Zentrum hin ist erheblich kleiner und umgekehrt proportional zum Abstand.

Wir stellen uns nun vor, daß sich ein Motorboot, das in ruhigem Wasser mit Hilfe seines Motors eine maximale Geschwindigkeit von 20 km/h erreichen kann, in den Meereswirbel wagt (Bild 11.2). Weit vom Wirbel entfernt kann das Boot dank seines Motors offensichtlich ganz nach dem Willen seines Kapitäns navigieren und der strömenden Bewegung des Wassers leicht entgegenwirken. Es kann daher an einem festen Platz bleiben, ohne seinen Anker auswerfen zu müssen. Es kann sich auch dem Wirbel nähern oder sich von ihm entfernen, oder sich sogar entgegen der Strömungsrichtung voranbewegen.

Sollte sich der Kapitän dem Wirbelzentrum nähern wollen, so kommt er notwendigerweise an einen Punkt, an dem die zirkulierende Geschwindigkeit der Meeresströmung gleich der maximalen Eigengeschwindigkeit des Bootes ist, d.h. 20 km/h. Innerhalb dieses kritischen Abstands kann das Boot selbst bei maximaler Leistung seines Motors keine feste Position mehr halten. Es wird unweigerlich in Rotationsrichtung des Wirbels mitgerissen. Mit anderen Worten, das Boot kann von einer gegebenen Position aus nicht mehr in jede beliebige Richtung navigieren, sondern nur noch innerhalb eines Winkels zwischen zwei Geraden, die von der Bootsspitze ausgehen und tangential an einem „Navigationskreis" liegen, der sich vor dem Boot befindet. Obwohl das Boot von der kreisenden Strömung mitgerissen wird, kann es dem Wirbel entkommen, indem es sich entlang einer geeigneten, nach außen gerichteten Spirale bewegt.

Wagt sich das Boot noch näher an das Wirbelzentrum, so erreicht es zwangsläufig den Punkt, an dem die Radialgeschwindigkeit der Strömung größer wird,

---

[4] Und es sollte nicht vergessen werden, daß Jules Verne am Ende der *Zwanzigtausend Meilen unter dem Meer* das Unterseeboot „Nautilus" in einem jener Meeresstrudel verschwinden läßt.

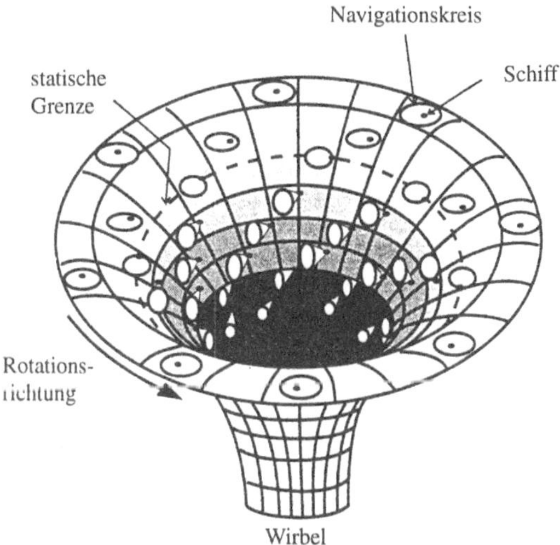

Bild 11.2 Das schwarze Loch Mahlstrom. Der Gravitationstopf eines rotierenden schwarzen Loches ähnelt einem Meereswirbel. Ein Raumschiff, das in die „Gewässer" eines schwarzes Loches gerät, wird wie ein Schiff in einen Mahlstrom hineingezogen. Im Bereich außerhalb der statischen Grenze (weiß) kann es nach Belieben navigieren. In der Zone zwischen der statischen Grenze und dem Horizont (grau) wird es zwangsweise in Rotationsrichtung des schwarzes Loches mitgerissen. Je mehr es in den Wirbel hineingezogen wird, um so kleiner werden sein Navigationsmöglichkeiten, aber es kann noch entkommen, indem es sich entlang einer nach außen gerichteten Spirale bewegt. Der durch den Horizont begrenzte dunkle Bereich ist das eigentliche schwarze Loch. Hat sich das Raumschiff einmal dort hineingewagt, so kann es selbst bei einer Fahrt mit Lichtgeschwindigkeit nicht mehr entkommen.

als die Grenzgeschwindigkeit des Bootes von 20 km/h (die Zirkulationsgeschwindigkeit ist ja schon erheblich größer). Die Navigationskreise fallen nun in den „Schlund" des Wirbels, so daß, wie Edgar Allan Poe schreibt, „ein Schiff, wenn es einmal in diesen Bereich seiner Anziehung kommt, unweigerlich verschluckt, zum Grund gezogen und dort in Fetzen zerrissen wird."

Die Ähnlichkeit mit der Kerr-Geometrie um ein rotierendes schwarzes Loch ist offensichtlich. Das Wirbelzentrum ist das schwarze Loch. Die von dem Wirbel ausgehöhlte Meeresoberfläche ist die Raum-Zeit, die von der Gravitation gekrümmt und in „Strömungsrichtung" des Wirbels mitgerissen wird. Das Boot entspricht einem Raumschiff oder irgendeiner anderen Form von Materie, deren maximal mögliche Geschwindigkeit gleich der Lichtgeschwindigkeit – 300 000 km/s – ist. Und wie in Bild 11.3 angedeutet, ist der Navigationskegel

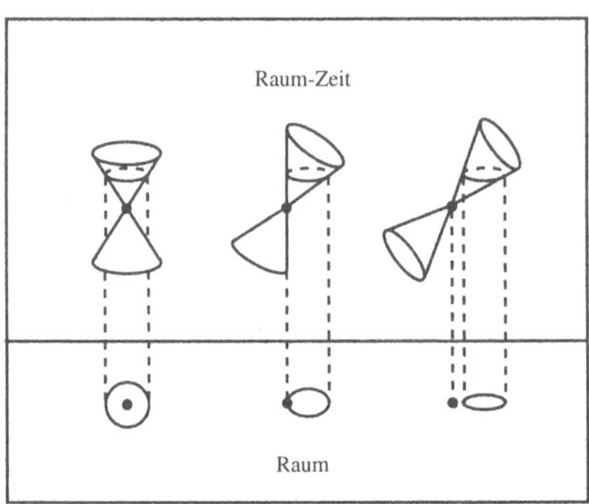

Bild 11.3 Navigationskreise. Schneidet man einen Lichtkegel der Raum-Zeit mit einer Fläche konstanter Zeit (hier einer horizontalen Ebene), so erhält man als räumlichen Abschnitt einen „Navigationskreis" (genauer eine Ellipse), der die erlaubten Bahnkurven umschließt. Ist der Lichtkegel durch das Gravitationsfeld sehr stark gekippt, kann sich der Navigationskreis vom Emissionspunkt lösen. Die Navigationsrichtungen liegen nun innerhalb eines Winkels, der von den Tangenten an diesen Kreis gebildet wird, und eine Umkehr ist nicht mehr möglich.

an einem gegebenen Punkt eine räumliche Projektion des Lichtkegels, der die erlaubten Bahnkurven umschließt.

Die Lichtkegel sind nun nicht mehr einfach durch das Gravitationsfeld nach Innen gekippt, sondern sie werden auch in Rotationsrichtung des schwarzen Loches mitgerissen. Dieser „Reigen" läßt sich innerhalb der sogenannten *statischen Grenze* nicht mehr vermeiden. In diesem Bereich liegen die Lichtkreise – die Projektionen des Lichtkegels – in Strömungsrichtung außerhalb ihres Emissionspunktes. Ein Raumschiff kann daher in bezug auf ein festes, weit entferntes Bezugssystem (z.B. die Sterne) selbst bei Lichtgeschwindigkeit nicht mehr statisch bleiben.

Noch näher am Zentrum des schwarzen Loches gibt es eine zweite kritische Oberfläche, innerhalb der die Lichtkegel derart zum Zentrum gekippt sind, daß kein Entrinnen mehr möglich ist. Wir erkennen darin den *Ereignishorizont* wieder, die wirkliche Grenze des schwarzen Loches nach Kerr.

Der Ereignishorizont befindet sich vollständig innerhalb der statischen Grenze, aber diese beiden charakteristischen Flächen der Kerr-Lösung sind an den Polen tangential zueinander (Bild 11.4). Ihre jeweiligen Rollen sind jedoch

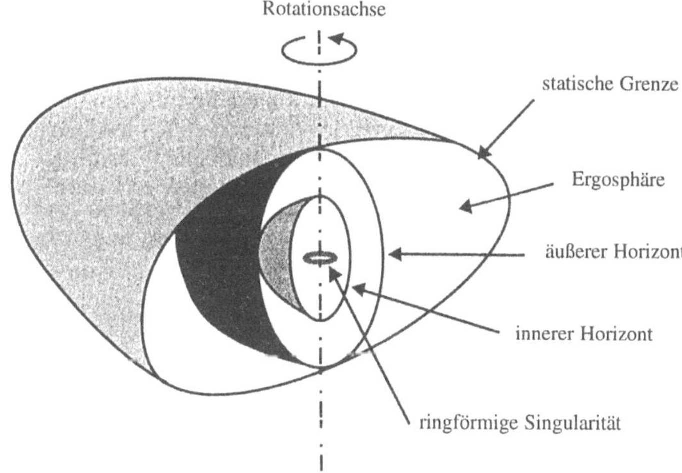

Bild 11.4 Schnitt durch ein rotierendes schwarzes Loch. Diese räumliche Darstellung zeigt die Komplexität der inneren Struktur: mehrere Horizonte und eine ringförmige Singularität.

sehr verschieden. An der statischen Grenze ist die scheinbare Zeit „eingefroren" und die Strahlung unendlich rotverschoben, aber erst am Ereignishorizont sind Strahlung und Materie unwiderruflich eingefangen[5].

Der Bereich der Raum-Zeit zwischen dem Horizont und der statischen Grenze heißt *Ergosphäre*. Der Ausdruck stammt von John Wheeler in Anlehnung an das griechische Wort für „Arbeit", da man theoretisch einige verwirrenden Eigenschaften des schwarzen Loches ausnutzen und ihm seine Rotationsenergie entziehen kann. Ich werde auf diese erstaunlichen Spekulationen in Kapitel 13 zurückkommen.

11.4 Die Ringsingularität

Die innere Struktur eines rotierenden schwarzen Loches ist sehr viel komplexer, als die eines statischen schwarzen Loches. Der erste wesentliche Unterschied besteht darin, daß die zentralen Singularität, an der die Krümmung unendlich wird, kein Punkt mehr ist, sondern ein *Ring* in der Äquatorialebene.

---

[5] Man wird sich erinnern, daß an dem einen Horizont der Schwarzschild-Lösung beide Eigenschaften gelten.

Außerdem ist dieser Ring kein unerbittlicher Knoten der Raum-Zeit, auf den jede Form der Materie zusteuern muß. Es wird nun möglich, in das Innere eines rotierenden schwarzen Loches zu reisen und die Singularität zu umgehen, entweder, indem man oberhalb seiner Ebene bleibt, oder durch den Ring hindurchfliegt! Die neuen Perspektiven für die Erkundung eines schwarzen Loches werden im nächsten Kapitel erläutert.

Ein weiterer Unterschied: Es gibt einen zweiten Ereignishorizont innerhalb der eigentlichen Grenze des schwarzen Loches. Diese kugelförmige Fläche umgibt den Ring und „schützt" den Bereich zwischen dem inneren und äußeren Horizont vor singulären Effekten[6]. Mit zunehmendem Drehimpuls für das schwarze Loch kommen sich die beiden Horizonte näher, der innere Horizont wird weiter und der äußere Horizont enger. Im Grenzfall, wenn sich das maximale schwarze Loch mit der kritischen Geschwindigkeit dreht, brechen die beiden Horizonte auf. Es gibt kein schwarzes Loch mehr, sondern nur noch eine nackte Singularität der Gravitation.

11.5 Das elektrisch geladene schwarze Loch

Schwarze Löcher, die durch einen Kollaps entstanden sind, haben als Vorgänger Sterne, die im allgemeinen ein magnetisches Feld besitzen. Außerdem können die schwarzen Löcher die elektrisch geladenen Teilchen des interstellaren Mediums (Elektronen und Protonen) verschlucken. Es ist daher nur naheliegend anzunehmen, daß schwarze Löcher elektromagnetische Eigenschaften haben.

H. Reissner (1916) und unabhängig von ihm G. Nordström (1918) fanden eine exakte Lösung der Einstein-Gleichungen, die das Gravitationsfeld einer elektrisch geladenen Masse beschreibt. Diese Lösung ist eine direkte Verallgemeinerung der Schwarzschild-Lösung, lediglich um einen Parameter erweitert: die elektrische Ladung. Da sie ebenfalls einen Ereignishorizont besitzt, beschreibt sie die Raum-Zeit außerhalb eines *elektrisch geladenen schwarzen Loches*.

Da die elektromagnetischen Eigenschaften eines schwarzen Loches ausschließlich durch einen Parameter – die elektrische Ladung – beschrieben werden, muß sich während der Bildung des schwarzen Loches die elektromagnetische Struktur des Vorläufersterns (die Feldlinien, die magnetischen Pole usw.)

---

[6] In dem Sinne, daß ein von der Singularität emittiertes Signal aus dem inneren Horizont nicht heraustreten kann.

erheblich vereinfacht haben. Auch hier sind es die Gravitationswellen, die den Großteil der elektromagnetischen Eigenschaften des Sterns fortgetragen und nur die globale elektrische Ladung übriggelassen haben. Ebenso wie bei der elektrischen Ladung von Elementarteilchen, ist diese Ladung nicht auf dem Horizont lokalisiert. Außerdem wird die Form des schwarzen Loches durch die elektrische Ladung nicht verändert; ohne Rotation bleibt sie absolut kugelsymmetrisch.

Die elektrische Ladung eines schwarzen Loches kann nicht beliebig groß sein. Es gibt einen kritischen Wert, oberhalb dessen der Ereignishorizont durch die riesigen abstoßenden elektrostatischen Kräfte zerstört wird. Diese maximale Ladung ist proportional zur Masse des schwarzen Loches und beträgt für ein schwarzen Loch von $10\,M_\odot$ das 10^{40}fache der Elementarladung des Elektrons. Unabhängig davon kann ein schwarzes Loch sowohl positiv wie auch negativ geladen sein.

Die innere Struktur eines sehr stark geladenen schwarzen Loches hat Gemeinsamkeiten mit der eines statischen neutralen schwarzen Loches und der eines rotierenden schwarzen Loches. Wie beim ersten ist die zentrale Singularität punktförmig, allerdings ist diese Singularität wie beim zweiten durch einen inneren Ereignishorizont abgeschirmt. Mit zunehmender Ladung wird der innere Horizont größer, der äußere kleiner. Bei der maximal möglichen Ladung verbinden sich die beiden Horizonte und verschwinden, und die Gravitationssingularität offenbart sich den Blicken der weit entfernten Astronomen.

Trotz alledem, das Interesse an den elektrisch geladenen schwarzen Löchern ist in erster Linie akademisch, da die „natürlichen" schwarzen Löcher wahrscheinlich neutral sind. Der tiefere Grund für die elektrische Neutralität eines schwarzen Loches ist der gleiche, welcher auch die Neutralität der gewöhnlichen Materie erklärt: die außerordentliche Schwäche der Gravitationswechselwirkung im Vergleich zur elektromagnetischen Wechselwirkung. Ein makroskopischer Gegenstand (der aus einer sehr großen Anzahl von Elementarteilchen besteht) enthält nahezu gleichviele positive und negative Ladungsträger (Elektronen und Protonen). Durch das Spiel der elektrostatischen Kräfte verbinden sich diese Ladungen und neutralisieren sich. Stellen wir uns nun vor, daß sich ein schwarzes Loch bildet, das zunächst eine sehr große elektrische Ladung – sagen wir positiv – trägt, nahe seinem maximal möglichen Wert. In einer realistischen astrophysikalischen Umgebung befindet sich das schwarze Loch nicht im absoluten Vakuum, sondern im interstellaren Medium, in dem hauptsächlich Protonen und Elektronen umherschwirren. Durch sein Gravitationsfeld zieht das schwarze Loch Elektronen und Protonen gleichermaßen an, aber durch sein elektrisches Feld wird es ausschließlich die Teilchen entgegengesetzter Ladung, die Elektronen, anziehen und die Protonen abstoßen. Nun sind die elektrostatischen Kräfte eine Milliarde Milliarden mal schwerer, als die Gravitationskräfte. Daher hat das schwarze Loch innerhalb kürzester Zeit alle verfügbaren Elektronen eingefangen und sich vollkommen neutralisiert. Aus diesem Grund ist die elektrische Ladung eines „natürlichen" schwarzen Loches kaum größer als das Milliardenmilliardenstel der maximalen Ladung. Das ist so klein, daß man die astrophysikalische Bedeutung der elektrischen Ladung von schwarzen Löchern vernachlässigen kann.

11.6 Das „haarlose" schwarze Loch

Gibt es in der Welt der schwarzen Löcher dieselbe Vielfalt, wie in der Welt der Sterne? Mit anderen Worten, welche anderen physikalischen Parameter kann man einem schwarzen Loch neben der Masse, dem Drehimpuls und der elektrischen Ladung noch zuweisen?

Ein Stern oder ein Zuckerstück sind für einen Physiker außerordentlich komplizierte Studienobjekte, denn eine *vollständige* Kenntnis, einschließlich der atomaren und nuklearen Struktur, erfordert Milliarden von Parametern. Ein Physiker jedoch, der von Außen die Eigenschaften eines schwarzen Loches untersucht, steht nicht vor denselben Schwierigkeiten. Im Gegenteil, ein schwarzes Loch ist ein unglaublich einfaches Objekt: Kennt man seine drei Parameter für die Masse, den Drehimpuls und die elektrische Ladung, so weiß man *alles*.

Ein schwarzes Loch vergißt praktisch die gesamte Komplexität der Materie, die an seiner Entstehung teilgenommen hat. Es behält nur die Masse, den Drehimpuls und die Ladung (Bild 11.5). Diese entwaffnende Einfachheit ist vielleicht die fundamentalste charakteristische Eigenschaft eines schwarzen Loches. John Wheeler, dem die Theorie der schwarzen Löcher fast seine gesamte Terminologie verdankt, hat in den sechziger Jahren diese Eigenschaft bildhaft so ausgedrückt: „Ein schwarzes Loch hat keine Haare."

Was zunächst nur eine reine Vermutung war, wurde in den letzten Jahren zu einem mathematischen Theorem, dessen Beweis den fünfzehn Jahre andauernden Bemühungen von einem halben Dutzend Theoretikern – unter ihnen Brandon Carter, vom Observartorium in Meudon, und der Australier Gary Bunting – zu verdanken ist. Ihre Arbeit bestätigte die Behauptung von Wheeler, nach der nur drei Parameter zur vollständigen Beschreibung der Raum-Zeit-Geometrie

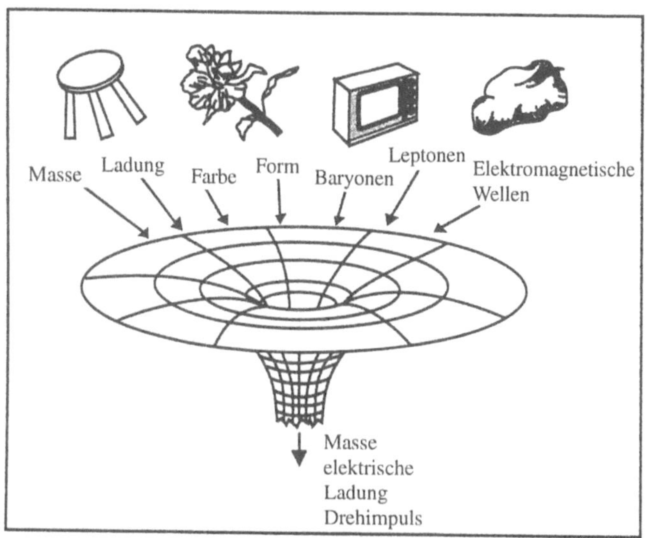

Bild 11.5 Das schwarze Loch erinnert sich nur an die Masse, den Drehimpuls und die elektrische Ladung der hineinfallenden Materie.

um ein schwarzes Loch im *Gleichgewicht* notwendig sind. Für den Theoretiker bedeutet das eine beträchtliche Vereinfachung: Es gibt nur vier verschiedene Arten von schwarzen Löchern, je nachdem, welche Parameter ins Spiel kommen[7]. Diese sind:

- das kugelsymmetrische und statische schwarze Loch von Schwarzschild. Es begnügt sich mit einer Masse.

- das schwarze Loch von Reissner und Nordström, ebenfalls kugelsymmetrisch und statisch. Es trägt noch eine elektrische Ladung.

- das schwarze Loch von Kerr. Es besteht aus einer rotierenden neutralen Masse.

- und schließlich das allgemeinste schwarze Loch im Gleichgewichtszustand mit einer rotierenden geladenen Masse. Die Lösung wurde 1965 gefunden und trägt den Namen Kerr-Newman.

---

[7] Die für das Gravitationsfeld verantwortliche Masse wird selbstverständlich immer berücksichtigt.

Diese letzte Lösung entspricht dem *eindeutigen, endgültigen und natürlichen Zustand eines Gravitationskollaps außerhalb eines Horizonts.* Darüber hinaus spielt die elektrische Ladung wegen der oben erläuterten Gründe eine vernachlässigbare Rolle. Ein „realistisches" schwarzes Loch wird durch die Kerr-Lösung korrekt beschrieben.

Die Emission von Gravitationswellen bei der Entstehung eines schwarzen Loches fegt also die komplexe Struktur der Materie hinweg. Sie „rasiert die Haare" des schwarzen Loches, und beläßt ihm nur seine Masse, seinen Drehimpuls und seine elektrische Ladung. Diese physikalischen Größen sind gerade charakteristisch für die beiden langreichweitigen Wechselwirkungen, die an der Entstehung des schwarzen Loches teilhaben: die Masse und der Drehimpuls für die Gravitation und die Ladung für den Elektromagnetismus. Die kurzreichweitigen nuklearen Wechselwirkungen, die für die Struktur der Atomkerne verantwortlich sind, spielen bei der Bildung eines schwarzes Loches keine Rolle.

Die Parameter eines schwarzen Loches lassen sich problemlos messen, zumindest in „Gedankenexperimenten". Man kann ein schwarzes Loch wiegen, indem man einen Satelliten auf eine Umlaufbahn bringt und seine Bahnperiode mißt. Ebenso kann man seinen Drehimpuls messen, indem man die Ablenkung von Lichtstrahlen vergleicht, die jeweils rechts und links vom Horizont vorbeifliegen.

Für ein allgemeines schwarzes Loch der Kerr-Newman-Form können bei gegebener Masse die beiden anderen Parameter, die elektrische Ladung und der Drehimpuls, nicht beliebig groß sein. Sie werden durch eine Bedingung eingeschränkt, welche die Existenz der Grenze eines schwarzen Loches sicherstellt: den Ereignishorizont. Sollte diese Bedingung verletzt sein, z.B. während des Gravitationskollaps eines massiven Sterns, würde das schwarze Loch einer nackten Singularität Platz machen, die über große Abstände hinweg das Universum beeinflussen kann. Die Physiker haben gute Gründe zu glauben, daß die Natur selbst eine solche Situation „zensiert"[8].

Wegen der wenigen Parameter, die ein schwarzes Loch charakterisieren, ist es von vergleichbarer Einfachheit, wie ein Elementarteilchen. Untersucht man jedoch die Bedingungen für die Existenz eines Ereignishorizontes genauer, so stellt man erstaunt fest, daß kaum zwei Dinge unterschiedlicher sein können, als ein schwarzes Loch und ein Elementarteilchen, selbst wenn man berücksichtigt, daß Elementarteilchen ihre Masse, ihren Drehimpuls und ihre Ladung in einem außerordentlich kleinen Volumen vereinen. Betrachten wir als Bei-

---

[8] Dieses wichtige Thema wird im nächsten Kapitel behandelt.

spiel ein Elektron. Experimentell kennt man seine Masse, seinen Drehimpuls
(d.h. seinen Spin) und seine elektrische Ladung. Vergleicht man nun diese Parameterwerte eines Elektrons, so findet man, daß die elektrische Ladung und
der Drehimpuls im Vergleich zu seiner Masse so groß sind, daß die oben erwähnten einschränkenden Bedingungen um einen Faktor 10^{88} verletzt sind.
Diese wirklich fantastische Zahl, die selbst die Gesamtzahl der Elementarteilchen innerhalb des beobachtbaren Universums übersteigt, zeigt deutlich den
Unterschied zwischen einem Elektron und einem schwarzen Loch à la Kerr-
Newman[9]!

---

[9] Was nicht bedeutet, daß das Elektron eine nackte Singularität ist!

Kapitel 12
Kartenspiele

Eine Landkarte ist nicht die Landschaft.

Alfred Korzybski

12.1 Schwarz und Weiß

Der menschliche Geist hat eine natürliche Vorliebe für Symmetrie. Seit der Antike versuchen die Physiker, die Mechanismen der Natur durch einfache Symmetrien zu zerlegen. Überraschenderweise wurde dieses Konzept oft von Erfolg gekrönt. Die theoretische Vorhersage der „Antiteilchen", kurz darauf gefolgt von ihrer experimentellen Entdeckung, ist in dieser Hinsicht ein beispielhafter Erfolg. Mehr denn je sind Symmetrieüberlegungen in der Entwicklung der Physik von besonderer Bedeutung.

Das schwarze Loch hat eine Symmetrie: das *weiße Loch*, eine Art Gravitationsausfluß aus einem Gebiet, das hinter einem Horizont versteckt liegt. Frühere Interpretationen der weißen Löcher haben zu der populären Vorstellung geführt, nach der man ohne Zeitverlust im Universum herumreisen kann, indem man sich Verbindungstunnel zwischen schwarzen und weißen Löchern zunutze macht. Solche Überlegungen haben natürlich die Faszination für schwarze Löcher in der großen Öffentlichkeit verstärkt, aber auf der anderen Seite auch ihrer Glaubwürdigkeit unter den Wissenschaftlern, die keine Spezialisten der Allgemeinen Relativitätstheorie sind, geschadet.

Wie steht es nun wirklich um die weißen Löcher? Diese Frage berührt das heikle Problem über das Verhältnis zwischen der wirklichen Welt und ihrer mathematischen Beschreibung, oder, wenn man so will, zwischen einer Landkarte und der Landschaft. Nehmen wir ein einfaches Beispiel. Eine der grundlegendsten Symmetrien der physikalischen Gesetze betrifft die Zeitumkehr. Die Galileische und Newtonsche Mechanik, die Fresnelsche Optik, die Maxwellsche Theorie des Elektromagnetismus oder die Einsteinsche Relativitätstheorie, sie alle werden durch Gleichungen beschrieben, die bezüglich der Zeit symmetrisch sind. Ausgehend von festen Bedingungen zu einem gegebenen Zeitpunkt, lassen sich mit Hilfe der Gleichungen die Bahnkurven eines Planeten, eines Lichtstrahls oder eines Elektrons sowohl für die Zukunft, als auch für die Vergangenheit, berechnen. Das bedeutet aber nicht, daß die Natur wirklich bezüglich der Richtung der Zeitentwicklung invariant ist. Die Lichtstrahlen von der Oberfläche eines Sterns breiten sich wirklich in die Zukunft aus und nicht in die Vergangenheit!

Mit anderen Worten, die Lösungen der „Gleichungen der Physik" sind nicht notwendigerweise für die wirkliche Welt relevant. Es ist trotzdem nicht immer leicht, die wirklichen Lösungen aus den fiktiven Lösungen herauszufinden. Insbesondere ist große Vorsicht bei der physikalischen Interpretation von symmetrischen Lösungen geboten, selbst wenn sie aus ästhetischen Gründen attraktiv erscheinen.

Von Dennis Sutton stammt die Bemerkung: „An den Fronten der Wissenschaft findet man immer ein seltsames Gemisch aus neuartiger Wahrheit, vernünftiger Hypothese und ausgefallenen Vermutungen." Dieses Zitat trifft auch auf dieses Buch zu. Man könnte heute sagen, daß die Allgemeine Relativitätstheorie zur ersten Kategorie gehört, die schwarzen Löcher zur zweiten und die weißen Löcher zur dritten Kategorie. Es ist aber auch wahr, daß die Wissenschaft oft gerade durch die „ausgefallendsten" Vermutungen vorangetrieben wurde, und aus diesem Grund verdienen die weißen Löcher einige Aufmerksamkeit. Zusätzlich zu ihrem Charm werden wir finden, daß die Untersuchung der weißen Löcher auch eine spielerische Seite der wissenschaftlichen Forschung enthält, die von der breiten Öffentlichkeit oft nicht beachtet wird, für den Physiker aber von großer Wichtigkeit ist. Also, fangen wir an zu spielen!

12.2 Das Spiel der Einbettung

Das Verständnis von abstrakten Begriffen scheitert oft an dem Problem der Vorstellungskraft. Nehmen wir als Beispiel die Raum-Zeit. Über die Analogie zwischen dem „Raum-Zeit-Pudding", der lokal von der Materie gekrümmt wird, und dem „elastischen Tuch", das von Kugeln verbeult wird, können wir bestimmte Aspekte der Krümmung der abstrakten vierdimensionalen Geometrie anschaulich darstellen. Aber läßt sich diese Darstellung auch mathematisch exakt formulieren? Die Antwort ist: Ja, dank einer mathematischen Technik, die man als *Einbettung* bezeichnet.

Wie der Name andeutet, besteht das Spiel, sich die Form eines gegebenen Raumes vorzustellen, darin, ihn in einen Raum höherer Dimension einzubetten. Man kann sich die Form eines Kreises (eine Dimension) leicht vorstellen, indem man ihn in einer Ebene (zwei Dimensionen) einbettet, oder eine Kugeloberfläche (zweidimensional) in einen gewöhnlichen Euklidischen Raum (der Dimension 3).

Dieses Spiel der Einbettung, angewandt auf die gesamte Raum-Zeit, wird durch die Grenzen unserer Vorstellungskraft eingeschränkt. Man kann sich die gekrümmte vierdimensionale Geometrie der Raum-Zeit nicht vorstellen, indem man sie in einen fiktiven, höherdimensionalen Raum einbettet[1]! Glücklicherweise besitzt das Einbettungsspiel einige hilfreiche Varianten.

Nehmen wir beispielsweise an, die Raum-Zeit sei *statisch*, d.h. ihre räumliche Geometrie sei zu jedem Zeitpunkt dieselbe. In diesem Fall verliert man keine Information, wenn man sich nur *Schnitte zu einem festen Zeitpunkt* vorstellt. Ist die Geometrie darüber hinaus noch kugelsymmetrisch, so verliert man ebenfalls keine Information, wenn man nur *Äquatorialschnitte* betrachtet, die durch das Kugelzentrum verlaufen. Man kann daher eine kugelsymmetrische, statische Raum-Zeit durch zweidimensionale raumartige Schnitte darstellen, ohne die geringste Information über die Krümmung der gesamten Raum-Zeit zu verlieren! Man kann sich daher alle Einzelheiten der Krümmung leicht vorstellen, indem man die so erhaltene Fläche in einen dreidimensionalen Euklidischen Raum einbettet[2].

Kommen wir zur Praxis und wenden das Spiel der Einbettung auf eine Raum-Zeit an, die von einem kugelsymmetrischen Stern im Gleichgewicht, z.B. der Sonne, deformiert ist. Da die Geometrie sowohl außerhalb als auch innerhalb des Sterns statisch ist, haben alle Äquatorialschnitte zu einer festen Zeit dieselbe Form, dargestellt durch die gekrümmte Fläche in Bild 12.1.

Die Form dieser Fläche erinnert an ein elastisches Tuch, das lokal durch das Gewicht einer Kugel verformt wird. Der Bereich, der sich nach Unendlich erstreckt, entspricht der äußeren Raum-Zeit des Sterns. Er bildet einen *Ausschnitt aus der Schwarzschild-Geometrie*. Die genaue Form des von dem Stern überdeckten Anteils hängt von seiner inneren Struktur ab, sie ähnelt jedoch in jeder Hinsicht einem Teil einer Kugel. Da der Stern nicht kollabiert, befindet sich der kritische Schwarzschild-Radius $r = 2M$ im Inneren des Sterns, und

---

[1] Auch mathematisch ist es nicht möglich, eine vierdimensionale Raum-Zeit in einen fünfdimensionalen Euklidischen Raum einzubetten.

[2] Es handelt sich dabei lediglich um einen fiktiven Raum, der nur dazu dient, die Raum-Zeit „hineinzulegen".

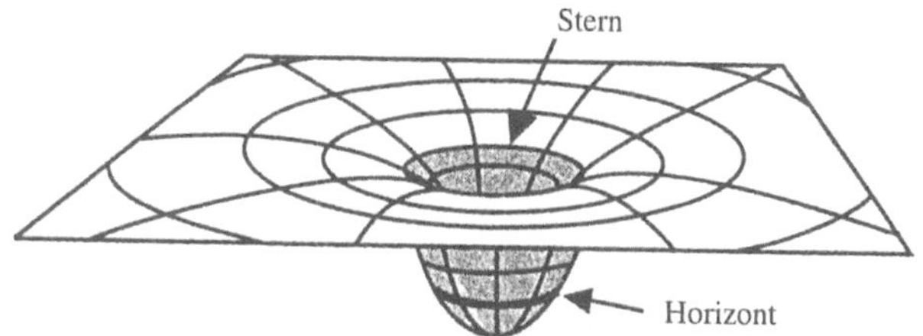

Bild 12.1 Einbettung eines nichtkollabierenden kugelförmigen Sterns. Die eingebettete Fläche zeigt die Raumkrümmung um den Stern. Die Punkte außerhalb der Einbettungsfläche haben keinerlei physikalische Bedeutung. Die eingezeichneten Kreise entsprechen jeweils den Punkten, die vom Zentrum des Sterns einen konstanten Abstand haben, während die dazu senkrechten Linien alle durch den Boden der Mulde gehen, d.h. durch das Zentrum des Sterns. Weit vom Stern entfernt ist das Gravitatonsfeld schwach, und die eingebettete Fläche verliert ihre Krümmung. Sie wird jedoch nicht zu einer horizontalen Ebene, wie man aus dem Bild vermuten könnte, sondern eher zu einem Paraboloid. In der Nähe des Sterns ist die Krümmung stärker ausgeprägt. Der grau eingezeichnete Teil entspricht dem Bereich, der von dem Stern tatsächlich eingenommen wird.

es gibt keine zentrale Singularität: Die Mulde hat eine vollkommen reguläre Krümmung.

Diese anschauliche und zugleich mathematisch rigorose Art, Geometrien darzustellen, wurde schon in Bild 3.10 benutzt, um die Ablenkung der Lichtstrahlen in der Nähe der Sonne zu beschreiben.

12.3 Das Wurmloch

Diese seßhaften Formen bauen zeitweilige oder dauerhafte Röhren. Der Sandwurm bewohnt einen einfachen U-förmigen Gang.

ENCYCLOPAEDIA UNIVERSALIS, „Ringelwürmer"

Wir wollen nun das Spiel der Einbettung auf die Raum-Zeit-Geometrie um ein schwarzes Loch anwenden. Wie in Bild 12.2 zu erkennen ist, hält die eingebettete Fläche eine Überraschung bereit: Sie besteht aus einem Hals, der zwei verschiedene, symmetrische Blätter der Raum-Zeit verbindet, die jeweils die Form eines Paraboloids haben[3]. Wie läßt sich diese unerwartete Form verstehen?

---

[3] Diese Fläche wird durch eine Parabel erzeugt, die sich um ihre Symmetrieachse dreht.

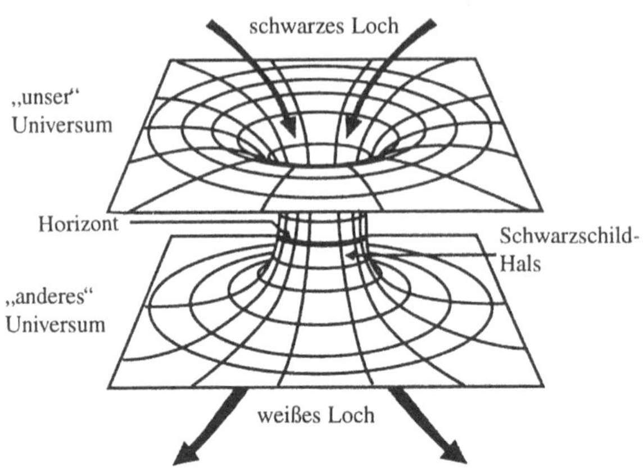

Bild 12.2 Einbettung der Schwarzschild-Raum-Zeit. Der Schwarzschild-Hals verbindet „unser" Universum (oberes Blatt) mit einem „anderen" Universum (unteres Blatt). Bezüglich der Anmerkungen über das schwarze Loch und das weiße Loch siehe Seite 171.

Anders als bei einem gewöhnlichen Stern, kann man nur die Raum-Zeit außerhalb der Oberfläche eines schwarzen Loches darstellen. Der Hals hat einen Minimalradius gleich dem Schwarzschild-Radius $r = 2M$. An dieser Stelle ist der Ereignishorizont, d.h. die Grenze des schwarzen Loches ist auf einen Kreis reduziert.

Vergessen wir für einen Moment die Doppelstruktur der eingebetteten Fläche und untersuchen das obere Blatt etwas genauer (Bild 12.3). Es erstreckt sich nach Unendlich und verliert bei großen Abständen vom Hals allmählich seine Krümmung: Es ist asymptotisch flach. Die Bahnkurven der Materieteilchen im freien Fall und der Lichtstrahlen entsprechen „Geraden" auf der gekrümmten Fläche, d.h. es sind *Geodäten*. Ihre Krümmung ist um so größer, je näher sie am Gravitationstopf vorbeikommen. Einige der Bahnkurven tauchen tief genug in den Topf ein, um sich am Ausgang selbst zu schneiden, und diejenigen, die den mittleren Kreis im Hals – den Horizont – überschreiten, können nicht mehr herauskommen.

In Bild 12.4 sind die vorherigen Geodäten auf einer Ebene (P) parallel zum Horizont dargestellt. Das Ergebnis zeigt deutlich das Äquivalenzprinzip. Es vermittelt die Newtonsche Vorstellung eines Universums, in dem die Teilchen durch die Gravitations-„Kräfte" von einer geraden Linie abgelenkt werden, anstatt sich frei der zugrundeliegenden, gekrümmten Geometrie anzupassen.

Kommen wir nun zu der eingebetteten Fläche in ihrer Gesamtheit zurück

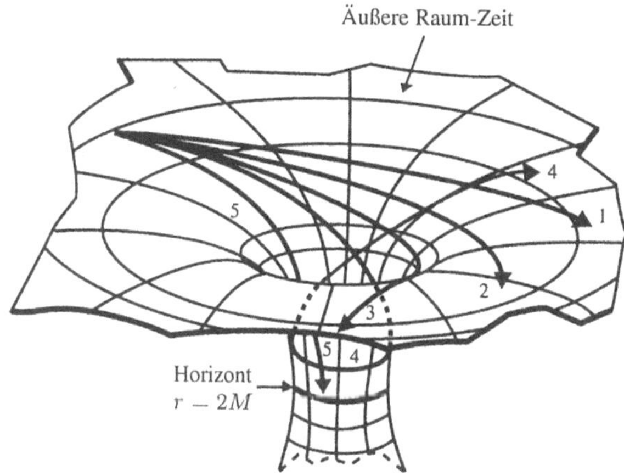

Bild 12.3 Geodäten in der Schwarzschild-Raum-Zeit. Die fünf Geodäten, die auf der eingebetteten Fläche eingezeichnet sind, entsprechen möglichen Bahnkurven von frei fallenden Körpern, die sich dem schwarzen Loch mehr oder weniger nähern. Die Geodäten 1, 2 und 3 werden von der Krümmung immer stärker abgelenkt. Die Geodäte 4 taucht in den Topf ein und schneidet sich beim Verlassen selbst. Die Geodäte 5 fällt radial in das schwarze Loch und kehrt nicht mehr zurück.

(Bild 12.2). Der Schwarzschild-Hals[4] verbindet das obere Blatt mit einem zweiten, exakt symmetrischen und ebenfalls asymptotisch flachen Blatt, das man, wenn man will, als „Parallel-Universum" deuten kann. Eine Geodäte, die von dem oberen Blatt in den Hals eintritt, scheint aus dem unteren Blatt wieder austreten zu können. Mit anderen Worten, der Schwarzschild-Hals erscheint für das obere Universum als *schwarzes Loch*, das die Materie verschluckt, während er für das untere Universum wie ein „schwarzes Anti-Loch" ist, aus dem Materie austritt. Es bedarf keiner besonderen Phantasie, ein schwarzes Anti-Loch als weißes Loch zu bezeichnen, oder, besser noch, als weißen Brunnen (sowohl das Adjektiv als auch das Substantiv erfahren eine Bedeutungsumkehr)!

Das Einbettungsspiel wird noch verwirrender, wenn man bedenkt, daß die Allgemeine Relativitätstheorie nur die lokale Krümmung der Raum-Zeit bestimmt, jedoch über ihre globale Gestalt nichts aussagt. Insbesondere ist es möglich, die beiden asymptotisch flachen Blätter als zwei verschiedene Bereiche desselben Universums zu deuten. Mathematisch läßt sich das dadurch realisieren, daß man die beiden Blätter in großem Abstand vom Hals abschneidet und sie zu einer Fläche verbindet. Das Ergebnis dieser Operation, dargestellt

---

[4] Er trägt auch die Bezeichnung „Einstein-Rosen-Brücke".

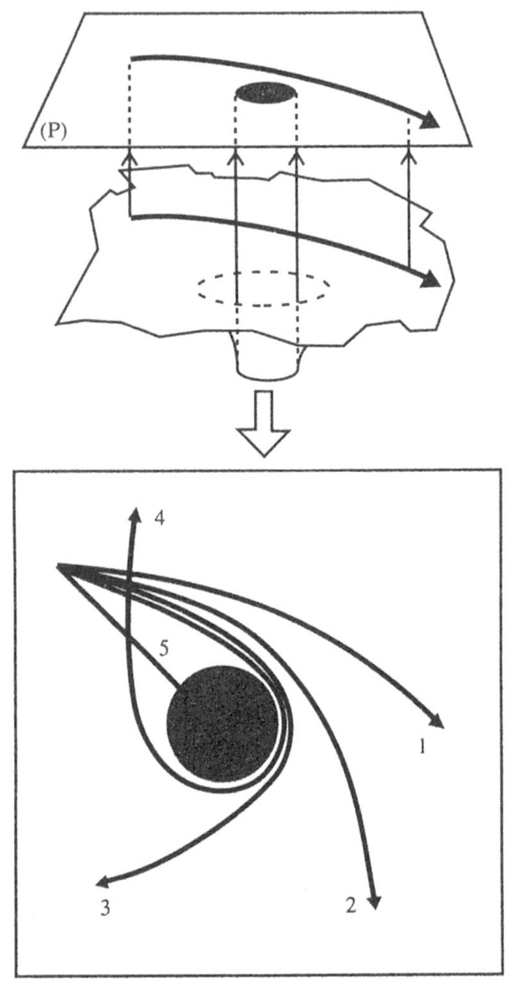

Bild 12.4 Newtonsche Darstellung der Gravitationskräfte.

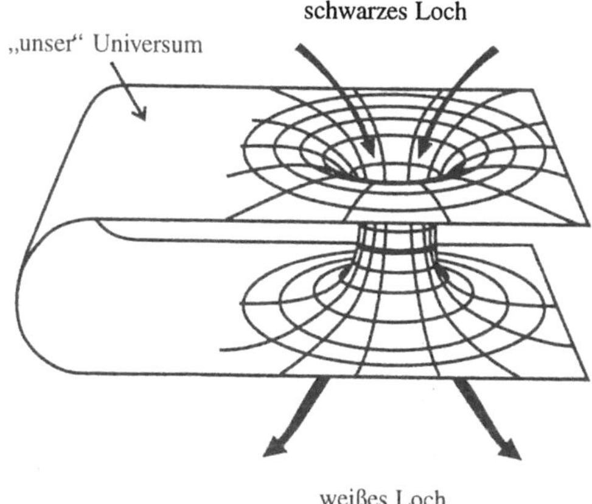

Bild 12.5   Identifikation der Blätter. Die beiden Blätter des Schwarzschild-Halses lassen sich als zwei verschiedene Bereiche eines einzigen Universums deuten. Dazu muß man die beiden Blätter in großem Abstand vom Hals verbinden. Die Abbildung trügt, insofern die beiden Blätter flach dargestellt sind. In Wirklichkeit handelt es sich um Paraboloide.

in Bild 12.5, zeigt immer noch einen Äquatorialschnitt der Schwarzschild-Geometrie zu einem festen Zeitpunkt.

Es gibt immer noch ein Problem. Im wirklichen Universum sind die Abstände zwischen den Sternen, Galaxien oder möglichen schwarzen Löchern so groß, daß die Raum-Zeit zwischen ihnen, außer in unmittelbarer Umgebung der Massen, überall lokal flach ist. Das „U" an der weit entfernten Verbindungsstelle der beiden Blätter darf daher nicht gekrümmt sein. Aber das ist auch nicht notwendig: Man kann die Raum-Zeit auch mathematisch äquivalent in der Form von Bild 12.6 darstellen. Wir erhalten so in derselben Raum-Zeit ein schwarzes Loch und ein weißes Loch, die beliebig weit voneinander entfernt sind, aber durch einen Tunnel untereinander verbunden sind. John Wheeler bezeichnete diesen Tunnel als „Wurmloch", in Anlehnung an die Röhren der Wirbellosen.

Diese Doppelnatur der Schwarzschild-Geometrie öffnete die Tür zu den ungewöhnlichsten Spekulationen über Raum-Zeit-Reisen. Ist es möglich, in ein schwarzes Loch einzutauchen, durch das Wurmloch zu einem weißen Loch zu gelangen und an einem weit entfernten Ort unseres Universums, oder auch eines „parallelen Universums", aus diesem weißen Loch wiederaufzutauchen?

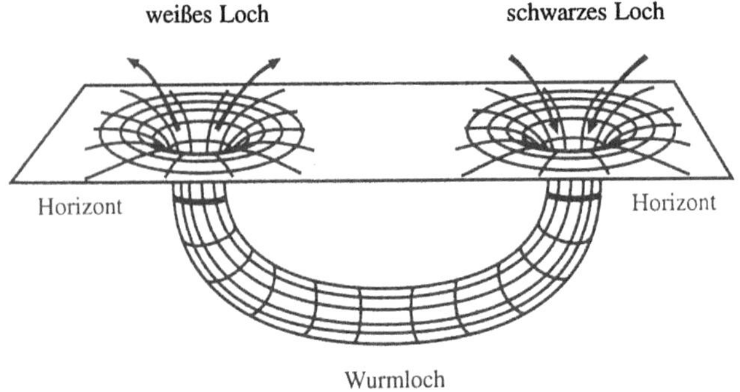

Bild 12.6 Ein Wurmloch in der Raum-Zeit. Dies ist die auseinandergefaltete Version der vorherigen Abbildung. Der Horizont des schwarzen Loches und der Horizont des weißen Loches wurden getrennt, die Verbindungsröhre ist das Wurmloch.

12.4 Das Kruskal-Spiel

Um diese interessante Frage beantworten zu können, müssen wir zumindest wissen, was sich im Inneren eines Schwarzschild-Halses ereignet. Leider kann man mit Hilfe der Einbettung nur die äußere Raum-Zeit beschreiben. Insbesondere wird durch die Einbettung die im Zentrum des schwarzes Loches versteckte Singularität nicht wiedergegeben. Nun ist die Singularität aber in gewisser Hinsicht der Joker des Spiels: Sie entscheidet über einen möglichen Zugang vom schwarzen Loch zum weißen Loch. Für den Beweis benötigen wir ein umfangreicheres Spiel, das von M. Kruskal im Jahre 1960 erfunden wurde.

Das Kruskal-Spiel besteht aus einem vollständigen Diagramm der Raum-Zeit, mit dem man die zentralen Bereiche der Raum-Zeit einer Schwarzschild-Lösung in einer Ebene darstellen kann. Die Spielregeln lassen sich nicht leicht erklären, aber seine Bedeutung und der Vorteil, den man aus ihm gewinnen kann, rechtfertigen den Aufwand!

Die Projektion einer zweidimensionalen Fläche auf eine Ebene ist eine *Karte*. Die meisten zweidimensionalen Flächen lassen sich nicht ohne Verzerrungen kartographieren. Das bekannteste Beispiel betrifft die Geographie, bei der die Oberfläche unseres Planeten, ganz oder ausschnittsweise, auf eine Ebene projiziert wird. Es gibt viele Methoden der Projektion. Die häufigste ist das Verfahren von Mercator. Die Gebiete in der Nähe des Äquators werden treu dargestellt, je weiter man sich den Polen nähert, um so größer werden jedoch die Verzerrungen. Jeder hat sicherlich in solchen Karten die übertriebene Wiedergabe von Grönland bemerkt, das größer als Australien erscheint, obwohl es in Wirklichkeit 3,5mal kleiner ist.

Die Kruskal-Karte projiziert die – um zwei räumliche Dimensionen amputierte – Schwarzschild-Raum-Zeit auf eine Ebene, wobei das Gitter der Lichtkegel „gewaltsam" starr bleibt. Man wird sich erinnern, daß die Lichtkegel in einer flachen Raum-Zeit ohne Gravitation an jedem Ereignis „parallel" zueinander sind, und ihre Ränder unter einem Winkel von 45° geneigt sind. In einem Gravitationsfeld hingegen sind die Lichtkegel verformt und in Abhängigkeit von der Krümmung an jedem Ort unterschiedlich gekippt. Die Kruskal-Projektion zwingt die Lichtkegel der Schwarzschild-Raum-Zeit, untereinander parallel zu bleiben, als ob es keine Krümmung gäbe. Diese Art der Projektion bezeichnet man als *konform*, worunter man in der Geometrie ganz allgemein eine Transformation versteht, bei der die Winkel unverändert bleiben. Umgekehrt enthält die Kruskal-Karte unzählige Verzerrungen der Raum-Zeit, die jedoch eine detaillierte Untersuchung der Raum-Zeit-Geometrie, wie sie von den Lichtkegeln vorgegeben ist, nicht beeinträchtigen.

In der Kruskal-Karte (Bild 12.7) äußern sich die Verzerrungen darin, daß die Trajektorien zu einer konstanten scheinbaren Zeit Geraden durch den Ursprung sind, während die Trajektorien in konstantem Abstand vom Zentrum des schwarzen Loches zu Hyperbeln werden. Der Ereignishorizont spielt eine Doppelrolle: Einerseits hat er konstanten Abstand $r = 2M$ vom Zentrum, andererseits entspricht er auch der scheinbaren Zeit „Unendlich". Er wird daher durch die beiden Diagonalen der Ebene dargestellt, die unter einem Winkel von 45° geneigt sind, und die sich auch als Grenzfall einer Hyperbel, reduziert auf ihre Asymptotiken, interpretieren lassen. Außerdem ist der Ereignishorizont selbst ein Lichtkegel, denn er wird von Lichtstrahlen erzeugt. Daher zerfällt er in zwei Teile: einen Zukunftshorizont und einen Vergangenheitshorizont.

Die Gravitationssingularität bei $r = 0$ innerhalb des Horizonts besteht ebenfalls aus zwei hyperbolischen Kurvenabschnitten, einer davon in der Vergangenheit, der andere in der Zukunft. Jenseits dieser Grenzkurven stellt die Kruskal-Karte nichts mehr dar. Das Universum außerhalb des schwarzen Loches existiert in Form von zwei symmetrischen Blättern auf der linken und der rechten Seite des Diagramms.

Wie bewegt man sich in einer Kruskal-Karte? Das Interesse an der Erhaltung der starren Struktur der Lichtkegel liegt gerade darin, daß sich die erlaubten Bewegungen unmittelbar veranschaulichen lassen, sowohl innerhalb wie auch außerhalb des Horizonts. Diese Bewegungen müssen einfach innerhalb der Lichtkegel verlaufen. Mit anderen Worten, die dürfen nicht mehr als 45° nach rechts oder links von der Senkrechten gekippt sein.

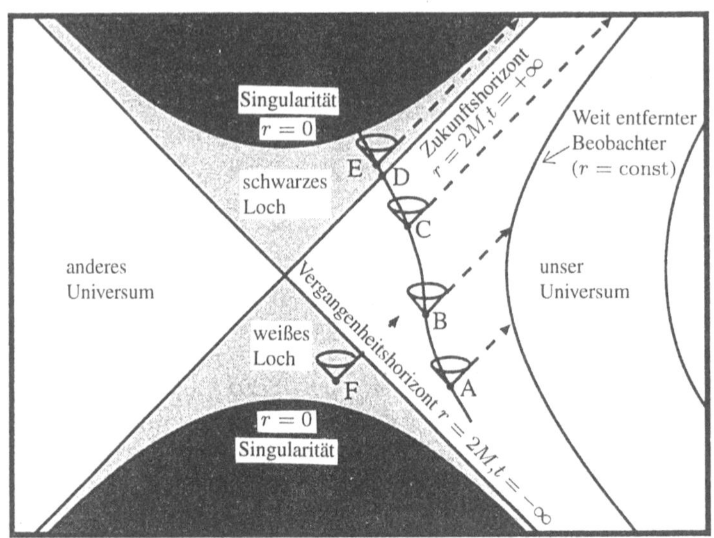

Bild 12.7 Erforschung eines schwarzen Loches in der Kruskal-Karte. Der Ereignishorizont wird durch die beiden Diagonalen der Ebene wiedergegeben. Er ist durch den konstanten Abstand $r = 2M$ und die scheinbare Zeit „Unendlich" (Zukunft und Vergangenheit) charakterisiert. Die Raum-Zeit außerhalb des Horizonts ist der weiße Bereich, der sich in „unser" Universum und ein „anderes" Universum aufteilt. Die Raum-Zeit innerhalb entspricht dem grauen Bereich. Die schwarzen Zonen außerhalb der Singularität stellen keine Raum-Zeit dar und haben daher keinerlei Bedeutung. Lichtstrahlen bewegen sich entlang von Geraden, die unter einem Winkel von 45° geneigt sind; materielle Gegenstände folgen Linien, die relativ zur Senkrechten um weniger als 45° geneigt sind. Die Beobachter in konstantem Abstand zum schwarzen Loch – auf einem kreisförmigen Orbit – folgen einem Hyperbelbogen, der asymptotisch zum Ereignishorizont ist. Die Linie $ABCDE$ entspricht der Bahnkurve eines Raumschiffes, das in das schwarze Loch eintaucht. Es verläßt einen kreisförmigen Orbit bei A, überschreitet bei D den Ereignishorizont und erreicht schließlich die Singularität. Ein entfernter Beobachter empfängt die Lichtsignale, die bei A, B und C emittiert wurden, mit endlos zunehmender Verzögerung. Der bei D emittierte Strahl erreicht ihn erst nach unendlicher Zeit. Der bei E emittierte Strahl ist im schwarzen Loch eingeschlossen und fällt in die Singularität zurück.
Ein Lichtstrahl, der am Punkte F emittiert wurde, kann den Vergangenheitshorizont überqueren und in das äußere Universum heraustreten, d.h. das Innere des Vergangenheitshorizonts entspricht einem weißen Loch. Es ist jedoch unmöglich, von unserem Universum auf der rechten Seite in das andere Universum auf der linken Seite zu gelangen, ohne auf die Singularität zu treffen: Der Schwarzschild-Hals ist verstopft!

Betrachten wir als Beispiel die Trajektorie eines frei fallenden Raumschiffs, das in das schwarze Loch eintaucht und an der Singularität zerschellt (Kurve $ABCDE$). Die elektromagnetischen Lichtsignale, die von dem Raumschiff abgeschickt werden, breiten sich unter 45° aus (unterbrochene Linien). Ein entfernter Beobachter, dessen Weltlinie ein Hyperbelbogen ist, kann die an den Punkten A, B und C emittierten Lichtsignale erst nach immer länger werdenden Zeitintervallen empfangen. Das Phänomen der eingefrorenen scheinbaren Zeit taucht also ganz natürlich wieder auf. Beim Überqueren des Horizonts im Punkte D wird diese Zeitverschiebung unendlich. Der Lichtstrahl windet sich beliebig oft um den Ereignishorizont und erreicht den äußeren Beobachter erst nach einer unendlich langen Zeit. Das bei E – nachdem das Raumschiff den Horizont durchquert hat – emittierte Signal kann das schwarze Loch nicht mehr verlassen und muß auf die Zukunftssingularität treffen.

Die Kruskal-Karte verdeutlicht die inneren Strukturen der Schwarzschild-Raum-Zeit, und wir können nun eindeutig auf die Fragen nach dem weißen Loch, dem Wurmloch oder dem Zugang in das „andere Universum" antworten. Der Bereich zwischen dem Ereignishorizont und der Singularität ist sicherlich ein Loch. Aber was ist seine Farbe? Offensichtlich muß die Farbe „Schwarz" dem Inneren des Zukunftshorizonts (oberer Teil) zugewiesen werden, dort, wo das Raumschiff stranden wird. Andererseits stellen wir fest, daß materielle Teilchen und elektromagnetische Signale, die am Punkte F innerhalb des Loches emittiert wurden, den Horizont problemlos verlassen und in das äußere Universum dringen können. Das Innere des Vergangenheitshorizonts (unterer Teil) ist daher offensichtlich ein *weißes* Loch, aus dem die Materie durch die Gravitation herausgeschleudert wird – das Gegenteil eines Kollapses.

Bleibt die Frage nach den symmetrischen Blättern, rechts und links, des äußeren Universums. Man muß sich nur die Kruskal-Karte anschauen, um zu verstehen, daß *es unmöglich ist, von einem Blatt des äußeren Universums zum anderen Blatt zu gelangen, ohne auf die Singularität zu treffen.* Der Schwarzschild-Hals ist von dem unendlichen Gravitationsfeld der Singularität in der Mitte zusammengeschnürt und läßt absolut nichts hindurch!

12.5 Weiße Löcher aus der Urzeit

An einer Theorie ist es wahrhaftig nicht ihr geringster Reiz, daß sie widerlegbar ist.

F. NIETZSCHE, *Jenseits von Gut und Böse*

Der Leser, der sich für die Abenteuer von *Alice im Wunderland* begeistern konnte, dürfte nun etwas enttäuscht sein. Das Kartenspiel des schwarzen Loches von Schwarzschild zeigt ihm den Schimmer eines „anderen Universums", dessen Erforschung verlockend wäre, aber auf eigenartige Weise wird der Zugang durch eine Singularität versperrt.

Akzeptieren wir es mit Würde. Oft im Leben, wenn wir gewisse Ziele nicht erreichen, trösten wir uns mit der Vorstellung, daß diese Ziele letztendlich auch nicht *erreichbar sind*. Diese Einsicht ist im Fall der weißen Löcher und der Anti-Universen sicherlich gerechtfertigt. In diesem Sinne untersuchen wir nun die *Landschaft* – die wirkliche Welt – und nicht länger die Landkarte.

Aber die wirkliche Welt ist viel zu kompliziert. Ein Physiker, der die beobachteten Phänomene interpretieren möchte, kann kaum mehr tun, als mathematische Modelle zu entwickeln, die aber immer nur idealisierte Abbilder dessen sind, was sich wirklich ereignet. Nehmen wir die Kruskal-Karte. Sie ist bei der Untersuchung der Raum-Zeit eines schwarzen Loches außerordentlich hilfreich, aber ihre Idealisierung ist offensichtlich: Sie nimmt an, daß die Quelle der Gravitation in einer punktförmigen Singularität konzentriert ist. Diese Singularität ist von Vakuum umgeben, hinter einem Ereignishorizont versteckt und existiert seit ewig. Wie hat sich aber im wirklichen Universum ein schwarzes Loch bilden können? Sehr wahrscheinlich durch einen Gravitationskollaps... Und in diesem Fall ist die Lage bei weitem nicht so symmetrisch, wie es die vollständige Kruskal-Karte nahelegt.

Kehren wir für einen Moment zu der Einbettungsfläche um einen nicht kollabierten Stern zurück, wie sie in Bild 12.1 dargestellt ist. In diesem Fall wurde nur die äußere Raum-Zeit durch einen Ausschnitt der Schwarzschild-Geometrie wiedergegeben; der Rest – d.h. das Innere des Sterns – wurde durch eine völlig andere Geometrie beschrieben, die von der Struktur der Materie abhängt und keine Singularität enthält. Wenn daher ein Stern zu einem schwarzen Loch kollabiert, kann man vermuten, daß nur die zukünftige Entwicklung eine physikalische Bedeutung hat: die Bildung eines Zukunftshorizonts und die Singularität in der Zukunft.

Während des Kollapses verändert sich der Zustand des Sterns und der äußeren Raum-Zeit ständig. Will man eine Geometrie beschreiben, die sich zeitlich entwickelt, so muß man die Zeit in das Spiel der Einbettung wieder einführen. Das ist in Bild 12.8 geschehen, in dem die zeitliche Abfolge der eingebetteten Flächen dem vollständigen Raum-Zeit-Diagramm aus Bild 9.2 gegenübergestellt ist. Das „elastische Tuch" der Raum-Zeit wird offensichtlich durch den kollabierenden Stern immer mehr ausgebeult, aber wenn sich das schwarze Loch bildet, entsteht in dem Tuch kein Schwarzschild-Hals, der zu einem parallelen Universum hin geöffnet ist. Es entsteht eher eine Art Spitze, in der der gesamte Stern verschwindet...

Es zeigt sich wieder, daß eine Einbettung den Bereich der Raum-Zeit innerhalb des Horizonts nicht darstellen kann. Um weiter schauen zu können, müssen wir zum Kruskal-Spiel zurückkehren. Bild 12.9 zeigt eine abgeschnittene Kruskal-Karte von dem Kollaps eines kugelförmigen Sterns. Der Vergangenheitshorizont und die Vergangenheitssingularität sind verschwunden, ebenso das zweite, symmetrische Blatt des äußeren Universums. Geblieben sind lediglich ein Ausschnitt der Schwarzschild-Geometrie außerhalb des Horizonts, ein schwarzes Loch und eine Singularität in der Zukunft.

Die Doppelnatur der kugelsymmetrischen Raum-Zeit eines schwarzen Loches ist nichts als eine mathematische Kuriosität, entstanden durch die idealisierte Symmetrie der vollständigen Schwarzschild-Lösung. Die weißen Löcher, Wurmlöcher und parallelen Universen können sich in einem wirklichen Universum nicht durch den Gravitationskollaps eines kugelförmigen Sternes bilden.

Der Leser wird sich möglicherweise wundern, warum ich dieses Thema so ausführlich dargelegt habe. Dafür gibt es zwei Gründe. Zunächst sind die Sterne nicht wirklich kugelsymmetrisch, und wir werden später sehen, daß sich bei den rotierenden schwarzen Löchern eine Vielzahl von Wurmlöchern bildet, die von der Physik nicht verhindert werden können. Andererseits ist nicht völlig ausgeschlossen, daß gewisse schwarze Löcher nicht durch einen Gravitationskollaps entstanden sind, sondern *seit Anbeginn des Universums* existieren, in gewisser Hinsicht Teil der „Anfangsbedingungen" sind.

Im allgemeinen nehmen die Physiker nicht gerne besonders ausgezeichnete Anfangsbedingungen an. Ganz im Gegensatz beispielsweise zum Erzbischof Ussher, der 1658 behauptete, daß Universum sei im Jahre 4004 v. Ch., am 23 Oktober um 6 Uhr morgens „so wie es ist" entstanden – mit Menschen, Tieren, Pflanzen und Fossilien. Die modernen Physiker stellen sich lieber ein Universum vor, das aus dem Chaos entstanden ist, aus beliebigen Anfangsbedingungen, und daß sich die materiellen Strukturen erst später im Verlauf der Entwicklung gebildet haben. Diese Denkweise beruht auf einem „Prinzip der Einfachheit", manchmal auch Occams Messer genannt, in Anlehnung an einen englischen Theologen des 14. Jahrhunderts, der es bildhaft formuliert hatte. Es besagt, daß unter einer Menge von Theorien, die dieselben Tatsachen erklären können, derjenigen Theorie der Vorzug zu geben ist, welche die geringste Anzahl an Hypothesen macht. Dieses Prinzip der Einfachheit mag zwar aus ästhetischen Gründen überzeugend sein, es ist aber durch nichts bewiesen, und die Annahme von „prä-existierenden" schwarzen Löchern kann gegenwärtig

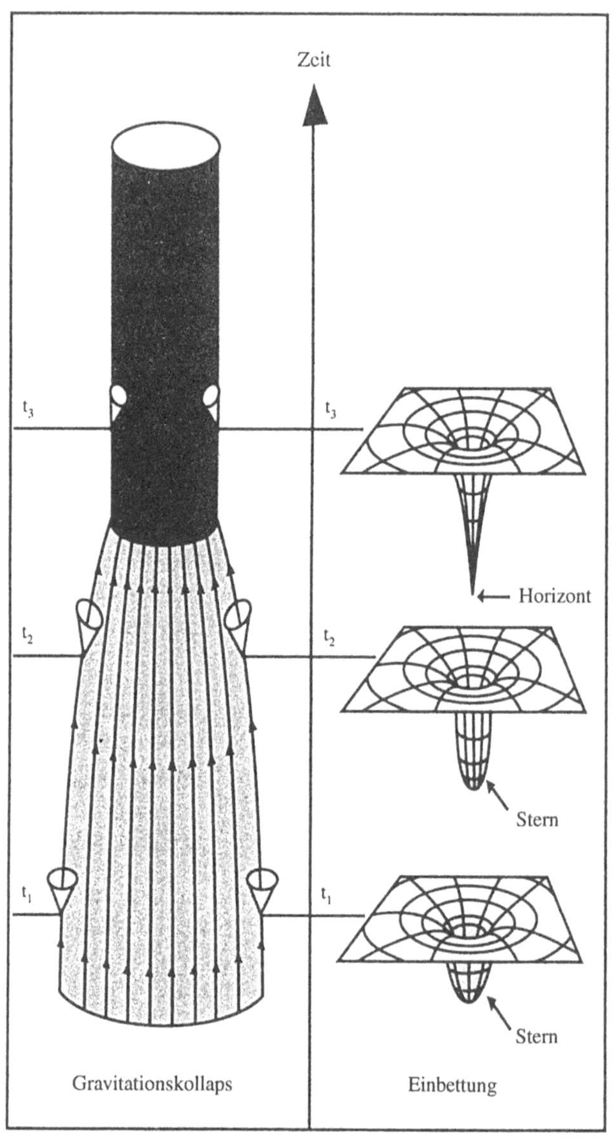

Bild 12.8 Die Verhinderung eines Wurmloches beim Gravitationskollaps.

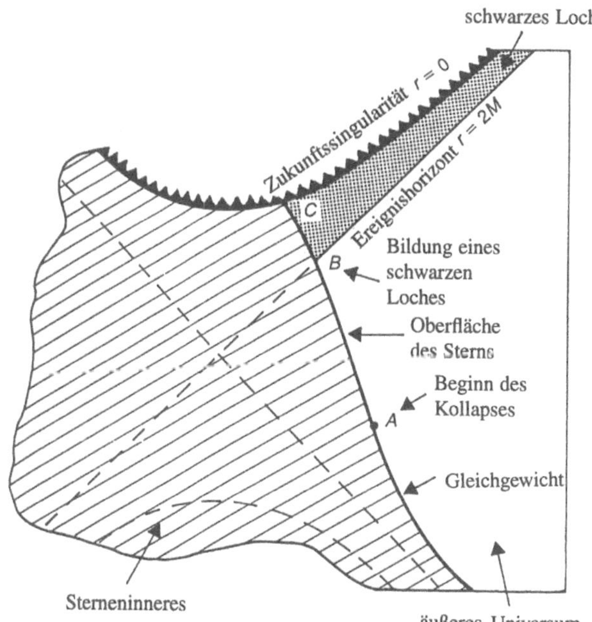

Bild 12.9 Abgeschnittene Kruskal-Karte für einen Sternenkollaps zu einem schwarzen Loch. Der graue Teil beschreibt das Innere des Sterns. Die Oberfläche des Sterns ist zunächst im Gleichgewicht und ihre Weltlinie entspricht einem Hyperbelabschnitt. Der Kollaps beginnt bei A. Der Horizont bildet sich bei B und die Singularität entsteht erst bei C. Nur der zukünftige Teil ist physikalisch sinnvoll. Weiße Löcher und parallele Universen bilden sich beim Gravitationskollaps eines kugelförmigen Sterns nicht.

nicht widerlegt werden. In diesem und nur diesem Fall könnten die schwarzen Löcher von ihren symmetrischen Gegenstücken, den weißen Löchern, begleitet sein.

Wie sähe ein solches primordiales schwarzes Loch aus? Die aus einem weißen Loch herausströmende Strahlung wäre durch zwei entgegengesetzte Effekte verändert: Eine „Einstein"-Verschiebung zu Rot (Verringerung der Frequenz) aufgrund der Tatsache, daß die Strahlung aus einem sehr starken Gravitationsfeld kommt, und eine „Doppler"-Verschiebung zu Blau (Zunahme der Frequenz) aufgrund der Ausdehnung der Materie außerhalb des Loches in Richtung des Beobachters. Zu Beginn der sechziger Jahre hatten einige Astrophysiker ein seltsames Modell für *Quasare* entwickelt, jene außerordentlich lichtstarken, weit entfernten Sterne, deren Natur zu damaliger Zeit rätselhaft war, und die man seither als Zentren von sehr hellen Galaxien identifiziert hat. Sie hatten die Idee, daß es sich bei den Quasaren um weiße Löcher handeln könnte, die sich vor fünfzehn Milliarden Jahren, kurz nach dem „Big Bang", als unser Universum entstand, spontan aus Materie gebildet hatten.

Abgesehen von dem Einwand, daß sehr spezielle Anfangsbedingungen erforderlich gewesen wären, hat diesen Modell einen fatalen Nachteil: Materie, die aus diesem weißen Loch herausgestoßen wird, würde mit der Materie der Umgebung zusammenstoßen und dabei derart abgebremst, daß sie sofort wieder kollabieren und zu einem schwarzen Loch würde! Wir werden im letzten Teil dieses Buches sehen, daß das derzeitige Modell der Quasare nicht weniger faszinierend ist. Es basiert tatsächlich auf einem Loch, aber schwarz und riesig!

12.6   Das Penrose-Spiel

Ein fünfjähriges Kind könnte das verstehen. Geht, und holt mir ein fünf-jähriges Kind.
(Im Englischen geht der Satz weiter:
I can't make head nor tail of it.
Außerdem ist fünf- durch vierjährig ersetzt. [A. d. Ü.])

GROUCHO MARX

Unsere Erkundung der schwarzen Löcher ist noch lange nicht beendet. Wirkliche schwarze Löcher rotieren, und wie man sich erinnern wird, ist in diesem Fall die innere Struktur wesentlich reichhaltiger als bei den statischen schwarzen Löchern nach Schwarzschild. Um rotierende schwarze Löcher besser verstehen zu können, wenden wir uns nun einem letzten Kartenspiel zu, dem vollkommensten von allen. Es wurde von dem englischen Mathematiker Roger Penrose von der Universität Oxford erfunden und von Brandon Carter vom Observatorium in Meudon zur vollständigen Beschreibung schwarzer Löcher angewandt.

Das Spiel hat zwei Regeln. Die erste wurde schon bei den Kruskal-Karten benutzt: die Karte ist *konform*, d.h. die Lichtkegel bleiben gerade, als ob es keine Krümmung gäbe. Die zweite Regel holt die raumartige Unendlichkeit in einen endlichen Abstand. Auf einer Penrose-Karte kann man daher das schwar-

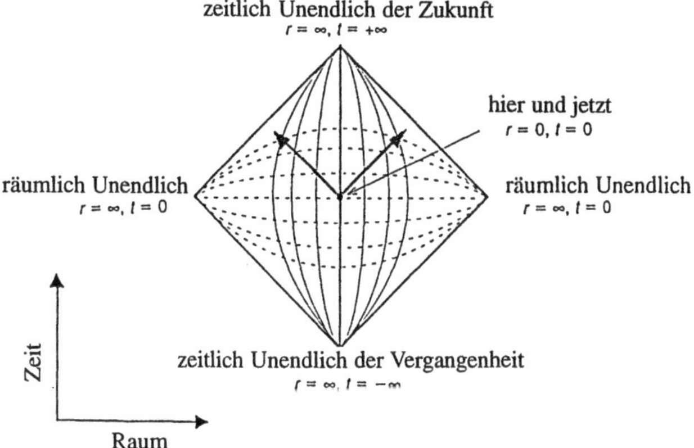

Bild 12.10 Der Minkowski-Diamant. Wie in jedem Diagramm der Raum-Zeit wird der Raum r horizontal aufgetragen und die Zeit t vertikal, von unten nach oben. Der Punkt „hier und jetzt" bildet das Zentrum des Diamanten ($r = 0, t = 0$). Das raumartige Unendlich „jetzt" ($r = \infty, t = 0$) entspricht dem rechten und linken Punkt des Diamanten, während das zeitartige Unendlich ($t = -\infty$ und $t = +\infty$) durch den unteren und oberen Punkt (Vergangenheit und Zukunft) wiedergegeben ist. Alle für Materie und Strahlung erlaubten Weltlinien verlaufen ohne Einschränkung von den unteren Seiten zu den oberen Seiten. Die Lichtstrahlen breiten sich entlang der um 45° gekippten Geraden aus, die Materie bewegt sich entlang von Kurven, die um weniger als 45° zur Vertikalen geneigt sind. Insbesondere verbinden die Bahnkurven mit konstantem r die untere Ecke mit der oberen Ecke. Umgekehrt verbinden die Kurven zu konstanter Zeit t (gestrichelt) die rechte und die linke Ecke. Diese Kurven treten aus den Lichtkegeln heraus. Sie sind natürlich verboten, d.h. man kann sich nicht entlang konstanter Zeit bewegen.

ze Loch und das gesamte Universum darstellen, sie umfaßt die zeitartige und raumartige Unendlichkeit – auf einem Stück Papier!

Beginnen wir das Spiel mit der flachen Raum-Zeit von Minkowski. Seine Penrose-Karte ist der „Diamant" aus Bild 12.10. Keine Überraschung: Abgesehen von der Einschränkung, sich nur innerhalb von 45° zur Vertikalen voranzubewegen, stört nichts die Bahnkurven von Materie oder Strahlung. Das Universum der Speziellen Relativitätstheorie, leer und ohne Gravitation, ist nur eine gleichförmige, flache Wüste.

Wir setzen nun das Spiel fort und untersuchen die Raum-Zeit des statischen schwarzen Loches von Schwarzschild. Seine Penrose-Karte (Bild 12.11) unterscheidet sich qualitativ nur insofern von der Kruskal-Karte, als die Raum-Zeit ihre Grenzen nun bei einem endlichen Abstand hat. Außerdem wird deutlich, daß die Schwarzschild-Singularität – aufgeteilt in eine Singularität in der Ver-

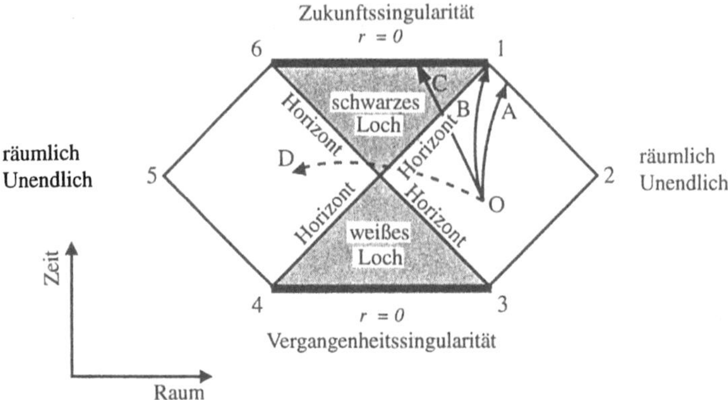

Bild 12.11 Penrose-Karte eines statischen schwarzen Loches. Die vollständige Raum-Zeit zur Schwarzschild-Lösung wird von einem Sechseck umfaßt, dessen Ecken von 1 bis 6 durchnumeriert sind. Man erkennt die Doppelstruktur des äußeren Universums (das rechte und linke Quadrat, jeweils begrenzt vom Horizont und vom raumartig Unendlichen) und das Universum innerhalb des schwarzen Loches (oberes und unteres Dreieck, jeweils begrenzt vom Horizont und der Singularität).
Ausgehend von einem gegebenen Anfangspunkt 0 sind mehrere Routen dargestellt. Die Kurve *A* wird von einem Astronauten durchlaufen, der sich mit konstanter Beschleunigung von dem schwarzen Loch entfernt. Seine Geschwindigkeit nähert sich der Lichtgeschwindigkeit. Kurve *B* wird von einem Astronauten durchlaufen, der einen konstanten Abstand zum schwarzen Loch hält; er endet zwangsweise in der Ecke 1. Kurve *C* entspricht einem Astronauten, der das Innere des schwarzen Loches erkundet. Sobald der Ereignishorizont überschritten ist, ändert sich der Charakter der Raum-Zeit fundamental. Während im äußeren Universum die Kurven mit einem konstanten Abstand vom schwarzen Loch notwendigerweise von Ecke 3 zu Ecke 1 verlaufen (oder auch von Ecke 4 zu Ecke 6 in dem anderen Blatt), verbinden innerhalb des Loches die Kurven mit konstantem Abstand die Ecken 1 und 6 bzw. 3 und 4. Diese Kurven verlaufen außerhalb der Lichtkegel und sind daher verboten. Man erkennt daran die Unmöglichkeit, innerhalb des schwarzen Loches eine feste Position zu halten, ebenso, wie man sich außerhalb nicht entlang einer Kurve konstanter Zeit bewegen kann. Schließlich ist die Trajektorie *D* (gestrichelt), entlang der man unter Vermeidung der Singularität von dem einen Blatt des äußeren Universums durch den Schwarzschild-Hals zum anderen Blatt gelangen könnte, verboten, da man sich schneller als das Licht bewegen müßte. Der Schwarzschild-Hals ist von der Singularität verschnürt.

gangenheit und eine Singularität in der Zukunft – auf dem *Rand der Raum-Zeit* liegt, ebenso wie das raumartig Unendliche. Diese Singularität bildet eine *horizontale* Linie, und keine Trajektorie, die in das schwarze Loch hineinläuft, kann ihr entkommen. Sie ist *raumartig* (d.h. parallel zur räumlichen Achse), und markiert dadurch für jeden Erforscher des schwarzen Loches wirklich *das Ende der Zeit*[5].

Abgesehen von den Eigenschaften der Singularität kann man aus der Penrose-Karte auch leicht die anderen grundlegenden Eigenschaften der Raum-Zeit des schwarzen Loches ablesen. Diese sind dem Leser mittlerweile sicherlich vertraut: Die doppelblättrige Struktur für die äußeren und inneren Bereiche des Ereignishorizonts, der Wechsel von raumartiger und zeitartiger Richtung, durch den es unmöglich wird, innerhalb des schwarzen Loches eine feste Position einzunehmen, und schließlich die Unmöglichkeit von dem einen äußeren Blatt der Raum-Zeit durch den Schwarzschild-Hals zum anderen Blatt zu gelangen.

12.7 Das enge Tor

Das Kartenspiel von Penrose zeigt seine ganze Stärke, wenn man es auf die Kerr-Raum-Zeit eines rotierenden schwarzen Loches anwendet. Das Diagramm, das man erhält, ist erstaunlich vielschichtiger, als das eines statischen schwarzen Loches (Bild 12.12). Es besteht aus Blöcken, die sich unendlich oft in der Vergangenheit und der Zukunft wiederholen, und die *unendlich viele Universen* außerhalb des schwarzen Loches und *unendlich viele Universen* innerhalb des schwarzen Loches darstellen!

Die äußeren Universen werden vom raumartig Unendlichen und den Ereignishorizonten begrenzt. Die inneren Universen, die jeweils eine Singularität enthalten, sind in verschiedene Bereiche aufgeteilt. Das rotierende schwarze Loch besitzt nämlich noch einen inneren Ereignishorizont, der die zentrale Singularität umgibt. Jedesmal, wenn man einen Horizont überquert, wechseln die Raum- und Zeitrichtung. Um von einem äußeren Universum zur Singularität zu reisen, muß ein Astronaut zwei solche Wechsel über sich ergehen lassen. Daher sind die Raum- und Zeitrichtungen innerhalb des inneren Ereignishorizonts, also nahe der Singularität, exakt dieselben, wie außerhalb des schwarzen Loches.

Aus diesem Grund ist die Singularität nicht horizontal, sondern vertikal. In Wirklichkeit ist sie noch nicht einmal eine Grenze der Raum-Zeit. Es gibt einen Bereich auf der *anderen Seite* der Singularität. Der Grund dafür läßt sich leicht verstehen, wenn man sich daran erinnert, daß die Singularität nicht auf einen zentralen Punkt $r = 0$ reduziert ist, wie bei einem statischen schwarzen Loch, sondern daß sie einen Ring bildet, der in der Äquatorialebene des

---

[5] Man beachte, daß die Singularität in der Vergangenheit für einen Astronauten keinerlei Gefahr darstellt, denn um sie zu treffen, müßte er in der Zeit rückwärts reisen.

Bild 12.12 Penrose-Karte eines rotierenden schwarzen Loches. Das Diagramm wiederholt sich in Vergangenheit und Zukunft unendlich oft. Die Universen außerhalb des schwarzen Loches sind die weißen Quadrate, die Universen innerhalb sind die schattierten Quadrate. Der äußere Ereignishorizont – die wirkliche Grenze des schwarzen Loches – ist durch HE gekennzeichnet, der innere Ereignishorizont durch HI, die Singularität durch S.
Die inneren Universen sind in mehrere Bereiche aufgeteilt. Die hellgraue Zone liegt zwischen den beiden Horizonten HE und HI. Die Richtungen von Raum und Zeit sind vertauscht: Es ist nicht möglich, eine feste Position einzubehalten. Die dunkelgraue Zone liegt zwischen dem inneren Horizont HI und der Singularität S. Die Richtungen von Raum und Zeit sind dieselben, wie außerhalb des schwarzen Loches. Die mittelgraue Zone liegt „auf der anderen Seite" der Singularität. Sie erstreckt sich ins raumartig Unendliche, aber die Abstände sind „negativ". Es handelt sich um ein Universum mit Antigravitation. Die Singularität ist senkrecht gerichtet und unterbrochen gezeichnet, was bedeutet, daß man ihr entkommen kann, und daß man sie auch durchqueren kann. Für eine Reise durch die Raum-Zeit eines rotierenden schwarzen Loches muß man sich nur an die Regel halten, nicht mehr als 45° von der Vertikalen abzuweichen. Verschiedene Trajektorien sind eingezeichnet. Sie starten im äußeren Universum („unserem" Universum) und verlaufen durch das schwarze Loch. Trajektorie A durchquert die Ringsingularität und erkundet das Universum der Antigravitation. Die Trajektorien B und C durchqueren vier Ereignishorizonte und verlassen das schwarze Loch in ein anderes Universum. Die Trajektorie D ist verboten, da sie Überlichtgeschwindigkeit erfordert. Mathematisch ist es möglich, die „anderen" Universen mit unserem Universum zu identifizieren, aber dieser Fall führt auf Zeitparadoxien.

---

schwarzen Loches liegt[6]. Dieser Ring ist nicht das Ende der Raum-Zeit, da man ihn durchqueren kann! Die Ringsingularität eines rotierenden schwarzen Loches hat nicht den Charakter des Unausweichlichen, wie die punktförmige Singularität. Sie ist auch nicht raumartig, sondern *zeitartig* (d.h. parallel zur Zeitachse), und stellt in dieser Hinsicht nicht mehr das notwendige Ende der Zeit für die Erforscher des schwarzen Loches dar[7]. Abgesehen von der Gefahr der Gezeitenkräfte können Forscher der Singularität beliebig nahe kommen (vorausgesetzt, sie berühren sie nicht) und sogar sehen, ob Lichtsignale herauskommen.

Auf der „anderen Seite" der Singularität existiert ein Stück der Raum-Zeit, das raumartig unendlich ist, und in dem Abstände „negativ" sind. Diese scheinbare Widersinnigkeit läßt sich als Umkehrung des anziehenden Charakters der Gravitation deuten. Sie wird *abstoßend* und zwingt so die Materie, sich beliebig weit von der Singularität zu entfernen.

---

[6] Siehe Bild 11.4.

[7] Außer für die unvorsichtigen Astronauten, die exakt in der Äquatorebene des schwarzen Loches herumreisen.

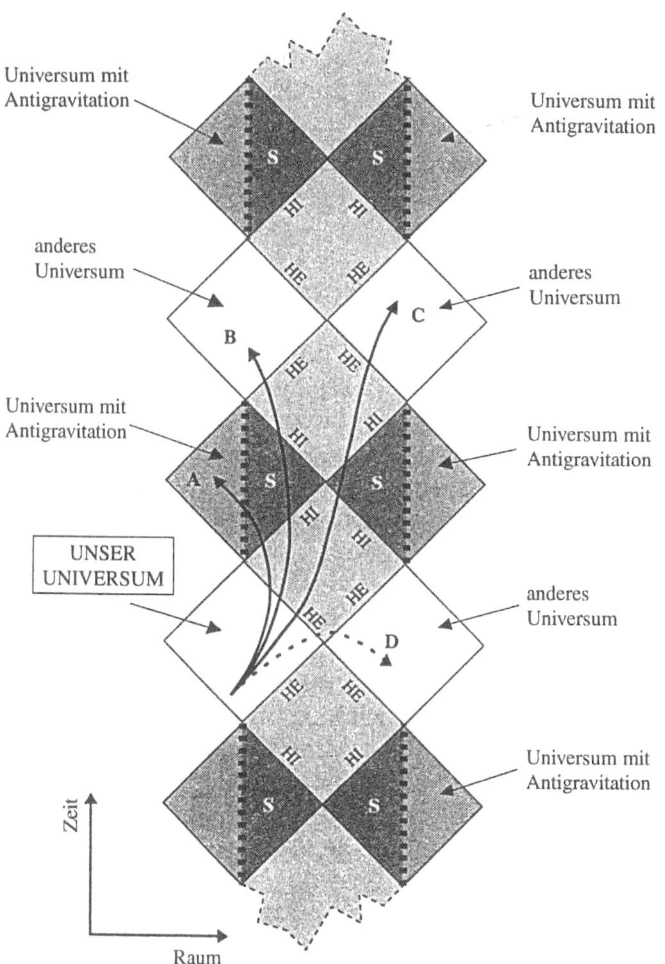

Universum mit
Antigravitation
Universum mit
Antigravitation
anderes
Universum
anderes
Universum
Universum mit
Antigravitation
Universum mit
Antigravitation
UNSER
UNIVERSUM
anderes
Universum
Universum mit
Antigravitation
A
B
C
D
S
S
S
S
S
S
HI
HI
HI
HI
HI
HI
HI
HI
HE
HE
HE
HE
HE
HE
HE
HE
Zeit
Raum

Die reichhaltige Struktur eines rotierenden schwarzen Loches eröffnet faszinierende Aussichten der Erforschung. In Bild 12.12 zeigt die Trajektorie A eine Möglichkeit, das Universum der Antigravitation auf der anderen Seite der Singularität zu erkunden. Die Trajektorien B und C beweisen, daß es theoretisch möglich ist, das Innere des schwarzen Loches zu durchqueren (es sollte ausreichend schwer sein, damit die Gezeitenkräfte einen nicht zerreißen), die Ringsingularität zu umfliegen und in ein anderes äußeres Universum zu gelangen. Die Trajektorie D schließlich ist verboten, da sie den Lichtkegel verläßt... Es gibt daher auch ein Blatt der Raum-Zeit, das wir nicht erforschen können!

12.8   Die Zeitmaschine

Der gesunde Menschenverstand, so sehr er auch versucht, kann es nicht vermeiden, von Zeit zu Zeit überrascht zu sein. Das Ziel der Wissenschaft ist, ihn vor solchen Überraschungen zu bewahren.

BERTRAND RUSSELL

Das Penrose-Spiel kann für den klaren Verstand verwirrend und beunruhigend werden, wenn man versucht, die äußeren Universen als Blätter eines einzigen, zusammenhängenden Universums zu deuten, was nach der Allgemeinen Relativitätstheorie durchaus erlaubt wäre. In diesem Fall würde das rotierende schwarze Loch verschiedene Orte der Raum-Zeit über unzählige Wurmlöcher miteinander verbinden. Und da zwei Ereignisse der Raum-Zeit sich sowohl in bezug auf den Raum als auch auf die Zeit unterscheiden können, wäre es grundsätzlich möglich, daß man im äußeren Universum zu einer gegebenen Zeit von einem gegebenen Ort aus zu einem schwarzen Loch startet und durch ein geeignet gewähltes Wurmloch an demselben Ort wieder auftaucht, jedoch zu einer *anderen Zeit*, sei es in der Vergangenheit oder der Zukunft. Das Ganze nennt sich eine *Zeitmaschine*!

Sicherlich, die Geschichte der Wissenschaften hat mehr als einmal bewiesen, daß Spekulationen, die zu ihrer Zeit als absurd galten, sich später als vollkommen gerechtfertigt herausgestellt haben. Trotzdem erscheint eine Reise in die *Vergangenheit* ein Angriff auf den gesunden Menschenverstand. Es ist schwer vorstellbar, daß jemand in der Zeit zurückkreisen könnte und seinen Großvater umbringt, bevor dieser auch nur die Zeit hatte, Kinder zu haben. In diesem

Fall wäre der Mörder nie gezeugt worden, und da er nie geboren worden wäre, hätte er auch seinen Großvater nicht umbringen können, und dieser hätte dann Kinder haben können. Aber wenn der Großvater hätte Kinder haben können, hätte er auch von seinem Nachkommen umgebracht werden können, und so weiter... Dieses Zeitparadoxon wurde von dem französischen Schriftsteller René Barjavel in einer Erzählung mit dem Titel *Der unvorsichtige Reisende* in die Literatur eingeführt.

Die Reise in die Vergangenheit verletzt das Kausalitätsprinzip, nach dem die Ursache der Wirkung vorangeht[8]. Aber das Kausalitätsprinzip ist ein Gesetz der Logik und folgt nicht aus der Relativitätstheorie. Es stimmt zwar, daß die Kausalität in der Speziellen Relativitätstheorie und ihrem flachen, gravitationsfreien Universum implizit gilt, denn eine Reise in die eigene Vergangenheit erforderte, daß man sich mit Überlichtgeschwindigkeit bewegt, was grundsätzlich verboten ist. Aber in der Allgemeinen Relativitätstheorie und ihren durch die Gravitation gekrümmten Universen können bestimmte Verzerrungen der Raum-Zeit – z.B. durch ein rotierendes schwarzes Loch – Erkundungsreisen in die Vergangenheit im Prinzip erlauben, ohne daß man jemals die Lichtgeschwindigkeit überschreitet!

Wenn die Reise in die Vergangenheit möglich ist, heißt das, daß der gesunde Menschenverstand endgültig verloren ist? Nicht notwendigerweise! Allerdings muß das Kausalitätsprinzip durch das Konsistenzprinzip ersetzt werden: Die neue Regel besagt, daß die zeitliche Entwicklung eines physikalischen Systems selbstkonsistent sein muß, selbst wenn man eine Rückwirkung in der Zeit einschließt. Die von Barjavel beschriebene Situation (die Ermordung seiner eigenen Vorfahren) ist offensichtlich nicht konsistent. Aber die Amateurtheoretiker haben sich den Kopf zerbrochen und sich nichtkausale konsistente Situationen ausgedacht, die so kompliziert sind, daß der gesunde Menschenverstand nicht mehr mitkommt...

Kann man diese Verrücktheiten vermeiden und die Situation mit dem Argument „retten", daß die möglichen nichtkausalen Verzerrungen durch ein rotierendes (oder elektrisch geladenes) schwarzes Loch nur ein mathematisches Artifakt sind, und in Wirklichkeit beim Gravitationskollaps eines Sterns nicht auftreten können? Im kugelsymmetrischen Fall war es möglich, die Entwicklung der äußeren und inneren Geometrie eines zusammenschrumpfenden Sternes Schritt für Schritt zu verfolgen, sei es in einem Ausschnitt einer Kruskal-Karte oder in einer Folge von eingebetteten Diagrammen. Man konnte sich so überzeugen, daß die eigenartigen Phänomene im Zusammenhang mit dem

---

[8] Siehe Seite 24.

weißen Loch und dem Anti-Universum ganz natürlich verschwanden. Aber im nicht-kugelsymmetrischen Fall weiß man noch nicht einmal, wie die äußere oder innere Raum-Zeit eines rotierenden Sterns mathematisch rigoros zu kartographieren ist. Gravitationswellen sind eine permanente Störung, und erst nachdem sich das schwarze Loch gebildet hat und sich nicht mehr weiter entwickelt, wird die Kerr-Geometrie gültig. Neuere Berechnungen haben jedoch gezeigt, daß jede noch so kleine Form von Materie, sei es ein Teilchen oder sogar Strahlung, die in ein rotierendes schwarzes Loch eindringt, durch das Gravitationsfeld des Loches eine solch hohe Energie erlangt, daß seine eigene Gravitation die Raum-Zeit verändert und das Wurmloch verschließt. Derzeit bemühen sich die theoretischen Physiker herauszufinden, unter welchen Bedingungen ein makroskopisches Wurmloch (z.B. bei einem schwarzen Riesenloch, so daß die Gezeitenkräfte nicht zu groß werden) offen bleiben könnte, trotz eindringender Materie und Energie (z.B. in Form eines Raumschiffs). Ich erinnere mich, daß im Jahre 1976, als ich gerade mit der Forschung auf dem Gebiet der Allgemeinen Relativitätstheorie begann, von einer seriösen englischen Stiftung (der *Bacon Foundation*) ein Preis von 300 £ für die Lösung des folgenden Problems ausgeschrieben wurde: „Nach der heute gültigen Theorie sind rotierende schwarze Löcher wirkliche Tore zu anderen Gebieten der Raum-Zeit. Wie kann ein Raumschiff durch ein rotierendes schwarzes Loch in ein anderes Gebiet der Raum-Zeit gelangen, *ohne durch das Gravitationsfeld einer Singularität zerstört zu werden?*" Als Anfänger auf diesem Gebiet fühlte ich mich nicht in der Lage, um diesen Preis zu konkurrieren. Ich weiß auch nicht, ob jemand die Summe erhalten hat, aber es ist sicher, daß dieses Problem bis 1985 noch nicht gelöst wurde. Allerdings hat es eine exotischere Form angenommen: Es hat sich herausgestellt, daß nur solche Wurmlöcher stabil sein können, die von Materie mit einem riesigen „negativen Druck" erzeugt werden. Ein negativer Druck entspricht einer Zugkraft, wie bei einer Feder, die man auseinanderzieht. In gewöhnlicher Materie ist die Zugkraft immer sehr viel schwächer als die Energie (die Bruchspannung von Stahl ist z.B. tausend Milliarden mal kleiner als seine Energie pro Volumen). Bei der exotischen Materie, die für die Stabilisierung der Wurmlöcher notwendig wäre, sind die Verhältnisse umgekehrt. All das ist offensichtlich sehr spekulativ. Niemand hat die leiseste Idee, ob diese Form von „negativer" Materie in der Natur existieren kann. Wollte man solche „Abkürzungen" der Raum-Zeit ausnutzen, müßte man in der Lage sein, „negative" Wurmlöcher zu konstruieren, möglicherweise, indem man mikroskopische negative Wurmlöcher wachsen ließe. Und selbst wenn man diese phantastischen Ideen akzeptiert, wüßten wir immer

noch nicht, wie ein Raumschiff aus normaler Materie ohne Gefahr durch einen
Bereich negativer Energie gelangen könnte!

Diese verschwommene theoretische Akrobatik nutzte der populäre amerikanische Astronom-Schriftsteller Carl Sagan in seinem Roman *Contact* für die
Idee, eine Verbindung mit außerirdischen Zivilisationen über Wurmlöcher auf-
zubauen. Auch wenn es sich um eine aufregende Geschichte handelt, so ist es
doch reine Science fiction und hat gute Chancen, es immer zu bleiben!

12.9   Die Gravitationssingularitäten

Man könnte sich zunächst fragen, ob das Auftreten einer Singularität, bei der
Materie und Raum-Zeit im Zentrum eines schwarzen Loches unendlich zusammengedrückt werden, nicht damit zusammenhängt, daß man die Allgemeinen
Relativitätstheorie etwas zu naiv auf den Gravitationskollaps angewandt hat.
Singularitäten treten auch in allgemeinerem Zusammenhang in der *Kosmologie*
auf, dem Zweig der Astrophysik, der sich mit der Entwicklung des Universums
als Ganzes beschäftigt. Nach der „Big Bang"-Theorie wurde das Universum
vor ungefähr fünfzehn Milliarden Jahren aus einer Singularität geboren. Diese
Theorie ist durch die Beobachtung der Expansion des Universums und der kosmologischen Strahlung, ein abgekühltes Überbleibsel seiner Geburt, bekräftigt
worden. Aber in der Kosmologie sind, wie anderswo auch, die Modelle zur Beschreibung des gegenwärtigen und vergangenen Zustands des Universums sehr
idealisiert. Auch hier ist es also gerechtfertigt, sich zu fragen, ob die kosmische
Singularität nicht ein unerwünschtes Nebenprodukt der mathematischen Vereinfachung ist.

Zwei englische Wissenschaftler, Stephen Hawking von der Universität Cambridge und Roger Penrose, der Erfinder der konformen Karten, haben in den
sechziger Jahren gezeigt, daß diese Vermutung falsch ist. Die Singularitäten
sind ein Bestandteil der Allgemeinen Relativitätstheorie. Man kann vielleicht
nicht beweisen, ob der Gravitationskollaps eines „wirklichen" Sterns zu einem
Ereignishorizont und einem schwarzes Loch führt, aber man kann beweisen,
daß er unweigerlich in einer Singularität enden wird. Hawking und Penrose
haben ebenfalls gezeigt, daß alle Modelle unseres Universums, die mit den
gegenwärtigen Beobachtungen übereinstimmen, bei einer Extrapolation in die
Vergangenheit notwendigerweise mit einer Singularität begonnen haben müssen. Wenn unser Universum eine ausreichende Menge an Materie enthält, muß
es auch in einer Singularität enden. Die gegenwärtige Expansionsphase geht

in eine symmetrische Kontraktionsphase über, einen wirklichen universellen Gravitationskollaps.

Diese wichtigen Theoreme verallgemeinern ein Ergebnis, das schon in der Newtonschen Gravitationstheorie bekannt war: Eine Staubwolke, die den anziehenden Gravitationskräften zwischen ihren Bestandteilen unterliegt, muß zusammenschrumpfen, bis sie zu einer Singularität von unendlicher Dichte wird. Wir können also zusammenfassen, daß Singularitäten eine unvermeidliche Konsequenz der anziehenden und „selbst-beschleunigenden" Eigenschaft der Gravitation sind. Wie werden wir damit fertig?

12.10   Die kosmische Zensur

Die Natur versteckt sich gerne.

HERAKLIT, 500 v. Ch.

Der Gravitationskollaps eines Sterns zu einer Singularität kann auf zwei Arten erfolgen, je nachdem, ob ein schwarzes Loch entsteht oder nicht. Bildet sich ein schwarzes Loch, so verdeckt ein Ereignishorizont alles, was dahinter ist, einschließlich dem endgültigen Kollaps der Materie in einer Singularität. Diese Möglichkeit scheint bei dem kugelsymmetrischen Kollaps realisiert zu sein. In diesem Fall ist es für einen Physiker, der in der Raum-Zeit außerhalb des schwarzen Loches lebt, kaum von Bedeutung zu erfahren, ob sich die Singularität wirklich gebildet hat oder nicht. Da das Innere des schwarzen Loches nicht mit dem Äußeren kommunizieren kann, könnten die physikalischen Gesetze wie auch der gesunde Menschenverstand in der Nähe der Singularität durchaus verletzt sein, ohne daß die Welt der Physiker jemals etwas davon erfährt.

Bei der zweiten Möglichkeit bildet sich eine Singularität, ohne daß sie durch ein schwarzes Loch verdeckt wird. Stellen wir uns beispielsweise vor, ein massiver, schnell rotierender Stern behält im Verlauf seines Kollaps einen Drehimpuls, der größer als der kritische Wert ist. In diese Fall kann sich wegen der Zentrifugalkräfte kein stabiler Horizont des schwarzen Loches bilden, und die Singularität bleibt *nackt*. Teilchen und elektromagnetische Signale könnten entkommen und in großem Abstand beobachtet werden. Wegen der Unendlichkeiten, die mit einer Singularität verbunden sind, könnte es zu vollkommen unvorhersagbaren Effekten auf die Raum-Zeit kommen. Ohne den Schutz durch

194

einen Ereignishorizont wären die Physiker arbeitslos, denn jede Berechnung und jede Vorhersage könnte von einem Tag auf den anderen durch die Phantasie einer nackten Singularität widerlegt werden!

Es muß wohl nicht erwähnt werden, daß man noch nie eine nackte Singularität in unserem Universum beobachtet hat. Aber das beweist nicht ihre Nichtexistenz. Um einer solch mißlichen Lage aus dem Wege zu gehen, hat Roger Penrose die Vermutung geäußert, daß die Natur nackte Singularitäten verbietet. Danach wird die Singularität bei einem Gravitationskollaps immer in einen Ereignishorizont gekleidet. Diese Vermutung trägt die Bezeichnung *kosmische Zensur.*

Die kosmische Zensur mag beruhigend sein, aber sie konnte niemals im Rahmen der Allgemeinen Relativitätstheorie exakt bewiesen werden. Allgemein geht man davon aus, daß die Vermutung für solche Situationen, die sich nicht allzu sehr vom kugelsymmetrischen Fall unterscheiden, richtig ist. Andererseits ist die Frage für extreme Situationen vollkommen offen. Es gibt noch einen weiteren Grund zur Beunruhigung: Die kosmische Singularität, die vermutlich vor fünfzehn Milliarden Jahren unser Universum erzeugt hat, versteckt sich nicht in einem schwarzen Loch...

12.11 Die Quantengravitation

Hätte mich der Allmächtige gefragt, bevor er mit der Erschaffung der Welt begann, ich hätte ihm etwas einfacheres empfohlen!

ALPHONS X., DER WEISE, 13. Jahrhundert

Selbst wenn die Kosmische Zensur exakt bewiesen wäre, die „Anomalien" der Gravitation wären damit noch nicht gelöst. Auch wenn die Ringsingularität innerhalb eines rotierenden schwarzen Loches versteckt sein mag, sie ermöglicht nach wie vor den Schritt durch ein Wurmloch und macht sich so mitschuldig an einer Verletzung der Kausalität!

Das eigentliche Problem besteht nicht darin zu wissen, ob nackte Singularitäten unser „Schamgefühl beleidigen" oder nicht, sondern ob sie in unserem wirklichen Universum existieren. Dazu müssen wir an die Quelle des Übels: die Allgemeine Relativitätstheorie. Kann eine Theorie richtig sein, nach der gewisse physikalische Größen unendlich werden können?

Die Wissenschaft hat immer wieder physikalische Theorien hervorgebracht,

195

in denen Singularitäten auftraten. Durch Einsichten in eine zugrundeliegende Theorie verschwanden diese Singularitäten. Das trifft beispielsweise auf das einfache Modell eines Atoms zu, das als Miniatur-Planetensystem, allerdings basierend auf den elektrischen Kräften, angesehen wurde. Nach der Theorie von Ernest Rutherford zu Beginn dieses Jahrhunderts müßten die um den Atomkern kreisenden Elektronen ihre Energie verlieren und sehr rasch in den Kern stürzen. Nun sind die Atome in der Natur stabil. Das ungewöhnliche Verhalten der Rutherfordschen Atome zeigte, daß seine Theorie noch unvollständig war. Die Entwicklung der Quantenphysik konnte dieses Problem lösen. In dieser neuen Theorie sind die Energieniveaus der Elektronen quantisiert, die Atome sind stabil, und die Singularität ist verschwunden.

Es liegt nahe, den Vergleich mit der Allgemeinen Relativitätstheorie zu ziehen. Die Gravitationssingularitäten, deren Existenz von Hawking und Penrose bewiesen wurde, zeigen in Wirklichkeit nur, daß die Theorie über ihren Gültigkeitsbereich hinaus angewandt wurde. Kann die Quantentheorie sie heilen?

Ein erster Ansatz für eine Antwort wird von einer genaueren Untersuchung der Theoreme von Hawking und Penrose nahegelegt. Ihre Schlußfolgerung hängt von einer anscheinend sinnvollen Annahme ab, nach der „die Materie eine positive Energie hat". Diese Eigenschaft ist tatsächlich von jeder Form der bekannten Materie erfüllt, einschließlich der extremen Zustände entarteter Materie innerhalb der Zentren von Neutronensternen. Diese können zwar im Labor nicht erzeugt werden, ihre Eigenschaften lassen sich jedoch aus den Kenntnissen über die Kernmaterie extrapolieren. Aber obwohl jede „klassische" Materie eine positive Energie hat, gilt das für *Quanten*-Materie nicht mehr. Neuere Berechnungen zeigen, daß bestimmte Phänomene der Elementarteilchenphysik die Bedingung der positiven Energie verletzen[9].

Man trifft hier auf den Kern des Problems. Die Allgemeine Relativitätstheorie ist zwar gegenwärtig die beste Theorie der Gravitation, sie ist aber offensichtlich unvollständig, denn sie berücksichtigt nicht die Grundlagen der Quantenmechanik, die die Eigenschaften der mikroskopischen Welt beschreibt. Nun betreffen die Phänomene im Zusammenhang mit der Singularität gerade die Raum-Zeit bei sehr kleinen Maßstäben. Es ist daher nicht erstaunlich, daß die Anwendung einer klassischen Theorie auf den Quantenbereich zu unerwünschten Singularitäten führt.

Das gegenwärtige Verhältnis zwischen der Quantenmechanik und der Allgemeinen Relativitätstheorie ist sehr distanziert. Die erstere beschreibt den Bereich der Elementarteilchen, deren Bewegung von den kurzreichweitigen

---

[9] Beispielsweise die spontane Erzeugung von Teilchen im Vakuum, die nach der Quantenmechanik möglich ist. Siehe Kapitel 14.

Kernkräften bestimmt wird. Ihre wesentliche Eigenschaft ist, daß sie eine „verschwommene" Dastellung der Phänomene gibt; Ereignisse können nur im Sinne von Wahrscheinlichkeiten berechnet werden. Die elektromagnetische Kraft bestimmt die Physik in einem Zwischenbereich, der insbesondere die Welt des Menschen umfaßt. Für bestimmte Phänomene (Laser, Transistoren usw.) ist die Quantenmechanik wesentlich, aber für andere (Ausbreitung von Radiowellen usw.) wird ihre Rolle vernachlässigbar. Auf astronomischem Maßstab schließlich verlieren sich die Quanteneffekte vollständig, und die „klassische" Gravitation, beschrieben durch die Allgemeine Relativitätstheorie, herrscht vor.

Es könnte jedoch sein, daß „die Schlange sich in ihren eigenen Schwanz beißt", wie Sheldon Glashow[10] es einmal formuliert hat. Viele Physiker glauben in der Tat, daß die Gravitation bei sehr kleinen Maßstäben, weniger als 10^{-33} cm, wieder dominant wird. Diese minimale Länge wurde vor rund einem Jahrhundert von Max Planck in einem anderen Zusammenhang eingeführt. Als geeignete Kombination der fundamentalen Konstanten der Natur (Gravitationskonstante, Lichtgeschwindigkeit und Plancksche Konstante) ist sie unabhängig von den Eigenschaften der Elementarteilchen. Sie entspricht vermutlich dem kleinsten Maßstab, auf dem die Raum-Zeit noch als glatt angesehen werden kann. Für kleinere Maßstäbe ist die Struktur der Raum-Zeit nicht mehr kontinuierlich, sondern besteht, ebenso wie die Materie und die Energie, aus kleinsten Einheiten. Um es mit den Worten von John Wheeler auszudrücken, wird in diesem Bereich „die leidenschaftliche Ehe zwischen der Allgemeinen Relativitätstheorie und der Quantenphysik geschlossen". Das Kind wird man natürlich *Quantengravitation* nennen.

Wenn ich hier das Futur benutze, dann weil die Quantengravitation bisher eher eine Idee als eine Theorie ist. Während der letzten vierzig Jahre seines Lebens hatte Einstein vergeblich versucht, die Allgemeine Relativitätstheorie und die Quantenmechanik in Einklang zu bringen. Heute arbeiten mehrere hundert theoretische Physiker an diesem umfangreichen Problem. Abgesehen von wirklich entmutigenden mathematischen Schwierigkeiten, gibt es für die Quantengravitation keinerlei konkrete Experimente. Ihr Anwendungsbereich – für Abstände oder für Energien – ist unvorstellbar weit von der Laborphysik entfernt. Auch wenn wir heute dank der großen Teilchenbeschleuniger in der Lage sind, Abstände bis zu den Größenordnungen von Elementarteilchen wie dem Proton, d.h. 10^{-13} cm, zu erforschen, so ist doch der Graben, der uns noch von einer quantisierten Raum-Zeit trennt, riesig: Das Verhältnis von

---

[10] Nobelpreis für Physik im Jahre 1979.

Protonenradius zu Planck-Länge ist von der gleichen Größenordnung, wie das Verhältnis von unserer Galaxis zu einem menschlichen Wesen!

Es ist erfreulich an der heutigen Physik, daß trotz der ungünstigen Umstände die Ideen sprudeln. John Wheeler hat die Vorstellung, daß die Geometrie der mikroskopischen Raum-Zeit turbulent und in ständiger Bewegung sein muß, angeregt durch Quantenfluktuationen. Man kann das mit der Oberfläche eines Ozeans vergleichen (Bild 12.13). Von einem Flugzeug aus betrachtet, erscheint der Ozean glatt. Von etwas geringerer Höhe aus erscheint die Oberfläche immer noch kontinuierlich, aber man beginnt, einige Bewegungen wahrzunehmen. Aus der Nähe betrachtet ist der Ozean sehr unruhig, sogar diskontinuierlich, wenn man überschlagende Wellen betrachtet, bei denen Tropfen emporgeschleudert werden und zurückfallen. Ganz ähnlich erscheint die Raum-Zeit auf unserem Maßstab kontinuierlich. Ihr Schaum macht sich jedoch bei der Größenordnung der Planck-Länge bemerkbar, und es entstehen Tropfen, die sich uns in der Gestalt von Elementarteilchen zeigen.

Die jüngsten Ansätze bemühen eine „Super-Raum-Zeit", deren Dimension größer als vier ist[11]. Im Alltag bemerken wir nur drei Raumdimensionen und eine Zeitdimension, aber das wirkliche Universum könnte sich in den zusätzlichen Raumdimensionen wieder schließen, und die charakteristische Länge wäre gerade die Planck-Länge. Ein anschauliches Beispiel dafür ist ein sehr langes Rohr, das zwei Dimensionen hat: eine wenig gekrümmte entlang seiner Länge und eine stark gekrümmte und sehr viel kürzere in Richtung seines Umfangs. Aus der Ferne betrachtet erscheint dieses Rohr wie ein eindimensionaler Draht ohne Krümmung.

Trotz dieser phantasievollen Spekulationen hat sich noch kein klares Bild ergeben. Ohne experimentelle Bestätigungen klammern sich die Physiker an theoretische Forderungen. Eine davon ist gerade die Elimination der Singularitäten, die durch die Quantenfluktuationen der Raum-Zeit ersetzt werden sollten. Diese Fluktuationen führen nicht zu unendlichen Größen, würden aber die Wurmlöcher rotierender schwarzer Löcher verschließen. Das ist der Preis für die Rettung der Kausalität!

Sicher ist allerdings, daß die schwarzen Löcher bei der Entwicklung der Quantengravitation eine Schlüsselrolle spielen werden. In jüngerer Zeit haben die Wissenschaftler ein Modell entwickelt, in dem die mikroskopischen Wurmlöcher (mit einem tausend Milliarden Milliarden mal kleineren Durchmesser als dem von Atomkernen) durch ihren Einfluß auf die Quantenmechanik der

---

[11] Es könnte sogar sein, daß diese „Super-Raum-Zeit" eine „fraktale" Dimension hat, die zwischen zwei ganzen Zahlen liegt!

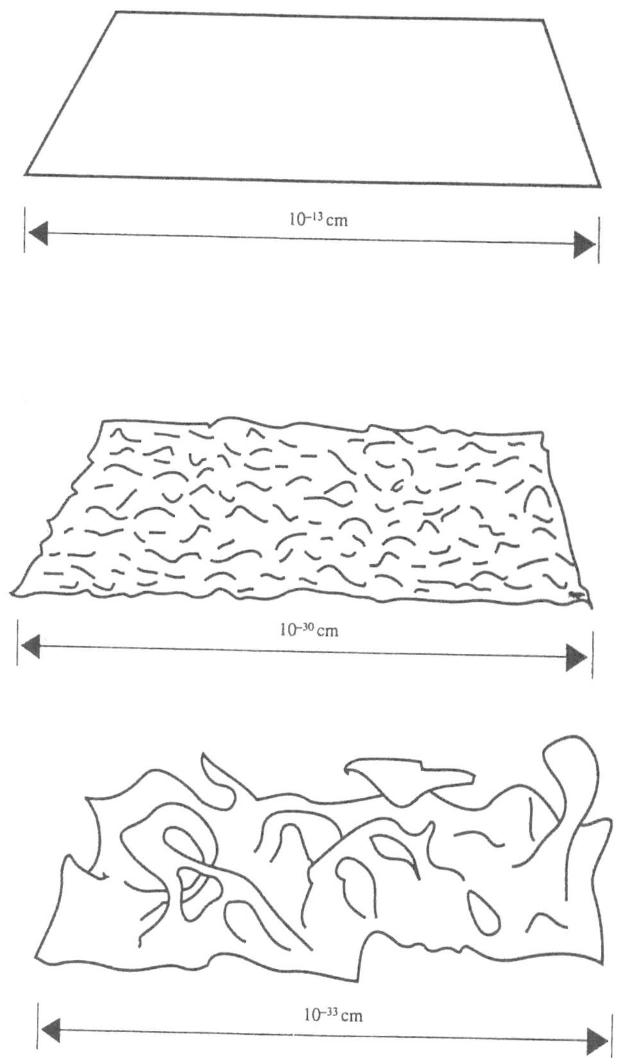

Bild 12.13   Der Schaum der Raum-Zeit. Aus der Ferne betrachtet ist die Geometrie der Raum-Zeit glatt. Auf dem Maßstab der Planck-Länge ist sie sehr kompliziert und in ständiger Bewegung.

Raum-Zeit dazu beitragen, die Werte sämtlicher fundamentaler Konstanten der Natur festzulegen.

Vor zwei Jahrhunderten unter allgemeiner Gleichgültigkeit geboren und heute erst in einem ausgereiften Alter, hat die Zukunft der schwarzen Löcher gerade begonnen. Die folgenden zwei Kapitel zeigen ausführlicher, in welcher Hinsicht die schwarzen Löcher einen wichtigen Platz zwischen den beiden scheinbar getrennten Bereichen der Physik einnehmen.

Kapitel 13
Das schwarze Loch als Maschine

13.1 Thermodynamik

Die Physiker haben schon immer versucht zu verstehen, warum unser Universum nicht chaotisch, sondern geordnet ist. Von den Galaxien bis hin zu lebenden Zellen, das Universum hat komplexe Strukturen in allen Größenordnungen entwickelt. Die Verschiedenheit und Komplexität organisierter Systeme ist derartig groß, daß es anmaßend erscheinen könnte, die allgemeinen Prinzipien, nach denen sich so unterschiedlichen Systeme wie der Mensch oder ein Stern organisieren, zu verstehen. Genau das ist jedoch eines der Ziele, die von der *Thermodynamik* erreicht wurden.

Dieser Zweig der Physik entwickelte sich im 19. Jahrhundert. Die Absichten waren zunächst sehr konkret. Es ging den Ingenieuren und Industriellen anfänglich nur darum zu verstehen, wie man den Austausch von Wärme und mechanischer Energie in den Dampfmaschinen kontrollieren und letztendlich deren Effektivität optimieren kann. Aus diesen eng umrissenen Überlegungen entstanden grundlegende und allgemeine Konzepte, die sich auf die Dynamik der meisten physikalischen Systeme anwenden lassen[1].

Die Stärke der Thermodynamik liegt vermutlich darin, daß sie zu sehr allgemeinen Gesetzen geführt hat, die von den strukturellen Details der Systeme nicht abhängen. So kann man mit ihrer Hilfe beispielsweise die thermischen Eigenschaften der Materie verstehen, ohne die atomare Struktur zu kennen. Die Thermodynamik beruht insgesamt auf vier sogenannten „Hauptsätzen", die man aus historischen Gründen von 0 bis 3 durchnumeriert.

Der 0. Hauptsatz der Thermodynamik besagt, daß alle Teile eines Systems im thermischen Gleichgewicht dieselbe Temperatur haben.

Der 1. Hauptsatz besagt, daß Wärme eine Form von Energie ist, und beschreibt, wie sich die verschiedenen Formen der Energie während der zeitlichen Entwicklung eines Systems ineinander umwandeln können. Bringt man

---

[1] Die strenge Anwendung der Thermodynamik auf die „belebte" Welt führt allerdings zu Schwierigkeiten.

zwei Systeme verschiedener Temperaturen in Kontakt, z.B. einen Liter heißes Wasser und einen Liter kaltes Wasser, so findet zwischen diesen beiden Systemen ein Energieaustausch statt, bis eine Gleichgewichtstemperatur zwischen den beiden ursprünglichen Temperaturen erreicht ist. Man erhält zwei Liter lauwarmes Wasser.

Der 3. Hauptsatz besagt, daß der absolute Nullpunkt ($-273{,}15\,°C$) nicht erreicht werden kann. Man kann zwar die Temperatur eines Systems durch geeignete Prozesse immer weiter verringern, aber es ist nicht möglich, es durch eine endliche Folge von Prozessen *vollständig* abzukühlen[2].

Der 2. Hauptsatz ist in gewisser Hinsicht das Kernstück der Thermodynamik, denn er hat die allgemeinsten Anwendungen. Einfach formuliert besagt er, daß Systeme im Verlauf ihrer zeitlichen Entwicklung immer ungeordneter werden. Berge verändern sich durch Erosion, Häuser stürzen ein, Autos fallen auseinander, Sterne explodieren, Menschen werden alt und sterben. Auf der anderen Seite bilden sich endlos neue geordnete Strukturen: Geburten, Wachstum von Kristallen, Aufbau von Städten usw. Aber Entstehung von Ordnung in einem System muß durch eine vermehrte Unordnung in einem anderen System bezahlt werden. Die Physiker haben als Maß für die Unordnung eine mathematische Größe entwickelt: *die Entropie*. Die exakte Formulierung des 2. Hauptsatzes der Thermodynamik lautet, daß die Entropie in einem abgeschlossenen System im Verlauf der Zeit nur zunehmen kann.

Die Entropie hat eine ganz konkrete Bedeutung: Sie mißt die *Unordnung*. Überlegen wir uns, wie. Mathematisch berechnet sich die Entropie durch Abzählen der Gesamtzahl aller internen Konfigurationen, die ein System einnehmen kann, ohne sein äußeres Erscheinungsbild zu verändern. Der äußere Zustand eines Gases ist beispielsweise durch seine Temperatur und seinen Druck bestimmt. Nun gibt es für die Gasmoleküle eine große Anzahl von möglichen chaotischen Bewegungen, die alle derselben Temperatur und demselben Druck entsprechen. Diese sehr große Zahl bestimmt die Entropie des Gases. Ganz entsprechend ist der „makroskopische" Zustand eines Stücks Zucker durch einige globale Größen – wie beispielsweise die chemische Zusammensetzung, die Temperatur oder das Volumen – festgelegt, aber zu diesem Zustand gibt es eine große Anzahl von versteckten mikroskopischen Zuständen, die in erster Linie von der molekularen Struktur, den inneren Schwingungen usw. abhängen. Indem die Entropie eines Systems der Anzahl der versteckten inneren Zustände entspricht, mißt sie unsere Unkenntnis über Einzelheiten des Systems. Je orga-

---

[2] Mit Hilfe von Lasern ist man im Labor mittlerweile in der Lage, Atome auf $0{,}000\,001$ Grad Kelvin abzukühlen.

nisierter ein System ist, um so kleiner ist seine Entropie, und umgekehrt. Die Entropie mißt gerade die Unordnung.

Der Begriff der Entropie läßt sich noch allgemeiner fassen, indem man ihn mit dem Informationsbegriff in Verbindung bringt. Offensichtlich enthalten die mikroskopischen Konfigurationen eines Systems die versteckte Information über dieses System. Je mehr versteckte Informationen es gibt, desto größer ist die Entropie, und entsprechend kleiner ist die zur Verfügung stehende Information. Ein sehr geordnetes System kann sehr viel Information zur Verfügung stellen; es hat daher eine kleine Entropie. Indem ich die Buchstaben in diesem Buch geordnet habe, kann ich sehr viel Information an den Leser weitergeben, das ist zumindest mein Ziel! Wenn ich mich jedoch plötzlich entschließe, die Buchstaben zufällig aneinanderzureihen, wird der Informationsgehalt dieses Buches praktisch gleich Null, abgesehen von der Tatsache, daß es einen Autor gibt. Mit anderen Worten, *die Entropie mißt den Mangel an Information über ein System.*

13.2   Die Dynamik schwarzer Löcher

Das schwarze Loch ist kein passiver Körper, der eifersüchtig eine auf ewig träge Masse versteckt. Dank seiner elektrischen Ladung und insbesondere seines Drehimpulses ist das schwarze Loch ein dynamisches System, das Kräfte ausüben oder von ihnen beeinflußt werden kann, Energie absorbieren oder abgeben kann, kurz, sich im Verlauf der Zeit verändern kann. Es ist daher wichtig, die Gesetze für die Dynamik eines schwarzen Loches zu finden, und sie mit den Gesetzen der Thermodynamik zu vergleichen.

In der üblichen Thermodynamik kann der Zustand eines Systems im allgemeinen durch zwei fundamentale Größen charakterisiert werden: seine Temperatur und seine Entropie. Durch die Gesetze der Thermodynamik ist dann genau festgelegt, wie sich die anderen makroskopischen Größen – z.B. die Energie, das Volumen oder der Druck – als Funktion der Temperatur und der Entropie bei einer Veränderung des Systems verhalten. Ganz entsprechend ist der dynamische Zustand eines schwarzen Loches durch zwei Größen charakterisiert: *die Fläche des schwarzen Loches*, d.h. der Flächeninhalt des Ereignishorizonts, und die *Oberflächengravitation*, die ein Maß für die Schwerebeschleunigung am Horizont ist.

Da der Zustand eines schwarzen Loches *im Gleichgewicht* nur von drei Parametern abhängt – Masse, Drehimpuls und Ladung –, lassen sich der Flächeninhalt und die Oberflächengravitation ebenfalls als Funktion dieser Parameter ausdrücken. Für das statische Schwarzschildsche schwarze Loch, das lediglich durch seine Masse charakterisiert ist, sind diese Relationen besonders einfach. Der Ereignishorizont ist eine Kugeloberfläche, deren Radius proportional zur Masse des schwarzen Loches ist ($r = 2M$), sein Flächeninhalt ist daher proportional zum Quadrat der Masse. Ein kugelsymmetrisches schwarzes Loch von 10 $M_\odot$ hat eine Oberfläche von 5 650 Quadratkilometern, vergleichbar also mit der mittleren Größe eines französischen Départements. Entsprechend ist die Oberflächengravitation umgekehrt proportional zu seiner Masse. Ein kugelförmiges schwarzes Loch von 10 $M_\odot$ hat eine Oberflächengravitation, die einhundertfünfzig Milliarden mal größer ist, als die Schwerebeschleunigung an der Oberfläche unseres Planeten.

Die Dynamik der schwarzen Löcher läßt sich in vier Gesetzen zusammenfassen, die eine verblüffende Ähnlichkeit mit den üblichen Hauptsätzen der Thermodynamik haben.

- Das 0. Gesetz besagt, daß alle Punkte auf dem Ereignishorizont eines schwarzen Loches im Gleichgewicht dieselbe Oberflächengravitation haben. Diese Eigenschaft mag zunächst überraschen, wenn man bedenkt, daß rotierende schwarze Löcher an den Polen durch die Zentrifugalkräfte abgeplattet sind. Nun weiß man von gewöhnlichen rotierenden Sternen, wie beispielsweise der Erde, daß die Schwerkraft an den Polen größer ist als am Äquator. Demgegenüber ist die Schwerkraft auf dem Ereignishorizont eines schwarzen Loches unabhängig von seiner Abplattung immer konstant!

- Das 1. Gesetz beschreibt, wie sich die Masse, die Rotationsgeschwindigkeit und der Drehimpuls eines schwarzen Loches bei einem Prozeß (z.B. beim Einfang einer Teilchenwolke oder eines Asteroiden) als Funktion der Fläche und der Oberflächengravitation verändern.

- Das 3. Gesetz besagt, daß es nicht möglich ist, die Oberflächengravitation eines schwarzen Loches durch eine endliche Anzahl von Prozessen zum Verschwinden zu bringen. Ein Beispiel für ein schwarzes Loch mit absolut verschwindender Oberflächengravitation ist das „maximale" schwarze Loch nach Kerr, dessen Drehimpuls dem kritischen Wert entspricht. Nach dem 3. Gesetz ist der Zustand eines maximalen schwarzen Loches ein Grenzfall, der in der Natur nicht realisiert werden kann. Für ein langsam rotierendes schwarzes Loch ist es zwar möglich, seinen

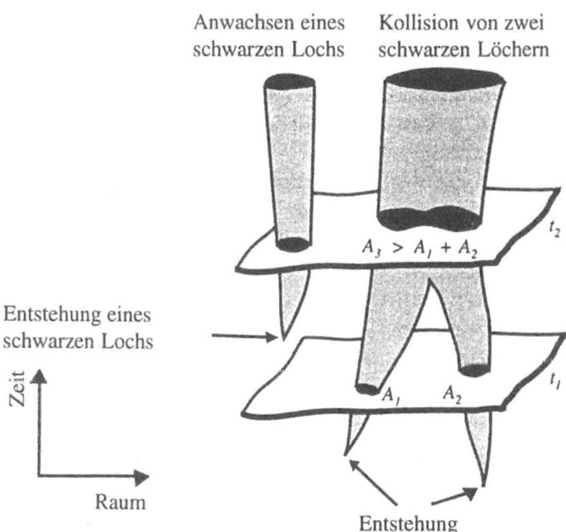

Bild 13.1 Das irreversible Wachstum der schwarzen Löcher. Im Verlauf seiner Entwicklung kann die Oberfläche eines schwarzen Loches nicht abnehmen. Wenn zwei schwarze Löcher kollidieren, so bildet sich ein einzelnes schwarzes Loch, dessen Oberfläche A_3 größer als die Summe der Oberflächen A_1 und A_2 der ursprünglichen schwarzen Löcher ist.

Drehimpuls durch den Einfang von Materie aus geeigneten Bahnen zu vergrößern, der maximale Zustand ist jedoch unerreichbar.

- Schließlich behauptet das 2. Gesetz für die Dynamik der schwarzen Löcher, daß die Oberfläche eines schwarzen Loches im Verlauf der Zeit niemals abnehmen kann. Auch wenn ein vollkommen isoliertes schwarzes Loch eine konstante Entropie beibehält, so führt der Einfang von Materie oder Strahlung doch zu einer Zunahme der Oberfläche eines schwarzen Loches. Auch wenn zwei schwarze Löcher miteinander kollidieren, bilden sie notwendigerweise ein Scharzes Loch mit einer Oberfläche, die größer als die Summe der Oberflächen der beiden ursprünglichen schwarzen Löcher ist (Bild 13.1).

Dieses fundamentale Ergebnis wurde von Stephen Hawking entdeckt. Es zeigt den direkten Zusammenhang zwischen der Oberfläche eines schwarzen Loches und der Entropie eines thermodynamischen Systems. Kann man diese Analogie noch weiter treiben und behaupten, ein schwarzes Loch habe wirklich eine Entropie?

Der israelische Physiker Jacob Bekenstein hat diese Frage positiv beantwortet. Das schwarze Loch ist ein kosmisches Gefängnis, das jedes Teilchen
und jede Strahlung – und damit auch jede Information – am Entkommen hindert. Verschwindet ein materieller Gegenstand in einem schwarzen Loch, so
ist außerdem jede Kenntnis von seinen inneren Eigenschaften für einen äußeren Beobachter verloren, es bleiben nur die neuen Werte für die Masse, den
Drehimpuls und die Ladung des schwarzen Loches. Das schwarze Loch *verschluckt also die Informationen.* Es muß daher eine Entropie haben. Wie in der
Thermodynamik muß sich diese aus der Gesamtzahl der möglichen internen
Konfigurationen bei einem gegebenen äußeren Zustand ergeben, wobei der äußere Zustand durch die drei Parameter eines schwarzen Loches definiert ist. Die
Rechnung führt zu einem Ergebnis, das tatsächlich proportional zur Oberfläche
eines schwarzen Loches ist.

Die Entropie eines schwarzen Loches von einer Sonnenmasse ist eine Milliarde Milliarden mal größer als die Entropie der Sonne. Der Unterschied erklärt
sich aus der Tatsache, daß das schwarze Loch bei seiner Entstehung „seine
Haare verliert", d.h. sämtliche Information über die Materie – außer der Masse, der Ladung und dem Drehimpuls – verschluckt. Aus diesem Grund sind die
schwarzen Löcher die größten Entropiespeicher in unserem Universum.

13.3   Das schwarze Loch als Energiequelle

Ein schwarzes Loch läßt zwar keine Strahlung oder Teilchen entweichen, das
1. Gesetz über die Dynamik der schwarzen Löcher besagt jedoch, daß es Energie an die äußere Umgebung abgeben kann. Tatsächlich setzt sich die gesamte Masse bzw. Energie eines schwarzen Loches aus drei Anteilen zusammen:
einer „Rotationsenergie" aufgrund seines Drehimpulses, einer „elektrischen"
Energie durch seine Ladung und einer Energie zu seiner „trägen" Masse. Der
griechische Physiker Demetrios Christodolou konnte beweisen, daß sich die
ersten beiden Formen von Energie einem schwarzen Loch entziehen lassen,
wohingegen die Energie zur trägen Masse irreduzibel ist. Diese irreduzible
Energie hängt wiederum direkt mit der Oberfläche des schwarzen Loches zusammen, die nach dem 2. Gesetz bei keinem Prozeß abnehmen kann[3].

Das kugelsymmetrische, neutrale schwarze Loch minimiert gerade seine
Energie. Es beschränkt sich auf eine Rolle als passiver Gravitationstopf, der

---

[3] Die Entropie kann bestenfalls während bestimmter reversibler Prozesse konstant bleiben.

Teilchen und Strahlung verschluckt und bei jeder Wechselwirkung seine Masse vergrößert. Umgekehrt ist ein schwarzes Loch nahe dem maximalen Zustand voller Energie, mit der es auch nicht geizt. Seine Rotationsenergie, die immerhin mehr als ein Drittel seiner Gesamtenergie ausmacht, läßt sich gewinnen.

Potentiell steckt hierin eine unvorstellbare Energie, im Vergleich zu der eine Supernova nur ein Knallfrosch ist. Andererseits hat die Energiegewinnung aus der Rotation eines schwarzen Loches nicht den plötzlichen, zerstörerischen Charakter eines explodierenden Sterns. Sie läßt sich nur sehr sparsam realisieren. Die Schlüsselrolle dabei spielt die Ergosphäre des schwarzen Loches, d.h. der Bereich zwischen der statischen Grenze und dem Ereignishorizont. Von Roger Penrose stammt der folgende Mechanismus der Energiegewinnung.

Ein vom schwarzen Loch weit entfernter Experimentator wirft ein Projektil in Richtung der Ergosphäre. Dort zerfällt das Projektil in zwei Hälften: eines der Bruchstücke wird von dem schwarzen Loch eingefangen, während das andere die Ergosphäre wieder verläßt und zum Experimentator zurückkehrt (Bild 13.2). Penrose konnte zeigen, daß bei einem wohlgezielten Abschuß das zurückkommende Bruchstück mehr Energie hat, als das ursprüngliche Projektil. Das ist möglich, wenn das von dem schwarzen Loch eingefangene Bruchstück auf einer gegenläufigen Bahn einfällt (d.h. entgegengesetzt zur Rotationsrichtung des schwarzen Loches), so daß es bei seinem Eintritt in das schwarze Loch dessen Drehimpuls etwas verkleinert. Als Endergebnis dieser Aktion hat das schwarze Loch ein wenig seiner Rotationsenergie verloren, während die Differenz gerade von dem nach unendlich entweichenden Bruchstück hinzugewonnen wurde.

Dieses Gedankenexperiment eröffnet eine ganze Reihe neuer Möglichkeiten für die Phantasie der Science-fiction-Schreiber. Bild 13.3 ist dem Buch von Charles Misner, Kip Thorne und John Wheeler über die Gravitation entnommen,[4] das zu einer Art „Bibel" der Allgemeinen Relativitätstheorie wurde. Die Idee besteht darin, die Ergosphäre eines rotierenden schwarzen Loches auszunutzen, um die Energieprobleme einer fortgeschrittenen Zivilisation zu lösen. Zunächst baut man ein riesiges, starres Gerüst, das das schwarze Loch in ausreichendem Abstand umkreist, so daß die Gezeitenkräfte nicht zu stark werden. Auf diesem Gerüst entsteht nun eine Industriestadt. Täglich werden Millionen von Tonnen Abfall mit Kippwagen eingesammelt und zu einer schachtartigen Öffnung gebracht. Dort wirft man die Wagen nacheinander in Richtung des schwarzen Loches, wobei jeder Wagen entlang einer spiralförmigen Bahn herunterfällt. Sobald ein Wagen in die Ergosphäre eingedrungen ist und einen

---

[4] Misner C. W., Thorne K. W., Wheeler J. A., *Gravitation*, W. H. Freeman and Co. (San Francisco), 1973.

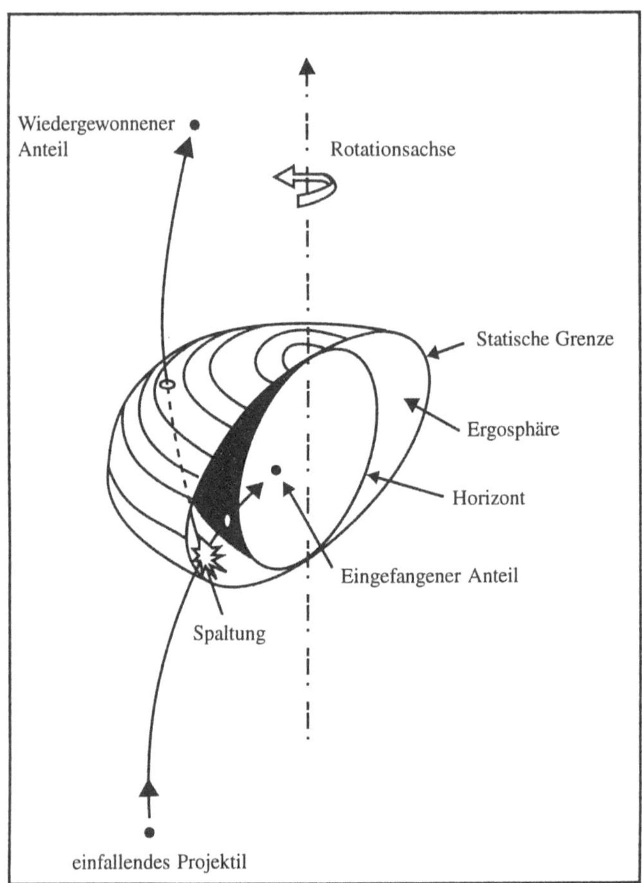

Bild 13.2 Die Ergosphäre eines rotierenden schwarzen Loches. Wenn ein Projektil in die Ergosphäre eindringt und eines seiner Bruchstücke in das schwarze Loch fällt, kann das andere Bruchstück wieder entweichen und dabei mehr Energie haben, als das ursprüngliche Projektil.

bestimmten „Abwurfpunkt" erreicht hat, wird er durch einen Mechanismus automatisch geöffnet und sein Inhalt auf einer vorausberechneten, der Rotationsrichtung entgegengerichteten Bahn herausgeschleudert. Die eingefangenen Abfälle verringern die Rotationsenergie des schwarzen Loches etwas. Im Gegenzug verläßt der leere Wage die Ergosphäre mit einer erhöhten Energie. Er wird schließlich von einem großen Rotor aufgefangen, an den er seine riesige

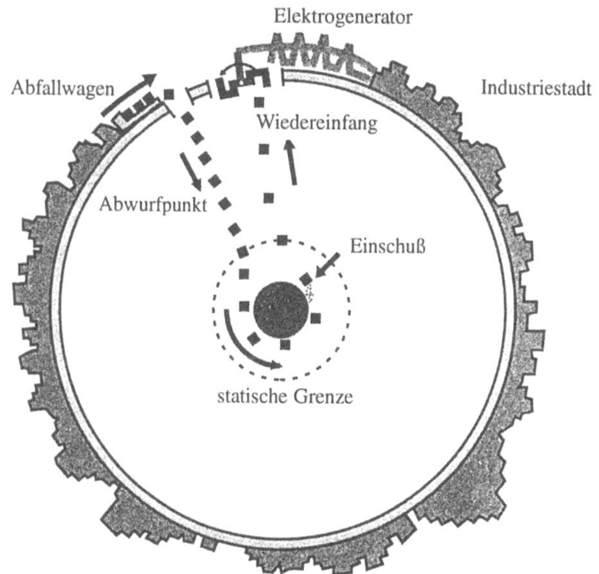

Bild 13.3 Industrielle Energiegewinnung aus einem rotierenden schwarzen Loch.

kinetische Energie abgibt. Der Rotor ist mit einem Stromgenerator verbunden, der die Stadt mit Elektrizität versorgt. Für jeden zurückgekehrten Wagen ist der Energiegewinn gleich der Massenenergie der abgeworfenen Abfälle, plus ein kleiner Teil der Energie des schwarzen Loches selbst. Mit diesem trickreichen Mechanismus können die Bewohner der Stadt nicht nur die gesamte Masse ihrer Abfälle in elektrische Energie umwandeln, sondern gleichzeitig auch noch einen Teil der Energie des schwarzen Loches gewinnen. Die Ökologie hat gesiegt!

13.4 Das schwarze Loch als Dynamo

Das Interesse an dem Penrose-Mechanismus geht über die reine Anekdote hinaus. Die Gewinnung der Rotationsenergie eines schwarzen Loches könnte unter astrophysikalischen Bedingungen schon realisiert sein, und zwar über ein geeignetes äußeres Magnetfeld.

Der französische Astrophysiker Thibaut Damour hat auf die Analogie zwischen der Oberfläche eines schwarzen Loches und einer sich bewegenden geladenen Seifenblase hingewiesen. Insbesondere ist ein schwarzes Loch ein elektrischer Leiter mit einem bestimmten elektrischen Widerstand. In dieser Hinsicht verhält sich ein rotierendes schwarzes Loch, das sich in einem äußeren elektromagnetischen Feld befindet, wie ein wirklicher elektrodynamischer Motor; es arbeitet nach dem Prinzip eines Dynamo. Wie in einem riesigen Elektromagneten erzeugen die Induktionserscheinungen zwischen dem Rotor (dem schwarzen Loch) und dem Stator (dem äußeren elektromagnetischen Feld) auf dem Horizont des schwarzen Loches elektrische Kreisströme, die es in seiner Rotation abbremsen und ihm einen Teil seiner Energie entziehen. Diese Ströme entsprechen den „Foucaultschen Strömen", die industriell in Bremssystemen von schweren Fahrzeugen Anwendung finden.

Günstige Bedingungen für einen Energieentzug durch den Dynamo-Effekt sind möglicherweise in den Zentren einiger Galaxien gegeben, in denen sich schwarze Riesenlöcher befinden (siehe Kapitel 17).

13.5 Das schwarze Loch als Laser

Eine weitere Möglichkeit, einem rotierenden oder elektrisch geladenen schwarzen Loch Energie zu entziehen, wurde 1971 von dem sowjetischen Physiker Yavoc Zel'dovich vorgeschlagen. Dieser Mechanismus, die sogenannte „Superstrahlung", beruht auf der Analogie mit einem aus der Quantenmechanik sehr bekannten Phänomen: der induzierten Emission von Teilchen.

In einem Atom besetzen die Elektronen bestimmte Bahnen, deren Energie *quantisiert* ist, d.h. sie variiert nicht kontinuierlich, sondern kann nur bestimmte „diskrete" Werte annehmen. Die Energie, die ein Elektron in einem Orbit hat, ist um so kleiner, je tiefer dieser Orbit ist, je „näher" er sich also am Kern befindet. Normalerweise besetzen die Elektronen in einem Atom bevorzugt die Orbits niedriger Energie. Aus diesem Grund kann ein Elektron, das sich in einem höheren Energieniveau befindet, spontan in ein tieferes Energieniveau springen. Dabei emittiert es ein Photon, das Teilchen zu den elektromagnetischen Wellen, dessen Frequenz gerade der Differenz zwischen dem oberen und unteren Energieniveau entspricht. Diesen Vorgang bezeichnet man als *spontane Emission*.

Bestrahlt man umgekehrt ein Atom mit einer elektromagnetischen Welle einer geeigneten Frequenz, so kann diese Welle den Übergang eines Elektrons von einem tieferen zu einem höheren Energieniveau auslösen. Die Welle wird teilweise von dem Atom absorbiert und mit kleinerer Energie wieder abgegeben. Stellen wir uns nun vor, daß in einem geeignet präparierten Atom die meisten Elektronen die höheren Energieniveaus bevölkern. Man sagt dann auch, das Atom befinde sich in einem *angeregten Zustand*. In diesem Fall kann die einfallende Welle nur einen Übergang nach unten auslösen. Diesen Vorgang bezeichnet man als *induzierte Emission*, bei dem die Welle, anders als bei der spontanen Emission, *verstärkt* wird und Energie gewinnt. Über diesen Mechanismus, der von Einstein 1916 entdeckt wurde, arbeitet ein *Laser*. Er ist eine der schönsten technischen Errungenschaften, die auf den Quanteneigenschaften der Materie und der Strahlung beruht.

Ein ganz ähnlicher Vorgang kann sich an einem rotierenden oder geladenen schwarzen Loch („schwarzes Loch nach Kerr-Newman") ereignen. Letzteres läßt sich nämlich als „angeregter Zustand" eines statischen bzw. neutralen schwarzen Loches ansehen. Ich habe schon im 10. Kapitel erklärt, wie ein schwarzes Loch unter Bestrahlung das einfallende Licht teilweise absorbieren und teilweise reflektieren kann. Berücksichtigt man jedoch die diskontinuierlichen Eigenschaften der Strahlung, so treten neue Effekte auf und geben einen Einblick in die Verbindungen zwischen der Gravitation und der Quantenmechanik. Bestrahlt man ein Kerr-Newmansches schwarzes Loch mit elektromagnetischen Wellen oder Gravitationswellen, wobei die Frequenzen und Phasen geeignet angepaßt sind, so sind die reflektierten Wellen verstärkt. Mit anderen Worten, das schwarze Loch überläßt einen Teil seiner Energie den Wellen, die es durchdringen. Mit diesem Effekt, der sogenannten *Superstrahlung*, läßt sich im Prinzip dem schwarzen Loch Rotationsenergie oder elektrische Energie entziehen.

Verfolgen wir die Analogie zwischen einem Kerr-Newmanschen schwarzen Loch und einem angeregten Atom noch etwas weiter. Wenn es an einem schwarzen Loch eine induzierte Emission geben kann, dann sollte es auch eine spontane Emission von Teilchen geben können. Da es (klassisch) einem Teilchen verboten ist, den Ereignishorizont zu verlassen, müßte sich die spontane Erzeugung von Teilchen außerhalb des schwarzen Loches ereignen.

Diese intuitive Vorstellung wird durch ausführliche Berechnungen für die Wechselwirkung zwischen einem schwarzen Loch – beschrieben durch die Allgemeine Relativitätstheorie – und Materie oder Strahlung – beschrieben durch die Quantenmechanik – bestätigt. Der „Abbau der Anregungen" eines schwarzen Loches erfolgt danach über eine Neutralisierung seiner Ladung durch Emission von geladenen Teilchen gleichen Vorzeichens und eine Verlangsamung seiner Rotation durch Emission von Teilchen, deren Spin dieselbe Orientierung hat wie der Drehimpuls des schwarzen Loches. Im Grunde genommen könnten alle Arten von Teilchen (Photonen, Neutrinos, Elektronen, Protonen usw.) erzeugt werden, allerdings ist die Wahrscheinlichkeit für die Produktion eines Teilchens um so kleiner, je schwerer es ist.

So haben uns die Entwicklungen auf dem Gebiet der Thermodynamik schwarzer Löcher an die Grenzen zwischen der „klassischen" Welt und der „Quantenwelt" geführt. Auf diesem Weg haben wir festgestellt, daß ein schwarzes Loch ganz neue Eigenschaften besitzt, die über die passive Rolle eines singulären Gravitationstopfes, die es zunächst zu haben schien, hinausgehen. Der Beginn des *quantisierten schwarzen Loches* im Jahre 1974 hat zunächst seine schwarze Farbe bestätigt, hat es aber seiner letzten klassischen Eigenschaft beraubt: ein Loch zu sein.

Kapitel 14
Das quantisierte schwarze Loch

*Es gibt immer einen Augenblick, wo die Neugierde zur Sünde wird; und
der Teufel steht direkt neben den Wissenschaftlern.*

ANATOLE FRANCE

14.1   Das schrumpfende schwarze Loch

Im Jahre 1971 schlug Stephen Hawking die Existenz von *schwarzen Mini-
Löchern* vor. Nach Hawking waren während der ersten Momente des Universums, lange vor der Geburt von Sternen und Galaxien, der Druck und die
Energie der „kosmischen Suppe" so groß, daß kleinere Klumpen von Materie
zu schwarzen Löchern unterschiedlicher Größe und Masse zusammengepreßt
werden konnten[1]. Insbesondere sehr kleine schwarze Löcher, mit der Masse
von Bergen und der Größe von Elementarteilchen, hätten „von Außen" entstehen können, wohingegen sich im heutigen Universum schwarze Löcher nur
noch als Folge eines Kollaps von sehr großen Materiemengen bilden können.

Hawking beschäftige sind dann mit den Wechselwirkungen der schwarzen
Mini-Löcher mit der äußeren Umgebung. Da die Abstände, die hier ins Spiel
kommen, mikroskopisch klein sind, müssen die Materie und die Energie im
Rahmen der Quantenmechanik beschrieben werden. Wie schon früher angedeutet wurde, gibt es jedoch noch keine zufriedenstellende Theorie der Quantengravitation. Andererseits müssen das Gravitationsfeld und damit die Raum-
Zeit erst auf einem Maßstab von der Größenordnung der Planck-Länge wirklich diskontinuierlich werden, und das ist erheblich kleiner als der Radius eines Elementarteilchens oder eines schwarzen Mini-Loches. Daher läßt sich die
Wechselwirkung zwischen einem schwarzen Mini-Loch und der umgebenden
Materie auf der Basis eines Kompromisses berechnen: Die Raum-Zeit bleibt
„klassisch" und wird durch die Allgemeine Relativitätstheorie beschrieben, nur
ihr Inhalt – Materie und Energie – ist quantisiert.

---

[1] Siehe Kapitel 15.

213

Mit diesem Ansatz führte Hawking 1974 seine Berechnungen durch, und er entdeckte ein so unerwartetes Phänomen, daß er zunächst an einen Fehler glaubte und die Rechenarbeit mehrmals wiederholte. Schließlich mußte er das Ergebnis akzeptieren: *Ein schwarzes Mini-Loch muß unter Emission von Teilchen verdampfen.*

Dieses Ergebnis war zunächst sehr verwirrend: Ein solches Verhalten steht in vollkommenem Gegensatz zur „klassischen" Vorstellung eines schwarzen Loches, nach der nichts den Ereignishorizont verlassen darf. Zwar kann ein „angeregtes" schwarzes Loch seine Energie abgeben, indem es nach und nach seinen Drehimpuls und seine Ladung verliert, aber in diesem Fall werden die Teilchen von außerhalb des Horizonts emittiert. Ein „nicht-angeregtes" Schwarzschildsches schwarzes Loch hingegen muß seine irreduzible Massenenergie behalten, die mit seiner Oberfläche und seiner Entropie verknüpft ist, und somit nach dem 2. Hauptsatz der klassischen Thermodynamik im Verlauf der Zeit nicht abnehmen kann. Nun zeigen die Rechnungen von Hawking, daß ein schwarzes Mini-Loch, unabhängig davon, ob es angeregt ist oder nicht, Teilchen entweichen lassen muß und unter Verlust seiner Masse und Energie verdampft. Wie läßt sich dieser Konflikt lösen?

Es ist verhältnismäßig leicht, im nachhinein eine große theoretische Entdeckung zu interpretieren, einfach, weil plötzlich die Zusammenhänge zwischen schlecht verstandenen Phänomenen sichtbar werden. In dieser Hinsicht kam die Quantenverdampfung der schwarzen Löcher genau zum richtigen Zeitpunkt, um die Thermodynamik schwarzer Löcher endgültig zu rechtfertigen; denn bei genauerer Betrachtung war ihre „klassische" Version *inkonsistent.* Sehen wir, warum.

Nach der üblichen Thermodynamik muß jeder Gegenstand, der eine bestimmte Temperatur hat und in ein kälteres Bad – z.B. Luft – getaucht wird, Energie in Form von Strahlung abgeben. Dabei verringert sich seine Entropie, während die der Umgebung zunimmt. Während dieses Austauschs wächst nach dem zweiten Hauptsatz die *gesamte* Entropie, d.h. die Summe aus der Entropie des Gegenstands und des Bades.

Was sagt nun die Thermodynamik über ein schwarzes Loch? Sie weist dem schwarzen Loch eine Entropie zu, gegeben durch seine Oberfläche, und eine Temperatur, gegeben durch seine Oberflächengravitation. Tauchen wir also das schwarze Loch in ein „Temperatur"-Bad. Wenn die Temperatur des schwarzen Loches kleiner als die der Umgebung ist, wird das schwarze Loch Energie absorbieren, und seine Entropie nimmt zu. Wird jedoch das schwarze Loch in ein kälteres Bad getaucht, dann muß man auch die Vorstellung akzeptieren, daß es Energie und Entropie verliert, obwohl dies dem zweiten Hauptsatz der „klassischen" Thermodynamik schwarzer Löcher widerspricht.

Diese Inkonsistenz wurde mit der Entdeckung Hawkings gelöst. Aufgrund einiger quantenmechanischer Effekte, die ich weiter unten genauer erläutern werde, kann ein schwarzes Loch Teilchen oder Strahlung emittieren, selbst wenn es sich in seinem minimalen Energiezustand befindet, d.h. nicht rotiert und auch keine elektrische Ladung trägt. Wenn ein schwarzes Loch seine Energie verliert, sinkt auch seine Entropie, d.h. seine Oberfläche, während die Entropie des Bades durch die Aufnahme der Energie wächst. Tatsächlich ist die Zunahme der Entropie des Bades größer als der Entropieverlust des schwarzen Loches. Der zweite Hauptsatz der Thermodynamik bleibt also für das System schwarzes Loch + Bad gültig, denn die Gesamtentropie nimmt immer zu.

14.2 Der Tunnel

Wenn nach klassischen Überlegungen nichts aus dem schwarze Loch heraus kann, dann, weil es von einer Art „Einbahn-Membran" umgeben ist: Der Ereignishorizont erlaubt den Eintritt, aber nicht das Verlassen. Von Innen betrachtet ist das schwarze Loch von einer unüberwindlichen, unendlich hohen Barriere umgeben. Um sie überspringen und heraustreten zu können, bedarf es einer unendlichen Energie.

Nun zeigt uns die Quantenmechanik eine Möglichkeit, eine beliebige Mauer zu überqueren, selbst wenn die Energie dafür nicht ausreicht. Dieses Phänomen, der sogenannte Tunneleffekt, ist eine direkte Konsequenz aus dem Unbestimmtheitsprinzip, das für die Quantenmechanik eine ähnliche Bedeutung hat, wie das Äquivalenzprinzip für die Allgemeine Relativitätstheorie: Es ist ein Prüfstein.

Wir lernen, daß es in der Quantenmechanik „eine gewisse Unschärfe" in der Beschreibung der mikroskopischen Realität gibt. Möchte man beispielsweise den Ort eines freien Elektrons messen, so muß man es lokalisieren, d.h. betrachten. Aber zum Betrachten muß man es beleuchten. Nun ist das Elektron so klein, daß die Photonen, mit denen man es beleuchtet, genügend Energie haben, um es in Bewegung zu versetzen: Die Photonen übertragen auf das Elektron einen kleinen Impuls und verändern so seine Geschwindigkeit. Versucht man daher den Ort eines Elektrons mit einer großen Genauigkeit zu messen, so führt das zu einer Unsicherheit bei der Messung seiner Geschwindigkeit.

Wenn die Geschwindigkeit eines Elektrons auf ungefähr 1 cm/s bekannt ist, dann kann man es nicht genauer als auf einen Zentimeter lokalisieren.

Ganz allgemein stört jede Messung ein mikroskopisches System. Das berühmte Unbestimmtheitsprinzip wurde von Werner Heisenberg im Jahre 1927 formuliert. Selbstverständlich wird der quantenmechanische Indeterminismus immer unwesentlicher, je größer die jeweiligen Massen sind. Daher kann auch das zweitausendmal schwerere Proton schon mit einer Genauigkeit von ungefähr 5 Mikrometer lokalisiert werden, wenn die Ungenauigkeit der Geschwindigkeit 1 cm/s beträgt. Diese Genauigkeit mag zwar besser erscheinen, ist aber immer noch gering, wenn man berücksichtigt, daß der Durchmesser eines Protons eine Milliarde mal kleiner ist. Für makroskopische Gegenstände hingegen ist die Masse im Verhältnis zu der von Elementarteilchen so groß, daß die Unsicherheit bei der Messung von Ort und Impuls nahezu verschwindet. Die normale Welt ist „deterministisch"[2].

Das Unbestimmheitsprinzip gilt auch für andere quantisierte physikalische Größen, wie z.B. die Energie: für ein sehr kurzes Zeitintervall kann die Energie um einen bestimmten Betrag fluktuieren. Stellen wir uns nun vor, ein Teilchen sei in einem schwarzen Loch gefangen. Obwohl es ihm klassisch absolut verboten ist, das schwarze Loch zu verlassen, erlaubt ihm die Unbestimmtheitsrelation der Quantenmechanik, sich von dem schwarzen Loch für eine bestimmte Zeit eine bestimmte Energiemenge zu borgen. Wenn nun das schwarze Loch mikroskopisch ist, also von der Größe eines Elementarteilchens, dann könnte dieser „Energiesprung" ausreichen, um das Teilchen für einen Moment außerhalb des Horizontradius zu versetzen. Das Ergebnis ist ein Verlust an Energie für das schwarze Loch und ein entflohenes Teilchen. Das Teilchen ist nicht wirklich über die unendlich hohe Mauer des Horizonts gesprungen, sondern es ist durch einen „Tunnel" enkommen, der wegen des Unbestimmtheitsprinzips für kurze Momente geöffnet ist.

---

[2] Entgegen einer weitverbreiteten Meinung bedeutet das nicht, daß ihre zeitliche Entwicklung vorhergesagt werden kann. Viele vollkommen klassische physikalische Phänomene sind so kompliziert – „nichtlinear" –, daß sie sich zu unvorhersagbaren Zuständen entwickeln, obwohl sie von deterministischen Gleichungen beschrieben werden. Aus diesem Grund lassen sich auch niemals gesicherte meteorologische Vorhersagen über einen Zeitraum von mehr als einer Woche machen, unabhängig von der Leistungsstärke der Computer!

14.3 Das polarisierte Vakuum

Das Phänomen der Verdampfung eines schwarzen Loches läßt sich auch völlig äquivalent durch einen Vorgang interpretieren, den man als *Vakuumpolarisation* bezeichnet.

In der Quantenmechanik besteht das Vakuum nicht einfach aus dem Fehlen von Feldern, Teilchen oder jeglicher Energie. Das Vakuum der Quantentheorie ist nur der Zustand minimaler Energie. Wenn man es trotzdem als „leer" bezeichnet, dann, weil ein Zustand mit exakt verschwindender Energie nicht existieren kann.

Das Unbestimmtheitsprinzip zwischen Zeit und Energie läßt verstehen, warum das Vakuum mit Teilchen bevölkert ist. Wegen der Äquivalenz zwischen Masse und Energie, kann eine Fluktuation der Vakuumsenergie sich in Form von Elementarteilchen materialisieren. Im Jahre 1928 entdeckte Paul Dirac, daß es zu jedem Elementarteilchen ein *Antiteilchen* derselben Masse und mit „gespiegelten" Eigenschaften gibt. So gibt es zu dem Elektron, das eine negative elektrische Elementarladung trägt, ein Antiteilchen, das sogenannte Positron, das dieselbe Masse und eine umgekehrte elektrische Ladung besitzt. Das masselose Photon ist sein eigenes Antiteilchen. Trifft ein Teilchen auf sein Antiteilchen, so annihilieren sie sich, und ihre Masse wird in Energie umgewandelt. Der Verbindung aus einem Teilchen und seinem Antiteilchen entspricht somit ein bestimmter Energiebetrag – die zweifache Ruhemasse des Teilchens –, und umgekehrt kann man eine bestimmte Energiemenge virtuell als eine Menge von Teilchen-Antiteilchen-Paaren ansehen. Da das Quantenvakuum ständigen Energiefluktuationen unterliegt, kann man es mit einer Art „Dirac-See" in Verbindung bringen, der mit Teilchen-Antiteilchen-Paaren angefüllt ist, die aus dem Vakuum spontan auftauchen und sich anschließend wieder vernichten.

Während einer Zeit von 10^{-21} Sekunden kann ein Elektron-Positron-Paar spontan entstehen und wieder verschwinden. Auch schwerere Teilchenpaare können sich aus dem Vakuum bilden, wegen der Unbestimmtheitsrelation existieren sie jedoch nur für eine wesentlich kürzere Zeit. Ein aus dem Vakuum erzeugtes Proton-Antiproton-Paar existiert im Mittel nur für eine Zeit, die zweitausendmal kürzer ist als die Zeit für das Elektron-Positron-Paar.

Ohne weitere äußere Kräfte gibt es im Quantenvakuum ein endloses Entstehen und Annihilieren von Teilchenpaaren, wobei im Durchschnitt letztendlich weder ein Teilchen noch ein Antiteilchen wirklich erzeugt oder vernichtet wurde, und sie auch nicht direkt beobachtbar sind. Diese Paare sind *virtuell*. Nehmen wir nun an, daß dem Vakuum noch ein Kraftfeld überlagert ist, z.B. ein elektrisches Feld. Wenn ein virtuelles Elektron-Positron-Paar aus dem Vakuum auftaucht, wird das Elektron von dem elektrischen Feld in eine bestimmte Richtung abgelenkt, während das Positron genau in die entgegengesetzte Richtung beschleunigt wird. In einem ausreichend starken elektrische Feld kann sich das Paar so weit voneinander trennen, daß es nicht mehr zusammenkommen und annihilieren kann. Aus den virtuellen Teilchen werden *reale* Teilchen. Man sagt auch, das Vakuum sei *polarisiert.*

Die spontane Erzeugung von Teilchen durch Vakuumpolarisation existiert nicht nur in der Phantasie der Theoretiker, sondern ist eine im Laboratorium vielfach bestätigte Erscheinung. Betrachten wir beispielsweise das Wasserstoffatom im Vakuum der Quantentheorie. Es besteht aus einem positiv geladenen Proton im Zentrum und einem negativ geladenen Elektron in einer Hülle. Umgeben werden sie von unzähligen Paaren virtueller Teilchen, die ständig entstehen und sich vernichten. Proton und Elektron erzeugen jedoch in ihrer unmittelbaren Umgebung ein elektrischen Feld, das das Vakuum polarisiert. Die entgegengesetzt geladenen Teilchen werden sich etwas voneinander entfernen, und für kurze Zeiten werden kleine elektrische Ströme erzeugt. Sie sind gerade groß genug, um das Elektron auf seiner Bahn hin und her springen zu lassen, was sich beim Wasserstoffatom in einer geringen Verschiebung der Emissionslinien äußert, die unter dem Namen „Lamb-Shift" bekannt ist. Dieser Effekt wurde 1947 experimentell nachgewiesen.

Das Vakuum läßt sich nicht immer leicht polarisieren. Eine große Energiedichte ist notwendig, um die virtuellen Teilchenpaare zu trennen und materialisieren zu lassen. Die Art der Energie, um die es sich dabei handelt, ist dabei weniger bedeutend. Es kann elektrische Energie sein: Wenn beispielsweise die Spannung zwischen zwei Kondensatorplatten einen bestimmten Wert überschreitet, dann wird das Vakuum polarisiert und der Kondensator „klickt". Es kann auch thermische Energie sein: Ein mittelmäßig erhitztes Metallstück strahlt Photonen aus (die ihre eigenen Antiteilchen sind), aber bei tausend Milliarden Grad werden auch Elektron-Positron-Paare abgestrahlt.

Da alle Formen von Energie äquivalent zu Masse sind, ist es nur naheliegend anzunehmen, daß auch die *Gravitationsenergie* sich spontan in Teilchen umwandeln kann. Genau das ist die tiefere Bedeutung der Entdeckung von Hawking. Das Quantenvakuum wird durch das sehr intensive Gravitationsfeld in der Nähe eines schwarzen Loches polarisiert (Bild 14.1). Im Dirac-See werden die virtuellen Paare ständig erzeugt und vernichtet. Für einen kurzen Augenblick trennen sich ein Teilchen und sein Antiteilchen. Es gibt nun vier Möglichkeiten: Die beiden Teilchen kommen wieder zusammen und annihilieren

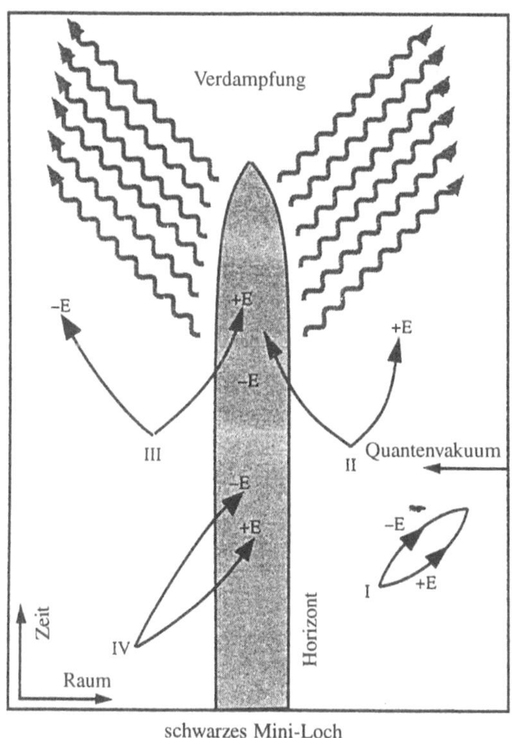

Bild 14.1   Die Quanten-Verdampfung eines schwarzen Mini-Loches durch Vakuumpolarisation.

sich (Prozeß I); das Antiteilchen wird von dem schwarzen Loch eingefangen und das Teilchen materialisiert in der äußeren Welt (Prozeß II); das Teilchen wird eingefangen und sein Partner entweicht (Prozeß III); beide Teilchen fallen in das schwarze Loch (Prozeß IV). Hawking hat die Wahrscheinlichkeiten für das Auftreten dieser verschiedenen Prozesse berechnet und fand, daß Prozeß II am wahrscheinlichsten ist. Die Energiebilanz ist dabei die folgende: Da bevorzugt das Antiteilchen eingefangen wird, verliert das schwarze Loch spontan Energie und damit Masse. Für einen äußeren Beobachter erscheint es, als ob das schwarze Loch verdampft, indem es Teilchenstrahlung emittiert.

219

14.4 Schwarz ist schwarz

Wir haben nun alle Mechanismen kennengelernt, durch die einem schwarzen Loch Energie entzogen werden kann. Rotationsenergie und elektrische Energie können sowohl durch klassische, wie auch durch quantenmechanische Prozesse abgegeben werden. Insbesondere läßt sich auch die im letzten Kapitel beschriebene Superstrahlung beim Übergang eines geladenen und rotierenden schwarzen Mini-Loches in den Grundzustand, nun als Vakuumpolarisation neu interpretieren. Das schwarze Loch fängt unter den virtuellen Paaren, die es umgeben, bevorzugt diejenigen Teilchen ein, deren Ladung entgegengesetzt zu seiner eigenen ist, oder deren Drehimpuls das umgekehrte Vorzeichen hat.

Daher hat selbst im Vakuum ein schwarzes Mini-Loch, das zunächst mit Ladung und Drehimpuls entstanden ist, spontan die Tendenz, sich zu neutralisieren und abzubremsen, um so schnell in den Schwarzschild-Zustand zu kommen. Aber wegen der Vakuumpolarisation hat selbst der Schwarzschild-Zustand seine „klassische" Irreduzibilität verloren, und seine „träge" Masse verdampft spontan. Von welcher Art genau ist die emittierte Strahlung?

Durch eine seltsame Ironie des Schicksals strahlt das schwarze Loch wie ein anderes physikalisches Objekt mit derselben „Farbe": der *schwarze Strahler* (oder auch *schwarze Körper*). Es handelt sich dabei um eine Art idealen Strahler, der sich im vollkommenen thermodynamischen Gleichgewicht befindet und durch eine bestimmte Temperatur charakterisiert wird. Er emittiert alle Wellenlängen, allerdings mit einer spektralen Verteilung, die nur von seiner Temperatur abhängt, nicht jedoch von den Einzelheiten seiner Natur. Ein absolut lichtundurchlässiger Ofen, der auf eine bestimmte Temperatur geheizt und dessen Strahlung durch ein kleines Loch in der Wand beobachtet wird, gibt eine ungefähre Vorstellung von einem schwarzen Strahler. Nebenbei bemerkt, ist der schwarze Strahler einer der historischen Ursprünge der Quantenmechanik. Als Max Planck 1899 seine Eigenschaften näher untersuchte, führte ihn das zu der Hypothese der Energiequanten.

Die Berechnungen von Hawking beweisen, daß die Verdampfungsstrahlung eines schwarzen Loches alle Eigenschaften eines schwarzen Strahlers hat. Außerdem führen die Ergebnisse zu einer uneingeschränkten Übereinstimmung mit der Thermodynamik schwarzer Löcher, wenn man ihnen eine wirkliche Temperatur zuweist, die gleichmäßig über den Horizont verteilt ist, und die direkt durch die Oberflächengravitation gegeben ist.

Für das Schwarzschildsche schwarze Loch ist die Temperatur umgekehrt proportional zu seiner Masse. Für ein schwarzes Loch mit Sonnenmasse ist die

Temperatur vernachlässigbar: ein zehn Millionstel Grad Kelvin (d.h. oberhalb des absoluten Nullpunkts). Das ist nicht erstaunlich, denn die Verdampfung hat einen Quantenursprung und betrifft in erster Linie die schwarzen Mini-Löcher. Diese sind tatsächlich sehr heiß. Ein schwarzes Loch mit der Masse eines kleinen Asteroiden hat eine „weißglühende" Ofentemperatur (6 000 Grad), und seine Strahlung liegt im sichtbaren Bereich. Ein „typisches" schwarzes Mini-Loch von 10^{15} Gramm und dem Durchmesser eines Protons hat eine Temperatur von tausend Milliarden Grad. Bei solchen Energien besteht die Strahlung nicht mehr nur aus sichtbarem Licht, sondern ist ein Gemisch aus Gammastrahlung und massiveren Elementarteilchen.

Je kleiner ein schwarzes Loch ist, desto heißer ist es. Je heißer es ist, desto mehr strahlt es und desto schneller verliert es seine Masse. Die Abstrahlung bei einem schwarzen Mini-Loch beschleunigt sich immer mehr und gleicht in den letzten Abschnitten der Verdampfung einer richtigen Explosion. Ein schwarzes Loch von 10^{15} Gramm benötigt zehn Milliarden Jahre, um vollständig zu verdampfen, aber während der letzten zehntel Sekunde wird eine Energie frei, die einer Millionen Wasserstoffbomben von 1 Megatonne entspricht.

Das wirkliche Ende der Verdampfung eines schwarzen Loches ist noch nicht bekannt. Man könnte meinen, daß das Verschwinden des Ereignishorizonts die zentrale Singularität offenlegt. Aber diese klassische Vorstellung ist sicherlich falsch. Wenn der Radius des verdampfenden schwarzen Loches auf Planck-Länge (10^{-33} cm) geschrumpft ist, kommen die Fluktuationen der Raum-Zeit selbst ins Spiel, und lediglich eine Quantentheorie der Gravitation könnte über das endgültige Schicksal eines schwarzen Mini-Loches entscheiden. Falls es durch Abstrahlung seiner Masse vollständig verdampft, wird natürlich die flache Raum-Zeit seinen Platz einnehmen. Die Quantengravitation scheint wirklich der Königsweg zu sein, um sowohl den Big Bang, als auch das Schicksal der schwarzen Löcher verstehen zu können – den Anfang und das Ende des Universums.

14.5 Die Gravitationsinstabilität

Ein normales thermodynamisches System, das in ein kälteres Bad getaucht wird, verliert Energie. Seine Temperatur nimmt ab, die des Bades nimmt zu, und es stellt sich ein Gleichgewicht ein. Man sagt auch, daß dieses System eine *positive spezifische Wärme* hat. Das schwarze Loch verhält sich genau entgegengesetzt. Seine Temperatur nimmt zu, wenn es Energie verliert, und umgekehrt. Taucht man es in ein heißeres Bad, so wird das schwarze Loch Energie aufnehmen und wachsen, es kühlt sich dabei ab und wächst weiter, bis es sämtliche zur Verfügung stehende Energie absorbiert hat. Wird es umgekehrt in ein weniger heißes Bad getaucht, so strahlt es, wird kleiner und verdampft schließlich, indem es seine gesamte Energie abgibt. Das schwarze Loch hat eine *negative spezifische Wärme*. Es ist daher grundsätzlich instabil.

Diese Instabilität scheint das Los aller Autogravitationssysteme zu sein, d.h. solcher Systeme, deren Gleichgewicht nur durch die Gravitation bestimmt wird, unabhängig, ob man sie als Quantensystem betrachtet oder nicht. Nehmen wir als vertrautes Beispiel einen künstlichen Satelliten auf einer Umlaufbahn in der Erdatmosphäre. Der Luftwiderstand wird ihm ständig Gravitationsenergie entziehen, und er fällt entlang einer Spirale zur Erde. Dabei nehmen seine Geschwindigkeit und seine kinetische Energie zu, und schließlich fällt er auf den Boden, ohne jemals eine stabile Bahn gefunden zu haben.

Der Gravitationskollaps ist ein extremes Beispiel. Eine Ansammlung von Teilchen, wie beispielsweise ein Stern oder ein Sternenhaufen, kollabieren unter ihrem eigenen Gewicht und strahlen dabei ihre gravitative Bindungsenergie ab. Sie ziehen sich zusammen und werden immer heißer. Ohne irgendeine entgegenwirkende äußere Kraft bildet sich unweigerlich eine Singularität, was gerade die Unmöglichkeit audrückt, daß das System in einen Gleichgewichtszustand gelangen kann. Die Verdampfung eines schwarzen Mini-Loches ist nichts anderes, als ein umgekehrt ablaufender Gravitationskollaps, wie man anhand des Raum-Zeit-Diagramms aus Bild 14.1 leicht verifizieren kann. Die Materie verläßt den Horizont: Der „momentane" Zustand eines verdampfenden schwarzen Mini-Loches ist daher der eines weißen Loches! Die Quantenmechanik gibt dem schwarzen Loch eine Instabilität, die ganz allgemein für die Gravitation charakteristisch ist.

Übrigens scheint die Verbindung zwischen der Gravitation und der Thermodynamik in Wirklichkeit eine generelle Eigenschaft der Natur zu sein, die weit größere Bereiche umfaßt, als nur die schwarzen Löcher. Tatsächlich spielt bei allen thermodynamischen Prozessen eines schwarzen Loches der Ereignishorizont die wesentliche Rolle. Nun gibt es aber auch Ereignishorizonte in anderen Zusammenhängen, die wenig mit der Physik schwarzer Löcher zu tun haben. Kehren wir zur flachen Raum-Zeit zurück, ohne Gravitation, d.h. zur Speziellen Relativitätstheorie. Für einen konstant beschleunigten Beobachter gibt es einen entfernten Bereich der Raum-Zeit, aus dem er „klassisch" keinerlei Information empfängt, einfach, weil die Strahlung aus diesem Bereich ihn niemals „einholen" kann. Für ihn ist dieser gesamte Bereich hinter einem Ereignishorizont versteckt. Berücksichtigt man nun die Quantenfluktuationen des Vakuums, so findet man, daß *die Beschleunigung*[3] *das Vakuum polarisiert*. Wenn dieser Beobachter einen Teilchendetektor mitnimmt, so mißt er ein „Quantenrauschen" in Form einer Schwarzkörperstrahlung, deren Temperatur proportional zu seiner Beschleunigung ist. Auch im Bereich der Kosmologie kennt man Modelle von expandierenden Universen, die Ereignishorizonte haben. Auch in diesem Fall ist damit eine Schwarzkörpertemperatur verbunden[4].

Die Thermodynamik schwarzer Löcher hat uns weit von den Dampfmaschinen entfernt. . .

14.6   Gott mogelt

Elementarteilchen wechselwirken untereinander über die Kernkräfte und die elektromagnetischen Kräfte. Diese Wechselwirkungen unterliegen einer gewissen Anzahl von Regeln, die sich in Beobachtungen überprüfen lassen, und mit deren Hilfe man eine geschlossene Theorie der Teilchenphysik formulieren kann. Eine dieser Regeln bezeichnet man als *Baryonenzahlerhaltung*. Vereinfacht ausgedrückt besagt sie, daß in allen fundamentalen Wechselwirkungen das Verhältnis von Teilchen und Antiteilchen erhalten bleibt. Daher kann sich ein Photon (mit der Baryonenzahl 0) in ein Teilchenpaar aus einem Neutron (Baryonenzahl +1) und ein Antineutron (Baryonenzahl -1) umwandeln, denn die Gesamtbaryonenzahl bleibt 0. Umgekehrt kann sich ein Neutron niemals in ein Photonenpaar umwandeln. Eine ähnliche Regel gilt für eine andere Teilchenfamilie, die man als Leptonen bezeichnet, und die insbesondere die Elektronen, Myonen und die Neutrinos umfaßt. Jedes von ihnen besitzt eine „Leptonenzahl", die bei allen fundamentalen Wechselwirkungen erhalten bleiben muß.

Dieses Grundprinzip der Teilchenphysik wird von den quantisierten schwarzen Löchern munter verletzt. Wir haben bereits gesehen, daß ein schwarzes Loch „seine Haare verliert", wenn es entsteht oder Materie verschluckt: Jede Information über die Natur der Teilchen, die durch den Ereignishorizont dringen, geht verloren. Insbesondere behält ein schwarzes Loch, das sich aus Baryonen gebildet hat (Protonen und Neutronen, die z.B. das Zentrum eines massiven Sterns bilden), seine Baryonenzahl nicht. Es hätte ebenso aus Antibaryonen entstanden sein können, ohne daß es einen Unterschied gäbe. Aber

---

[3] Beschleunigung ist äquivalent zu einem gleichförmigen Gravitationsfeld, siehe Kapitel 3.

[4] Diese ist außerordentlich gering und sollte nicht mit der kosmologischen Hintergrundstrahlung von 2,7 °K verwechselt werden, die ein Überbleibsel des Big Bang ist.

warten wir einen Moment! Über kurz oder lang wird das schwarze Loch nach dem Hawking-Mechanismus strahlen und Energie und Entropie wieder freisetzen. Nun strahlt das schwarze Loch aber wie ein schwarzer Strahler, d.h. es kann Baryonen und Antibaryonen nur in *gleicher* Anzahl emittieren, ebenso Leptonen und Antileptonen. Mit anderen Worten, die Netto-Baryonenzahl eines verdampfenden schwarzen Loches ist Null. Das Verdampfen eines schwarzen Loches verletzt die Erhaltungssätze für Baryonen und Leptonen.

Diese erstaunliche Eigenschaft zeigt deutlich, wie die Information, die beim Verdampfen eines schwarzen Mini-Loches in die äußere Umgebung abgegeben wird, „degradiert" ist, wenn sie den Horizont verläßt. Der Horizont setzt der herauskommenden Materie und Strahlung einen „thermischen Stempel" auf und verteilt die Daten zufällig. Aus diesem Grund hat Hawking vorgeschlagen, in Bezug auf ein schwarzes Loch das Unbestimmtheitsprinzip durch ein sogenanntes „Zufallsprinzip" zu ersetzen.

Einstein hat die Quantenmechanik nie gemocht, obwohl er eine wesentliche Rolle bei ihrer Entwicklung gespielt hat. Er lehnte die Vorstellung von Indeterminismus ab, die durch das Unbestimmtheitsprinzip ausgedrückt wird, und formulierte seine Abneigung in dem Satz: „Gott würfelt nicht." Die Antwort von Hawking dazu ist: „Gott würfelt nicht nur, er wirft die Würfel auch dorthin, wo wir sie nicht sehen können!"

Teil IV
Das wiedergefundene Licht

Das wahre Wunder in der Welt ist nicht das Unsichtbare, sondern das Sichtbare.

OSCAR WILDE

Kapitel 15
Die primordialen schwarzen Löcher

15.1 Klumpen

Kommen wir auf die entfernte Vergangenheit unseres Universums vor ungefähr
fünfzehn Milliarden Jahren zurück. Kurz nach seiner Entstehung ist das Universum zunächst nur ein glatter und homogener Teig, ohne eigentliche Struktur. Es „zittert" jedoch, es gibt kleine Fluktuationen, die sich unter dem Einfluß
ihrer Eigengravitation weiter verdichten und „Klumpen" bilden. Aber wie ein
Kuchen, der sich in einem Ofen aufbläht, dehnt sich auch der Teig des Universums aus, aufgeblasen durch die primordiale Explosion[1]. Der Gegensatz zwischen der allgemeinen Ausdehnung einerseits, und den lokalen Verdichtungen
andererseits, führt auf eine der großen Fragen der heutigen Astrophysik: Wie
konnten aus manchen Klumpen Galaxien entstehen? Eigentlich hätte die Ausdehnung des kosmischen Teiges die lokalen Verdichtungen verhindern müssen,
so daß es in der Geschichte des Universums niemals zu einer Galaxie, einem
Stern, einem Planeten – und am Ende der Kette, auch zu keinem lebenden Wesen – hätte kommen können!

Die Existenz von Galaxien beweist „a posteriori", daß bestimmte Fluktuationen im frühen Universum anwachsen und sich von der allgemeinen Expansion
lösen konnten. Im Verlauf dieser Kondensation hat der Dichteunterschied, d.h.
der Überschuß an Materie in einem Klumpen im Vergleich zur Umgebung, immer weiter zugenommen. Zu Beginn war er minimal, kaum ein Tausendstel,
obwohl das schon mehrere hundert Sonnenmassen ausmachte. Bis heute wäre
bei dieser Masse der Dichteunterschied schon auf mehr als das Hunderttau-
sendfache angewachsen. Die Gravitation hat gut gearbeitet[2].

Jeder Koch weiß, daß man beim Rühren eines Teiges über Feuer eher kleine
als große Klumpen erhält. Man könnte sich daher vorstellen, daß es im frühen
Universum zwar starke Fluktuationen gegeben hat, diese jedoch im Vergleich

---

[1] Der „Big Bang".

[2] Der Dichteunterschied zwischen einem *Stern* von der Art der Sonne und der interstellaren Umgebung ist weit größer: 10^{30}.

zu Galaxien nur sehr kleine Massen umfaßten, und es so zunächst nur zur Bildung kleinerer, gravitativ kondensierter Körper kam. Im Zusammenhang mit einem solchen Mechanismus schlug Stephen Hawking 1971 die Existenz sogenannter *primordialer schwarzer Löcher* vor.

Der Leser wird sich erinnern, daß die Masse eines schwarzen Loches, das durch den Kollaps eines Sterns entstanden ist, vermutlich mehr als drei Sonnenmassen ausmacht. Für die primordialen schwarzen Löcher gibt es keine solche Einschränkung. In der frühen Geschichte des Universums konnten sich schwarze Löcher von jeder Größe und jeder Masse bilden, insbesondere die *schwarzen Mini-Löcher* mit einem Durchmesser von der Größe von Elementarteilchen.

Besteht eine Hoffnung, diese Theorie der primordialen *schwarzen Mini-Löcher* durch astonomische Beobachtungen zu testen?

15.2 Kollidierende Welten

Der größte Glücksfall für den Nachweis der schwarzen Mini-Löcher wäre, eines von ihnen in unserem Sonnensystem anzutreffen. Hawkings Vorstellung war, daß ein schwarzes Mini-Loch von der Sonne eingefangen würde und allmählich in ihr Zentrum fiele. Entgegen der naiven Meinung, würde unsere Sonne nicht sofort verschlungen. Im Gegenteil, ein kleines schwarzes Loch könnte lange innerhalb der Sonne existieren, ohne sie empfindlich zu stören. Für die Sonne bestünde tatsächlich nur dann eine Gefahr, wenn das schwarze Loch sehr rasch anwüchse. Die von dem schwarzen Loch verschluckte Sonnenmaterie würde jedoch vor dem endgültigen Verschwinden noch so intensiv strahlen, daß der Strahlungsdruck auf die äußere Umgebung die Wachstumsgeschwindigkeit des schwarzen Loches bremst. Die Menge an verschluckter Materie steht im Gleichgewicht mit der freigewordenen Energie, so daß die Umgebung des schwarzen Loches zu einem vollkommen stabilen Nuklearreaktor wird. Die Sonne mit dem „schwarzen Herzen" würde ihr friedliches Leben im Haupt-Entwicklungsstadium fortsetzen, und ihre veränderte Arbeitsweise wäre kaum wahrnehmbar!

Mit diesem etwas außergewöhnlichen Modell hatte man versucht, die Diskrepanz zwischen der auf der Erde tatsächlich gemessenen Menge an Sonnenneutrinos und der aus der Theorie der Kernreaktionen vorhergesagten Menge zu erklären. Man ist heute von diesem Modell zugunsten konventionellerer Mechanismen, die die Diskrepanz besser erklären können, wieder abgekommen[3].

Es muß wohl kaum besonders hervorgehoben werden, daß eine Kollision zwischen einem schwarzen Mini-Loch und unserem Planeten außerordentlich unwahrscheinlich ist, viel unwahrscheinlicher z.B. als die Kollision mit einem großen Meteoriten. Ein solches Ereignis wurde trotzdem für die berühmte Katastrophe bei der Steinigen Tunguska in Erwägung gezogen. Am 30. Juni 1908 wurde das Tal von Jenisej in Sibirien durch den Einfall eines Himmelskörpers zerstört. Die Explosion war von optischen, akustischen und mechanischen Phänomenen begleitet, und die Schockwelle hat den Wald auf mehreren Kilometern zerstört und hunderte von Rentieren getötet. Sie war über mehr als 1 000 km hörbar, hat Fenster zerbrochen und Gebäude erschüttert. Nach den Aufzeichnungen der Seismographen wurde eine Energie freigesetzt, die mit 1 500 Hiroshima-Bomben vergleichbar ist. Der Himmel war erleuchtet und für eine Weile so hell, daß man inmitten der Kaukasischen Nacht ein Buch hätte lesen können. Allerdings wurde der Explosionsort erst zwanzig Jahre später wissenschaftlich untersucht. Die Bäume waren noch in einem Radius von 15 km verbrannt. Innerhalb von 30 km waren sie umgerissen und radial vom Explosionszentrum weggeschleudert. Trotzdem markierte kein Krater den Aufschlagpunkt.

Als Ursache dieser Katastrophe wurden viele Möglichkeiten vorgeschlagen, von ganz banalen bis hin zu sehr bizarren. Die heute allgemein akzeptierte Erklärung ist der Einfall eines Meteoriten, oder genauer eines Kometenbruchstücks. Ein Brocken aus Eis und Felsen von einigen hundert Metern Durchmesser, der mit 50 km/s und einer der Erdrotation entgegengerichteten Eigenrotation herabgefallen ist, könnte tatsächlich alle in der Tunguska beobachteten Erscheinungen erklären: Das Verdampfen in der Atmosphäre und ein Einschuß von unzähligen Staubteilchen würde auf der Erde weder einen Krater noch sonstige bedeutende Überreste zurücklassen. Der Hauptbeweis beruht allerdings auf der chemischen Analyse von kleineren Bruchstücken, die man an der Stelle gefunden hat: Es handelt sich im wesentlichen um Silikate und Stücke von Nickeleisen, deren Zusammensetzung mit der von Kometen sehr gut übereinstimmt.

Diese Beweise konnten zwei amerikanische Astrophysiker jedoch nicht davon abhalten, eine vollkommen andere Erklärung vorzuschlagen: Ein schwarzes Mini-Loch ist durch die Erde gedrungen, wie ein heißes Messer durch wei-

---

[3] Falls Neutrinos z.B. eine von Null verschiedene Masse hätten, würden Theorie und Beobachtung wieder übereinstimmen. Üblicherweise macht man die Berechnungen unter der Annahme einer verschwindenden Neutrinomasse.

che Butter, und am Antipod der Tunguska wieder ausgetreten. Zufälligerweise befindet sich der Antipod im Atlantischen Ozean, wo kein Seismograph, kein Baum und kein Fenster von diesem Ereignis Zeugnis geben kann...

Eine genauere Untersuchung zeigt, daß der Durchgang eines schwarzen Mini-Loches durch unseren Planeten Erdbeben hätte auslösen müssen, die nicht beobachtet wurden, und daß sein Austritt von atmosphärischen Schockwellen begleitet gewesen wäre, die ebenfalls nicht nachgewiesen wurden. Das schwarze Mini-Loch als Erklärung war in erster Linie nur phantasievoll[4], aber es war gute „Publicity“. Für die Spezialisten auf dem Gebiet der schwarzen Löcher hatte es jedoch nur wenig Gutes: Es ist kaum das richtige Mittel, die Glaubwürdigkeit der schwarzen Löcher zu stärken, wenn man sie nun für alles heranzieht.

15.3   Ein kurzes Leben

Die größte Hoffnung für den Nachweis der schwarzen Mini-Löcher liegt tatsächlich in ihrer grundlegenden Eigenschaft, die Hawking aus den Prinzipien der Quantenmechanik abgeleitet hat, nämlich *die Verdampfung ihrer Masse* in Form einer Schwarzkörperstrahlung.

Aufgrund theoretischer Überlegungen zur Physik der Dichtefluktuationen konnten sich schwarze Löcher mit sehr kleinen Massen nur in den frühesten Stadien des Universums bilden. Aber schwarze Mini-Löcher müssen um so schneller verdampfen, je leichter sie sind[5]. Ein schwarzes Loch von einer Tonne verdampft innerhalb einer zehnmilliardenstel Sekunde, ein schwarzes Loch von einer Millionen Tonnen überlebt zehn Jahre. Heute könnte es also nur noch primordiale schwarze Löcher mit einer so großen Masse geben, daß ihre Lebensdauer größer als das Alter des Universums ist, also ungefähr fünfzehn Milliarden Jahre. Die minimale Masse dafür beträgt *eine Milliarde Tonnen*. Das ist fast das Gewicht eines Berges, und die entsprechenden schwarzen Löcher haben einen Radius von 10^{-13} cm, d.h. den Radius eines Protons!

Noch massivere schwarze Löcher benötigen zu ihrer Verdampfung eine Zeit, die weit über das Alter des Universums hinausgeht. Die Lebensdauer eines schwarzen Loches von einer Sonnenmasse beträgt beispielsweise 10^{66} Jahre... Diese riesige Zahl ist nicht überraschend: Die Verdampfung ist ein Quantenphänomen, sie macht sich daher nur bei sehr kleinen Abständen, vergleichbar

---

[4] Immer noch weniger phantasievoll, als solche Erklärungen, die den Aufprall von einem Stück Antimaterie oder von einem manövrierunfähigen Ufo verantwortlich machen

[5] Die Lebensdauer eines schwarzen Loches ist proportional zur dritten Potenz seiner Masse.

mit der Größe von Elementarteilchen, bemerkbar. Aus diesem Grund ist die Verdampfung auch von keinerlei Bedeutung, wenn das Gewicht der schwarzen Löcher über dem eines Berges liegt. Dabei ist es nicht wichtig, ob es sich um primordiale schwarze Löcher handelt oder um solche, die sich er später bei einer Supernova gebildet haben. Für große schwarze Löcher kann man außerdem annehmen, daß ihre Gewichtszunahme durch Absorption von Materie ihre Gewichtsabnahme durch Quantenverdampfung bei weitem übersteigt. Es stellt sich damit folgende Frage: Für welchen Massenbereich kann man erwarten, schwarze Löcher im Verlauf ihrer Verdampfung nachzuweisen?

Zur Beantwortung dieser Frage muß man berücksichtigen, daß sich schwarze Löcher nicht in einem idealen Vakuum aufhalten, sondern in einer materiellen Umgebung mit einer bestimmten Energie, die mindestens der kosmischen Strahlungsenergie – den heutigen Spuren der primordialen Explosion – entspricht. Gegenwärtig beträgt die Temperatur des kosmischen „Bades" etwa 3 °K. Nach den Gesetzen der Thermodynamik haben unter den primordialen schwarzen Löchern, die heute noch existieren, nur diejenigen eine Temperatur über 3 °K, deren Masse unter 10^{26} Gramm liegt (die Masse des Mondes in einem Radius von 0,1 Millimeter). Nur unter diesen Voraussetzungen können sie verdampfen und ihre Energie an das umgebende Bad abgeben. Schwerere schwarze Löcher müssen kosmische Energie aufnehmen und wachsen. Da außerdem primordiale schwarze Löcher mit einem Gewicht unter 10^{15} Gramm schon vor der heutigen Zeit verdampft sind, können nur solche zwischen 10^{15} und 10^{25} Gramm heute in ihrer Verdampfungsphase sein. Die schwereren schwarzen Löcher, einschließlich der stellaren Löcher aus der „zweiten Generation", nehmen an Gewicht zu.

15.4 Der Letzte Schrei

In welcher beobachtbaren Form würde sich die Verdampfung eines schwarzen Mini-Loches geeigneter Masse denn äußern? Die Rechnungen von Hawking zeigen, daß im Verlauf der letzten zehntel Sekunde die Verdampfung wirklich explosionsartig wird, wobei sich die gesamte Masse des schwarzen Loches plötzlich in Energie umwandelt. Diese Energie wird in erster Linie als intensive Gammastrahlung verpufft, die grundsätzlich innerhalb eines Radius von dreißig Lichtjahren nachgewiesen werden könnte.

Wie der Leser aus Tabelle 1.1[6] entnehmen kann, enthält Gammastrahlung

---

[6] Siehe Seite 13.

im Mittel eine Millionen mal mehr Energie, als sichtbare Strahlung. Gammastrahlen haben daher eine große Durchdringungskraft und hätten fatale Folgen für das Leben auf der Erde, wenn sie nicht von den oberen Schichten der Atmosphäre abgefangen würden. Eine Möglichkeit, kosmische Gammastrahlung zu beobachten, benutzt die Atmosphäre selbst als Detektor. Treffen die Photonen der Gammastrahlung auf die obere Atmosphäre, wird ihre Energie in Materie umgewandelt, und es entstehen Schauer von Teilchen und Antiteilchen. Im Moment ihrer Erzeugung haben diese Teilchen die Geschwindigkeit von Licht *im Vakuum*, sie bewegen sich also zunächst schneller, als Licht *in der Luft*. Dieser plötzlich Einfall von „ultra-relativistischen" Teilchen in das Magnetfeld der Erde gleicht dem Durchbrechen der Schallmauer von einem Düsenflugzeug: Eine Schockwelle breitet sich aus, jedoch nicht als akustischer „Knall", sondern als sichtbarer Lichtblitz, die sogenannte *Čerenkov-Strahlung*. Diese Art von Strahlung läßt sich am Erdboden leicht beobachten und wird seit langem für den Nachweis von Gammastrahlen aus dem Kosmos benutzt.

Die Schauer an Gammastrahlen, die durchschnittlich einige Male pro Jahr auf die Erde treffen, werden tatsächlich durch ihr Čerenkov-Licht nachgewiesen, zeigen aber nicht die charakteristischen Eigenschaften der Explosionen von schwarzen Mini-Löchern. Natürlich sind die primordialen schwarzen Mini-Löcher nicht die einzigen Himmelsquellen von Gammastrahlung. So beobachten beispielsweise spezielle Detektoren in Satelliten auf Umlaufbahnen oberhalb der Atmosphäre neben den harten, plötzlichen Schauern auch einen friedlichen konstanten Fluß an Gammastrahlung. Diese wichtige Entdeckung beweist, daß bei vielen astronomischen Erscheinungen hochenergetische Strahlung in den interstellaren Raum abgegeben wird. Der eigentliche Ursprung dieses diffusen Untergrunds an Gammastrahlung ist zum Teil noch umstritten, aber im allgemeinen verbindet man ihn mit kompakten Sternen, z.B. Neutronensternen (siehe das folgende Kapitel) oder auch in ganz großem Maßstab die aktiven Kerne von Galaxien.

Trotzdem kann man annehmen, daß einige schwarze Mini-Löcher in der jüngeren Vergangenheit hätten explodieren und nachweisbar zur beobachteten Gammastrahlung beitragen können. Der Satellit SAS 2 hat genaue Messungen der diffusen Gammastrahlung durchgeführt. Sie ist tatsächlich so schwach, daß die Anzahl der primordialen schwarzen Mini-Löcher in einem Volumen von einem Kubik-Lichtjahr nicht über 200 liegt, selbst wenn man annimmt, daß sämtlicher beobachteter Fluß auf solche Explosionen zurückzuführen ist. In diesem Fall wäre das der Erde am nächsten gelegene schwarze Mini-Loch immer noch außerhalb unseres Sonnensystems...

Die wirkliche Dichte der primordialen schwarzen Mini-Löcher ist jedoch noch erheblich kleiner. Stärkere Einschränkungen, als sie die Gammastrahlung liefert, wurden vorgeschlagen. So müßten während der Explosion eines Schwarzen Mini-Loches die emittierten Teilchen mit dem allgemeinen Magnetfeld in unserer Galaxis wechselwirken und charakteristische Impulse von Radiowellen erzeugen. Da Radiowellen erheblich leichter nachzuweisen sind als Gammastrahlung, hätten die Explosionen der schwarzen Mini-Löcher der Aufmerksamkeit der riesigen Radioteleskope nicht entgehen können. Es wurde jedoch nichts nachgewiesen, und so erhält man sehr große Beschränkungen an die Häufigkeit solcher Explosionen: Innerhalb eines Volumens von einem Kubik-Lichtjahr sollte es nicht mehr als eine Explosion in drei Millionen Jahren geben.

Es kann sein, daß die schwarzen Mini-Löcher mit der Masse eines Berges existieren, aber sie sind sicherlich sehr selten!

15.5 Gravitationsbilder

Das Fehlen von charakteristischen Spuren aus den Explosionen schwarzer Mini-Löcher schließt die Existenz von primordialen schwarzen Löchern mit einer Masse von weit über 10^{15} Gramm nicht aus. Diese wären bis heute noch nicht verdampft. Aber wie könnte man sie nachweisen?

Wenn man sich an die „Beleuchtungs"-Experimente aus dem 10. Kapitel erinnert, wird man sich leicht davon überzeugen können, daß ein schwarzes Loch, selbst wenn es im interstellaren Raum vollkommen isoliert ist, die Strahlung von weit entfernten Quellen fokussieren und die Rolle einer „Gravitationslinse" spielen kann.

Nehmen wir beispielsweise an, die Erde, ein schwarzes Loch und ein entfernter Stern befänden sich zufälligerweise auf einer Linie. Nach den Gesetzen der Allgemeinen Relativitätstheorie kann das von dem Stern emittierte Licht aufgrund der Raum-Zeit-Krümmung in der Nähe des schwarzen Loches über mehrere möglich Trajektorien zur Erde gelangen (Bild 15.1). Unter diesen Umständen würden die Teleskope mehrere Bilder derselben Quelle auffangen: ein „Haupt"-Bild, das den am wenigsten abgelenkten Lichtstrahlen entspricht, und weitere Phantombilder zu den stärker gekrümmten Trajektorien. Diese scheinbare Bildverzerrung im Verhältnis zum wirklichen Bild bezeichnet man als *Gravitationsbild.*

Die bekannte Spiegelung, die man manchmal in der Wüste sieht, entsteht

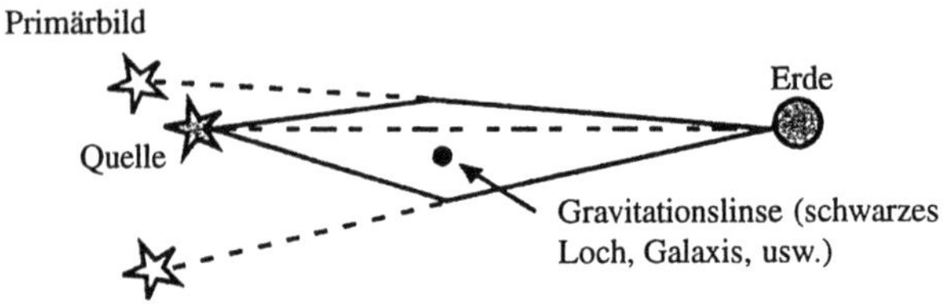

Bild 15.1 Ein Gravitationsbild.

durch den heißen Sand. Die Hitze steigt in die Atmosphäre und führt zu übereinanderliegenden Luftschichten mit unterschiedlichem Brechungsindex. Die am Sand reflektierten Lichtstrahlen erreichen oft über mehrere mögliche Wege eine entfernte Karavane, und man kann sich leicht ausmalen, daß die Reisenden sich von diesen Fantombildern irreleiten lassen und sie je nach den momentanen Wünschen als Oase, Ort oder Gewässer interpretieren.

Man wird sich denken können, daß die Gravitationsspiegelungen aufgrund der Verzerrungen des kosmischen Raumes noch schwieriger nachzuweisen sind. Betrachten wir als Beispiel ein schwarzes Riesenloch im Inneren einer Galaxie. Als Quellen für eine Strahlung, die durch den Linseneffekt der schwarzen Löcher beeinflußt werden kann, kommen entweder sehr weit entfernte Galaxien oder Quasare in Frage, oder aber die kosmische Hintergrundstrahlung[7].

Man kennt heutzutage ungefähr zwanzig solcher „kosmischen optischen Täuschungen", bei denen das Bild der Lichtquellen vervielfältigt wird. In den meisten Fällen werden diese Spiegelbilder jedoch nicht durch schwarze Riesenlöcher verursacht, sondern etwas nüchterner durch dazwischenliegende Galaxien, wie man an dem Feld erkennt. Erinnern wir uns, daß jede Materiekonzentration die Geometrie der Raum-Zeit zu einem gewissen Grad verformt und somit die Rolle einer Gravitationslinse spielen kann! Die meisten Messungen (Separation der Bilder usw.) erlauben nur einen Rückschluß auf die Masse der Linse, so daß man im allgemeinen, wenn die Linse selbst nicht nachgewiesen werden kann, nicht weiß, ob es sich um ein großes schwarzes Loch oder um eine schwach leuchtende Galaxie handelt.

Um 1985 führte die Entdeckung eines Quasarpaares mit der Bezeichnung Hazard 1146+111 B und C bei den Astonomen zu Aufregung. Ihre Spektralverschiebungen waren auf den ersten Blick identisch, so daß es naheliegend war, das Paar als das Bild eines einzelnen Sterns zu interpretieren, der durch

---

[7] Die kosmische Hintergrundstrahlung ist tatsächlich die einzige elektromagnetische Strahlungsquelle, die über den gesamten Himmel verteilt ist.

eine dazwischenliegende Linse verdoppelt wird. Das ist nichts Außergewöhnliches, aber die Bilder von Hazard 1146+111 unterschieden sich von anderen Gravitationsbildern durch einen außergewöhnlich großen Winkel zwischen den beiden Komponenten: 2,6 Bogenminuten, d.h. zwanzigmal mehr als für andere bekannte Mehrfachquasare. Man schloß daraus, daß die Masse der Gravitationslinse äquivalent zu mehreren Millionen Galaxien sein mußte.

Drei Objekte hätten die Rolle einer solch massiven Gravitationslinse spielen können: ein außerordentlich dichter Galaxienhaufen, ein schwarzes „Superriesenloch", oder ein „kosmischer String". Von einem Galaxienhaufen in der Sichtlinie fand man jedoch keine Spur. „Kosmische Strings" sind gewisse ästhetische Strukturen, die von den Teilchenphysikern erfunden wurden. Sie hätten sich während der ersten Momente unseres Universums gebildet, und sie bestünden aus langen Fäden von nahezu verschwindendem Radius und einer hohen Konzentration an Gravitationsenergie. Aber es gibt keinen experimentellen Hinweis für die wirkliche Existenz solcher Strings, oder für die Gültigkeit der zugrundeliegenden Theorien. Bleibt paradoxerweise die Hypothese eines schwarzen Riesenloches als „am wenigsten exotisch". Das betreffende schwarze Loch hätte mit einer Masse zwischen 10^{12} und 10^{17} $M_\odot$ nur primordialen Ursprungs sein können und übertraf in seiner Größe alles, was sich die Anhänger von schwarzen Löchern vorstellen konnten!

Aber bevor diese aufregende Möglichkeit generell akzeptiert wurde, mußte zunächst sichergestellt sein, daß es sich bei Hazard 1146+111 wirklich um ein Gravitationsbild handelt. Es wurden neuere und genauere Messungen vorgenommen, und es stellte sich heraus, daß die Spektren verschieden sind. Mit anderen Worten, die beiden Bilder konnten nicht von einem einzelnen Quasar stammen, sondern von zwei physikalisch verschiedenen, allerdings nahe beieinander liegenden Quasaren. Die Träume von Strings oder schwarzen Superriesenlöchern lösten sich in Luft auf.

Ich habe diese Geschichte so ausführlich erzählt, weil ich darauf hinweisen möchte, daß es in der wissenschaftlichen Forschung von solchen Unsicherheiten wimmelt. Wenn eine sensationelle Entdeckung bekannt gegeben wird (und somit das Interesse der Medien weckt), handelt es sich *oft* um eine falsche Interpretation von ungenauen Meßdaten. Bessere Messungen bringen schließlich dieses Ereignis wieder in die Gruppe der „normalen" Phänomene zurück und beweisen einmal mehr das Prinzip der Einfachheit: Die „ökonomischste" Hypothese, d.h. die „konventionellste" (ohne den negativen Beigeschmack), wird fast immer gewinnen.

Betrachten wir nun nach den schwarzen Riesenlöchern die schwarzen Löcher mit einer stellaren Masse (nicht notwendigerweise primordial), isoliert und relativ nahe. Da solch ein schwarzes Loch nur einen Durchmesser von einigen Kilometern hat, wird sein scheinbarer, aus einer Entfernung von mehreren Dutzend Lichtjahren betrachteter Durchmesser so klein, daß die Wahrscheinlichkeit, mit einem entfernten Stern aus unserer Galaxis auf einer geraden Linie zu liegen, außerordentlich gering ist. Und selbst wenn eine solche Konstellation realisiert wäre, so läge die Winkeldistanz zwischen den verschiedenen Bildern des Sterns, die von der Masse der Gravitationslinse abhängt, weit unter dem Auflösungsvermögen der heutigen und zukünftigen Teleskope. Ist die Lage damit hoffnungslos? Nein, denn ein noch so kleiner Linseneffekt besteht nicht nur aus der Vervielfältigung eines Bildes, sondern erzeugt auch eine Lichtverstärkung und eine spektrale Verzerrung. Betrachten wir daher eine stellare *Mikrolinse* in der Halo unserer Galaxis oder einer benachbarten Galaxie (beispielsweise der Großen Magellanschen Wolke), die sich daher vor dem sehr weit entfernten Hintergrund aus Quasaren sehr langsam bewegt. Die Wahrscheinlichkeit für eine geradlinige Konstellation Erde–Stern–Quasar ist nun durchaus gegeben. Das gespiegelte Bild würde beim Durchlauf des Quasars hinter dem schwarzen Loch zu einer kurzen Schwankung in der Helligkeit und einer spektralen Verzerrung führen. Diese Idee wird immerhin so ernst genommen, daß eine ganze Klasse von Galaxien mit aktiven, rasch veränderlichen Kernen (siehe weiter unten, Seite 279) von vielen Forschern als kumulativer Effekt von Mikrolinsen gedeutet wird. Mehrere intensive Beobachtungsprogramme werden derzeit entwickelt. Das Ziel besteht weniger in dem direkten Nachweis stellarer schwarzer Löcher, sondern man möchte die Anwesentheit von einer großen Zahl kleiner, schwach leuchtender Sterne in der Halo von Galaxien aufdecken.

15.6 Dunkle Materie

Eines der ungelösten Probleme der modernen Kosmologie ist das der sogenannten *fehlenden Materie* („missing mass"). Aus bestimmten Beobachtungen der Bewegungen von Galaxien kann man schließen, daß die „sichtbare" Materie (neben der Sichtbarkeit im optischen Bereich fällt darunter auch die im Radio-, Infrarot- und Röntgen-Bereich) nur einen kleinen Teil der Gesamtmaterie ausmacht. Ein einfaches Beispiel soll das Problem verdeutlichen. Viele Galaxien schließen sich in Gruppen zusammen und bilden Haufen von gravitativ gebundenen Strukturen, die sich nicht in der kosmischen Umgebung verteilen. Bestünden diese Haufen nur aus den Galaxien selbst und dem intergalaktischen Gas, die sich nachweisen lassen, dann reichte ihre Gravitation für eine solch starke Bindung nicht aus. Es muß daher *dunkle Materie* geben, die für elektromagnetische Strahlung unsichtbar ist, deren gravitative Wirkung aber die Galaxienhaufen zusammenhält.

Eine Hoffnung, als Träger dieser dunklen Materie, waren natürlich die primordialen schwarzen Löcher[8], aber einige Beobachtungen führten zu Einschränkungen bei einer zu großen Populationsdichte von schwarzen Riesenlöchern[9]. Wenn es beispielsweise schwarze Löcher von mehr als eine Millionen Sonnenmassen in der Halo der Spiralnebel gäbe – d.h. außerhalb des zentralen Kugelhaufens und der Scheibe, wo sich im wesentlichen die sichtbare Materie befindet, siehe Kapitel 17 –, würden sie sich auf mindestens zwei Arten bemerkbar machen: erstens würden sie als Gravitationslinsen die Bilder von entfernten Sternen vervielfältigen, und zweitens würden sie eine Verdickung der galaktischen Scheiben verursachen, indem sie den dortigen Sternen zusätzliche Geschwindigkeit verleihen. Bisher wurde jedoch keines dieser beiden Phänomene beobachtet.

Andererseits ist es nicht ausgeschlossen, daß es primordiale schwarze Löcher von einer Millionen Sonnenmassen oder mehr gibt. Falls der Großteil der Galaxien, und zwar nicht nur der riesigen Galaxien, in ihrem Kern schwarze Riesenlöcher verstecken, sind diese wahrscheinlich primordialen Ursprungs. Und da sie in den frühesten Stadien der Geschichte unseres Universum entstanden wären, könnten sie letztendlich auch die Keime für die spätere Bildung der Galaxien gewesen sein.

---

[8] Ein aktueller Erklärungsversuch beruft sich auf „braune Zwerge", manchmal auch wenig liebevoll „verfehlte Sterne" genannt, d.h. Körper von einer hunderstel Sonnenmasse und sehr geringer Lichtstärke, da sie thermonukleare Reaktionen nic entzünden konnten. Das oben erwähnte „Mikrolinsen"-Beobachtungsprogramm soll in erster Linie ihrem Nachweis dienen.

[9] Wie wir in Kapitel 17 sehen werden, könnte es möglich sein, daß nahezu alle Galaxien in ihrem Kern ein sehr massives schwarzes Loch besitzen. Für eine Lösung des Problems der fehlenden Masse müßte es allerdings auch viele schwarze Riesenlöcher außerhalb der Galaxienkerne geben.

Kapitel 16
Der Zoo der Röntgen-Sterne

Ein vollkommen *isoliertes* stellares schwarzes Loch ist zu groß, als daß es seine Masse in Form von thermischer Strahlung verdampfen kann, andererseits aber auch zu klein, um das Licht entfernter Sterne deutlich abzulenken. So ist es dazu verdammt, unsichtbar zu bleiben.

Ein schwarzes Loch ist jedoch niemals vollkommen allein. Eingetaucht in das interstellare Medium zieht es die Materie in seiner Umgebung an sich und „ernährt" sich. Ein „speisendes" schwarzes Loch hinterläßt immer Reste: Die verschluckte Materie emittiert vor ihrem Verschwinden elektromagnetische Strahlung. Aber das interstellare Gas ist zu dünn, um zu einer bemerkenswerten Helligkeit zu führen. Ein schwarzes Loch von zehn Sonnenmassen, das nach und nach das Gas aus der Umgebung verschlingt, hätte das bleiche Leuchten bestimmter isolierter weißer Zwerge und wäre höchstens innerhalb eines Abstands von einigen Lichtjahren beobachtbar. Selbst wenn es in unserer Galaxis Milliarden von stellaren schwarzen Löchern gäbe, hätte mit großer Wahrscheinlichkeit keines von ihnen einen Abstand von weniger als einhundert Lichtjahren...

Was bleibt den schwarzen Löchern noch, um von einem Astronomen bemerkt zu werden? Das Leben zu zweit! Da die Einzelgänger unter den Sternen in der Minderheit sind, können auch die schwarzen Löcher als stellare Überreste dem allgemeinen Schicksal nicht entgehen, und viele von ihnen sind daher Teil eines *binären Systems*. Sobald das schwarze Loch eine Partnerschaft eingeht, verändert es sich jedoch noch mehr als seine kompakten Brüder, der weiße Zwerg und der Neutronenstern. Es trägt die „Zeichen" seiner Ehe, und die Entzifferung dieser Zeichen wurde zu einem der fruchtbarsten Wege der Astrophysik in den letzten zwanzig Jahren.

16.1 Das Spektrum eines Lebens zu zweit

Ob schwarzes Loch oder nicht, die Zweisamkeit von Sternen zeigt sich uns
selten in voller Klarheit. In den meisten Fällen ist nur ein Partner für ein Teleskop sichtbar. Wie können die Astrophysiker feststellen, ob ein Stern eine
Begleitung hat, oder nicht?

Die Gravitation hält den Schlüssel für das Problem. In einem Doppelsternsystem kreisen die Partner um den gemeinsamen Schwerpunkt und unterliegen
dabei den Gesetzen der Himmelsmechanik. Bei manchen Sternenpaaren in der
Nähe unseres Sonnensystems können die Astronomen direkt die beiden Partner bei ihrem langsamen, elliptischen Ballet beobachten. Viel häufiger jedoch
können die Orbitalbewegungen nur mit Hilfe sehr genauer *spektroskopischer*
Verfahren nachgewiesen werden.

Ebenso wie bei der Sonne ist das sichtbare Licht der Sterne ein Gemisch
der Regenbogenfarben, ausgehend von Rot im langwelligen Bereich bis hin zu
Violett bei kurzen Wellenlängen. Der Spektrograph ist ein Meßgerät, das nach
dem Vorbild eines Prismas das sichtbare Sternenlicht auf einem Bildschirm in
seine verschiedenen Farben zerlegen kann. Das so erhaltene Spektrum der Sterne besteht aus einem kontinuierlichen Farbband, dem sich sehr scharfe, dunkle
Linien überlagern, die sogenannten *Absorbtionslinien*. Eine solche Absorbti-
onslinie bei einer bestimmten Frequenz bedeutet, daß das empfangene Licht
bei dieser Frequenz eine abgeschwächte Intensität hat. Woher kommt diese
Abschwächung?

Die Atmosphäre eines Sterns besteht aus bestimmten Atomen: Wasserstoff,
Helium, Kohlenstoff, Sauerstoff, Kalzium usw. Jedes Atom kann das Licht
ganz bestimmter, charakteristischer Wellenlängen absorbieren. Genauer sind es
die Elektronen auf ihren Bahnen um die Atomkerne, die einen Teil der Energie
der einfallenden Photonen aufnehmen und auf höhere Energieniveaus angeregt
werden. Das Licht aus den heißen Zentren der Sterne gelangt erst zu den Astronomen, nachdem es die dazwischenliegenden atomaren Filter passiert hat, in
denen es für bestimmte Wellenlängen einen Teil seiner Intensität verloren hat.

Im Labor läßt sich von jedem einzelnen Atom ein „Referenzspektrum" herstellen. Durch einen Vergleich mit den Absorptionslinien der stellaren Spektren
kann man die „Handschrift" der chemischen Zusammensetzung der Sternen-
hülle lesen. Außerdem erhalten wir Auskunft über die Oberflächentemperatur,
die Größe, die intrinsische Helligkeit usw.

Es gibt eine Gruppe von Doppelsternen, bei denen nur ein Partner im Teleskop sichtbar ist, bei denen sich jedoch die Linien im Spektrum periodisch

um eine Mittellage bewegen. Man bezeichnet sie als spektroskopische Doppelsterne, da die systematischen Verschiebungen der Spektrallinien die Bewegung eines Sterns um einen unsichtbaren Begleiter anzeigen.

16.2 Eine bestimmte Verschiebung

Die scheinbare Frequenzverschiebung elektromagnetischer Wellen aufgrund der Bewegung einer abstrahlenden Quelle in Bezug auf einen Empfänger bezeichnet man als *Doppler-Effekt*[1]: Wenn sich eine Quelle nähert bzw. entfernt, sind die empfangenen Frequenzen im Verhältnis zu den emittierten Frequenzen erhöht bzw. erniedrigt. Je größer die relative Geschwindigkeit ist, desto größer ist auch die Verschiebung (Bild 16.1).

Eine amüsante Geschichte zum Doppler-Effekt handelt von dem Autofahrer, der sich wegen Überfahrens einer roten Ampel vor Gericht verantworten muß. Der Fahrer, der sich für sehr gescheit hält, rechtfertigt sich mit der Erklärung, daß wegen der Geschwindigkeit seines Fahrzeugs das Rot der Ampel als Grün erschien. Doch der Richter erinnerte sich an seinen Physikunterricht, machte auf einem Blatt Papier eine kurze Berechnung und fand, daß für eine Frequenzverschiebung aufgrund des Doppler-Effekts von der Farbe Rot zur Farbe Grün die Geschwindigkeit des Autofahrers ungefähr 100 000 km/s hätte betragen müssen. Somit antwortete der Richter lächelnd: „Ich akzeptiere Ihre Begründung ... aber ich verurteile Sie wegen Geschwindigkeitsübertretung!"

Auf dem Doppler-Effekt beruht auch die Funktionsweise des von den eiligen Autofahrern so gehaßten „Radars" der Polizei. In der Astronomie hat der Doppler-Effekt viele nützliche Anwendungen. Einem Astronomen geht es ähnlich wie einem Blinden mit einem guten Gehör, der aus der Kenntnis der Referenzfrequenz der Feuerwehrsirenen die Geschwindigkeit und Richtung ihrer Fahrzeuge abschätzen kann. Er versucht, die Bewegungen der Sterne zu bestimmen, indem er ihr Licht mit einem Spektrographen „abhört". Diese Vorgehensweise ist besonders erfolgreich, um die Doppelnatur von Sternen ohne augenscheinlichen Begleiter zu entlarven.

Offensichtlich äußert sich in einem Doppelsternsystem die Kreisbewegung

---

[1] Der österreichische Physiker Christian Doppler hat „seinen" Effekt für akustische Wellen im Jahre 1842 entdeckt. Die Verallgemeinerung für Lichtwellen stammt von dem französischen Physiker Hyppolyte Fizeau.

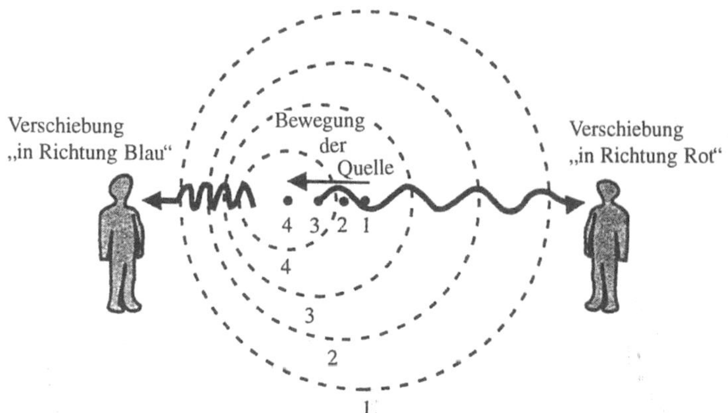

Bild 16.1 Der Doppler-Effekt. Eine Sirene sendet Schallwellen aus, die sich mit Schallgeschwindigkeit kugelförmig ausbreiten. Wenn sich die Sirene relativ zu den ruhenden Hörern bewegt, werden die Kugeln auf der Seite, der sich die Sirene nähert, zusammengedrückt. Die scheinbare Anzahl der Schwingungen pro Sekunde, d.h. die Empfangsfrequenz, wächst und entsprechend verkürzt sich die Wellenlänge: Der Ton der Sirene erscheint höher. Auf der gegenüberliegenden Seite erscheinen die Schallwellen von der sich entfernenden Sirene auseinandergezogen, und der empfangene Ton ist tiefer. Ersetzt man die Sirene durch eine Lichtquelle, so beeinflußt der Doppler-Effekt die elektromagnetischen Frequenzen in derselben Weise.

des sichtbaren Sterns um den gemeinsamen Schwerpunkt darin, daß, wann immer sich der Stern dem Astronomen nähert oder sich von ihm entfernt, sein unsichtbarer Begleiter genau das Umgekehrte macht[2]. Während der Phase, in der der Stern sich nähert, muß die empfangene Strahlungsfrequenz daher zunehmen („blauer werden"); entfernt sich der Stern, nimmt sie ab (sie wird „röter"). Diese Verschiebung beeinflußt das gesamte Spektrum. Die leicht erkennbaren Absorptionslinien müssen sich daher alle zusammen in Richtung Rot bzw. Blau verschieben und abwechselnd zwischen den beiden Extrempunkten hin- und herschwingen (Bild 16.2). Ein solches Verhalten ist ein deutliches Kennzeichen für ein spektroskopisches Doppelsternsystem.

Ist einmal gesichert, daß es sich um ein Doppelsternsystem bzw. binäres System handelt, muß der Astronom als nächstes die Natur des unsichtbare Begleiters feststellen. Ein unsichtbarer Stern ist bei weitem nicht immer ein schwarzes Loch. Es kann sich in erster Linie um einen der vielen Sterne mit einer kleineren Masse handeln, dessen scheinbare Helligkeit zu gering ist, um wahr-

---

[2] Außer in dem unwahrscheinlichen Fall, wo wir uns gerade in der Richtung senkrecht zur Bewegungsebene des Systems befinden.

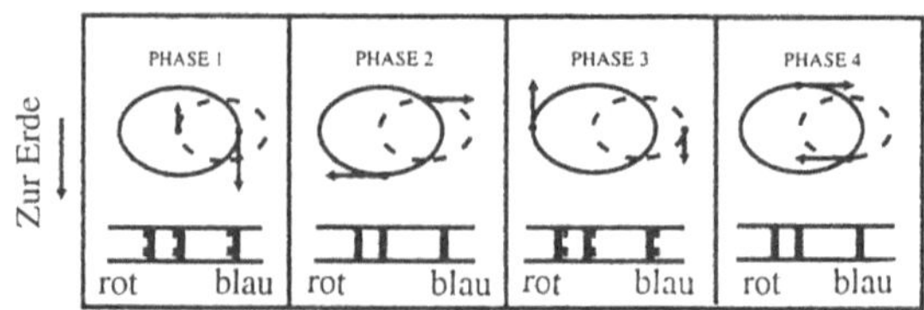

Bild 16.2   Ein spektroskopisches Doppelsternsystem. Das Spektrum eines sichtbaren Sterns (durchgezogene Bahnkurve), das periodisch um ein mittleres Signal oszilliert, deutet auf die Anwesentheit eines Begleiters (gestrichelte Bahnkurve) hin.

genommen zu werden – entweder, weil der Stern zu weit entfernt ist, oder, weil er durch das Licht seines Begleiters verblaßt, so wie ein Leuchtkäfer unsichtbar wird, wenn er sich einer Lampe nähert.

Bei dem unsichtbaren Begleiter könnte es sich auch um einen Stern normaler Masse handeln, der jedoch einen Gravitationskollaps hinter sich hat. Diese Liste stellarer Überreste enthält die weißen Zwerge, die Neutronensterne und die schwarzen Löcher. Man könnte daher meinen, daß die „Handschrift" eines schwarzen Loches nur eine Frage seiner Masse ist: Man weiß ja, daß die weißen Zwerge oder die Neutronensterne nicht schwerer als zwei oder drei Sonnenmassen sein können. Aber die Jagd nach schwarzen Löchern in binären Systemen ist mit Fallstricken übersät. So kann ein heißer und leuchtender massiver Stern hartnäckig unsichtbar bleiben, wenn er von einem Mantel aus undurchsichtigem Staub umgeben ist. Ein solcher Fall ist bekannt. Epsilon Aurigae ist ein spektroskopisches Doppersternsystem, bei dem der unsichtbare Begleiter eine Masse von ungefähr $8\,M_\odot$ hat. Das ist wesentlich mehr, als ein weißer Zwerg oder ein Neutronenstern ertragen könnten. Alle 27 Jahre gibt es jedoch eine Eklipse des sichtbaren Begleiters, und diese Eklipse dauert zwei ganze Jahre. Ein schwarzes Loch mit einem Radius von 25 Kilometern wäre viel zu klein, um eine so lange Eklipse hervorzurufen. Der Begleiter von Epsilon Aurigae ist daher nur ein großer Stern, der unter Staub begraben ist!

Aber die Jäger nach den schwarzen Löchern haben noch andere Anhaltspunkte. So wissen sie, daß eine Partnerschaft das Schicksal von Sternen wesentlich beeinflußt, insbesondere, wenn einer der Sterne durch die Gravitation kondensiert ist. Isoliert sind stellare Überreste mit einer kleinen Oberfläche die meiste Zeit unsichtbar (mit Ausnahme der Radiopulsare), in Begleitung sind sie jedoch vollkommen verändert. Bei den weißen Zwergen führt die Partnerschaft zu heftigen Zwischenfällen, wie beispielsweise die kataklysmischen Veränderlichen oder die Novae (siehe Kapitel 5). Im Fall der Neutronensterne und der schwarzen Löcher ist die Veränderung noch auffallender. Sie führt auf einen ganzen *Zoo* von astronomischen Phänomenen im Hochenergiebereich, die alle eine gemeinsame Eigenschaft haben: Sie verraten sich durch ihre Röntgen-Strahlung. Der Beginn der Röntgen-Astronomie zu Beginn der siebziger Jahre hat unsere Vorstellungen vom Universum revolutioniert.

16.3 Fliegende Observatorien

Die Röntgen-Astronomie konnte erst mit dem Raumzeitalter entstehen, da die Röntgen-Strahlen von der Atmosphäre absorbiert werden, und die Astronomie ihre Detektoren in den Weltraum schicken muß. Ein Detektor für Röntgen-Strahlen ist im Vergleich zu einem gewöhnlichen optischen Teleskop, bei dem das Licht von Spiegeln reflektiert und verstärkt wird, nicht besonders groß. Die Energie der Röntgen-Strahlung (und erst recht der Gammastrahlung) ist so hoch, daß die Photonen, statt an den Spiegeln reflektiert zu werden, in sie eindringen und sich in dem Material vergraben. Zum Einfang von Röntgen-Strahlen benutzen die Astronomen besondere Detektoren, die auf hochenergetische Photonen ansprechen, wenn diese elektrische Metallplatten oder Gas durchdringen[3].

Die ersten Instrumente wurden an Bord von Raketen oder mit Ballonen transportiert. Unzählige Röntgen-Quellen wurden so entdeckt und nach dem Sternbild, in dem sie sich befanden, benannt (z.B. war Scorpius X-1 die erste Röntgen-Quelle, die man im Sternbild des Skorpions gefunden hatte). Bisher hatten die Astronomen unser Universum nur durch die Fenster im sichtbaren Bereich sowie im Radiowellenbereich beobachten können, und das relativ ruhige Bild, das sie daraus gewonnen hatten, begann zu zerbröckeln. Nachdem aber die Zeit der künstlichen Satelliten begonnen hatte, mit denen man den Röntgen-Himmel dauerhaft beobachten konnte, kippte dieses Bild endgültig um. Man erkannte plötzlich, daß im gesamten Universum die verschiedensten Quellen – Sterne, Galaxien oder auch Galaxienhaufen – eine Unmenge an elektromagnetischer Strahlung emittieren, die das hundert- bis hundertmillionenfache der Energie des sichtbaren Lichtes enthält.

Raketen hatten gegenüber den Satelliten einige Vorteile. Sie sind wesentlich billiger und schneller im Einsatz, denn meist reichen einige Monate, um ein Experiment mit einer Rakete zu realisieren. Bei einem Satellitenprojekt

---

[3] Der berühmte „Geiger-Zähler", mit dem man die Radioaktivität an der Erdoberfläche nachweisen kann, arbeitet nach dem gleichen Prinzip.

hingegen vergehen mehrere Jahre, beginnend mit dem Tag, an dem ein Experiment vorgeschlagen wird, über die Genehmigung in den Ausschüssen und zahlenden Organisationen, bis schließlich zum wirklichen Start. Raketen haben jedoch den großen Nachteil, daß sie zur Erde zurückkehren, und daher oft nur eine Beobachtungszeit von wenigen Minuten verbleibt. Im Verlauf der Raketenära wurde der Röntgen-Himmel insgesamt nur für ungefähr eine Stunde beobachtet, wohingegen ein einziger Beobachtungssatellit für viele Jahre arbeiten kann.

16.4 Der Satellit „Freiheit"

Die Astronomen träumten von einem Satellit, der den Himmel für 24 Stunden am Tag beobachten konnte. Dank des Einsatzes von Riccardo Giacconi und seiner Gruppe von der Harvard Universität ging dieser Wunsch am 12. Dezember 1970 in Erfüllung. Der 42. Satellit aus der „Explorer"-Serie wurde von einer Startrampe im Indischen Ozean vor der Küste Kenias in eine Umlaufbahn über dem Äquator gebracht. Zum Gedenken an den siebten Geburtstag der Unabhängigkeit des Landes nannte man diesen Satelliten *Uhuru*, was in Suaheli „Freiheit" bedeutet.

Unter den vielen Röntgen-Satelliten war *Uhuru* ein Prunkstück, denn er zeichnete die erste genaue Karte des Röntgen-Himmels. Ein Detektor für Röntgen-Strahlung kann für sich alleine die Position einer Quelle nur mit einer mäßigen Genauigkeit feststellen. Um diesen Nachteil auszugleichen, besaß *Uhuru* gleich *zwei* Detektoren, Rücken an Rücken, die den gesamten Himmel abtasten konnten, während sich der Satellit langsam um sich selber drehte. Immer, wenn ein Röntgen-Signal in seine Sichtlinie kam, wurden die Signale zur Erde übertragen, und aus der bekannten Orientierung des Satelliten konnte man die Richtung der Quelle mit einer wesentlich besseren Genauigkeit bestimmen und innerhalb eines kleinen Bereichs am Himmel – einer „error box" – lokalisieren. *Uhuru* arbeitete, bis im Frühjahr 1973 seine Batterien leer wurden. Mit einer Ausbeute von nahezu 350 entdeckten Quellen von Röntgen-Strahlung war die Ernte beachtlich.

Nach *Uhuru* gab es noch viele weitere Satelliten, die der Beobachtung des Röntgen-Himmels dienten, darunter auch die HEAO-Serie *(High Energy Astronomical Observatory)*. Unter diesen lieferte 1979 die Nr. 2 die spektakulärsten Resultate. Sie trug den Namen *Einstein*, in Erinnerung an den hundertsten Geburtstag desjenigen, der auf seine Weise neue Fenster zum Himmel geöffnet

hatte: Fenster des Geistes. Auch Europa beteiligte sich an der astronomischen
Erforschung des Weltraums. Im Bereich der Hochenergie, der uns hier interessiert, startete 1990 der sowjetische Satellit Granat. Er hatte mehrere Detektoren
zum Nachweis von „harter" (hochenergetischer) Röntgen-Strahlung und „wei-
cher" Gammastrahlung an Bord, so unter anderem das französische Teleskop
Sigma. Die Ergebnisse sind jetzt schon reichhaltig und trösten die Astronomen
ein wenig über den relativen Fehlschlag des amerikanischen Raum-Teleskops
für den optischen Bereich.

16.5 Röntgen-Pulsare

Mehr als die Hälfte der Röntgen-Quellen, die mit den fliegenden Observatorien
entdeckt wurden, befinden sich in unserer Galaxis; bei den anderen handelt es
sich um aktive galaktische Zentren oder um das sehr heiße Gas großer Galaxienhaufen. Unter den Quellen innerhalb unserer Galaxis hängen die meisten
mit verschiedenen Formen von kollabierten Sternen zusammen: Reste von Supernovae, die in dem interstellaren Medium expandieren, weiße Zwerge, und
insbesondere binäre Systeme, die einen Neutronenstern enthalten.

Zu Beginn des Jahres 1971 entdeckte *Uhuru* Centaurus X-3, eine veränderliche Röntgen-Quelle, deren mittlere Leuchtkraft zehntausendmal größer ist,
als die Sonne über sämtliche Wellenlängen emittiert. Außerdem enthielt die
Strahlung von Centaurus X-3 eine regelmäßige Pulsation im Abstand von 4,84
Sekunden. Bei so kurzen Perioden denkt man unweigerlich an einen schnell
rotierenden Neutronenstern, ähnlich den Radio-Pulsaren. Aber Centaurus X-3
unterscheidet sich darin, daß alle 2,087 Tage seine Röntgen-Emission für ungefähr 12 Stunden erlischt. Das deutet darauf hin, daß diese Quelle Teil eines „ek-
liptischen" binären Systems ist. Seine Bedeckung entspricht gerade der Phase,
wo der Pulsar sich hinter einem riesigen Begleiter befindet. Ein neuer, frucht-
barer Zweig der Astronomie zur Untersuchung von binären *Röntgen-Systemen*
war geboren.

Nach Centaurus X-3 wurden rasch weitere „Röntgen-Pulsare" entdeckt. Einer der interessantesten ist Herkules X-1, der alle 1,24 Sekunden periodische
Fluktuationen aufweist, und auf dessen binäre Natur mehrere unabhängige Argumente hinweisen. Zunächst erlischt seine Röntgen-Leuchtkraft alle 1,7 Tage
für 6 Stunden. Außerdem zeigt eine sehr genaue Zeitmessung der Röntgen-
Impulse regelmäßige Schwankungen um die mittlere Periode von 1,24 Sekunden. Die zugehörigen zeitlichen Verschiebungen lassen auf eine Kreisbewe-

gung um einen Begleiter schließen, deren Periode exakt mit der Eklipsenperiode übereinstimmt. Zur endgültigen Bestätigung zeigten sehr genaue optische Beobachtungen von Herkules X-1 auch einen sichtbaren Begleiter. Es handelte sich um einen Stern, dessen Helligkeit ebenfalls alle 1,7 Tage verschwindet. Herkules X-1 ist somit eine Art von spektroskopischem Doppelsternsystem, das „rückwärts" entdeckt wurde: Zunächst fand man einen kompakten Begleiter aufgrund seiner Röntgen-Emission, und mit dessen Hilfe schließlich den „normalen" optischen Partner.

Wie läßt sich die Emission von Röntgen-Strahlen in binären Quellen erklären? Ein wichtiger Hinweis ergibt sich aus der Tatsache, daß sämtliche Umlaufzeiten dieser Paare sehr kurz sind, der Abstand zwischen den Partnern also sehr klein sein muß. Diese Enge versetzt den Neutronenstern in die Lage, das Gas von seinem Begleiter einzufangen. Er benutzt dabei einen „gravitativen Sauger", dessen Funktionsweise im folgenden kurz erklärt werden soll. Sucht man um einen isolierten Stern die Menge aller Punkte, an denen das Gravitationsfeld einen konstanten Wert hat, so findet man Kugelflächen, in deren Zentrum sich der Stern befindet. Macht man die gleiche Übung bei einem Doppelsternsystem, so erhält man sehr viel kompliziertere Flächen (Bild 16.3). Eine davon beschreibt die Orte gravitativer Neutralität zwischen den beiden Partnern. Sie hat die Form einer Acht, wobei jede der Schleifen einen der Sterne umschließt. Man bezeichnet sie als *Roche-Fläche*, nach dem französischen Mathematiker von der Universität Montpellier, der als erster Mitte des letzten Jahrhunderts diese Probleme untersucht hat. Ein kompakter Stern wie ein Neutronenstern ist nur ein kleiner Punkt innerhalb seiner Roche-Fläche. Umgekehrt kann ein nicht-kollabierter Stern sehr wohl einen Großteil des Volumens innerhalb seiner Roche-Fläche (das sogenannte Roche-Volumen) ausfüllen, oder in der Phase eines roten Riesen sogar darüber hinausgehen. Röntgen-Pulsare wie Centaurus X-3 oder Herkules X-1 lassen sich als binäre Systeme erklären, bei denen ein Partner ein Neutronenstern ist und der andere ein Riesenstern, der sein Roche-Volumen ausfüllt. Letzterer kann, insbesondere am Kontaktpunkt der beiden Roche-Flächen, seine Materie leicht verlieren. Fließt das Gas von einem zum anderen Roche-Volumen, kommt es in den Einflußbereich des Neutronensterns. Bei Centaurus X-3 schätzt man, daß pro Jahr eine Gasmenge von der Masse des Mondes vom Riesenstern zum Neutronenstern übertragen wird.

Wie bei einem Radiopulsar können die Neutronensterne in einem Röntgen-Pulsar sehr schnell rotieren und ein enormes Magnetfeld haben, das relativ zur Rotationsachse geneigt ist. In diesem Fall fällt das Gas vom Begleiter nicht direkt auf den Neutronenstern, sondern wird durch die Zentrifugalkräfte auf spiralförmige Bahnen mitgerissen. Das Gas kann daher eine mehr oder weni-

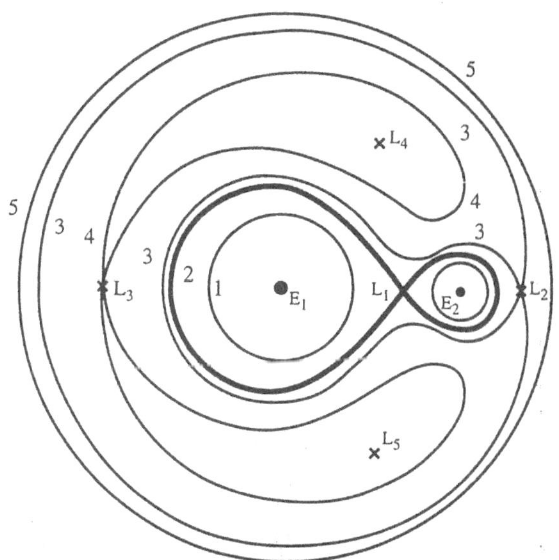

Bild 16.3 Das Gravitationsfeld bei einem Doppelstern. Jede durchgezogene Linie entspricht einer sogenannten „Äquipotentialfläche", d.h. der Punktmenge, bei denen das Gravitationsfeld der beiden Sterne E_1 und E_2 einen festen Wert hat. In der Nähe der beiden Sterne sind die Äquipotentialflächen kugelförmig (Kurve 1), da das Feld des zentralen Sterns überwiegt. Die Roche-Fläche (Kurve 2) gehört zu dem Punkt (L_1), an dem die Anziehung beider Sterne sich gerade aufhebt. Außerhalb der Roche-Fläche (Kurven 3, 4 und 5) umfassen die Äquipotentialflächen beide Sterne und werden für große Abstände wiederum zu einer Kugelfläche, da dort das Sternensystem seine Doppelnatur verliert.
Die eingezeichneten Punkte, die sogenannten Lagrange-Punkte, sind stabile (für L_4 und L_5) und instabile (für L_1, L_2 und L_3) Gleichgewichtspunkte. Wenn ein Stern über seine Roche-Fläche hinausgeht, verliert er Materie über den inneren Lagrange-Punkt L_1.

ger dicke *Akkretionsscheibe* bilden. In einer bestimmten Entfernung von der Oberfläche des Neutronensterns, wo das Magnetfeld eine größere Energie als die Rotationsenergie des Gases hat, endet die Scheibe. Dort wird das Gas von der Scheibe heruntergerissen und entlang der Feldlinien zu den magnetischen Polen geleitet.

Der Aufprall des Gases auf der harten Oberfläche des Neutronensterns erzeugt die Emission der Röntgen-Strahlen. Hält man sich das Prinzip eines Wasserkraftwerks vor Augen, dann läßt sich leicht verstehen, wie das Gravitationsfeld die Energie in Strahlung umsetzen kann. Wenn Wasser aus einer bestimmten Höhe herabfällt, wird zunächst seine Gravitationsenergie in kinetische Energie umgewandelt. Mit einer großen Geschwindigkeit trifft es auf die Turbinenschaufeln und wandelt seine kinetische Energie in mechanische Rotationsenergie um. Mit Hilfe der magnetischen Induktion läßt sich die mechanische Energie schließlich in elektrische Energie und in Strahlung umwandeln. Diese ganze Kette wird vom Gravitationsfeld der Erde in Gang gehalten. Ganz ähnlich ist es auf der Oberfläche der Sterne. Je stärker das Gravitationsfeld, desto mehr Gravitationsenergie wird natürlich bei einer gegebenen Fallhöhe in Strahlung umgesetzt. Eine Kugel von zehn Gramm, die auf die Erde fällt, setzt etwas Wärme und Infrarotstrahlung frei. Würde sie auf einen weißen Zwerg fallen, wäre die freigesetzte Gravitationsenergie schon sehr viel größer und äußerte sich im Bereich des sichtbaren oder ultravioletten Lichts. Auf der Oberfläche eines Neutronensterns ist die Gravitation derart riesig, daß die Fallgeschwindigkeit 100 000 km/s erreichen kann. Die Energiemenge, die unter diesen Bedingungen von zehn Gramm Gas in Form von Röntgen-Strahlung freigesetzt wird, entspricht ungefähr einer Hiroshima-Bombe.

In einem Röntgen-Pulsar zerbersten pro Sekunde tausend Milliarden Tonnen von Gas an den magnetischen Polen des Neutronensterns. Diese Pole mit einem Durchmesser von ungefähr einem Kilometer erhitzen sich auf rund einhundert Millionen Grad und emittieren Röntgen-Strahlen mit einer Leuchtkraft, die zehn Millionen Mal größer ist als die, die von der Sonne über alle Wellenlängen abgegeben wird! Das eigentliche Bild eines Pulsars entsteht natürlich erst dann, wenn der radioaktive Strahl aufgrund der Eigendrehung des Neutronensterns über den Himmel streicht.

16.6 Röntgen-Burster

Röntgen-Pulsare sind nicht die einzigen Röntgen-Quellen aus binären Systemen. In den meisten Fällen erfolgt die Emission nicht regelmäßig sondern sporadisch. Statt von einem direkten Aufprall auf den Polarkappen, kann sie auch von den Brennflecken der Akkretionsscheibe herrühren. In diesem Fall gibt es keinen Pulsationseffekt. Andererseits muß es sich bei dem Begleiter des Neutronensterns nicht um einen massiven Riesen handeln, es könnte ebenso gut auch ein Zwergstern sein, wobei der Massenaustausch erheblich geringer wäre (Bild 16.4). Vor allem aber ist es ohne jegliche Periodizität nicht mehr möglich, den kompakten Stern als einen Neutronenstern zu identifizieren. Gerade in dieser Gruppe der irregulären Röntgen-Quellen, die den kataklysmischen

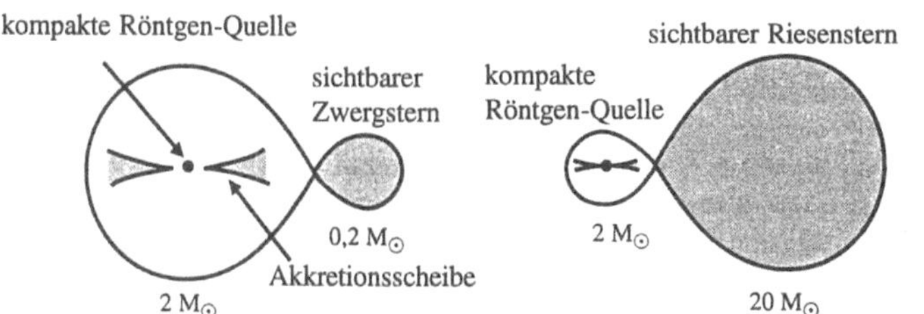

Bild 16.4 Die beiden Arten binärer Röntgen-Quellen.

Veränderlichen mit weißen Zwergen entsprechen (siehe Kapitel 5), muß man die stellaren schwarzen Löcher suchen.

Seit 1975 haben die Satelliten Sterne entdeckt, die für einige Sekunden heftige Eruptionen an Röntgen-Strahlen zeigen. Es handelt sich dabei um sogenannte *Burster*[4]. Man kennt heute mehrere Dutzend solcher Quellen, die Mehrzahl davon befindet sich in unserer Galaxis. Burster entsprechen in fast allem den Novae, allerdings wird wesentlich mehr Energie freigesetzt. Es sind wahrscheinlich sehr enge binäre Systeme mit Massenaustausch, wobei der Unterschied zu den Novae darin besteht, daß es sich bei dem stellaren Überrest nicht um einen weißen Zwerg, sondern um einen Neutronenstern oder ein schwarzes Loch handelt.

Wenn es sich um Neutronensterne handelt, beruht der Mechanismus für die Ausbrüche vermutlich auf thermonuklearen Explosionen an der Oberfläche. Wie bei den weißen Zwergen spielt die Gravitation die Rolle eines Katalysators für die Kernreaktionen. Aber die enorme Gravitation führt zu einer viel heftigeren Reaktion als bei den weißen Zwergen (bei denen es nur zu einer explosiven Verbrennung von Wasserstoff kommt). Im „ruhigen" Zustand der Röntgen-Quelle sammelt sich Wasserstoff in dichten und sehr heißen Schichten an der Oberfläche der Neutronensterne und verwandelt sich rasch in Helium, allerdings nicht in Form einer Explosion. Helium seinerseits bedeckt nun die Oberfläche, und sobald die Schicht eine Dicke von ungefähr einem Meter erreicht hat, setzt die Fusion explosionsartig ein und löst den eigentlichen Ausbruch aus. Allerdings können die Ausbrüche an Röntgen-Strahlung auch durch einen völlig anderen Mechanismus zustande kommen, nämlich durch Instabilitäten der Akkretionsscheibe. Dazu bedarf es jedoch nicht der harten Oberfläche von Neutronensternen; ein schwarzes Loch könnte ebenfalls dahinter stecken.

---

[4] Englische Bezeichnung für Gegenstände, die eruptive Ausbrüche haben. Man nennt sie auch eruptive Röntgen-Quellen.

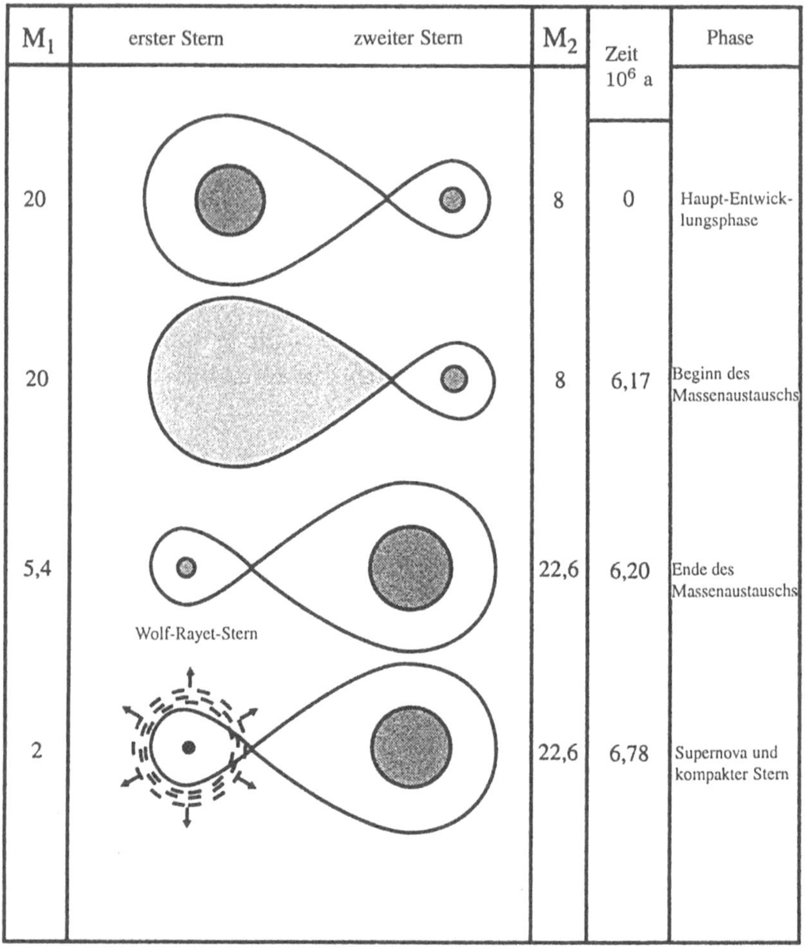

M_1	erster Stern	zweiter Stern	M_2	Zeit 10^6 a	Phase
20			8	0	Haupt-Entwick-lungsphase
20			8	6,17	Beginn des Massenaustauschs
5,4	Wolf-Rayet-Stern		22,6	6,20	Ende des Massenaustauschs
2			22,6	6,78	Supernova und kompakter Stern

Bild 16.5 Das Leben eines massiven binären Systems. Die Bildfolge zeigt die Entwicklung eines engen Sternenpaars, deren Massen ursprünglich $20\,M_\odot$ (erster Stern, linke Spalte) und $8\,M_\odot$ (zweiter Stern, rechte Spalte) sind. Die Zeit ist in der zweiten Spalte von rechts in Einheiten von Millionen Jahren angegeben. Der erste, massivere Stern kommt rasch in sein Stadium als Riese und füllt seine Roche-Volumen nach 6 Millionen Jahren aus. Es beginnt ein Massentransfer zum zweiten Stern. Am Ende dieses Transfers nach ungefähr 30 000 Jahren ist der zweite Stern der massivere, während der erste auf seinen mit Helium angereicherten und sehr heißen Kern reduziert ist. Er ist zu einem „Wolf-Rayet-Stern" geworden, der nach 580 000 Jahren in einer Supernova explodiert. Es bildet sich ein Neutronenstern von $2\,M_\odot$.

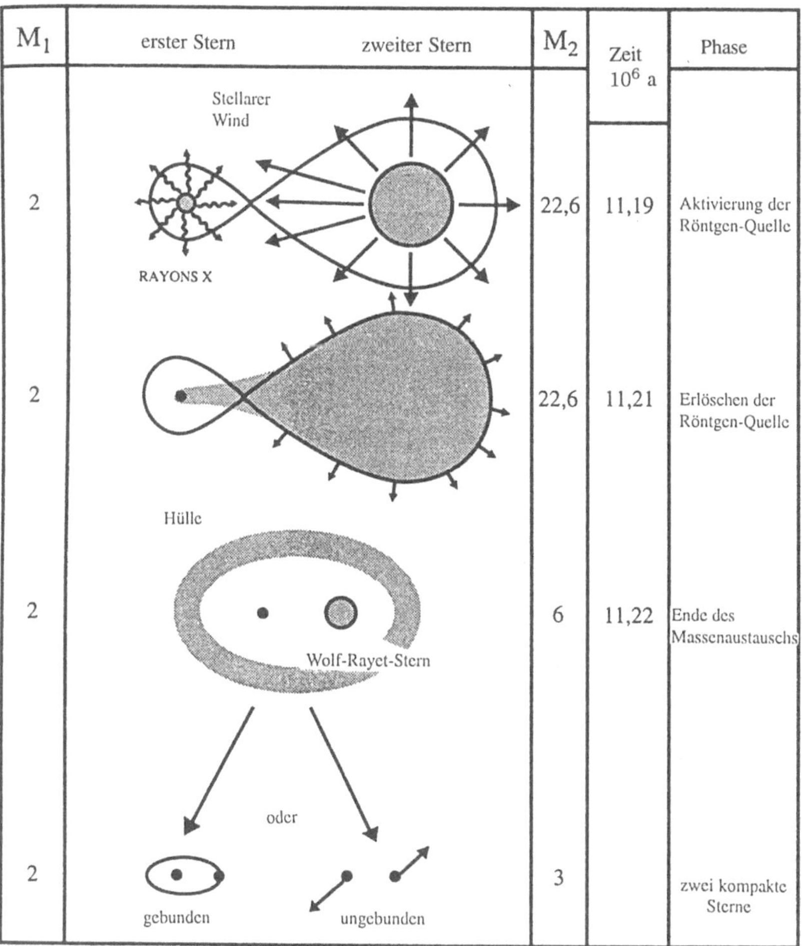

Bild 16.5 (**Fortsetzung**) Nach ungefähr 11 Millionen Jahren hat sich der zweite Stern ausgedehnt und seine Masse durch stellaren Wind verloren. Ein Teil dieses Windes wird von dem kompakten Stern eingefangen, der nun als Röntgen-Quelle strahlt. Dieses Stadium dauert nur 20 000 Jahre, bis der zweite Stern über seine Roche-Fläche tritt und die Röntgen-Quelle „erstickt". Es findet ein umgekehrter Massenaustausch statt, bis ein Wolf-Rayet-Stern auf einer engen Umlaufbahn um den Neutronenstern kreist. Beide sind von einer zirkumstellaren Hülle umgeben. Schließlich explodiert der Wolf-Rayet-Stern in einer Supernova und wird ebenfalls zu einem kompakten Stern (Neutronenstern oder schwarzes Loch). Die beiden Sterne bleiben zusammen oder werden auseinandergerissen.

Bestimmte Burster sind dauerhafte Röntgen-Quellen (d.h., sie emittieren immer ein festes Maß an Röntgen-Strahlung) während andere, eruptive Burster nur während ihrer Ausbrüche als Röntgen-Quellen sichtbar werden. Ähnlich wie die wiederkehrenden Novae gibt es auch bestimmte Burster, die mehrmals explodieren, allerdings mit einem wilderen Rythmus. Man kennt einen ultraschnellen Burster, bei dem im Durchschnitt zwischen zwei Ausbrüchen nur einige Dutzend Sekunden vergehen!

Aber Wiederkehr bedeutet keinesfalls strenge Periodizität. Die vollkommene Gleichförmigkeit eines Pulsars beruht auf der Rotation des Neutronensterns, wohingegen die wiederkehrenden Ausbrüche durch die wiederholten nuklearen Verbrennungen von Helium, das sich an seiner Oberfläche ansammelt, ausgelöst werden. Es hat sich herausgestellt, daß *Pulsare keine Bursts haben, und daß die Burster nicht pulsieren.* Andererseits sind Burster nicht notwendigerweise wiederkehrend. Das legt nahe, daß es sich bei Burstern zum größten Teil um binäre Systeme handelt, die älter als Pulsare sind, und die entweder alte Neutronensterne enthalten, die ihr Magnetfeld schon verloren haben, oder *schwarze Löcher*, an deren Oberfläche sich keine Materie ansammeln kann.

Röntgen-Sterne sind zwar sehr spektakulär, aber sie sind auch sehr selten. Man vermutet, daß unter einer Milliarde Sternen im Durchschnitt nur ein einziger den Großteil seines Lichts in Form von Röntgen-Strahlen emittiert. In unserer Galaxis befinden sich nur einige hundert von diesen Quellen. Die Seltenheit erklärt sich durch die Kürze der Röntgen-Emissionsphase in einem binären System: nur zehntausend Jahre; ein kurzer Augenblick im Vergleich zur Lebensdauer der Sterne (Bild 16.5). Nach dieser Zeit hat sich der Begleitstern so weit ausgedehnt, daß er weit über sein Roche-Volumen hinausragt. Der Gasfluß zu seinem kompakten Partner wird dann so groß, daß er die Röntgen-Quelle erstickt.

16.7 Auf der Suche nach seltenen Tieren

Unser Spaziergang durch den Zoo der Röntgen-Sterne hat uns gezeigt, daß wir die stellaren schwarzen Löcher in erster Linie unter den binären Röntgen-Quellen suchen müssen, die weder periodisch noch wiederkehrend sind. Eine erste Auswahl an Kandidaten erhält man durch Messung der Helligkeitsfluktuationen der Röntgen-Strahlung über sehr kurze Zeiten. Der Grund ist der folgende. Jede Helligkeitsänderung einer beliebigen Quelle bedeutet, daß sie ihren Zustand verändert, sich beispielsweise aufbläht oder sich verformt. Da

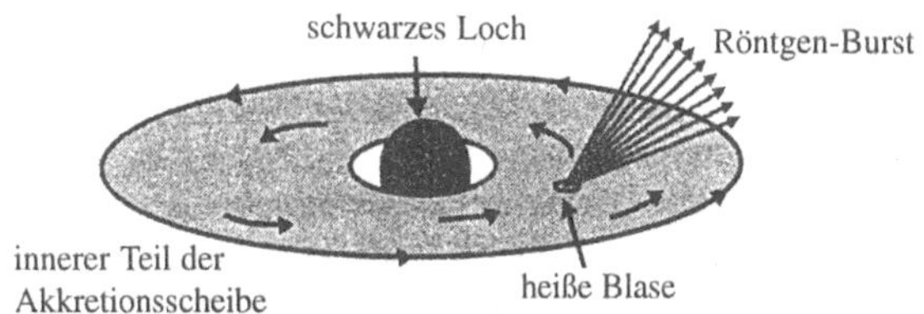

Bild 16.6 Fluktuationen in der Akkretionsscheibe um ein schwarzes Loch.

nichts schneller ist als Licht, kann eine veränderliche Lichtquelle ihre globale Leuchtkraft nicht in kürzerer Zeit verändern, als das Licht benötigt, um sie zu durchqueren. Licht legt 300 Kilometer pro Millisekunde zurück, d.h. eine Quelle, deren Fluktuationen kürzer als eine Millisekunde sind, muß außerordentlich kompakt sein.

Welche Ursachen könnten diese Helligkeitsschwankungen haben? Nehmen wir als Beispiel ein stellares schwarzes Loch. Sein Durchmesser beträgt nur einige dutzend Kilometer, aber es ist nicht diese Größe, die für die Fluktuationen von Bedeutung ist. Tatsächlich liegt die Ursache für die Röntgen-Strahlung nicht im Aufprall der Materie auf das schwarze Loch, das nur eine konsistenzlose geometrische Oberfläche hat, sondern in der Akkretionsscheibe. Ihre inneren Bereiche sind sehr heiß und voller Turbulenzen, etwa wie Wasser, wenn es zu kochen beginnt. Die Scheibe ist lokal instabil und gelegentlich emergieren „Gasblasen", die innerhalb kurzer Zeit auf mehrere hunder Millionen Grad erhitzt werden und reichlich Schübe an Röngten-Strahlen aussenden (Bild 16.6).

Zur Abschätzung der charakteristischen Zeiten dieser Fluktuationen muß man berücksichtigen, daß die Akkretionsscheibe die Oberfläche des schwarzen Loches nicht berüht. Um das schwarze Loch gibt es einen Bereich, in dem kreisförmige Bahnkurven verboten sind. Kommt das Gas der Scheibe an die innere Kante, so taucht es im freien Fall in diesen verbotenen Bereich und fällt so schnell in das schwarze Loch, daß noch nicht einmal die Zeit zur Emission von Strahlung bleibt. Daraus kann man schließen, daß sich die Blasen, die für die Helligkeitsschwankungen verantwortlich sind, nur in einem Abstand von einigen Schwarzschild-Radien vom schwarzen Loch bilden können. Ihr Schicksal dort ist kurz: Innerhalb einer Millisekunde kreisen sie mit nahezu Lichtgeschwindigkeit einmal vollständig um das schwarze Loch. Nach einigen Umdrehungen zerplatzen sie, lösen sich in dem umgebenden Gas auf, und die Helligkeitsfluktuationen sind beendet. Von weitem betrachtet, zeigt das System stoßartige Intensitätsschwankungen der Röntgen-Strahlung.

Für einige Jahre glaubte man, in diesen ultra-schnellen Helligkeitsschwankungen einer binären Röntgen-Quelle ein sicheres Anzeichen für ein stellares schwarzes Loch zu haben. So zeigte beispielsweise Circinus X-1, Teil der Überreste einer Supernova von vor 100 000 Jahren, solch rasche Fluktuationen, daß man dort ein schwarzes Loch vermutete. Man fand sich jedoch schwer getäuscht. Der Fortschritt bei den astronomischen Instrumenten, der eine kürzere zeitliche Auflösung ermöglichte, zeigte eine deutliche Wiederkehr in den Ausbrüchen von Circinus X-1 und anderen ähnlichen Quellen, womit bewiesen war, daß es sich um Neutronensterne handelt. Will man unter den Röntgen-Quellen schwarze Löcher entdecken, muß man mehr als nur ihre Fieberanfälle finden!

16.8   Das Wiegen von Sternen

Miß tausendmal und schneide einmal.

Türkisches Sprichwort

Die beste Waffe für einen Jäger von schwarzen Löchern ist die Waage. Er weiß – vorausgesetzt, er akzeptiert die Allgemeine Relativitätstheorie und einige vernünftige Annahmen über den Zustand dichter Materie –, daß die maximale Masse eines stabilen Neustronensterns $3\,M_\odot$ nicht überschreiten kann. Wenn das „Wiegen" eines Sterns einen höheren Wert ergibt, läßt die moderne Physik keine andere Möglichkeit als ein schwarzes Loch mehr zu.

Das getrennte Wiegen der beiden Partner in einem binären System ist leider unmöglich. Der Astronom kann nur das Spektrum des sichtbaren Partners bestimmen, sofern es nicht, wie so häufig, in dem Spektrum der Akkretionsscheibe untergeht. Die regelmäßigen Verschiebungen der Spektrallinien durch den Doppler-Effekt hängen mit der Umlaufzeit des binären Systems zusammen. Aus dieser Umlaufzeit kann man durch einfache Anwendung der Gesetze der Himmelsmechanik eine bestimmte „Massenfunktion" berechnen. Die Massenfunktion enthält drei Unbekannte: die Massen der beiden Partner und die Neigung der Bahnebene relativ zur Beobachtungsrichtung.

Um weiter zu kommen, muß der Astronom sich einiger Näherungen bedienen. Aus der Spektroskopie des optischen Partners kann man auf seinen „Spektraltyp" (siehe Anhang A1) schließen und unter Berücksichtigung seiner Helligkeit die folgenden physikalischen Parameter bestimmen: Masse, Radius, Entwicklungsgrad. Dieses Verfahren, Sterne nur über ihren Spektraltyp zu wiegen, ist jedoch mit großen Ungenauigkeiten behaftet.

Die andere Unbekannte, die Neigung der Bahnebene relativ zur Beobachtungsrichtung, läßt sich im allgemeinen nicht bestimmen. Ausgenommen sind manche Doppelsternsysteme mit Eklipsen, aus denen man Grenzen für ihre Neigung angeben kann[5].

Unter Berücksichtigung dieser Näherungen kann der Astronom schließlich die ihn interessierende Masse des kompakten Sterns herleiten. Der so erhaltene Wert hat einen bestimmten „Fehlerbalken". Der Mitte dieses Balkens entspricht der wahrscheinlichste Wert für die Masse, die Randpunkte sind weniger wahrscheinlich – sie entsprechen jeweils den „optimistischsten" bzw. „pessimistischsten" Annahmen. Da es sich jedoch um die Frage nach der Existenz der schwarzen Löcher selber handelt, ist die größtmögliche Vorsicht angebracht, und nur solche Kandidaten werden berücksichtigt, bei denen der Fehlerbalken vollständig oberhalb jener schicksalshaften $3\,M_\odot$ liegt.

Gegenwärtig (1992) erfüllen fünf binäre Röntgen-Quellen alle Kriterien für ein schwarzes Loch.

16.9 Der schwarze Schwan

Cygnus X-1 wurde zum ersten Mal im Jahre 1965 von einem an Bord einer Rakete ins All transportierten Röntgen-Detektor entdeckt und konnte auch später dem Scharfblick des Satelliten *Uhuru* nicht entgehen. Im März und April 1971 verzeichnete der Satellit rasche Veränderungen der Röntgen-Helligkeit. Zufälligerweise tauchte gleichzeitig mit diesen Veränderungen eine Quelle im Radiowellenbereich auf. Im Gegensatz zu Röntgen-Detektoren können Radioteleskope ihre Quellen mit einer sehr großen Genauigkeit lokalisieren. Aus der unerwarteten Emission von Radiowellen von Cygnus X-1 konnte man daher seine Richtung bestimmen. Sie stimmte mit einem im optischen Bereich sichtbaren Stern überein, der seit langem unter dem Namen HDE 226 868 bekannt war. Es handelte sich um einen hellen Stern, aus dessen Spektraltyp man auf einen einen heißen und massiven blauen Riesen zwischen 25 und 40 Sonnenmassen schließen konnte. Er allein konnte unmöglich solch große Mengen an Röntgen-Strahlung emittieren, so daß HDE 226 868 einen kompakten Begleiter haben mußte, der ihm das Gas entzog, auf mehrere Millionen Grad erhitzte und so für die Quelle Cygnus X-1 verantwortlich war.

---

[5] Aus dem Vorhandensein oder Fehlen von Eklipsen kann man schließen, ob man das System „von der Seite" oder „von oben" sieht.

Zur Bestätigung dieser Annahme mußte man das Spektrum von HDE 226 868 genauer untersuchen und das periodische „Kommen und Gehen" nachweisen, das die Spektrallinien von spektroskopischen Doppelsternen kennzeichnet. Das Ergebnis war überzeugend: Man fand für das System eine Bahnperiode von 5,6 Tagen. Außerdem konnte man aus der maximalen Verschiebung der Spektrallinien den Radius der Bahnkurve bestimmen. Dieser war außergewöhnlich eng: 30 Millionen Kilometer. Denkt man sich HDE 226 868 auf die Größe eines Fußballs reduziert, dann ist sein Begleiter Cygnus X-1 nur ein kleines Sandkorn auf einer Umlaufbahn wenige Zentimeter über der Oberfläche!

Aus dem Fehlen einer Eklipse konnte man für die Neigung der Bahnebene relativ zur Beobachtungsrichtung auf einen Winkel von über 55° schließen. Aus der Kenntnis dieser Parameter läßt sich die Masse von Cygnus X-1 leicht bestimmen. Die Messungen werden sei fünfzehn Jahren mit wachsender Genauigkeit regelmäßig wiederholt. Sie ergeben eine minimale Masse von $7\,M_\odot$. Dieser Wert liegt wesentlich über der kritischen Masse eines Neutronensterns. *Mit Cygnus X-1 hat man sehr wahrscheinlich das erste Schwarze Loch entdeckt!*

16.10 *Advocati Diaboli*

Wir können zwar mit dem Modell eines schwarzen Loches in seinem Akkretionszustand die beobachteten Phänomene von Cygnus X-1 korrekt erklären, damit sind wir jedoch nicht der Verpflichtung entbunden, nach anderen möglichen Modellen zu suchen, und sei es nur, um die Argumente der Anhänger von schwarzen Löchern zu festigen.

Der vergleichsweise „brüchige" Teil in unserer Argumentation besteht darin, aus dem Spektraltyp des optischen Begleiters von Cygnus X-1 auf dessen Masse zu schließen, und daraus durch Rückrechnung die Masse von Cygnus X-1 selber zu bestimmen. Eine gründlichere Analyse zeigt jedoch, daß man diese Operation in Wirklichkeit umgehen und die minimale Masse von Cygnus X-1 direkt erhalten kann, indem man sich nur auf das Fehlen einer Eklipse stützt. In diese Überlegungen geht jedoch die Entfernung der Röntgen-Quelle ein. Für Cygnus X-1 wird diese Entfernung auf 6 000 Lichtjahre geschätzt. Die daraus abgeleitete minimale Masse ist $3,4\,M_\odot$, was immer noch ausreicht, um einen Neutronenstern auszuschließen. Aber diese minimale Masse wird mit der

Entfernung kleiner, und wäre diese nur um 10% kürzer, so fiele die minimale Masse von Cygnus X-1 unter die schicksalhafte Schranke von $3\,M_\odot$.

Nach einem anderen, weniger ernsthaften Gegenargument könnte es sich bei Cygnus X-1 in Wirklichkeit um ein Dreifachsystem handeln, d.h. der sichtbare Stern HDE 226 868 wird von zwei unsichtbaren Partnern begleitet. Es könnte sich um einen Neutronenstern und einen weißen Zwerg handeln, die so dicht beisammen sind, daß sie eine gemeinsame Akkretionsscheibe haben. Das unsichtbare Paar könnte auch aus einem normalen Stern von ungefähr zehn Sonnenmassen bestehen, der in eine Staubwolke gehüllt ist (wie Epsilon Aurigae), und einem Neutronenstern, der für die Röntgen-Emission verantwortlich ist.

Das Modell eines Dreifachystems hat einige schwerwiegende Mängel. Es ist schwierig zu erklären, wie sich ein solches System bilden und länger existieren konnte, denn Dreifachsysteme sind außerordentlich instabil. Aber vielleicht beobachtet man es gerade während einer ganz besonderen Phase seiner Entwicklung. Handelte es sich bei Cygnus X-1 um den einzigen Kandidaten für ein schwarzes Loch, dann wäre eine solche „ad hoc" Argumentation zulässig. Wenn man im gesamten Universum nur einen einzigen Stern mit bestimmten seltsamen Eigenschaften beobachtet, dann kann man immer einwenden, daß sich dieser Stern in einem sehr unwahrscheinlichen Zustand befindet! Aber das ist hier nicht mehr der Fall: Die Mengen an Röntgen-Daten, die während der letzten zehn Jahre gesammelt wurden, haben weitere binäre Röntgen-Quellen aufgedeckt, die ähnlich überzeugende Kandidaten sind wie Cygnus X-1. Die Vorstellung, daß es sich bei Cygnus X-1 und den anderen gleichartigen Systemen um schwarze Löcher handelt, bedeutet für die Astrophysik bei weitem keine Umwälzung, sondern ist ganz im Gegenteil die konservativste Annahme, da sie die wenigsten willkürlichen Zusatzhypothesen benötigt. Sie erfüllt damit eine der wichtigsten Regeln wissenschaftlicher Vorgehensweise: das Prinzip der Einfachheit (siehe Seite 179). Es gibt keinen Zweifel, daß die Anzahl der beobachteten stellaren schwarzen Löcher im Verlauf der nächsten Jahre zunehmen wird...

16.11 Der Club der Fünf

Diejenigen unter den Lesern, die sich von vielen Zahlen leicht abschrecken lassen, können sich direkt Bild 16.7 zuwenden. Es handelt sich dabei um ein glaubhaftes „Phantombild" der fünf Mitglieder des sehr elitären Clubs der stel-

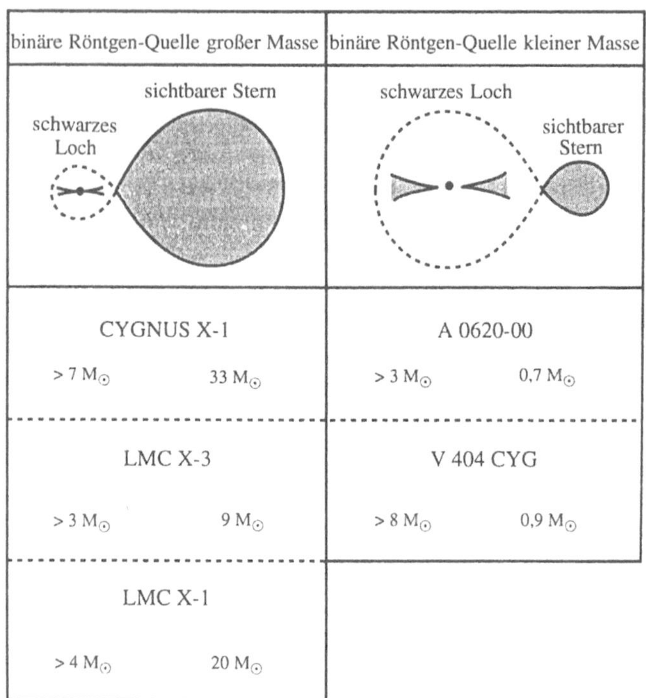

Bild 16.7 Der Club der stellaren schwarzen Löcher.

laren schwarzen Löcher. Aber es mag durchaus von Interesse sein, einige ihrer besonderen Eigenschaften genauer zu beschreiben.

Zwei von ihnen, LMC X-1 und LMC X-3, befinden sich nicht in unserer Galaxis, sondern in der Großen Magellanschen Wolke[6], eine der beiden Satellitengalaxien zu unserer Galaxis. Auf der südlichen Hemisphäre sind sie mit bloßen Auge sichtbar, und der berühmte portugiesische Seefahrer Magellan hat sie in seinem Bordbuch beschrieben. Der Spektraltyp der jeweiligen optischen Partner deutet darauf hin, daß es sich um massive Sterne handelt, woraus man für die Massen der kompakten Begleiter einen Wert über 3 M$_\odot$ ableiten kann.

Legt man den gleichen Maßstab wie bei Cygnus X-1 an, dann sollte man den Spektraltyp des Begleiters vergessen und die Masse des Kandidaten für das schwarze Loch nur als Funktion seines Abstands von der Erde herleiten.

---

[6] LMC ist die Abkürzung für Large Magellanic Cloud.

Der Unterschied zu Cygnus X-1 ist, daß der Abstand zur Großen Magellanschen Wolke sehr genau bekannt ist: 170 000 Lichtjahre. Die so erhaltenen minimalen Massen bleiben innerhalb der erlaubten Schranken. Die Deutung als „schwarzes Loch" ist noch wahrscheinlicher als bei Cygnus X-1!

Der vierte Kandidat für ein schwarzes Loch trägt den Namen A 0620-00. Diese Röntgen-Quelle hat eine Entfernung von ungefähr 3 000 Lichtjahren und gehört zu der Unterklasse der „leichten binären Systeme", insofern der nicht-kompakte Partner ein Zwergstern ist, dessen Masse nur einen Bruchteil der Sonnenmasse ausmacht. Man kennt derzeit einige Dutzend leichte binäre Röntgen-Systeme, deren nicht-kompakte Partner auch optisch identifiziert werden konnten. Aber in den meisten dieser Fälle ist die Emission von Röntgenstrahlung so intensiv, daß sie das optische Spektrum überdeckt, womit eine Bestimmung der Bahnparameter unmöglich wird, und der nicht-kompakte Partner nicht mehr gewogen werden kann.

Glücklicherweise ist die Aktivität von A 0620-00 zwischen seinen Ausbrüchen so gering, daß die sichtbare Strahlung seines Begleiters nicht verwischt wird. Das optische Spektrum kann also ausgemessen werden. Danach handelt es sich tatsächlich um ein spektroskopisches Doppelsternsystem, dessen Periode 7,75 Stunden beträgt. Unter der Annahme einer Masse von $0,7\,M_\odot$ für den sichtbaren Stern ergibt sich eine unsichtbare Masse von über $7\,M_\odot$.

Aber für ein schwarzes Loch spricht noch ein stärkeres Argument. Es folgt aus der Tatsache, daß die Bahngeschwindigkeit und die Periode, beide beobachtbar, eine *Massenfunktion* des Doppelsternsystems ergeben, die nur von den Massen der beiden Partner und der Neigung der Bahnebene relativ zur Sichtlinie abhängt. Die mathematische Form dieser Massenfunktion hat eine einfache Eigenschaft: Setzt man die Masse des normalen Sterns gleich Null (das ist natürlich eine Unterschätzung) und den Neigungswinkel der Bahnebene gleich 90° (der ungünstigste Fall), dann reduziert sich diese Massenfunktion auf den kleinstmöglichen Wert für die unsichtbare Masse, und das ohne jede Annahme über den Spektraltyp oder die Entfernung des Systems. Für Cygnus X-1, LMC X-1 und LMC X-3 liegt dieser Wert unter $3\,M_\odot$, ist also nicht schlüssig. Aber für A 0620-00 beträgt er $3,2\,M_\odot$. Das ist daher die unterste Grenze für die Masse des kompakten Partners.

Eine weitere bemerkenswerte Eigenschaft dieses binären Systems ist seine Größe. Sie ist so winzig, daß die *Advocati Diaboli* dort keinen dritten Stern unterbringen könnten. Alles in allem herrscht Einigkeit bei den Beobachtern: A 0620-00 ist der beste Kandidat für ein schwarzes Loch. Man kann sogar noch hinzufügen, daß A 0620-00 das *erste* schwarze Loch war, das man beobachtet hat, und zwar lange vor Cygnus X-1: Auf alten Bildern erkennt man im Nachhinein, daß A 0620-00 schon 1917 während eines *optischen* Ausbruchs, der zur Klasse der Novae gezählt wurde, im Sternbild des Einhorns entdeckt wurde!

Der letzte Kandidat für ein schwarzes Loch übertrifft die anderen noch. Im Mai 1989 entdeckte der japanische Satellit Ginga einen Schauer an Röntgenstrahlung, der von V 404 Cygni kam. Die durch dieses Ereignis ausgelösten optischen Beobachtungen zeigten, daß V 404 (V bezeichnet einen Veränderlichen) plötzlich zu einer Nova geworden war, 1000mal heller als eine ähnliche, frühere Eruption des Sterns im Jahre 1938. Spektralmessungen im Jahre 1991 zeigten, daß es sich um ein binäres System mit einer Periode von 6,47 Tagen handelt, also vergleichbar mit den 5,6 Tagen von Cygnus X-1, allerdings mit einer wesentlich höheren Bahngeschwindigkeit. Sein unsichtbarer Begleiter hat danach eine Masse zwischen 8 und 16 $M_\odot$. Das wirklich überzeugende Argument ist aber die Massenfunktion, die als kleinstmögliche Masse für den unsichtbaren Partner von V 404 einen Wert von 6,3 $M_\odot$ ergibt. Der Schwan ist wirklich schwarz.

16.12 Ist der Zwillingsbruder eines schwarzen Loches ein schwarzes Loch?

Nehmen wir einmal an, in unserer Galaxis finde seit zehn Milliarden Jahren pro Jahrhundert eine Supernova statt, und bei jeder hundertsten Supernova entstehe ein schwarzes Loch. Das hieße, in unserer Galaxis gibt es rund eine Million stellarer schwarzer Löcher. In diesem Fall wird man enttäuscht sein, daß die Beobachtung der binären Röntgen-Quellen nur eine Handvoll von ihnen aufdeckt. Natürlich ist in vielen anderen binären Röntgen-Quellen die Bestimmung der Masse mit so großen Unsicherheiten behaftet, daß man nicht eindeutig auf ein schwarzes Loch schließen kann, es sich aber auch nicht ganz ausschließen läßt. Unter diesen potentiellen schwarzen Löchern befinden sich ein halbes dutzend galaktischer Quellen, die auf eine genauere Messung warten.

Die Jäger nach den schwarzen Löchern suchen nach geeigneten Mitteln, ihre Kandidaten zu testen, ohne sie erst „auswiegen" zu müssen. Die Messung der Fluktuationen bei sehr kurzen Zeitskalen ist eines dieser Mittel, stellt aber, wie wir gesehen haben, kein ausreichendes Kriterium dar. Eine andere vorgeschlagene Methode beruht auf dem „Kriterium der Ähnlichkeit", nach dem Motto: Wenn Cygnus X-1 ein schwarzes Loch ist, dann könnte auch jede andere Röntgen-Quelle mit einer ähnlichen Lichtkurve ein schwarzes Loch sein. Nun besitzt Cygnus X-1 eine ganz besondere spektrale Handschrift; sie emittiert ihre Strahlung in zwei verschiedenen Zuständen, einem „hohen" Zustand und einem „tiefen" Zustand, und ihr Energiespektrum erstreckt sich bis in den Gamma-Bereich. Eine Handvoll binärer Röntgenquellen zeigt ebenfalls zwei Emissionszustände. Man ist daher geneigt, auch ihnen den Status eines schwarzen Loches zuzusprechen... Trotzdem ist das Auswahlkriterium wiederum nicht eindeutig: Auf Circinus X-1 trifft es beispielsweise zu, obwohl man aufgrund seiner viel zu gleichmäßigen Ausbrüche nachweisen kann, daß es sich um einen Neutronenstern handelt. Um ein schwarzes Loch mit Sicherheit aufzuspüren, hat man letztendlich noch kein besseres Kriterium als das Gewicht der Sterne gefunden!

Das französische Teleskop Sigma an Bord des sowjetischen Satelliten Granat fand im Frühjahr 1990 eine starke Quelle an Röntgen- und Gammastrahlung, deren Sichtlinie 300 Lichtjahre am Zentrum der Galaxis vorbeiführt (siehe Kapitel 17). Diese Quelle mit dem unmöglichen (hoffentlich nur vorläufigen) Namen 1E 1740.7-2942 wird von vielen als ein neuer Kandidat für ein stellares schwarzes Loch in unserer Galaxis angesehen. Sein Energiespektrum ist tatsächlich mit dem von Cygnus X-1 identisch. Außerdem hat Sigma in der Nacht vom 13. zum 14. Oktober 1990 eine massive Annihilation von Elektronen und Positronen (das Positron ist das Antiteilchen des Elektrons) beobachtet, was auf eine Antimaterieeruption von 1E 1740.7-2942 schließen läßt. Nach Meinung der Hochenergiespezialisten unter den Astrophysikern findet man nur in der unmittelbaren Umgebung eines schwarzen Loches so extreme physikalische Bedingungen, daß Positronen in größeren Mengen produziert werden können. Es ist jedoch noch nicht einmal sicher, daß „1E..." ein binäres System ist; es könnte auch sein, daß man in dieser Gegend ein isoliertes schwarzes Loch entdeckt hat, das gerade eine riesige molekulare Gaswolke (50 000 Sonnenmassen) verschlungen hatte.

Auch das binäre System mit kleiner Masse A 0620-00 muß sich nicht alleine fühlen; es hat ebenfalls einen Zwillingsbruder: GRS 1124-68. Er wurde 1991 von demselben Satelliten Granat im Sternbild der Fliege entdeckt.

Ein Nachsatz ist fast überflüssig... der fleißige Leser wird gemerkt haben, daß die Liste der stellaren schwarzen Löcher nach einem zögerlichen Start jedes Jahr länger wird.

16.13 Ein Stern als Galaxie

Es gibt viele Sterne, die nicht zu der Klasse der Röntgenquellen gehören, bei denen es sich aber trotzdem um schwarze Löcher handeln könnte. Allerdings ist diese Hypothese schwierig zu beweisen. Ich habe schon Cassiopeia A (siehe Seite 95) erwähnt, eine der hellsten Radioquellen am Himmel und Teil der Überreste einer Supernova. Die Explosion ereignete sich um 1680, war jedoch nicht so ausgeprägt, wie sie es hätte sein sollen. Die Reste der Supernova enthalten keinen Pulsar und keine Röntgen-Quelle, und von einem so jungen Neutronenstern würde man erwarten, daß er nachweisbar ist. Eine Möglichkeit ist daher, daß der Stern, der zur Entstehung von Cassiopeia A geführt hat, sehr massiv war, und daß sein Zentrum direkt zu einem schwarzen Loch kollabiert ist, wodurch es dann auch zu keiner sehr hellen Supernova gekommen wäre.

Einer der geheimnisvollsten Sterne in unserer Galaxis trägt den Namen SS 433. Schon die Intensität seiner Spektrallinien ist bemerkenswert, aber SS 433 besitzt noch zwei andere, symmetrische Liniengruppen, eine von ihnen sehr stark blauverschoben, die andere rotverschoben, und beide oszillieren mit einer Periode von 164 Tagen um eine Mittellage.

Interpretiert man die mittlere Spektralverschiebung als Doppler-Effekt, so deutet das auf eine Geschwindigkeit der Quelle von 78 000 km/s hin. Wie kann sich ein Stern mit einer solch großen Geschwindigkeit bewegen? Ein wertvoller Hinweis ergibt sich aus der Tatsache, daß es sich bei den Linien nicht um Absorbtionslinien handelt – also stellares Licht, das in einer gasförmigen Hülle gefiltert wird –, sondern um *Emissionslinien*, die von einem heißen Gas emittiert werden. Diese beiden Liniengruppen haben daher ihren Ursprung in zwei symmetrischen, gasartigen *Jets*, die aus einem zentralen Stern stammen, und die abwechselnd jeweils einer zur Erde, der andere in die entgegengesetzte Richtung zeigen. Die Beobachtungen im Radiowellenbereich haben die Existenz dieser Jets bestätigt.

Aus der Spektroskopie von SS 433 kann man außerdem schließen, daß es sich um ein binäres System handelt, das aus einem schwach leuchtenden Zwergstern und einem kompakten Partner besteht. Bis 1991 war die Meßungenauigkeit noch zu groß, um zwischen einem Neutronenstern und einem schwarzen Loch unterscheiden zu können. Erst als eine Gruppe europäischer Astronomen neuere Messungen durchführte, konnte die unsichtbare Masse bestimmt werden: zwischen 0,7 und 0,9 $M_\odot$, was ein schwarzes Loch ausschließt. Trotzdem sind die Astronomen von SS 433 wegen des außergewöhnlichen gasartigen Jetsystems immer noch begeistert. Die Versuche zur Modellierung des Systems

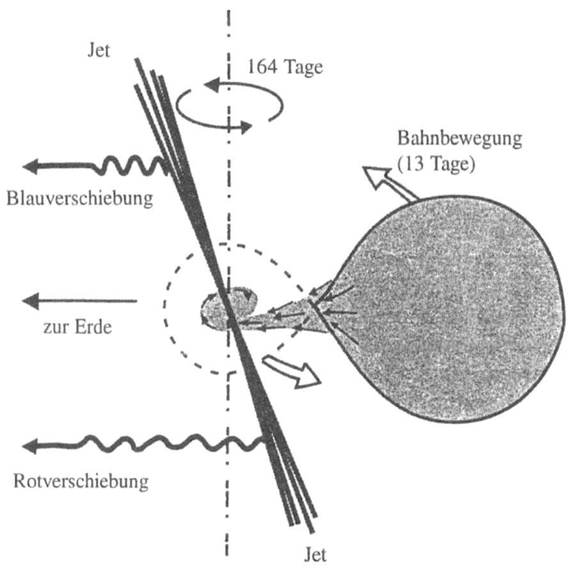

Bild 16.8 Das System SS 433. Das Gas des Sternes, der sein Roche-Volumen ausfüllt, wird auf einer Akkretionsscheibe um den kompakten Begleiter eingefangen. Auf jeder Seite der Scheibe wird jeweils senkrecht zur Scheibenebene ein Jet herausgestoßen. Da aber die Scheibenebene relativ zur Bahnebene des Doppelsternsystems geneigt ist, führen die beiden Jets eine Präzisionsbewegung um die Achse senkrecht zur Bahnebene aus. Die Periode beträgt 164 Tage. Abwechselnd nähert sich jeder der beiden Jets dem Beobachter auf der Erde bzw. entfernt sich von ihm. Aufgrund des Doppler-Effekts führt dies alternierend zu einer Rot- und Blauverschiebung der Spektren.

führen auch zu einem besseren Verständnis der Theorie der Akkretionsscheiben.

Was passiert, wenn der Begleitstern, der Gaslieferant, seine Roche-Fläche überschreitet und plötzlich ein viel größerer Gasfluß einsetzt, als der kompakte Stern verkraften kann? Der Überschuß muß abgestoßen werden. Das Gas, das sich in der Scheibe ansammelt, erzeugt einen Gasdruck. Diesem wird offensichtlich in der Scheibenebene, dort, wo permanent frisches Gas nachströmt, ein wesentlich größerer Widerstand entgegengesetzt, als in der Richtung senkrecht zur Scheibenebene. Der kompakte Stern entledigt sich daher seines überflüssigen Gases, indem er es in diese bevorzugte Richtung herauspreßt. Die beiden mächtigen Jets aus heißem Gas, die von SS 433 herausgestoßen werden, zeigen diesen Mechanismus vermutlich bei der Arbeit (Bild 16.8).

SS 433 ist ein faszinierendes kleines Modell dessen, was sich auf einem viel

größeren Maßstab in den Kernen der aktiven Galaxien und der Quasare ereignet: Ein Paar ultra-schneller Jets schießt aus einem kompakten Stern. Dieser hat
jedoch nicht mehr drei oder zehn Sonnenmassen, sondern zehn Millionen oder
möglicherweise sogar Milliarden Sonnenmassen. Keine Frage, daß es sich hier
nicht mehr um einen Neutronenstern handelt! Hier liegt vermutlich das Reich
der *schwarzen Riesenlöcher*, die ganze Sterne verschlingen. Im folgenden Kapitel werden wir sie kennenlernen.

Kapitel 17
Die schwarzen Riesenlöcher

Neben den schwarzen Löchern, die am Ende eines Sternenlebens stehen, und deren Massen kaum über das Zehnfache der Sonnenmasse hinausgehen, kann man sich auch schwarze Löcher mit der Masse von mehreren tausend, Millionen oder sogar Milliarden Sonnen vorstellen (siehe Anhang A2), die ebenfalls durch einen Gravitationskollaps entstanden sind. Aber welche Mechanismen erzeugen diese schwarzen Riesenlöcher?

Man kennt drei solcher Mechanismen. Einer von ihnen wurde schon in Kapitel 15 erwähnt. Es handelt sich dabei um die Bildung von *primordialen* schwarzen Löchern als Folge einer Kondensation großer Klumpen im frühen „Teig" des Universums. Der zweite Mechanismus beruht auf dem Hang zu irreversiblem Wachstum, eine der charakteristischen Eigenschaften schwarzer Löcher[1]. Man könnte sich z.B. vorstellen, daß bei einer Supernova ein „Keim" von zehn Sonnenmassen entsteht, der schließlich zu einem schwarzen Riesenloch heranwächst, sofern die astrophysikalische Umgebung genügend reich an Nahrung ist. Der dritte Mechanismus besteht in der direkten Bildung eines massiven schwarzen Loches durch den Gravitationskollaps von *Sternenhaufen*.

Sehen wir einmal von den primordialen schwarzen Löchern ab, so erfordert die Entstehung eines schwarzen Riesenloches offensichtlich eine große Anhäufung von stellarer oder gasförmiger Materie, die sich in einem so eng umgrenzten Gebiet befindet, daß die Gravitation ihre Entwicklung steuert. Wo könnten solche Bedingungen vorliegen?

Im unserem Universum befindet sich wesentlich mehr Materie in den Galaxien als im intergalaktischen Bereich[2], und innerhalb einer Galaxie umfaßt der Kern den größten Teil der Materie. Will man daher schwarze Riesenlöcher finden, so sollte man dort suchen. Beginnen wir mit unserer Galaxis.

---

[1] Wir vernachlässigen in diesem Zusammenhang die Verdampfung von quantisierten schwarzen Mini-Löchern.

[2] Zumindest soweit es sich um sichtbare Materie handelt.

17.1 Ein Phantombild

Milchstraße o Schwester leuchtende
Der weißen Bäche Kanaans
Und Körper weiß von Liebenden
Entseelten Schwimmern folgen müssen wir
Zu fremden Sternennebeln deinem Lauf.

GUILLAUME APOLLINAIRE

Die Milchstraße ist eine Scheibe von 100 000 Lichtjahren Durchmesser und 300 Lichtjahren Dicke. Das ist ziemlich genau das Verhältnis von Durchmesser zu Dicke einer Langspielplatte. Im Zentrum befindet sich eine große Auswölbung, die man in Anlehnung an den englischen Begriff manchmal mit „Bulge" bezeichnet. Ober- und unterhalb von Scheibe und „Bulge" gibt es eine wesentlich verdünntere Sternenansammlung: die Halo (Bild 17.1).

Unsere Milchstraße besteht aus ungefähr einhundert Milliarden Sternen, von denen die meisten Teil der Scheibe sind. Die Sonne befindet sich mit einem Abstand von 30 000 Lichtjahren vom galaktischen Zentrum eher an der Peripherie. Neben den Sternen enthält die Scheibe noch Gas und Staub, allerdings nicht gleichmäßig verteilt, sondern in langen „Armen". Ihre Gestalt gibt auch der Galaxis ihre Form als sogenannter *Spiralnebel*.

Die Scheibe unterliegt ständigen dynamischen und chemischen Umwandlungen. Die Arme drehen und verformen sich, und bei den großen molekularen Wasserstoffwolken werden Sterne geboren. Die schwersten von ihnen explodieren rasch in einer Supernova und füllen ihre Umgebung mit komplexeren chemischen Elementen an, die am Aufbau späterer Sternengenerationen teilhaben. Demgegenüber ist die Halo ein praktisch verloschener Überrest der frühen Galaxis. Nahezu gasfrei enthält sie nur noch alte Sterne, die zweifelsohne Zeitgenossen der Galaxisentstehung vor fünfzehn Milliarden Jahren sind. Alle massiven Sterne sind schon vor langer Zeit explodiert und haben Neutronensterne, und sicherlich auch einige schwarze Löcher, zurückgelassen. Die mittelschweren Sterne haben ihr Haupt-Entwicklungsstadium beendet; einige wurden schon zu weißen Zwergen, andere befinden sich noch in der Phase ihrer großen Umwälzung: pulsierende rote Riesen, veränderlich und sehr hell. Außerdem enthält die Halo viele Sterne kleiner Masse, die ihren Wasserstoff sparsam verbrennen und noch ein langes Leben vor sich haben.

Die überraschendste Eigenschaft der galaktischen Halo liegt weniger in den

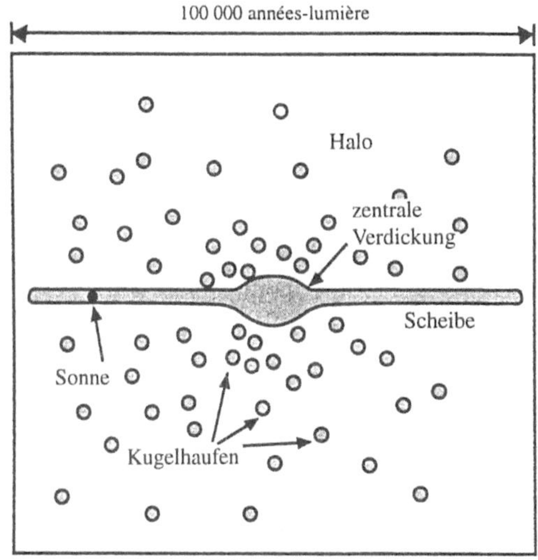

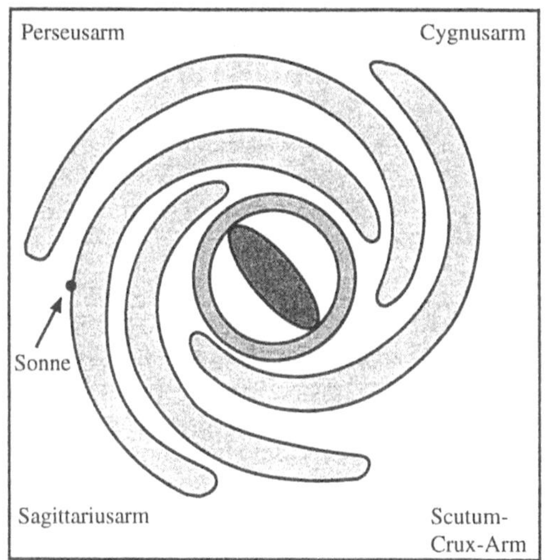

Bild 17.1 Die Struktur der Milchstraße.

Sternen, aus denen sie besteht, als in der Art, wie sich diese Sterne in *Kugel-haufen* gruppieren.

17.2 Die Kugelhaufen

Im Gegensatz zu den „offenen" Sternenhaufen, die aus lockeren Ansammlungen junger Sterne in der Scheibe bestehen, bevölkern die Kugelhaufen die gesamte galaktische Sphäre. Die Kugelhaufen bestehen aus einigen Hunderten bis Tausenden von Sternen und sind selten größer als 150 Lichtjahre. Sie bilden kugelförmige Bälle, die durch die Gravitation fest zusammengehalten werden. Der bekannteste Kugelhaufen befindet sich im Sternbild des Herkules und ist bereits mit bloßem Auge erkennbar, allerdings benötigt man ein starkes Teleskop, um den Lichtfleck in einzelne Sterne auflösen zu können. Im Zentrum dieses Haufens ist die Dichte der Sterne 20 000mal größer als in der Nähe der Sonne. Gäbe es um einen dieser Sterne einen Planeten mit Astronomen, so würde sich ihnen eine wahrlich zauberhafte Himmelslandschaft bieten. Eine wirkliche Nacht wäre praktisch unbekannt, denn der Himmels wäre immer heller als in einer Vollmondnacht. Die Astronomen wüßten vieles über die Sterne, aber nur wenig über entfernte Galaxien, deren schwaches Licht von den hellen Sternen aus der näheren Umgebung überdeckt wird...

In den Kugelhaufen befinden sich viele Sterne innerhalb eines kleinen Volumens, und wegen der Beiträge der veränderlichen Riesensterne sind sie sehr hell. Aufgrund ihrer besonderen Leuchtkraft lassen sich Kugelhaufen noch aus großer Entfernung gut erkennen und ermöglichen es daher besser, die Grenzen einer Galaxie auszumachen[3].

Aus der Verteilung der Kugelhaufen kann man aber auch das *dynamische Zentrum* von Galaxien bestimmen. Es bewegt sich auf sehr exzentrischen Bahnkurven, wobei sich der Schwerpunkt der Galaxie in einem der Brennpunkte befindet. Die Kugelhaufen umkreisen das galaktische Zentrum einmal in ungefähr zweihundert Millionen Jahren, und sie kreuzen dabei regelmäßig die galaktische Scheibe. Jedesmal verlieren sie dabei durch die Gezeitenkräfte außenliegende, weniger stark gebundene Sterne.

Wegen ihrer Kompaktheit werfen die Kugelhaufen schwierige Probleme bezüglich ihrer Entwicklung auf, die noch nicht vollständig verstanden sind. Zu

---

[3] Kugelhaufen befinden sich in den meisten anderen Galaxien, unabhängig von ihrem morphologischen Typ.

diesen Problemen gehört auch die mögliche Entstehung eines großen schwarzen Loches in ihrem Zentrum durch die Verschmelzung von Sternen. In groben Zügen läßt sich ihre Entwicklung jedoch folgendermaßen umreißen.

Die Kugelhaufen verdampfen. Sterne strahlen ihre Energie als Wärme und Licht ab, und ganz entsprechend verlieren auch die Sternenhaufen ihre Energie, indem sie ganze Sterne abstoßen. Der Grund läßt sich leicht einsehen: Wenn die Sterne nah aneinander vorbeifliegen werden sie beschleunigt – je kleiner ihre Masse, um so größer die Beschleunigung –, und sie können dabei eine Geschwindigkeit erreichen, die sie aus dem gravitativen Einflußbereich des Kugelhaufens befreit. Die galaktische Halo ist möglicherweise nur der „Dampf" der Kugelhaufen...

Im Gegenzug kommen sich die verbleibenden, schwereren Sterne näher, und das Zentrum des Haufens zieht sich zusammen. Ein Kugelhaufen unterscheidet sich jedoch von einem Stern in einer wesentlichen Eigenschaft, es können nämlich keine thermonuklearen Reaktionen in Gang gesetzt werden, die seinen Gravitationskollaps aufhalten und ihn stabilisieren. Daher setzt sich die Kontraktionsenergie in kinetische Energie um, und die Geschwindigkeit der Sterne erhöht sich. Mehr und mehr Sterne erreichen die Fluchtgeschwindigkeit, die Verdampfung nimmt zu, und die Kontraktion des Kerns beschleunigt sich: Der Kugelhaufen ist instabil. Die Verdampfung der Kugelhaufen ähnelt in gewisser Hinsicht der Verdampfung der schwarzen Mini-Löcher, was auch nicht sehr verwunderlich ist. Beiden gemeinsam sind die charakteristischen thermodynamischen Eigenschaften von rein gravitativen Systemen, die schon in Kapitel 14 erwähnt wurden: Ihre Temperatur[4] nimmt zu, wenn sie Energie verlieren. In den Kugelhaufen äußert sich die Instabilität im Gravitationskollaps des Kerns, was man auch spezieller als *gravitothermale Katastrophe* bezeichnet.

Die Astrophysiker haben sich daher gefragt, ob die Kerne von Kugelhaufen nicht für die Bildung von massiven schwarzen Löchern von einigen hundert oder tausend Sonnenmassen geeignet wären. Die schwarzen Löcher könnten aus einer Verschmelzung von unzähligen massiven Sternen entstehen, die auf den Grund des zentralen Gravitationstopfs gefallen sind. Diese theoretischen Überlegungen werden durch einige Beobachtungen gestützt. Wenn sich ein großes schwarzes Loch im Zentrum eines Kugelhaufens befindet, dann sind die Sterne, die in den Gravitationstopf gezogen werden, auf engen Bahnkurven an das schwarze Loch gebunden und verstärken die zentrale Leuchtkraft. Einige hochentwickelte Kugelhaufen zeigen tatsächlich einen zentralen „Peak"

---

[4] Es handelt sich hier um eine Temperatur, die sich aus der mittleren Geschwindigkeit der Sterne ergibt, ähnlich wie in einem Gas die Temperatur mit der mittleren Geschwindigkeit der Moleküle zusammenhängt.

in ihrer Helligkeit. Außerdem sind ungefähr zehn Kugelhaufen auch Quellen von Röntgenstrahlung. Im Verhältnis zur Gesamtzahl der Sterne in den Haufen ist das eine beachtliche Menge. In der gesamten Galaxis kennt man rund fünfzig Röntgenquellen. Die Gesamtmasse der Galaxis beträgt ungefähr einhundert Milliarden Sonnenmassen, die Masse aller Kugelhaufen zusammengenommen ist 2000mal geringer. Wäre das Verhältnis von der Anzahl der Röntgenquellen zur Anzahl der Sterne in einem Kugelhaufen dasselbe wie in unserer Galaxis, so wäre es sehr unwahrscheinlich, unter den Kugelhaufen auch nur eine Quelle zu finden! Die Tatsache, daß man *zehn* gefunden hat, bedeutet, daß die Kugelhaufen bevorzugte Plätze für Röntgenquellen sind. In der Mehrzahl der Fälle handelt es sich dabei um kompakte Sterne, die das Gas der Umgebung einfangen und auf mehrere Millionen Grad erhitzen können. Ein schwarzes Loch von eintausend Sonnemassen, das die Gase aus den nahen Sterne anzieht, könnte eine Erklärung sein.

Aber die Situation für schwarze Löcher ist nicht so vorteilhaft, wie es zunächst erscheinen mag. Die jüngeren Fortschritte sowohl in der Theorie wie auch bei der Beobachtung scheinen eher darauf hinzudeuten, daß es in den Kugelhaufen keine massiven schwarzen Löcher gibt. Die Gründe sind die folgenden. Würde die dynamische Entwicklung von Kugelhaufen systematisch zur Entstehung eines massiven schwarzen Loches führen, dann müßte man bei einem viel größeren Anteil der Haufen im Zentrum den Helligkeits-Peak sehen. Diese Eigenschaft wird jedoch nur selten beobachtet. Es gibt daher einen Mechanismus, der den Gravitationskollaps des Kerns aufhält und ihn auf einer „normalen" Größe stabilisiert. Es handelt sich dabei um die *Bildung von binären Systemen.*

Die Idee ist im Grunde genommen sehr einfach, es bedurfte jedoch vieler aufwendiger numerischer Berechnungen auf leistungsfähigen Computern, bis man sich überzeugt hatte, daß der enge Vorbeiflug vieler Sterne in einem kleinen Raumgebiet die Entstehung von binären Systemen begünstigt! Sobald sich im Zentrum eines Kugelhaufens ein ausreichend massives Sternenpaar gebildet hat, wird nach den Gesetzen der Himmelsmechanik jeder Stern, der sich diesem Paar zu sehr nähert, durch eine Art Gravitationsstoß auf eine weiter entfernte Umlaufbahn geworfen. Das ist der tiefere Grund, warum die „erzwungene" Entstehung eines binären Systems die Kontraktion des Zentrums aufhalten kann.

Die Tatsache, daß viele Kugelhaufen auch Röntgenquellen sind, spricht ebenfalls für die Anwesentheit von binären Systemen. Da die Röntgenquellen in den Kugelhaufen nicht wesentlich heller sind als die Röntgenquellen in der galaktischen Scheibe, gibt es auch keinen Grund, andere Mechanismen als

die Akkretion von Gas um einen Neutronenstern oder ein stellares schwarzes
Loch in einem engen binären System anzunehmen (siehe voriges Kapitel). Außerdem sind die Röntgenquellen der Kugelhaufen oft Burster, die innerhalb
von Sekunden aufblitzen und wieder verlöschen, und man weiß, daß solche
Erscheinungen mit kompakten, in Partnerschaft lebenden Sternen verbunden
sind.

Und schließlich führte die Auflösungsverbesserung bei den Röntgen-Detektoren zu der Erkenntnis, daß sich die Rönten-Quellen in den Kugelhaufen etwas
außerhalb des Zentrums befinden. Ein großes schwarzes Loch würde jedoch
durch seine Masse die Dynamik des Kugelhaufenzentrums steuern und selbst
die zentrale Lage einnehmen.

Die Hypothese massiver schwarzer Löcher in den Kugelhaufen ist daher
heute „in Ungnade gefallen". Sie ist allerdings auch nicht vollkommen ausgeschlossen. Es gibt rund einige hundert Kugelhaufen in unserer Galaxis und
beispielsweise fünfzehntausend Kugelhaufen in der großen elliptischen Galaxie Messier 87; die Wahrscheinlichkeit, daß in einem besonders massiven
Haufen ein großes, zentrales schwarzes Loch entstanden ist, ist daher nicht
verschwindend.

17.3 Sagittarius oder das galaktische schwarze Loch

Das dynamische Zentrum unserer Galaxis liegt in Richtung des Sternbildes
Sagittarius (Schütze), es ist jedoch den Blicken der Astronomen durch riesige Wolken aus kosmischem Gas und Staub entzogen. Von tausend Milliarden Photonen, die im sichtbaren Bereich emittiert werden, überlebt nur eines
die 30 000 Lichtjahre, die das Zentrum von der Erde trennen. Unter diesen
Bedingungen ist die Beobachtung des galaktischen Zentrums mit Hilfe tradi-
tioneller Teleskope hoffnungslos! Zum Glück für die Astronomen umfaßt die
elektromagnetische Strahlung jedoch ein breites Spektrum, das sich von den
Radiowellen bis hin zur Gammastrahlung erstreckt, und bestimmte Wellenlängen können das Staubhindernis durchdringen. Das gilt für die Radiowellen, die
Infrarotstrahlung, die Röntgenstrahlung und die Gammastrahlung. Man kann
daher das galaktische Zentrum mit Hilfe von Radioteleskopen und künstlichen
Satelliten untersuchen.

Alles spielt sich innerhalb eines Gebietes von 30 Lichtjahren ab. Die „bo-
lometrische" Helligkeit (Summe der Beiträge aller Wellenlängen – Radio-,
Infrarot-, Röntgen- etc.) ist zehn Millionen mal stärker als die Helligkeit der

Sonne. Man hat dort zwei Radioquellen gefunden. Eine von ihnen, Sagittarius A Ost, zeigt alle Charakteristiken der Überreste einer Supernova. Die andere, Sagittarius A West, ist eine Überlagerung von zwei Arten von Radioemissionen: Eine ist „thermisch", d.h. sie zeigt die natürliche Strahlung einer heißen Gaswolke, die andere ist nicht-thermisch, sondern stammt von sehr schnellen Elektronen mit fast Lichtgeschwindigkeit[5].

Diese „nicht-thermische" Quelle mit dem Namen Sagittarius A* ist die leistungsstärkste Radioquelle in unserer Galaxis. Ihre Leuchtkraft ist zehnmal stärker, als die optische Leuchtkraft der Sonne. Aber das außergewöhnliche ist ihre Kompaktheit: Die Emission stammt aus einer Gegend von weniger als 3 Milliarden Kilometern, entspricht also der Umlaufbahn des Saturns oder der Größe eines roten Riesen. In einem so kleinen Volumen läßt sich kein Sternenhaufen unterbringen. Bei der Quelle dieser Radioemission muß es sich daher um einen einzelnen Himmelskörper handeln. Aber welche Himmelskörper können eine Synchrotron-Radiostrahlung emittieren? Theoretisch die folgenden: Pulsare, Überreste einer Supernova, binäre Röntgenquellen und massive schwarze Löcher. Wir wollen sie nun nacheinander untersuchen.

Es kann sich nicht um einen Pulsar handeln. Der hellste bekannte Pulsar hat eine Radioluminosität, die zehntausendmal schwächer als die von Sagittarius A* ist, und außerdem pulsiert die Radioemission des galaktischen Zentrums nicht – im Gegenteil, sie ist ungewöhnlich stabil.

Es kann sich auch nicht um eine binäre Röntgenquelle handeln. Die Leuchtkraft von binären Röntgenquellen fluktuiert bei allen Wellenlängen. Ihre mittlere Radioluminosität ist einhunderttausendmal schwächer als die von Sagittarius A*, und erreicht ein Zehntel davon beim Maximum eines Ausbruchs. Und während einerseits die Radioluminosität von Sagittarius A* viel zu groß ist, um als enges binäres System in Frage zu kommen, ist andererseits ihre Röntgenluminosität viel zu gering!

Die Überreste einer kürzlich explodierten Supernova wären eine intensive Radioquelle. Das Problem ist jedoch ihre Expansionsgeschwindigkeit: Bei Supernovaresten wäre sie viel größer als die beobachteten 15 km/s von Sagittarius A*.

Es ist auch ausgeschlossen, daß das für die Radioemission verantwortliche Objekt eine stellare Masse hat. Wäre das der Fall, dann sollte sich der Stern mit der typischen Eigengeschwindigkeit der Sterne im galaktischen Zentrum bewegen, d.h. mit ungefähr 150 km/s. Diese Geschwindigkeit würde sich in einer langsamen Bewegung der Radioquelle gegenüber dem Fixsternhimmel äu-

---

[5] Es handelt sich dabei um *Synchrotronstrahlung*, siehe Seite 276.

ßern. Eine solche Bewegung wird nicht beobachtet. Die Messungen bestätigen, daß der Stern im Zentrum der Galaxis ruht. Seine Masse muß daher erheblich größer als die eines Sterns sein.

Die Hypothese eines schwarzen Loches von einigen Millionen Sonnenmassen ist daher mit allen radioastronomischen Beobachtungen verträglich.

Nun handelt es sich darum, diese Idee mit Beobachtungen durch ein anderes, zum galaktischen Zentrum hin offenes Fenster zu überprüfen: dem Infrarot-Fenster. Seit einigen Jahren ist die Astronomie im Infrarotbereich Dank besonders aufwendiger Detektoren an Bord von Satelliten, wie z.B. IRAS[6], möglich geworden. So fand man in fast derselben Richtung der Radioquelle Sagittarius A* eine Infrarotquelle, die die Bezeichnung IRS 16 trägt. Es handelt sich dabei um eine sehr kompakte Quelle, die wahrscheinlich für die gesamte Leuchtkraft in einem Bereich von 30 Lichtjahren verantwortlich ist, und die das Gas von Sagittarius A West aufheizt und beleuchtet. Von welcher Natur ist IRS 16?

Während ihrer Phase als roter Riese sind Sterne intensive Quellen von Infrarotstrahlung. Messungen des Infrarotflusses führen einen daher zu den roten Riesen, und unter der Annahme eines „normalen" Anteils an roten Riesen kann man auf die Verteilung der Sterne in IRS 16 schließen. Mit dieser Methode findet man, daß sich innerhalb eines Radius von 5 Lichtjahren ungefähr zwei Millionen Sterne bewegen müssen. Das ist eine gewaltige Dichte: Sie ist eintausendmal größer als die Dichte im Kern eines großen Kugelhaufens! Man stelle sich die nächtliche Helligkeit auf einem hypothetischen Planeten um einen dieser Sterne vor... macht der Begriff „Nacht" überhaupt noch Sinn?

Aber rote Riesen sind nicht die einzigen Quellen von Infrarotstrahlung. Spektroskopische Messungen zeigen, daß es in der Peripherie von IRS 16 Gaswolken von 300 °K gibt, die zur Infrarotemission beitragen. So, wie man über die roten Riesen auf die Sternendichte schließen kann, läßt sich aus der Bewegung der Wolken auf die Gesamtmasse von IRS 16 schließen. In diese wichtige Information geht die einfache Annahme ein, daß das Gas in einem gravitativen Zentralfeld eine kreisförmige Bewegung ausführt. Unter diesen Bedingungen folgt aus der Bahngeschwindigkeit des Gases, gemessen durch die Doppler-Verschiebung der Spektrallinien, direkt der Wert für die zentrale Masse. Die Messungen ergeben ein Resultat zwischen 5 und 8 Millionen Sonnenmassen. Da die Gesamtmasse der Sterne in diesem Gebiet nicht mehr als 2 Millionen Sonnenmassen ausmachen kann, verbleibt eine unsichtbare Masse von 3 bis

---

[6] Infra Red Astronomical Satellite.

6 Millionen Sonnenmassen. Die Hypothese eines galaktischen schwarzen Loches wird daher durch die Infrarotastronomie bestätigt[7]!

Verbleibt noch die Röntgenstrahlung. Das erste Ziel des französisch-russischen Satelliten Granat mit dem Detektor Sigma, der 1990 gestartet wurde, war das Zentrum unserer Galaxis. Als Überraschung fand man dort zwar eine intensive Röntgenquelle, allerdings nicht direkt bei Sagittarius A* und auch nicht direkt bei IRS 16. Sie ist mindestens 300 Lichtjahre von beiden entfernt. Diese Entdeckung spricht jedoch nicht gegen die Anwesenheit eines massiven schwarzen Loches: Dieses hätte keinen Grund, eine energiereiche Strahlung zu emittieren, sofern es sich nicht in einem Zustand heftiger Akkretion befindet. Wie wir im vorigen Kapitel gesehen haben (siehe Seite 259), handelt es sich bei der von Sigma entdeckten Röntgenquelle vermutlich um ein schwarzes Loch, allerdings von stellarer Masse.

Gegenwärtig stimmen viele Astrophysiker darin überein, daß sich die Natur unseres galaktischen Zentrums in drei Strukturen unterteilen läßt. Zunächst eine „lauwarme", klumpige Gaswolke, die sich in einer „Korona" von 5 bis 30 Lichtjahren um das Zentrum erstreckt, und deren innere Seite durch eine zentrale Radioquelle nachhaltig aufgeheizt wird. Innerhalb dieser Korona befindet sich eine Höhle mit einem Radius von fünf Lichtjahren, die 2 Millionen Sonnenmassen in Form eines sehr dichten Sternenhaufens enthält. Im Zentrum schließlich ist ein schwarzes Loch von 3 bis 6 Millionen Sonnenmassen mit schwachem Akkretionsfluß[8].

Es ist interessant anzumerken, daß der Durchmesser eines schwarzen Loches von 3 Millionen Sonnenmassen zwanzig Millionen Kilometer beträgt, d.h. einhundertmal kleiner ist als der Auflösungsbereich der heutigen Instrumente. Diese Auflösung wird sich in den nächsten Jahren verbessern, aber man sollte sich vor Augen halten, daß der Winkeldurchmesser des galaktischen schwarzen Loches dem eines Tennisballes entspricht, der von der Erde aus in einer Millionen Kilometern Entfernung beobachtet wird...

Die Idee, daß sich ein großer, unsichtbarer Stern, so wie er von Laplace vorhergesagt wurde, im Zentrum unserer Galaxis befinden könnte, geht auf den deutschen Astronomen Johann Seldner zurück. Aber Seldner entwickelte 1801 diese Vorstellung mit dem einzigen Ziel, die galaktische Rotation zu erklä-

---

[7] Außerdem wurden Röntgen- und Gamma-Strahlen nachgewiesen, die ebenfalls auf die Anwesenheit eines kompakten Sterns hindeuten.

[8] Die Anwälte des Teufels haben zurecht eingeworfen, daß die Bewegung der Gaswolke weder kreisförmig noch gravitativ sein muß. Das Gas könnte aufgrund des Strahlungsdrucks eines zentralen Sterns mit großer Gewalt herausgeschleudert worden sein. In diesem Fall würde eine Masse von 300 $M_\odot$ die beobachteten Geschwindigkeiten erklären.

ren. Die dafür notwendige Masse war derart groß, daß Seldner seine Idee bald wieder verwarf. Die erste ernst zu nehmende theoretische Vorhersage eines galaktischen schwarzen Riesenloches stammt aus dem Jahr 1971, als die Radio- und Infrarot-Daten noch sehr dürftig waren. Sie geht auf Donald Lynden-Bell und Martin Rees von der Universität Cambridge zurück und ist eigentlich eine logische Konsequenz aus einer früheren Arbeit von Lynden-Bell, der 1969 eine Theorie untersuchte, nach der alle Galaxienkerne schwarze Riesenlöcher enthalten, deren Energiefluß durch die verfügbare Menge an gasförmigem Brennstoff reguliert wird[9].

Die Entwicklungen auf dem Gebiet der extragalaktischen Astronomie haben diese Hypothese untermauert. Im Vergleich zu den aktiven Seyfert-Galaxien und insbesondere den Quasaren ist das schwarze Loch im Sagittarius jedoch nur eine schwache Maschine. Aber es ist wahrscheinlich, daß sich im Kern unserer Galaxis in einer nicht allzu fernen Vergangenheit erheblich heftigere Ereignisse abgespielt haben, als wir sie heute beobachten. Bei zwei Millionen Sternen, die sich in einem geringen Abstand um das schwarze Riesenloch befinden, gibt es eine gewisse Wahrscheinlichkeit, daß einmal innerhalb von zehntausend Jahren einer dieser Sterne von seiner kreisförmigen Umlaufbahn abweicht und in Richtung des schwarzen Loches fällt. Dort würde er durch riesige Gezeitenkräfte auseinandergebrochen und vernichtet[10]. Ein Teil der Bruchstücke wird von dem schwarzen Loch verschluckt und führt für einige Dutzend Jahre zu einem Anstieg der Aktivität, der andere Teil wird sich auf eine exzentrische Bahnkurve zurückziehen. Es gibt ernsthafte Überlegungen, ob die warmen Wolken in IRS 16 nicht aus Bruchstücken von zerstörten Sternen bestehen, die im Verlauf der letzten Millionen Jahre dem schwarzen Loch entwichen sind. Ihre Anzahl ist jedenfalls damit verträglich, daß ungefähr ein Stern in zehntausend Jahren dem schwarzen Loch zum Opfer fällt...

Alles deutet darauf hin, daß unser Galaxienkern nur eine Miniaturausgabe der ungeheuerlichen Vorgänge darstellt, die sich in den Kernen weit entfernter Galaxien abspielen.

---

[9] 1964 hatten die russischen Astrophysiker Yacov Zel'dovich und Igor Novikov zum ersten Mal die Akkretion von Gas an einem supermassiven schwarzen Loch als Energiequelle der Quasare vorgeschlagen.

[10] Die Mechanismen bei der Zersprengung eines Sterns durch die Gezeitenkräfte eines schwarzen Loches werden später genauer beschrieben.

17.4 Die Welt der Galaxien

Mit Hilfe moderner Teleskope lassen sich Milliarden von Galaxien beobachten. Ähnlich wie Buffon die Tierarten klassifizierte, erfaßte Edwin Hubble zu Beginn dieses Jahrhunderts die verschiedenen „Arten" von Galaxien nach ihrer Morphologie: elliptische Nebel, Spiralnebel (Nebel mit normalen Spiralen), Nebel mit Balkenspiralen und irreguläre Nebel. Im Zusammenhang mit unserer Milchstraße haben wir gesehen, daß die Spiralnebel aus drei Anteilen bestehen: einer zentralen Verdickung, einer in Armen unterteilten Scheibe und einer dünnen Halo. Die Nebel mit Balkenspiralen haben im allgemeinen zwei ausgeprägte Arme um einen zentralen Balken. Die irregulären Galaxien ähneln einem Spiralnebel, dessen Halo und Kern entfernt wurden. Die elliptischen Nebel andererseits ähneln einem Spiralnebel ohne Scheibe, aber mit einem Zentrum und einer ausgeprägten Halo. Unter diesen letzteren befinden sich die größten Galaxien, riesige Schwärme aus tausend Milliarden Sternen. Eine wesentliche Eigenschaft der elliptischen Nebel ist, daß sie nahezu ausschließlich Sterne enthalten und praktisch kein Gas.

Man vermutet, daß alle Galaxien dasselbe Alter von ungefähr fünfzehn Milliarden Jahren haben, und daß ihre unterschiedlichen Formen auf einen unterschiedlichen „Metabolismus" zurückzuführen sind. Der Metabolismus einer Galaxie ist nichts anderes, als die Rate, mit der Gas in Sterne umgesetzt wird, also ein Maß für das „Leben" einer Galaxie. In dieser Hinsicht sind die elliptischen Galaxien diejenigen mit der größten ursprünglichen Umsetzungsrate, so daß sich die meisten Sterne bilden konnten, bevor die Wolken Zeit hatten einzuschreiten, und allmählich auf eine Scheibe zu fallen[11]. Demgegenüber sind die Spiralnebel die Galaxien mit einem ursprünglich langsamen Metabolismus, bei dem sich die Sterne erst gebildet haben, nachdem sich das Gas in Form einer Scheibe verflacht hatte. Die irregulären Galaxien sind Beispiele einer abgebrochenen Entwicklung: Weniger als die Hälfte des Gases hat sich bisher in Sternen formiert, und es konnte sich keine deutliche Gestalt hervorheben.

Wenn man die Entwicklung von Galaxien nur unter dem Gesichtspunkt des Metabolismus betrachtet, so verläuft sie sehr friedlich. Die Entwicklung der elliptischen Nebel ist eingefroren, die der Spiralnebel ist ein langsam abklingender Zyklus, in dessen Verlauf Sterne geboren werden, die schwere Elemente schmieden, explodieren und das Gas der Umgebung mit diesen Elementen an-

---

[11] Bei der Kollision zweier Gaswolken geht viel Bahnenergie verloren, und es besteht für sie eine Tendenz, auf die „Äquatorialebene" der Galaxie zu fallen.

reichern. Danach bilden sich neue Generationen von Sternen, und jede verleibt sich die chemischen Elemente der Vorgänger ein.

17.5 Aktive Kerne

Eine der astronomischen Revolutionen der letzten dreißig Jahre bestand in der Erkenntnis, daß Galaxien weit mehr als nur einfaches Sternenlicht erzeugen. Viele von ihnen haben in ihrem Kern eine intensive Strahlungsquelle, die „nicht-thermisch" ist und sich daher auch nicht den Sternen zuschreiben läßt. Unsere eigene Milchstraße ist das beste Beispiel, obwohl die Energie, die in ihrem Zentrum produziert wird, nur drei Tausendstel der Gesamtenergie ausmacht, die von den einhundert Milliarden Sternen der Scheibe und der Halo emittiert wird. In 1 % der beobachteten Galaxien ist jedoch die zentrale Aktivität so lebhaft, daß die „nicht-thermische" Energie aus einem Volumen von der Größe unseres Sonnensystems größer ist, als die Energie der gesamten restlichen Galaxie. Diese *Galaxien mit einem aktiven Kern* haben in ihrem Herzen einen kraftvollen „Motor".

Betrachten wir als Beispiel den Quasar[12] 3C 273, der die Problematik der aktiven Galaxien verdeutlicht. Unter allen astronomischen Erscheinungen sind die Quasare wegen der ungeheuerlichen Energie, die sie emittieren, zweifelsohne die erstaunlichsten. 3C 273 befindet sich in einer Entfernung von 3 Milliarden Lichtjahren und hat die Helligkeit von tausend Galaxien. Wie sich aus seiner punktförmigen Erscheinung erkennen läßt, ist seine Größe sehr reduziert. Einige Messungen deuten darauf hin, daß sein Durchmesser kleiner als ein Lichtjahr ist. Im Vergleich zum Volumen unserer Galaxis ist der Quasar 3C 273 so klein wie der Eiffelturm verglichen mit dem Erdball... Wie kann er tausendmal heller sein?

Alle Probleme im Zusammenhang mit aktiven Galaxienkernen zeigen sich hier in einer extremen Form. Unser gegenwärtiges Wissen über die Natur und die Funktionsweise des „zentralen Motors" ist ungefähr auf dem gleichen Stand, wie unser Wissen vor fünfzig Jahren über die innere Beschaffenheit der Sterne.

---

[12] Der Begriff *Quasar* ist eine Kurzform des Ausdrucks „quasi-stellar" und erinnert an die Zeit der Entdeckung der Quasare zu Beginn der sechziger Jahre, als ihre punktförmige Gestalt sie wie Sterne erscheinen ließ. Mit verbesserten Instrumenten kann man heute den Nebel um die Quasare beobachten und erkennen, daß es sich um die sehr hellen Kerne von weit entfernten Galaxien handelt.

Damals wußte man noch nicht, daß die Zentren der Sterne durch thermonukleare Reaktionen gespeist werden. Dank der Fortschritte im Bereich der Kernphysik versteht man heute, warum die Sterne die beobachteten Massen und Helligkeiten haben, man kann ihre Struktur berechnen und ihre Entwicklung zurückverfolgen. Für Galaxien hat sich noch kein ähnlich klares Bild ergeben. Es ist jedoch wahrscheinlich, daß die *Akkretion von Materie durch ein schwarzes Riesenloch* bei Galaxien eine vergleichbare Rolle spielt, wie die freiwerdende thermonukleare Energie in den Sternen. Wir wollen im Folgenden versuchen zu verstehen, warum.

17.6 Fünf einfache Teile

Die Familie der Galaxien mit aktiven Kernen teilt sich in verschiedene Arten extragalaktischer Quellen auf, die von den Radiogalaxien über die „Seyfert-Galaxien, die „Lacertiden" und die explosiven Galaxien bis hin zu den Quasaren reichen. Es würde weit über den Rahmen dieses Buches hinausgehen, für jede Art die besonderen beobachteten Eigenschaften im Detail zu beschreiben[13]. Wir interessieren uns hier hauptsächlich für ihre gemeinsamen Eigenschaften, die gleichzeitig auch die Einzelteile in dem Puzzle der Astronomen sind: Was ist die Natur ihres zentralen Motors? Fünf solcher Teile lassen sich finden: der „nicht-thermische" Charakter der Strahlung, eine große Massenkonzentration, die Veränderlichkeit der Leuchtkraft, der Auswurf von gasförmigen Jets zu sehr großen Distanzen und die Ähnlichkeit mit normalen Galaxienkernen.

Aktive Galaxienkerne lassen sich praktisch im gesamten Wellenlängenbereich beobachten: Radiowellen, Infrarotstrahlung, sichtbares Licht, Ultraviolettstrahlung und Röntgenstrahlung. Das Besondere an dieser Emission ist die *spektrale Verteilung der Strahlung*, d.h. die Intensitätsverteilung als Funktion der Frequenz. Sie ähnelt in keiner Weise der eines Sterns oder einer Ansammlung von Sternen. Die Oberfläche eines Sterns emittiert eine Strahlung, die der eines „schwarzen Strahlers" (siehe Seite 218) sehr nahe kommt und durch die Temperatur des Sterns charakterisiert ist; man spricht auch von *thermischer* Strahlung. Die Strahlung der aktiven Kerne hingegen ist *nicht-thermisch*. Ein offensichtliches Beispiel bilden die Radiogalaxien, die eine „Synchrotron-Strahlung" zeigen, d.h. die Strahlung stammt von Elektronen, die fast Lichtgeschwindigkeit haben und durch ein Magnetfeld abgebremst wurden.

---

[13] Einzelheiten findet man z.B. in *Les Quasars* von S. Collin und G. Stasinska, Le Rocher, 1987.

17.7 Massenpsychologie

Eine ganze Reihe von theoretischen Argumenten wie auch Beobachtungen unterstützen die Annahme, daß es in den Galaxienkernen eine starke Materiekonzentration gibt. Eines dieser Argumente ist eine ganz allgemeine Überlegung über die Lichtmenge, die von einem Stern beliebiger Natur emittiert werden kann. Eine gegebene Masse kann nicht mehr als bis zu einer kritischen Leuchtkraft, die sogenannte *Eddington-Grenze*, strahlen. Die Erklärung dafür ist einfach: In einer stabilen Lichtquelle[14] kann die zentrifugale (vom Zentrum weg gerichtete) Kraft des Strahlungsdrucks nicht größer sein, als die zentripetale (zum Zentrum hin gerichtete) Kraft der Gravitation, die für den Zusammenhalt der Quelle verantwortlich ist. Die Eddington-Luminosität ist der Grenzfall, wo diese beiden Kräfte gleich sind. Wäre die Leuchtkraft der Sonne 25 000mal größer als ihre aktuelle Leuchtkraft, dann würde sie schlicht und einfach verdampfen, da sie ihr Gas nicht mehr zusammenhalten könnte. Manche jungen, sehr heißen Riesensterne strahlen sehr nahe bei ihrer Eddington-Grenze und „verblasen" dabei ihre Gashülle. Besteht die Quelle nicht aus einem Stern, sondern aus einem schwarzen Loch, das eine Gaswolke absorbiert, so kann der Strahlungsdruck des frei fallenden Gases nicht größer sein als die Gravitationskraft, die von dem schwarzen Loch auf die Gasteilchen ausgeübt wird. Andernfalls würden die Teilchen zurückgestoßen, und die Akkretion wäre beendet.

Nimmt man an, daß die aktiven Galaxienkerne bei ihrer Eddington-Grenze strahlen, so kann man aus der Kenntnis ihres Strahlungsflusses ihre Masse bestimmen. Die Leuchtkraft der aktiven Kerne liegt zwischen dem hundert Milliarden- und Millionen Milliardenfachen der Leuchtkraft der Sonne. Ihre Massen sind daher zwischen eine Millionen und zehn Milliarden Sonnenmassen, wobei die oberen Grenzen den aktivsten Kernen, den Quasaren, zuzurechnen sind.

Ein zweites theoretisches Argument für einen massiven Motor beruht auf einer *Ertragsrechnung*. Die Leuchtkraft einer Quelle beruht immer auf der Umwandlung einer bestimmten Masse in Strahlungsenergie. Betrachten wir beispielsweise die thermonukleare Energie, die in den Sternenzentren freigesetzt wird. Sie wird gewöhnlich als besonders effizienter Mechanismus zur Erzeugung von Energie aus Masse angesehen. Trotzdem werden bei der Umwandlung von einem Kilogramm Wasserstoff in Helium nur sieben Gramm als

---

14 Die Bedingung der Stabilität für die Quelle ist wesentlich. Die Leuchtkraft einer Supernovaexplosion überschreitet die Eddington-Grenze bei weitem!

Strahlungsenergie abgegeben (siehe Seite 66). Mit anderen Worten, der „Ertrag" an thermonuklearer Energie beträgt nur sieben Tausendstel. Nehmen wir für den Moment an, daß die Energie, die in aktiven Galaxienkernen frei wird, ebenfalls thermonuklearen Ursprungs ist. Das würde bedeuten, daß ein Quasar jedes Jahr eintausend Sonnenmassen in reine Energie umwandelt. Da es gute Gründe gibt anzunehmen, daß ein Quasar für mehrere Millionen Jahre brennt, verbraucht ein Quasar also im Laufe seiner Existenz das Äquivalent einer ganzen Galaxie. Das erscheint derart unvorstellbar, daß man sich gezwungenermaßen fragen muß, ob bei den Quasaren nicht ein effizienterer Mechanismus als die thermonukleare Energieumwandlung wirksam ist.

Nun haben wir im Zusammenhang mit den binären Röntgenquellen gesehen, daß die *Freisetzung von Gravitationsenergie in einem starken Gravitationsfeld* unseren Anforderungen gerecht wird. Fällt ein Kilogramm Wasserstoff aus einer Akkretionsscheibe in ein schwarzes Loch, so werden davon *einhunder Gramm* in Energie umgewandelt. Die Ausbeute ist also wesentlich besser. Diese einfache Feststellung bezüglich der großartigen energetischen Möglichkeiten von Gravitationsfeldern brachte die Astrophysiker dazu, sich näher für kompakte Sterne zu interessieren. Dort hoffen sie, Erklärungen für die besonders heftigen Himmelsphänomene zu finden, sei es auf stellarer Skala die Physik der Novae und der Röntgenquellen, oder auf der Skala galaktischer Kerne. Seit den siebziger Jahren hat sich so ein neuer Zweig der Astrophysik entwickelt, der sich speziell mit dem Verhalten von Materie in kompakten Sternen beschäftigt: *die relativistische Astrophysik.*

Diese theoretischen Überlegungen, die für die aktiven galaktischen Kerne auf eine riesige kompakte Masse führen, bleiben ohne bestätigende Beobachtungen reine Vermutungen. Es gibt zwei Verfahren, konzentrierte Massen näherungsweise zu bestimmen. Beide lassen sich jedoch nur auf relativ nahe Galaxien anwenden[15]. Beim ersten Verfahren untersucht man die Verteilung von stellarem Licht in der Nähe des Zentrums. Man wird sich erinnern, daß dieses Verfahren zur Untersuchung der Kerne von Kugelhaufen geläufig ist (siehe Seite 266). Gibt es eine besonders schwere zentrale Masse, so nimmt die Konzentration der Sterne, die in den Gravitationstopf gezogen werden, dort zu, und sie werden die Leuchtkraft in ungewöhnlicher Weise verstärken. Bei dem zweiten Verfahren bestimmt man die Masse aus der Bewegung der umgebenden Materie; es wurde mit Erfolg beim Zentrum unserer Milchstraße angewandt (siehe Seite 271). Bei externen Galaxien wird die Geschwindigkeit der Sterne nahe

---

[15] Quasare kommen daher für diese Messungen nicht in Frage. Ihre Masse läßt sich einzig aus ihrer Leuchtkraft bestimmen.

am Zentrum gemessen. Interpretiert man sie als kreisförmige Bewegung um
eine zentrale Masse, so läßt sich der Wert dieser Masse daraus ableiten.

Eine besonders erfolgreiche Anwendung beider Techniken geht auf das Jahr
1978 zurück und betrifft den Kern des elliptischen Nebels Messier 87, eine
der stärksten Radioquellen am Himmel. Nach diesen Messungen (die 1991 mit
dem Teleskop Spatial bestätigt wurden) liegt die zentrale Masse zwischen 3
und 5 Milliarden Sonnenmassen. Da darüber hinaus der Kern von Messier 87
nicht hell genug ist, um aus Sternen zu bestehen, handelt es sich vermutlich um
die erste direkte Beobachtung eines supermassiven schwarzen Loches. Allerdings kann, ebenso wie beim Zentrum unserer Galaxis, die Interpretation der
stellaren Geschwindigkeit zu Recht angezweifelt werden. Handelt es sich nicht
um eine kreisförmige, sondern um eine radiale Bewegung der Sterne, so wird
auch keine große Masse mehr benötigt.

Die Messungen an Messier 87 haben zumindest den Vorteil erbracht, daß die
Kerne der nähergelegenen Galaxien systematisch untersucht wurden. Sofern
es sich um aktive Kerne handelt (in den Seyfert-Galaxien), werden die Massen meist auf zehn oder hundert Millionen Sonnenmassen geschätzt, zuweilen
auch auf mehr. Der Rekord wird gegenwärtig von NGC 6240 gehalten, das
einen riesigen unsichtbaren Kern von 50 Milliarden Sonnenmassen zu enthalten scheint! Allerdings benötigt man für einen effektiven „Gravitationsmotor"
nicht nur eine große Masse, sondern auch eine konzentrierte Masse. Bei Radiogalaxien kann man die maximale Größe des emittierenden Kerns direkt durch
ein spezielles Verfahren der *Radio-Interferrometrie*, der sogenannten *Very long
baseline Interferometry*[16], ausmessen. Wiederum findet man für die bestaufgelösten nahen Quellen, daß ihre zentrale Masse innerhalb eines Durchmessers
von weniger als einem Lichtjahr konzentriert ist.

17.8   Ein schwankendes Herz. . .

Nicht alle aktiven Kerne sind auch Quellen von Radiostrahlung. Wie bestimmt
man in diesem Fall die Größe? Das indirekte Argument dafür beruht auf der
Veränderlichkeit ihrer Leuchtkraft.

Wir haben schon im vorigen Kapitel gesehen, in welcher Form die Fluktuationen einer Quelle Auskunft über ihre Größe geben kann: Keine Veränderung

---

[16] Bei diesem Verfahren werden mehrere Radioteleskope in einigen tausend Kilometern Abstand
aufgestellt (in verschiedenen Kontinenten). Aus den Interferenzen ergibt sich eine sehr hohe
Auflösung.

des Zustands einer Quelle kann sich schneller als mit Lichtgeschwindigkeit ausbreiten. Wenn beispielsweise die Helligkeit eines aktiven Kerns innerhalb eines Tages empfindlichen Schwankungen unterliegt, kann man daraus schließen, daß die Quelle auf einen Bereich von einem „Licht-Tag" begrenzt ist, d.h. auf 26 Milliarden Kilometer.

Außerdem haben wir gesehen, daß die Leuchtkraft einer Quelle uns über ihre Masse Auskunft geben kann. Natürlich muß die Ausdehnung der Quelle größer als der Schwarzschild-Radius eines schwarzen Loches mit derselben Masse sein. Ein schwarzes Loch von einhundert Millionen Sonnenmassen hat den Durchmesser einer „Licht-Stunde", d.h. die Helligkeit eines aktiven Kerns von einhunder Millionen Sonnenmassen kann nicht schneller als innerhalb von einer Stunde variieren. Aus diesem Grund sagt die charakteristische Zeit der Veränderungen einer Quelle etwas über ihre Kompaktheit aus. Im einem Quasar wie 3C 273 schwankt die Helligkeit über den kurzen Zeitraum von nur sieben Monaten. Die zugehörige Ausdehnung der Quelle, sieben Lichtmonate, beträgt nur das Zehnfache des Schwarzschild-Radius der zentralen Masse. Die meisten aktiven Kerne emittieren den Großteil ihrer Strahlung aus einem Gebiet, das zwischen ihrem Schwarzschild-Radius und einigen hundert Schwarzschild-Radien liegt. Ein besonders aktiver Kern mit der Bezeichnung OX 169 hat eine Leuchtkraft (beobachtet im Bereich der Röntgenstrahlung), die sich innerhalb von 100 Minuten verdreifachen kann. Die Energiequelle muß sich daher innerhalb eines Gebiets befinden, das kleiner als die Umlaufbahn von Saturn ist. Offensichtlich werden die Quasare durch sehr kompakte Energiequellen mit ganz besonderen Eigenschaften gespeist.

17.9 Kosmische Jets

Mit einem Abstand von 16 Millionen Lichtjahren ist Centaurus A die für uns nächste Radiogalaxie. Es handelt sich dabei nicht um eine besonders intensive Quelle, aber es lassen sich zwei feine Strahlen ionisierten Gases erkennen, die auf gegenüberliegenden Seiten des galaktischen Zentrums heraustreten. Die Strahlen erstrecken sich weit über die optischen Grenzen der Galaxie, bis zu einer Million Lichtjahre. Diese *kosmischen Jets* enden in zwei Wolken, sogenannte „Lobes", die eine Synchrotron-Radiostrahlung emittieren.

Im sichtbaren Bereich zeigt sich Centaurus A als ein Stern von besonderer Schönheit. Er ähnelt einem elliptischen Nebel hinter einer Staubschicht. Sein Zentrum enthält eine kleine veränderliche Radioquelle mit einer Größe von weniger als einigen Lichtstunden. Obwohl die Radiointensität relativ gering ist, entspricht die Energiemenge, die in die beiden „Lobes" geworfen wird, den Explosionen von mehreren Millionen Supernovae. Daran zeigt sich, daß Centaurus A sehr aktiv ist und einen zentralen Motor von wenigstens 10^7 M$_\odot$ besitzt.

Die Doppel-Jet-Struktur ist keine Besonderheit von Centaurus A, sondern bildet eine der merkwürdigsten charakteristischen Eigenschaften von aktiven Kernen mit Radioemission. Im Verlauf der letzten Jahre konnte man mit Hilfe der Radio-Interferrometrie die Jets in verschiedene Substrukturen auflösen, die wie russische Puppen ineinander verschachtelt sind. Mikro-Jets von einigen Lichtjahren entweichen dem kompakten Kern in exakt derselben Richtung wie die Riesen-Jets, die sich millionenfach weiter ausbreiten. Diese erstaunliche Übereinstimmung der Gasstrukturen über solch große Entfernungen bedeutet, daß die Jets von einem zentralen Motor ausgestoßen werden, der ihre Richtung über mehrere Millionen Jahre in „Erinnerung" behält. Außerdem sind die kosmischen Jets eine riesige Version dessen, was man in einigen stellaren Systemen, wie beispielsweise SS 433 (siehe Seite 261), beobachtet. Diese Argumente unterstützen die Vorstellung, nach der ein massiver, kompakter, rotierender Stern als Antrieb dient. Seine Rotationsachse definiert in natürlicher Weise eine ausgezeichnete Richtung für den Gasauswurf.

Von Martin Rees stammt die Idee, daß bei den Kernen mit den heftigsten Schwankungen die „Düsen" gerade zufällig in unsere Richtung zeigen. Es geht in diesem Fall darum, das Verhalten einer eigenartigen Klasse von aktiven Kernen zu erklären, die man als Lacertiden bezeichnet[17]. Ihre erstaunlichste Eigenschaft sind Fluktuationen in ihrer Helligkeit, die schneller und intensiver sind, als man sie bei den anderen Arten der aktiven Kerne vorfindet. Sie fluktuieren sogar so schnell – innerhalb einiger Stunden –, daß ihre Strahlung aus einem Gebiet zu kommen scheint, dessen Ausdehnung kleiner ist als ein schwarzes Loch mit derselben Masse! Ein weiterer wichtiger Unterschied: Während die Spektren der anderen aktiven Kerne durch sehr intensive Emissionslinien charakterisiert sind[18], haben die Lacertiden ein praktisch „jungfräuliches" Spektrum. Man glaubt jedoch, daß die Emissionslinien ihren Ursprung in einer gewaltigen Gaswolke haben, die die zentrale Quelle umgibt und von ihr beleuchtet wird, und daß alle aktiven Kerne solche Wolken haben müssen.

---

[17] Die erste Galaxie von diesem Typ wurde im Sternbild der Eidechse (Lacerta) entdeckt. Zunächst klassifizierte man sie als veränderlichen Stern, bis man sie 1968 als eine extragalaktische Radioquelle identifizierte.

[18] Sofern es sich um Quasare handelt, kann man aus der Rotverschiebung dieser Linien die Entfernung bestimmen.

Das Modell von Rees, nach dem ein Jet direkt auf uns gerichtet ist, hat den Vorteil, daß es sowohl die scheinbar „zu" schnellen Veränderungen der Lacertiden beschreibt, als auch das Fehlen der Emissionslinien. Wenn sich nämlich ein Materiestrahl mit nahezu Lichtgeschwindigkeit auf einen Beobachter zubewegt, dann wird nach der Speziellen Relativitätstheorie seine Lichtintensität verstärkt und die scheinbare Zeit seiner Fluktuationen verkürzt[19]. Ist der Jet eines Lacertiden direkt auf uns gerichtet, dann ist auch verständlich, daß die Emissionslinien aus den tieferen Schichten von der viel intensiveren Strahlung des Jets überdeckt werden.

17.10 Veränderungen der Kontinuität

Die Beobachtung der „normalen" Galaxien – deren Kern weniger hell als der Rest der Galaxie ist – offenbart auch viele gemeinsame Eigenschaften mit den aktiven Kernen. Das offensichtlichste Beispiel ist unsere Milchstraße, deren Kern eine Radioquelle darstellt, die mit einer großen Massenkonzentration verbunden ist. Es erscheint daher vernünftig anzunehmen, daß es sich bei den Galaxien mit aktiven Kernen nicht um exotische Monster handelt, sondern eher um bestimmte Randgruppen unter den Galaxien, bei denen zu einem bestimmten Zeitpunkt ihrer Entwicklung günstige Bedingungen für eine zentrale Aktivität vorlagen.

Die Haupteigenschaft eines aktiven Kerns ist die große Massenkonzentration. Die früher erwähnten Beobachtungsmethoden, mit denen man diese Massen bestimmen kann, lassen sich selbstverständlich auch auf jedes andere nahegelegene galaktische Zentrum anwenden, sofern es nicht durch unsichtbaren Staub verdeckt ist. Mit diesen Methoden wurden über die letzten Jahre die Kerne der Galaxien in unserer Nähe untersucht. Die Ergebnisse waren – und sind immer noch – überraschend: Das Vorhandensein einer kompakten zentralen Masse scheint eine Eigenschaft zu sein, die nahezu allen Galaxien gemein ist, unabhängig, ob es sich um Spiralnebel oder elliptische Nebel, Riesen- oder Zwerggalaxien handelt! Aus den vielen Beispielen möchte ich zwei herausnehmen, die besonders aufschlußreich sind.

Unsere Galaxis gehört zu einer Gruppe von ungefähr zwanzig Mitgliedern. Dominiert wird diese Gruppe vom Andromedanebel, der mit bloßem Auge in

---

[19] Die Spezielle Relativitätstheorie erklärt auch, warum sich bestimmte Jets mit Überlichtgeschwindigkeit auszubreiten scheinen.

nur zwei Millionen Lichtjahren Entfernung sichtbar ist. Der Andromedanebel ist ein naher Verwandter unserer Milchstraße; er ist kaum anderthalbmal so schwer, ist ebenfalls vom Typ eines Spiralnebels, zeigt dieselbe chemische Zusammensetzung und besitzt kleine Satellitengalaxien. Da die Ebene seiner Scheibe relativ zur Beobachtungsrichtung geneigt ist, kann man seinen zentralen, nicht-aktiven Kern mit optischen Teleskopen untersuchen, und man kann die Verteilung der Sterne in seiner Umgebung ausmessen. Die jüngsten Berechnungen ergeben eine unsichtbare zentrale Masse von $10^7\,M_\odot$. Der Andromedanebel hat einen großen Motor, aber er funktioniert nicht!

Machen wir nun einen kleinen Schritt zur Seite und beobachten Messier 32, eine der Satellitengalaxien des Andromedanebels. Es handelt sich um eine elliptische Zwerggalaxie, einhundertmal leichter und vollkommen inaktiv, die nur aus einem Schwarm alter Sterne auf Bahnkurven um das Zentrum besteht. Da Gas und Staub fehlen, kann man den Kern mit einer großen Genauigkeit untersuchen. Man findet dort einen großen Sternenhaufen, der um eine unsichtbare zentrale Masse von fünf Millionen Sonnenmassen kreist. Diese Zwerggalaxie hat ein Herz, das so groß ist wie das unserer Milchstraße...

Selbst wenn sich also schwarze Riesenlöcher in allen Galaxienkernen befänden, hinge ihre Aktivität offensichtlich noch von der Dichte der Sterne und Gase ab – mit anderen Worten, vom „Treibstoff" –, die sich innerhalb eines Radius von mehreren Lichtjahren befinden. In dieser Hinsicht ist es nicht erstaunlich, daß der Kern von Messier 32, trotz seines beachtlichen potentiellen Motors, vollkommen inaktiv ist: Die elliptische Galaxie um ihn herum ist ein elliptischer Nebel, frei von Gas, und da es sich um eine Zwerggalaxie handelt, besitzt sie auch nicht mehr viele Sterne. Das andere Extrem ist Messier 87, eine elliptische Riesengalaxie, in deren Zentrum sich vermutlich ein schwarzes Loch von fünf Milliarden Sonnenmassen befindet. Sein Kern zeigt zwar eine gewisse Aktivität, die jedoch im Vergleich zu der Aktivität von Quasaren sehr schwach ist. Zur Erklärung ihrer Leuchtkraft genügt es, daß pro Jahr von dem zentralen schwarzen Loch ein Hundertstel Sonnenmasse in Form von Gasen „verspeist" wird. Die Millionen von Sternen, die in der Umgebung kreisen und bei ihrer nuklearen Entwicklung „ganz normal" Gas verlieren, können eine solch bescheidene Materiemenge leicht zur Verfügung stellen. Messier 87 ähnelt einem erloschenen Quasar. Vor ungefähr einer Milliarde Jahren könnte dieser Quasar in voller Blüte gestanden haben. Bei einer Entfernung von fünfzig Millionen Lichtjahren von der Erde wäre er in der Nacht mit bloßem Auge sichtbar gewesen, vergleichbar mit der Helligkeit von Merkur.

17.11 Alternative Motoren

Der Nachweis von großen Materiekonzentrationen in den Zentren der aktiven Galaxien beweist nicht eindeutig das Vorhandensein von schwarzen Riesenlöchern. Zwei andere Arten von Objekten könnten *im Prinzip* die Rolle des kompakten und effektiven Motors übernehmen: ein ultra-dichter Sternenhaufen oder ein einzelner „super-massiver" Stern. Können diese konkurrierenden Modelle einer genaueren Untersuchung standhalten? Wir werden sehen, daß sie es nicht können.

Das Modell der Sternenhaufen basiert auf einer außergewöhnlichen Rate an Supernovae. Supernovaexplosionen als Abschluß der nuklearen Entwicklung massiver Sterne ereignen sich in einer Galaxie statistisch sehr selten – einige wenige pro Jahrhundert. Man kann sich jedoch vorstellen, daß in einem sehr dichten Sternenhaufen aufgrund von *Sternenkollisionen* die Frequenz der Explosionen erhöht ist. Im Allgemeinen wird nämlich die Kollision von Sternen zu einer Verschmelzung der beiden Partner führen, die somit einen massiveren Stern bilden und sich dem Stadium der Supernova rascher nähern. Berechnungen zeigen, daß die Kollisionen in einer sehr dichten Anhäufung von einer Milliarde Sternen so häufig werden und die Anzahl der entstandenen massiven Sterne so groß, daß pro Jahr ungefähr zehn Supernovae explodieren könnten!

Das Modell eines sehr konzentrierten Sternenhaufens hat drei wesentliche Mängel. Zunächst erklärt es die großen Helligkeitsfluktuationen der Quasare und der Lacertiden nicht. Jede Supernova ist zwar eine leuchtende Explosion, verglichen mit dem grellen Schein eines Quasars erzeugt eine Supernova jedoch nur das Licht eines Streichholzes. Um die Fluktuationen von Quasaren zu erreichen, müßte man annehmen, daß tausend Supernovaexplosionen gleichzeitig stattfinden... Ein Sternenhaufen ist auch nicht in der Lage, die sehr stabilen großen kosmischen Jets zu erzeugen, da in ihnen keine besondere Richtung für den Auswurf der Materie definiert ist. Aber der Haupteinwand ist die extreme *Instabilität* dichter Sternenhaufen. Eine Ansammlung von einer Milliarde Sterne in einem Gebiet von einem Lichtjahr – das würde der Beobachtung entsprechen – könnte nur eine Million Jahre existieren, bevor sie zu einem schwarzen Loch kollabieren würde. Es bedürfte schon eines außergewöhnlichen Zufalls, systematisch Galaxien mit aktiven Kernen während einer so kurzen und besonderen Phase ihrer Entwicklung zu beobachten. Einmal mehr ist es das *Prinzip der Einfachheit*, nach dem Sternenhaufen als Motor der Galaxienkerne ausgeschlossen sind.

Das Modell eines massiven Sterns ist auch nicht besser. Aus der Theorie der Sternenstrukturen läßt sich verstehen, warum kein beobachteter Stern wesentlich schwerer als einhundert Sonnenmassen ist. Trotzdem hindert das die Astrophysiker nicht, immer wieder über die Existenz supermassiver Sterne von einhunderttausend bis einhundert Millionen Sonnenmassen zu spekulieren. Die Haupteigenschaft eines supermassiven Sterns wäre seine außergewöhnliche Helligkeit. Darin liegt aber auch sein Problem: Ein supermassiver Stern wäre lediglich eine riesige Photonensphäre, und Photonensphären sind keine stabilen Systeme. Selbst wenn man einen bisher unbekannten Mechanismus annimmt, nach dem sie entstehen könnten, müßten supermassive Sterne explodieren oder kollabieren.

Da es daran nicht scheitern sollte, wurden verschiedene Varianten der supermassiven Sterne entwickelt, in der Hoffnung, die Stabilität der riesigen Massen zu „festigen". „Spinare" sind sehr schnell rotierende supermassive Sterne, deren Gleichgewicht durch die Zentrifugalkräfte aufrecht erhalten wird, wohingegen „Magnetoide" durch ihren enormen inneren magnetischen Druck stabilisiert werden. Diese theoretischen Sterne haben den Vorteil, ähnlich wie Riesenpulsare, eine ausgezeichnete Richtung für den Auswurf der Materie zu

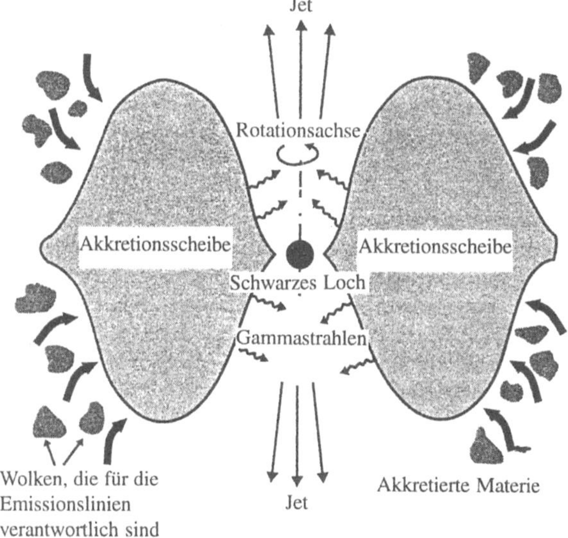

Bild 17.2 Schematische Darstellung einer dicken Akkretionsscheibe um ein schwarzes Riesenloch und der Entstehung der Jets. Gamma-Photonen werden von der inneren Seite der Scheibe emittiert und erzeugen in den leeren Gebieten Elektron-Positron-Paare, die sich kaskadenartig vervielfältigen (siehe Seite 106) und die Jets auf nahezu Lichtgeschwindigkeit beschleunigen.

besitzen, nämlich die Rotationsachse oder die Achse des Magnetfeldes. Die Allgemeine Relativitätstheorie zeigt jedoch, daß diese Systeme grundsätzlich instabil sind, hauptsächlich wegen der Energiedissipation durch Gravitationswellen. Außerdem würde ein Riesenpulsar periodische Helligkeitsschwankungen zeigen, die in einem Galaxienkern noch nicht beobachtet wurden.

Mit anderen Worten, das massive, akkretierende schwarze Loch ist der einzige Kandidat, der allen theoretischen Anforderungen wie auch den Beobachtungen gerecht wird, um die Aktivitäten der galaktischen Kerne zu erklären. Seine Entstehung wird durch die Allgemeine Relativitätstheorie vorhergesagt und markiert zweifelsohne das unausweichliche Ende eines Gravitationskollaps aller massiven Objekte. Das schwarze Loch ist stabil und liefert die ideale Umgebung, um über den Umweg der Akkretion von Materie potentielle Gravitationsenergie in Strahlung umzuwandeln. Und schließlich kann das schwarze Loch nicht nur die Energie von hineinfallender Materie freisetzen, sondern es stellt selbst ein ungeheures Reservoir an Rotationsenergie dar (siehe Kapitel 11). Da durch seine Rotationsachse eine ausgezeichnete Richtung für den Auswurf von Materie definiert ist, kann ein rotierendes schwarzes Loch als ein Generator von Gas-Jets funktionieren. Er realisiert auf einem riesigen Maßstab, was das System SS 433 in den Ausmaßen eines Sterns darstellt (Bild 17.2).

17.12 Zu Tisch!

Bei einer typischen Ertragsrate von 10% muß ein aktiver Galaxienkern, je nachdem, ob eher bescheiden oder sehr hell, zwischen einer hundertstel Sonnenmasse und einhundert Sonnenmassen pro Jahr an Gasmengen verschlingen. Damit stellt sich das Problem der Versorgung. Welche möglichen Lieferanten kommen in Frage?

In einem Spiralnebel wie unsere Milchstraße verlieren die Sterne jedes Jahr ungefähr eine Sonnenmasse an Gas. Es ist nur schwer vorstellbar, wie dieses Gas, verteilt über die 100 000 Lichtjahre der galaktischen Scheibe, in den kleinen zentralen Kern von einem Lichtjahr gelenkt werden könnte. Außerdem zeigen bestimmte elliptische Galaxien, obwohl sie kein interstellares Gas mehr besitzen, Anzeichen von Aktivität – insbesondere die Emission von Radio-Jets. Es muß daher einen effektiveren Mechanismus geben, große Mengen an Gas direkt im Kern zu erzeugen. Da sich das Gas in den Sternen befindet, kann man vermuten, daß *das schwarze Loch für seine angemessene Ernährung Sterne zertrümmern muß.*

Schwarze Riesenlöcher könnten problemlos ganze Sterne verschlucken. Neben einem schwarzen Loch von einer Milliarde Sonnenmassen erschiene die Sonne selbst nur wie ein Sandkorn neben einem Fußball. Aber das ist auch nicht die geeignete Art, Energie zu erzeugen: Alles verschwände in dem Loch, das sich damit begnügen würde, langsam an Masse zuzunehmen. Die bessere Vorstellung ist, daß der Stern vor dem schwarzen Loch zerbirst, so daß seine Bruchstücke zur Akkretionsscheibe beitragen können.

17.13   Kometensterne

In mancher Hinsicht ähnelt ein schwarzes Riesenloch in einem Sternenhaufen unserer Sonne, die von einem Gefolge an Kometen umgeben ist. Die Sterne kreisen in großer Entfernung um das schwarze Loch und bilden eine Art Reservoir, das von dem zentralen Gravitationsfeld kaum beeinflußt wird. Aber in diesem Reservoir streifen manche Sterne so dicht aneinander vorbei, daß sie beschleunigt und aus ihrer Bahn geworfen werden. Zuweilen fällt dann einer dieser Sterne auf das schwarze Loch. Von diesem Moment an wird sein Schicksal ausschließlich von dem Gravitationstopf bestimmt, der ihn anzieht, sowie von dem Strahlungsfeld, das ihn beleuchtet. Ähnlich wie bei einem Kometen, der sich der Sonne nähert, trifft auf den Stern ein intensiver Strahlungsfluß, der natürlich nicht von dem schwarzen Loch selbst herrührt, sondern von den heißen Gebieten der Akkretionsscheibe um das schwarze Loch. Der Stern beginnt zu verdampfen und sich nach und nach seiner äußeren Schichten zu entledigen, bis sein thermonuklearer Kern frei liegt. Nähert sich der Stern dem schwarzen Loch nicht zu sehr, so kann er ohne größeren Schaden vorbeifliegen und den Gravitationstopf auf einer parabolischen Bahnkurve wieder verlassen. Diese führt ihn nach einigen Jahren wieder an seinen ursprünglichen Platz im Reservoir. Oder aber der Kometenstern verliert so viel Bewegungsenergie, daß er eng bei dem schwarzen Loch auf einer langgezogenen elliptischen Bahnkurve verbleibt. Diese Bahnkurve wird ihn periodisch nahe am Zentrum vorbeiführen, und jedesmal, wenn er den „Perihel" durchläuft, wird ihm etwas Gas entzogen. Die Verdampfung der Kometensterne kann jedoch zur Fütterung eines schwarzen Loches nur einen bescheidenen Beitrag liefern. Um aktiv leuchten zu können, muß das schwarze Loch das Äquivalent eines ganzen Sternes an Gas verzehren. Es gibt zwei mögliche Ereignisse, bei denen die gesamte Substanz eines Sternes verbraucht wird. Eines dieser Ereignisse ist die *Kollision* zweier „Kometen"-Sterne in der Nähe des schwarzen Loches. Das zweite

Ereignis besteht in dem Zerbrechen eines einzelnen Sternes durch die *Gezeitenkräfte* des schwarzen Loches.

17.14   Die Kollision von Sternen

Während in unserem Sonnensystem das Aufeinandertreffen zweier Kometen sehr unwahrscheinlich ist, gilt dies für die Umgebung eines schwarzen Loches nicht mehr. Treffen zwei Sterne vom Typ der Sonne bei relativ geringen Geschwindigkeiten, d.h. weniger als 500 km/s, aufeinander, dann ist nach der Theorie interstellarer Kollisionen der Stoß nur „weich", sie bleiben aneinander kleben und bilden gemeinsam einen größeren Stern. Übersteigt ihre Geschwindigkeit jedoch 500 km/s, so verhärtet sich der Stoß, und die Bruchstücke der Sterne werden umhergeschleudert. Innerhalb der galaktischen Scheibe oder auch selbst in den Kugelhaufen haben die Sterne selten Geschwindigkeiten über 200 km/s. Aber die schwarzen Riesenlöcher verursachen derart tiefe Gravitationstöpfe, daß sie die Sterne auf mehrere tausend Kilometer pro Sekunde beschleunigen. Eine genauere Rechnung zeigt, daß innerhalb eines Radius von zehn Lichtjahren um ein schwarzes Loch von einer Milliarde Sonnenmassen die Kollisionen zwischen den Kometensternen zerstörend ausfallen und sich im Durchschnitt zehnmal pro Jahr ereignen. Ihre Bruchstücke bleiben als gasförmige Wolken auf einer Bahn um das schwarze Loch und können die „Speisekammer" des schwarzen Loches reichlich auffüllen.

Es hat allerdings den Anschein, daß interstellare Kollisionen nur Quasare, die sehr große schwarze Löcher enthalten, ausreichend verpflegen können. Bei den weniger aktiven Kernen mit einem weniger massiven schwarzen Loch treten interstellare Kollisionen so selten auf, daß sie vermutlich keine wichtige Rolle spielen.

17.15   Schwarze Gezeiten

Das beeindruckendste Phänomen, das sich nahe bei einem schwarzen Loch ereignen kann, ist vielleicht das *Zerbersten eines Sterns durch die Gezeitenkräfte*. Bewegt sich ein Stern um ein schwarzes Loch, dann ist die Gravitationskraft auf der dem schwarzen Loch zugewandten Sternenseite größer als auf der gegenüberliegenden Seite. Die Differenz zwischen diesen beiden Kräften ist gerade die Gezeitenkraft, die das schwarze Loch auf den Stern ausübt (siehe Seite 38). Bei einer ungefähr kreisförmigen Bahn des Sterns bleibt die Gezeitenkraft klein, und der Stern kann seine innere Beschaffenheit der äußeren Gezeitenkraft anpassen, indem er eine in Richtung des schwarzen Loches langgestreckte Form annimmt. Fällt jedoch ein Kometenstern auf einer sehr exzentrischen Bahnkurve in das Gravitationsfeld des schwarzen Loches, dann werden die Gezeitenkräfte schnell in dem Maße größer, in dem sich der Abstand vom schwarzen Loch verringert[20]. Es kommt daher notwendigerweise der Moment, wo sie größer als die internen Kräfte werden, die den Stern zusammenhalten. Er hat keine Zeit mehr, seine innere Beschaffenheit anzupassen; seine Verformungen nehmen katastrophal zu, und sein inneres Gleichgewicht wird unausweichlich zerstört.

Ein solch spektakuläres Phänomen kann jedoch erst auftreten, wenn der Stern innerhalb eines bestimmten kritischen Radius um das schwarze Loch gelangt. Diesen Radius bezeichnet man als *Roche-Grenze*, nach dem französischen Mathematiker Edouard Roche, der sich um 1847 im Zusammenhang mit Planeten-Satelliten-Paaren mit Gezeitenkräften beschäftigte[21].

Die Roche-Grenze hängt hauptsächlich von der Masse des schwarzen Loches ab. Wird diese größer als einhundert Millionen Sonnenmassen, dann wird der Radius des schwarzen Loches – proportional zur Masse – größer als sein Roche-Radius. In diesem Fall kann ein Stern durch die Gezeitenkräfte nur noch innerhalb des schwarzen Loches zertrümmert werden. Seine Überreste bleiben gefangen, und die Astronomen werden außen nichts sehen. Das Zerbersten eines Sterns durch die Gezeitenkräfte ist also eher dann wahrscheinlich, wenn die Masse des schwarzen Loches relativ klein ist. Aus diesem Grund vermuten heute die meisten Astrophysiker, daß die Seyfert-Galaxien und die weniger aktiven Kerne ein zentrales schwarzes Loch mit einer Masse zwischen einer Million und einhundert Millionen Sonnenmassen enthalten. Sie ernähren sich von den Bruchstücken der Sterne, die durch die Gezeitenkräfte zerbrochen werden, wohingegen die Quasare und die sehr hellen Kerne ein massiveres schwarzes Loch enthalten, dessen Treibstoff aus den interstellaren Kollisionen stammt.

---

[20] Im Zentrum des schwarzen Loches werden die Gezeitenkräfte sogar unendlich, siehe Seite 135)

[21] Es handelt sich um denselben Edouard Roche, nach dem auch die Flächen gleicher Gravitationswirkung bei einem Doppelstern benannt sind, siehe Bild 16.3. Es ist interessant anzumerken, daß ein Stern, der die Roche-Grenze eines schwarzen Loches überschreitet, in einem gewissen Sinne eine Kollision mit sich selbst hat: Er zerbricht ebenso leicht wie zwei Sterne, die mit mehr als 500 km/s aufeinander aufprallen!

17.16 Flambierte Crêpes

Unsere Vorstellungen über die Verformungen und das Auseinanderbrechen eines Sterns durch Gezeitenkräfte beruhte lange Zeit auf den Beschreibungen, die Roche für natürliche Satelliten – fest oder flüssig – auf Kreisbahnen um Planeten gegeben hatte. Roche hatte gezeigt, daß ein Gegenstand, der den Gezeitenkräften eines massiven Begleiters ausgesetzt ist, die Tendenz hat, sich in Richtung des Begleiters zu strecken und gleichzeitig bezüglich der dazu senkrechten Richtungen zusammenzuziehen. Genau aus diesem Grund steigt der Meeresspiegel auf der Erde durch die Gezeitenkräfte des Mondes nicht nur dort, wo die Anziehung des Mondes am stärksten ist, sondern auch an dem gegenüberliegenden Punkt (Bild 17.3). Sind die Gezeitenkräfte genügend stark, wie es z.B. in bestimmten binären Systemen der Fall ist, dann kann sich der deformierte Gegenstand strecken und die Form einer „Zigarre" annehmen. Jenseits der Roche-Grenze werden die Deformationen so groß, daß der Gegenstand nicht mehr stabil bleibt und auseinanderbrechen muß.

Was aber für eine Verbindung aus einem Planeten und einem Satelliten gilt, ist nicht notwendigerweise auch für ein System aus einem schwarzen Loch und einem Stern richtig. In letzteren Fall treffen Himmelskörper vollkommen verschiedener Natur zusammen. Brandon Carter und ich haben am Observatorium von Meudon vor einigen Jahren begonnen, diese Fragen neu zu untersuchen, und wir hatten das Glück, einige unerwartete Phänomene zu finden, die allgemein angenommene Vorstellungen über das Zerbrechen von Himmelskörpern in neues Licht setzten.

Zwei wesentliche Eigenschaften unterscheiden ein binäres System aus einem schwarzen Loch und einem Stern von einem Doppelsystem aus einem

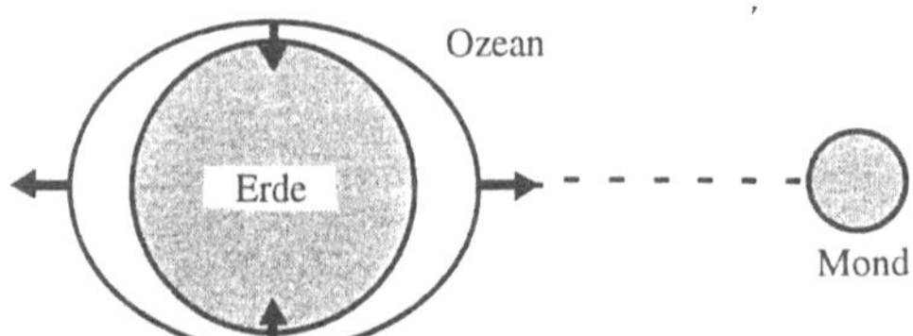

Bild 17.3 Die Gezeiten auf der Erde. Die Gravitationskräfte des Mondes verformen die Oberfläche der Meere, so daß es entlang der Richtung Erde-Mond zu einer Anschwellung und senkrecht dazu zu einer Verengung kommt. Wegen der raschen Eigendrehung der Erde zeigt die Anschwellung in Wirklichkeit nicht genau in Richtung des Mondes. Die Gezeitenenergie, die in den Ozeanen dissipiert, ist Ursache einer langsamen Trennung von Erde und Mond mit einer Rate von 4 cm pro Jahr.

Planeten und einem Satelliten. Zunächst ist die Bahnkurve eines Kometensterns nicht kreisförmig, sondern in Richtung des schwarzen Loches gestreckt. Damit ein Stern in das Gebiet gelangen kann, in dem die Gezeitenkräfte zerstörerisch wirken, muß seine Bahnkurve tatsächlich sehr exzentrisch sein. Wenn sich beispielsweise im Zentrum unserer Galaxis ein schwarzes Loch von drei Millionen Sonnenmassen befindet, dessen Radius somit zehn Millionen Kilometer beträgt, dann wird jeder Stern vom Typ der Sonne, der sich auf weniger als zweihundert Millionen Kilometer dem schwarzen Loch nähert, unweigerlich zerstört. Dies ist gerade die Roche-Grenze des galaktischen schwarzen Loches. Aber die Frage, die wir uns gestellt haben, ist: Was geschieht mit einem Stern, der die Roche-Grenze nicht nur streift, sondern *tief* in sie eindringt, ohne jedoch von dem Zentrum des schwarzen Loches verschluckt zu werden? Schließlich gibt es zwischen den zehn Millionen Kilometern des schwarzen Loches und den zweihundert Millionen Kilometern des Roche-Radius noch viel Platz! Nun sind die Gezeitenkräfte umgekehrt proportional zur dritten Potenz des Abstands vom schwarzen Loch. Das bedeutet, daß die Gezeitenkräfte auf einen Stern bei einem Abstand von einem Zehntel der Roche-Grenze eintausendmal stärker sind als bei der Roche-Grenze selbst, und dort reichen sie schon aus, den Stern zu zerstören. Daher wird ein Stern, der zu diesem Abstand vordringt, auch ein viel heftigeres Schicksal erleiden, als seine Kollegen, die die Roche-Grenze nur berühren...

Die zweite besondere Eigenschaft für die Wechselwirkungen zwischen einem schwarzen Loch und einem Stern hängt mit der Art des Körpers zusammen, auf den die Gezeitenkräfte wirken: Ein gewöhnlicher Stern wie die Sonne besteht, im Gegensatz zu einem natürlichen Satelliten oder einem Planeten, nicht aus Fels sondern aus Gas. Er kann daher durch die äußeren Gezeitenkräfte viel leichter *zusammengedrückt* werden. Genau das geschieht, wenn ein Stern weit über die Roche-Grenze hinaus in das schwarze Riesenloch eindringt. Obwohl der Stern zunächst die Tendenz zeigt, sich wie eine Zigarre zu strecken, wird er durch die äußeren Gezeitenkräfte auch plötzlich „durchgewalzt", d.h. er wird in seiner Bahnebene zusammengepreßt und abgeplattet (Bild 17.4).

Zusammenpressen bedeutet gleichzeitig auch Erhitzen. Diese beiden Faktoren hängen sehr empfindlich davon ab, wie tief man über die Roche-Grenze hinaus eintaucht. Streift der Stern die Roche-Grenze nur, dann sind die Gezeitenkräfte zu schwach, um ihn zusammenzudrücken. Der Stern verhält sich ähnlich wie ein riesiger Wasserball; er streckt sich allmählich zu einer Zigarrenform und bläst sich auf, bis er schließlich, nachdem er den Roche-Radius wieder verlassen hat, auseinanderfällt. Nähert sich der Stern jedoch dem schwarzen Loch bis auf ein Zehntel der Roche-Grenze, dann wird er durch die Ge-

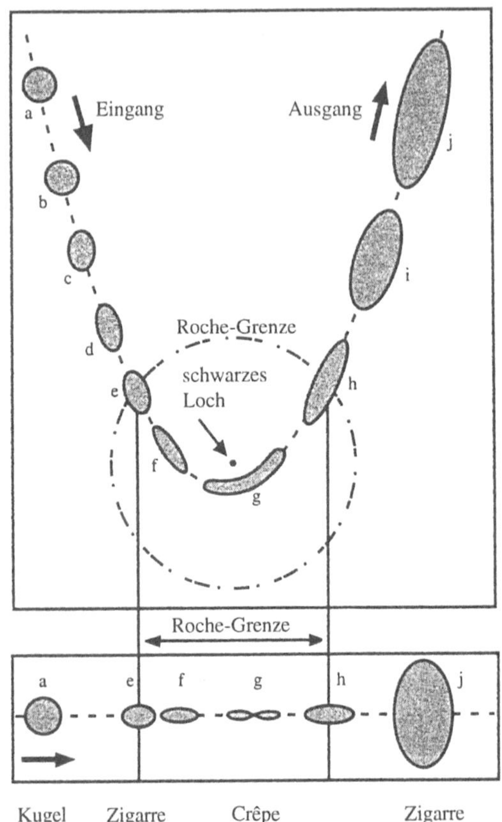

Bild 17.4   Das Zusammenpressen eines Sterns durch die Gezeitenkräfte eines schwarzen Loches. Das Bild stellt die allmähliche Verformung eines Sterns dar, der sich weit über die Roche-Grenze hinaus dem schwarzen Loch nähert (der Stern wurde zur Verdeutlichung übertrieben groß dargestellt). Das obere Bild zeigt die Verformung des Sterns in seiner Bahnebene (Blick von oben), das untere Bild die Verformung in der dazu senkrechten Richtung (Blick von der Seite). Von Position (a) bis (d) sind die Gezeitenkräfte klein, und der Stern bleibt nahezu kugelförmig. Bei (e) überschreitet der Stern die Roche-Grenze. Seine Form nähert sich der einer Zigarre. Von (e) bis (g) kommen die „Walz"-Effekte der Gezeitenkräfte ins Spiel. Der Stern wird in der Bahnebene zusammengedrückt und nimmt die Form eines „Crêpe" an. Anschließend entfernt er sich wieder vom schwarzen Loch. Er dehnt sich weiter und wird wieder zu einer Zigarre, bis er bei (h) die Roche-Grenze verläßt. Erst weit außerhalb dieser Grenze, jenseits von (j), löst sich der Stern in gasförmige Bestandteile auf.

zeitenkräfte plattgedrückt. Innerhalb einer zehntel Sekunde erhöht sich seine Dichte um das Tausendfache und seine Temperatur um das Hunderfache! Das endgültige Schicksal des Sterns bleibt natürlich der Zerfall, und sein Gas wird verstreut. Kurz vorher jedoch wird er als *ultra-heißer und dichter Crêpe* kurz „flambiert".

17.17   Das schwarze Loch als Zündmechanismus

Die auffallendste Konsequenz aus dem Zusammenpressen des Sterns ist die Auslösung einer thermonuklearen Explosion des „stellaren Crêpe". Die Raten für die einzelnen nuklearen Reaktionen, die den Energiefluß bestimmen, hängen sehr von der Temperatur ab. Für einen Stern wie die Sonne im hydrostatischen Gleichgewicht beträgt die zentrale Dichte einhundert Gramm pro Kubikzentimeter und die Temperatur fünfzehn Millionen Grad. Unter diesen „normalen" Bedingungen ist die Fusion von Wasserstoff die dominierende nukleare Reaktion, allerdings besitzt sie nur eine sehr langsame Reaktionsrate (siehe Kapitel 4).

Wenn nun ein Stern sehr schnell über die Roche-Grenze eines schwarzen Riesenloches fällt, steigt seine zentrale Temperatur innerhalb von einer zehntel Sekunde auf eine Milliarden Grad. Ähnlich wie in den Phasen, die einer Supernova vorangehen, werden die einzelnen thermonuklearen Reaktionsketten erheblich beschleunigt. Im Verlauf einer solch kurzen Aufheizung hat der Wasserstoff keine Zeit zu fusionieren, aber die schweren Elemente – Helium, Stickstoff oder Sauerstoff –, die bis dahin reaktionsträge waren, werden innerhalb kurzer Zeit in noch schwerere Elemente umgewandelt und setzen Energie frei. Im stellaren Crêpe wird also eine wirkliche thermonukleare Explosion ausgelöst, eine Art „zufällige Supernova".

Die Folgen dieser Explosion sind weitreichend. Ein Teil der Überreste des Sterns wird als heißer Wind von dem schwarzen Loch weggeblasen. Dieser heiße Wind kann dabei auf Wolken treffen und diese aus dem unmittelbaren Einzugsbereich des schwarzen Lochs mit sich wegreißen. Der andere Teil fällt schnell in das schwarze Loch und erzeugt dabei einen hellen Strahlungsblitz. Die stellaren Crêpes sind ähnlich wie die Supernovae eine Art Schmelztiegel, in dem schwere Elemente geschmiedet werden können, die sich dann im interstellaren Raum verteilen. Genauere Berechnungen zeigen allerdings, daß bei einem stellaren Crêpe die einzelnen Elemente in etwas anderen Verhältnissen erzeugt werden als bei einer Supernovaexplosion. Möglicherweise wird daher in naher Zukunft der Nachweis dieser besonderen Elemente im Spektrum einer Wolke um das Zentrum einer aktiven Galaxie den definitiven Beweis für das explosionsartige Zerbersten der Sterne an einem schwarzen Riesenloch erbringen.

Ob bei einer Supernova oder bei einem stellaren Crêpe, in beiden Fällen ist die Gravitation der Auslöser der thermonuklearen Explosionen. Bei einer Supernova ist es das Gravitationsfeld des Sterns selbst, das seine innere Stabilität „unterminiert" und die Explosion iniziiert, indem es den Kern kollabieren läßt. Bei einem stellaren Crêpe wird der Stern durch das Gravitationsfeld des schwarzen Loches „von Außen" zusammengedrückt und so seine Detonation ausgelöst.

Das allgemeine Interesse an dem explosionsartigen Zerfall von Sternen durch die Gezeitenkräfte massiver schwarzer Löcher ist jedoch begrenzt, da diese Vorgänge sich nur sehr selten ereignen. Es zeigt sich, daß von den ohnehin wenigen Sternen, die die Roche-Grenze überschreiten – in einem aktiven Galaxienkern ungefähr ein Stern pro Jahr, im Kern unserer Galaxis ein Stern in tausend Jahren – nur ein Zehntel ausreichend tief eindringen, so daß es zu einer Explosion kommt. Allerdings sind die Gezeitenkräfte nicht das einzige Mittel, stellare Crêpes zu braten: Bei Frontalzusammenstößen von Sternen mit großer Geschwindigkeit bilden sich ebenfalls kurzzeitig stellare Crêpes. Solche Zusammenstöße könnten sich in der Nähe eines supermassiven schwarzen Loches von einer Milliarden Sonnenmassen häufiger ereignen, bis zu zehn Mal pro Jahr. Flambierte Crêpes spielen daher möglicherweise generell eine wichtige Rolle, sowohl in den weniger aktiven Galaxienkernen, bei denen das leichtere zentrale schwarze Loch die Crêpes durch Gezeitenkräfte erzeugt, als auch in den Quasaren mit größeren schwarzen Löchern, bei denen sie durch Sternenkollisionen entstehen.

17.18   Die Gamma-Burster

Das Modell der stellaren Crêpes könnte auch eine mögliche Erklärung für eines der größten Rätsel der heutigen Astronomie sein: Die Gamma-Burster. Es handelt sich dabei um kurzzeitig aktive Quellen, deren plötzliche Ausbrüche sich im Bereich der Gammastrahlung zeigen. Außerdem handelt es sich bei den Quellen der Gamma-Burster und den Quellen der Röntgen-Burster (die mit Neutronensternen oder schwarze Löchern zusammenhängen, siehe Kapitel 16) um vollkommen disjunkte Mengen.

Wie so oft in der Astronomie war ihre Entdeckung ein reiner Zufall. Nach der Unterzeichung des Abkommens über das Verbot von Kernexplosionen an der Erdoberfläche, das 1963 zwischen den Vereinigten Staaten und der Sowjetunion unterzeichnet worden war, starteten die Amerikaner eine Serie von Militärsatelliten, deren Aufgabe darin bestand, die Einhaltung dieses Abkommens zu überwachen. Diese Militärsatelliten mit Namen Vela sollten die Gammastrahlung nachweisen, die von möglichen, unerlaubten sowjetischen Nuklearbomben emittiert wurde. Zur großen Überraschung der Militärs registrierte Los Alamos eine wirkliche Flut an Daten! Zum Glück für den Weltfrieden konnten die amerikanischen Wissenschaftler die Militärs davon überzeugen, daß diese Ausbrüche an Gammastrahlung ihren Ursprung nicht auf der Erde, sondern im Weltraum hatten. Es handelte sich dabei schlicht um eine der größten astronomischen Entdeckungen des Jahrzehnts.

Dank eines Beobachtungsnetzes von Satelliten konnten bis heute nahezu tausend Gammaausbrüche registriert werden. In dem erlauchten Kreis der Gamma-Burster herrscht absolute Anarchie. Die Dauer der Ausbrüche schwankt zwischen einigen Millisekunden und einigen hundert Sekunden. Aber wo werden sie emittiert? Das Hauptproblem der Gammaastronomie ist das mangelhafte Auflösungsvermögen ihrer Detektoren. Dieses war schon bei den Röntgen-Detektoren nicht besonders gut, und bei den Gammadetektoren ist es noch schlechter. Daher ist es sehr schwierig, die Gammaquellen zu lokalisieren und sie mit bekannten Objekten, die auch Strahlung in anderen Wellenlängenbereichen emittieren, zu identifizieren. Vergleicht man die Beobachtungen mehrerer Detektoren (mindestens drei), läßt sich zumindest ihre ungefähre Position bestimmen. Man erhält so „Fehlerkästen", in denen sich die Gamma-Burster befinden müssen. Nun beobachtet man innerhalb dieser Fehlerkästen keine anderen außergewöhnlichen stellaren Objekte, kompakte Sterne, Überreste einer Supernova oder andere sehr heiße Orte (Gammastrahlung entspricht Temperaturen von einer Milliarde Grad). In dieser Situation hatten die Theoretiker bis 1991 die Vorstellung entwickelt, daß es sich bei den Gamma-Burstern um Neutronensterne handeln könnte. Modelle von Neutronensternen, isoliert oder aber in Begleitung eines lichtschwachen Zwergsterns, würden erklären, warum die Gamma-Burster außerhalb ihrer Ausbrüche unsichtbar bleiben. Jedermann dachte, daß die Ausbrüche ihren Ursprung in unserer Galaxis haben, und kompakte Sterne schienen die geeigneten Entstehungsorte für solche Ausbrüche. Diesen Modellen zufolge handelte es sich manchmal um thermonukleare Eruptionen der Oberfläche, manchmal um den Aufprall von Kometen oder Asteroiden, oder sogar um gewaltige Veränderungen der internen Struktur der Neutronensterne. Doch im Herbst 1991 wurde das Bild von dem neuesten und aufwendigsten Beobachtungssatelliten für Gammastrahlung mit der Bezeichnung GRO[22] vollkommen verändert. Nach GRO sind die Gamma-Burster gleichmäßig über alle Himmelsrichtungen verteilt. Das bedeutet, daß sie ihren Ursprung nicht in unserer Galaxis haben, da der Hauptteil der galaktischen Materie – die Sonne eingeschlossen – innerhalb der flachen Scheibe der Milchstraße verteilt ist. Aber woher kommen die Ausbrüche dann? Ihr Usprung liegt viel weiter entfernt. Er befindet sich in den Galaxien am Rande des beobachtbaren Universums, die gleichförmig verteilt sind. Aber unter diesen Umständen muß es sich bei den Gamma-Burstern um die energiereichsten Quellen im Universum handeln, Supernovae eingeschlossen[23], die zu außergewöhnlich seltenen, d.h. exotischen Ereignissen gehören[24]. Die Akkretion an Neutronensternen wäre ein viel zu banales Ereignis, mit einer viel zu geringen Leuchtkraft, um diese neuartigen Eigenschaften der Gamma-Burster erklären zu können. Andererseits könnte das Auftreffen eines Sterns auf ein schwarzes Loch eine mögliche Erklärung sein. Wenn ein vagabundierender Stern die Oberfläche eines schwarzen Loches streift, so hatten wir gesehen, daß kurzzeitig ultra-heiße Crêpes entstehen. Die Größenordnungen von Energie, Zeitdauer und Häufigkeit solcher Ereignisse stimmen mit den Beobachtungen überein. Das Crêpes-Modell ist daher grundsätzlich vernünftig. Aber die Spezialisten der Gamma-Burster, die zehn Jahre an den Neutronensternmodellen gearbeitet haben, sind noch nicht bereit, so leicht davon zu lassen. Bevor es ihnen aber wirklich schmeckt, muß das Rezept für die Crêpes noch erheblich verfeinert werden.

17.19 Allgemeiner Kannibalismus

Wenn wir wissen, daß ein Motor durch eine Explosion Energie erzeugen kann, dann genügt das noch nicht, um die genaue Funktionsweise eines Autos zu verstehen. Ähnliches gilt für die zentrale Aktivität von Galaxien. Auch wenn

---

[22] Gamma Ray Observatory. Zu Ehren des gleichnamigen Physikers wurde er in Compton umgetauft.

[23] Der Strahlungsfluß ist umgekehrt proportional zum Abstandsquadrat. Ist daher die Quelle zu einem gegebenen Stahlungsfluß, der hier auf der Erde empfangen wird, tausendmal weiter entfernt, als man ursprünglich dachte, dann muß die Intensität dieser Quelle Millionen mal größer sein.

[24] Das im Gammabereich beobachtete Volumen ist das gesamte Universum, das natürlich unvergleichlich größer als das Volumen unserer Galaxis ist. Verteilt man die in zehn Jahren beobachteten eintausend Gammaausbrüche auf die mehrere hundert Milliarden Galaxien im Universum, dann bedeutet das nur einen Ausbruch pro Galaxie in Milliarden von Jahren.

das Modell eines schwarzen Riesenloches als Motor plausibel erscheint, müssen wir doch zugeben, daß wir die Einzelheiten dieser Aktivität nur schlecht verstanden haben, und daß die Quasare nach wie vor zu den geheimnisvollsten Phänomenen im Universum gehören.

Aus der allgemeinen Verteilung der Quasare können wir, mehr noch als aus der Beobachtung einzelner Quasare, viel über ihre Bildung, ihre Auslöschung und die Rolle, die sie im Leben der sie umgebenden Galaxis spielen, lernen. Zunächst erhebt sich die Frage, ob jede Galaxie im Laufe ihrer Entwicklung eine Phase als Quasar durchmacht und zu welchem Zeitpunkt diese besondere Phase eintritt. Die Vorstellungen zu diesem Thema sind teilweise widersprüchlich. Die Tatsache, daß die beobachteten Quasare einen sehr großen Abstand von uns haben, d.h. weit in der Zeit zurückliegen, legt nahe, daß Quasare zu einer sehr frühen Phase der Galaxienentwicklung gehören. Glaubt man jedoch andererseits, daß schwarze Riesenlöcher, die als Motor der Quasare notwendig sind, durch das Wachstum stellarer Keime entstanden sind, dann muß die Phase als Quasar einem späteren Entwicklungstadium der Galaxien entsprechen. Die meisten Galaxien hätten dieses Stadium dann noch nicht durchlaufen.

Falls tatsächlich jede Galaxie früher oder später eine Phase erhöhter Aktivität durchläuft, dann kann sich die Zeit ihrer Aktivität nur auf einige zehntausend Jahre beschränken, da nur sehr wenige Quasare beobachtet werden. Nun findet man aber auch die sehr ausgedehnten Radio-Jets, d.h. die Funktionsdauer des zentralen Motors muß länger sein, da anderenfalls die Jets ihre Richtung nicht über solch große Abstände aufrechterhalten könnten. Sehr viel länger kann die Phase als Quasar aber auch nicht sein, da sich sonst das unlösbare Problem des Nahrungsnachschubs stellt. Aus diesen Überlegungen kann man folgern, daß sich die aktive Periode eines Quasars über ungefähr einhundert Millionen Jahren erstrecken muß und nur einen kleinen Anteil der Galaxien betrifft, bei denen zu einem bestimmten Zeitpunkt außergewöhnlich günstige Bedingungen vorlagen. Nach diesem Modell wird die Quasarphase aktiviert, wenn das zentrale schwarze Loch eine ausreichende Masse erreicht hat und wenn eine genügend reichhaltige Menge an gasförmigem und stellarem „Treibstoff" zur Verfügung steht. Sobald der Nachschub unter eine bestimmte Schwelle sinkt, endet diese Phase. Dementsprechend müßte es viel mehr erloschene als lebende Quasare geben[25].

Ein toter Quasar kann jedoch wieder zum Leben erweckt werden, wenn er neut ausreichend Nahrung geliefert wird. Ist der zentrale Sternenhaufen er-

---

[25] Da die Quasare sich in einer Entfernung von einigen Milliarden Lichtjahren befinden und ihre Lebensdauer kaum weit über einhundert Millionen Jahre liegt, sind alle gegenwärtig beobachteten Quasare seit langem erloschen.

schöpft, liegt die einzige Möglichkeit einer Reaktivierung in einer Zufuhr äußerer Materie. Nun treffen Galaxien relativ häufig aufeinander, insbesondere, wenn sie Teil eines großen Galaxienhaufens mit mehreren hundert oder tausend Mitgliedern sind. Neuere Beobachtungen deuten darauf hin, daß viele Quasare mit *Galaxienkollisionen* zusammenhängen. Ähnlich wie bei stellaren Röntgenquellen, die durch die Akkretion von Materie eines Begleitsterns aktiviert wurden, könnten die Aktivitäten von Galaxien durch den Austausch von Materie zwischen den beiden Partnern einer solchen Galxienkollision angeregt werden.

Man konnte auch feststellen, daß unter den näher gelegenen Galaxien diejenigen, die Teil eines Mehrfachsystems sind, eine etwas größere Aktivität zeigen, als isolierte Galaxien. Besonders auffallend ist dieses Phänomen in den Zentren sehr großer Galaxienhaufen, die elliptische „Superriesen"-Nebel enthalten, einhundertmal größer als „normale" Galaxien. Diese Galaxien sind besonders im Radiowellenbereich sehr aktiv und werden von Wolken von Satellitengalaxien umkreist, die in sie hineinfallen. Superriesengalaxien wachsen daher durch *Kannibalismus*, zum Schaden von Dutzenden kleineren Galaxien in ihrer Umgebung. Da viele der eingefangenen Galaxien bereits ein großes zentrales schwarzes Loch besitzen, liegt es nahe anzunehmen, daß die Kannibalengalaxien ein Zentrum aus mehreren massiven schwarzen Löchern besitzen, die die Verteilung der Materie in der Umgebung durcheinanderbringen und so die Akkretionsrate steigern. In riesigen Radiogalaxien werden tatsächlich mehrere Aktivitätszentren beobachtet. Das endgültige Schicksal mehrerer schwarzer Löcher ist aber ihre Verschmelzung zu einem einzigen Gebilde, noch größer als die Summe seiner Bestandteile. So werden eines entfernten Tages die Schwarzen Löcher ihre Nahrung verloren haben und die Galaxien erlöschen...

In der Zwischenzeit stehen wir in Bezug auf die schwarzen Riesenlöcher als Motoren der Quasare einem seltsamen Paradoxon gegenüber: Das schwarze Loch ist isoliert vollkommen unsichtbar, aber es kann zu den hellsten Objekten im Universum werden, wenn es von ausreichenden Mengen an Gas und Sternen umgeben ist.

Kapitel 18
Gravitationswellen

Ich würde Herrn Einstein gerne eine Frage stellen, nämlich, mit welcher Geschwindigkeit breitet sich die Wirkung der Gravitation nach ihrer Theorie aus?

MAX BORN, 1913

In der Newtonschen Theorie ist die Gravitation eine Kraft, die instantan zwischen massiven Gegenständen wirkt. Wir hatten gesehen, daß diese Vorstellung in den Augen vieler Physiker, einschließlich Newton, unakzeptabel war, und ein Jahrhundert später schlug Laplace eine Abänderung der Theorie vor, nach der die Gravitationswechselwirkung sich mit einer endlichen Geschwindigkeit ausbreitet. Von dieser Idee ließ man jedoch schnell wieder ab, da die Tatsache, daß sich die Wirkung der Gravitation nicht instantan ausbreitete, sofort auf eine Frage führte, auf die man keine Antwort wußte: Wenn ein massiver Gegenstand einer heftigen Störung ausgesetzt ist, dann muß sich sein Gravitationsfeld ständig der neuen Konfiguration des Gegenstandes anpassen; aber in welcher Form breitet sich diese Anpassung des Gravitationsfeldes aus?

Die Allgemeine Relativitätstheorie von Einstein vereinigt die Vorstellungen über die Ausbreitung der Gravitation in einem konsistenten Schema. Einstein hatte sich gefragt, ob eine beschleunigte Masse ebenso Gravitationswellen abstrahlt wie eine beschleunigte Ladung elektromagnetische Wellen. 1918 entdeckte er tatsächlich Lösungen seiner Gleichungen für das Gravitationsfeld, die *Schwingungen der Raum-Zeit-Krümmung beschreiben, die sich mit Lichtgeschwindigkeit ausbreiten.* Er hatte damit das „Gravitationslicht" gefunden.

Die Analogie zwischen den Gravitationswellen und den elektromagnetischen Wellen ist für das Verständnis der Phänomene ganz nützlich, aber ansonsten führt sie nicht weit. Die Struktur einer Gravitationswelle und ihre Wirkung auf Materie ist noch komplexer, als die einer elektromagnetischen Welle. Ein erster wichtiger Unterschied liegt in der Tatsache, daß die Gravitation rein anziehend wirkt. Die Masse, d.h. die „Ladung der Gravitation", hat immer dasselbe Vorzeichen. Ein elementarer gravitativer „Oszillator" aus zwei Massen, die an den

301

Enden einer Feder schwingen, strahlt daher anders, als zwei elektrische Ladungen entgegengesetzten Vorzeichens[1].

Eine weitere Schwierigkeit kommt daher, daß das Graviton – das hypothetische Teilchen zur Gravitationswelle – eine „gravitative Ladung" trägt, die mit seiner Energie zusammenhängt, während das Photon – das Vermittlerteilchen der elektromagnetischen Wechselwirkung – keine elektrische Ladung transportiert. Eine Gravitationswelle, die von einer beschleunigten Masse erzeugt wird, ist daher selbst wieder eine Quelle für Gravitation: Die Gravitation gravitiert. Technisch gesprochen, ist die Gravitation „nichtlinear". Diese Nichtlinearität führt zu beachtlichen Schwierigkeiten bei der Lösung anscheinend einfacher Probleme, wie beispielsweise die Berechnung des Gravitationsfeldes zu zwei sich bewegenden Gegenständen. Im Gegensatz zum elektromagnetischen Feld oder auch der Newtonschen Gravitationskraft ist das Gesamtfeld von zwei Massen nicht einfach die Summe der beiden Felder, die von den Massen jeweils einzeln erzeugt werden. Man muß auch die Gravitation der Wechselwirkung zwischen den beiden Massen berücksichtigen, und diese ändert sich im Verlauf der Bewegung. Aus diesem Grund kann das „Zweikörperproblem", das z.B. das Gravitationsfeld eines Doppelsternsystems beschreibt, und das in der Newtonschen Theorie eine einfach zu berechnende Lösung hat, in der Allgemeinen Relativitätstheorie nicht exakt gelöst werden.

Für genügend schwache Gravitationsfelder kann die „Nichtlinearität" jedoch vernachlässigt werden, und viele der Schwierigkeiten verschwinden. Genau für diesen Fall interessiert man sich beim Nachweis von gravitativer Strahlung weit entfernter Quellen. Allerdings führt diese Vereinfachung zu völlig falschen Resultaten, wenn man sie auf die Umgebung einer Supernova oder zwei kollidierende Sterne anwendet...

Der dritte grundsätzliche Unterschied zwischen Gravitation und Elektromagnetismus liegt in ihren relativen Stärken. Für zwei Protonen – die wegen ihrer Masse und elektrischen Ladung sowohl der Gravitation als auch der elektromagnetischen Wechselwirkung unterliegen – im Abstand von einem Zentimeter ist die anziehende Gravitationskraft 10^{37} mal schwächer als die abstoßende elektromagnetische Kraft[2]. Darin liegt das Haupthindernis für ihren Nachweis. Während Hertz nur ein Jahrzehnt nach der Vorhersage von Maxwell im La-

---

[1] Beim Elektromagnetismus handelt es sich um eine *Dipolstrahlung*, bei der Gravitation um eine *Quadrupolstrahlung*. Jede einzelne dieser Oszillatormassen spielt die Rolle eines Dipols, ist jedoch nicht in der Lage, Gravitationswellen zu erzeugen.

[2] Die Kernkraft in einem Atomkern, die die beiden Protonen aneinander bindet, ist noch einhundertmal stärker, als die elektromagnetische Kraft.

bor elektromagnetische Wellen erzeugen und einfangen konnte, sind seit der
Einsteinschen Vorhersage sechzig Jahre ergebnislos vergangen.

Einige andere Beispiele zeigen die außerordentliche Schwäche von Gravitationswellen unter gewöhnlichen Bedingungen noch besser. Kehren wir nochmals zu unserem elementaren Gravitationsoszillator zurück, bei dem zwei Massen von je einem Kilogramm 100mal pro Sekunde an den Endpunkten einer
zehn Zentimeter langen Feder um 1 Zentimeter hin- und herschwingen. Nehmen wir an, wir könnten die gesamte gravitative Leistung, die von diesem System freigesetzt wird, wieder einsammeln und in elektrische Leistung umwandeln, dann benötigten wir für eine 50 Watt Lampe mehr Oszillatoren, als unser
Planet an Teilchen enthält!

Eine äquivalente Konstruktion eines Gravitationsoszillators besteht aus einem horizontalen Stab, der sich um eine vertikale Achse durch seinen Mittelpunkt dreht. Betrachtet man den Stab in seiner Rotationsebene, so scheint er
kürzer zu sein, wenn er seine Enden zeigt, und er scheint sich zu strecken, wenn
er seine Längsseite zeigt. Daher erzeugt er Gravitationswellen. Betrachten wir
einen 20 Meter langen, 500 Tonnen schweren Stahlträger, der sich etwas unterhalb seiner Bruchgrenze dreht, d.h. mit 5 Umdrehungen pro Sekunde. Die
freigesetzte gravitative Leistung ist wiederum lächerlich: 10^{-29} Watt.

Wir verlassen also besser das Laboratorium und suchen unter den Objekten
in unserem Sonnensystem nach natürlichen Quellen von Gravitationsstrahlung.
Die Situation wird kaum ermutigender. Man benötigte fünfzig Milliarden Me-
teorite von 1 km Durchmesser, die mit 10 km/s auf die Erde auftreffen, um eine
kleine elektrische Lampe zum Leuchten zu bringen... Es gäbe allerdings nie-
manden mehr, der das Ergebnis feststellen könnte!

Vergeblich wird man die Quellen unter den gewöhnlichen astronomischen
Objekten finden. Um mehr als nur vollkommen unbedeutende Gravitationswellen zu erzeugen, müßte sich ein Stern, der als Generator dienen soll, beinahe
mit Lichtgeschwindigkeit bewegen, und er müßte kompakt sein, d.h. nahe bei
seinem Schwarzschild-Radius. Die Erde, die sich mit einer Geschwindigkeit
von 30 km/s um die Sonne dreht, und deren Radius eine Milliarde mal größer
als ihr Schwarzschild-Radius ist, generiert nur eine gravitative Leistung von
einem zehntausendstel Watt.

Nun haben wir in diesem Buch immer wieder „relativistische" Sterne beschrieben, bei denen zumindest zeitweise günstige Bedingungen für die Emission von Gravitationsstrahlung vorliegen. Nur astronomische Orte mit außerordentlich heftigen Erscheinungen können gute Generatoren von Gravitationswellen sein. Da diese Sterne sehr weit entfernt sind (würden sich solche ver-
nichtenden astronomischen Erscheinungen in der Nähe der Erde ereignen, be-

deutete dies das Ende des Lebens), gelangt zur Erde nur ein sehr kleiner Anteil ihrer gravitativen Energie.

Systeme mit kompakten Sternen sind gute Generatoren von Gravitationswellen. Ein enges Paar von Neutronensternen strahlt ausreichend viel Gravitationsenergie ab, so daß die Effekte nachweisbar werden, wenn auch nur indirekt: der Verlust an Bahnenergie äußert sich in einer Verkürzung der Umlaufzeit. Der Doppelpulsar PSR 1913+16 ist ein ideales Beispiel für dieses Phänomen. Bis heute handelt es sich auch um den einzigen sichtbaren Beweis für Gravitationswellen (siehe Kapitel 7, Seite 112).

Bei einzelnen Sternen könnten die katastrophalen Ereignisse am Ende ihres thermonuklearen Lebens ergiebige Quellen von Gravitationsstrahlung sein. Eine Supernovaexplosion, die zur Bildung eines Neutronensterns führt, ist eine außerordentlich effektive Quelle. Ein Stern könnte während der letzten Sekundenbruchteile seines Kollaps mehr Gravitationsenergie abstrahlen, als sämtliche elektromagnetische Energie zusammengenommen, die er im Verlauf der vielen Millionen Jahre seines thermonuklearen Lebens emittiert hat. Aber im Gegensatz zu den binären Systemen, bei denen die Gravitationswellen periodisch abgestrahlt werden, und die man zu den „Gravitationspulsaren" rechnen könnte, sind Supernovae „impulsive" Quellen, die einen einzelnen, kurzen Stoß an Gravitationsstrahlung abgeben.

Wenn man über Gravitation spricht, gelangt man zwangsläufig auch zu den schwarzen Löchern. Sie sind die besten Beispiele relativistischer Sterne und selbstverständlich auch die ergiebigsten Quellen von Gravitationsstrahlung. Zwar werden bei einem exakt kugelsymmetrischen Kollaps eines Sterns keine Wellen erzeugt (siehe Kapitel 11), aber wirkliche Sterne rotieren, und es gibt immer asymmetrische Bewegungen, die Gravitationsstrahlung hervorbringen. Der erste „Schrei" eines frisch geborenen schwarzen Loches besteht aus einem Gravitationsblitz, dessen Energie mit der Ruhemasse des schwarzen Loches vergleichbar ist. Die gravitative Leuchtkraft, die bei einer Kollision von zwei schwarzen Löchern von jeweils zehn Sonnenmassen entsteht, ist einhundert Millionen mal größer, als die elektromagnetische Leuchtkraft des intensivsten Quasars! Würde ein solches Ereignis im Zentrum unserer Galaxis in zehntausend Lichtjahren Entfernung stattfinden, wäre der Fluß auf der Erde nachweisbar...

Wir sehen also eine neue Art der Astronomie mit besonderen Anforderungen entstehen, die Astronomie des Gravitationslichtes. Es handelt sich um eine Astronomie mit einer unvergleichbaren Transparenz. Im Gegensatz zum elektromagnetischen Licht wird Gravitationslicht nämlich von Materie nicht absorbiert. Es könnte daher von weit entfernten Quellen zur Erde durchdringen und dabei sämtliche Information über den Zustand der Quelle, der es entstammt, behalten. Außerdem sind die ergiebigsten Quellen gerade diejenigen, bei denen eine elektromagnetische Beobachtung nur dürftige und indirekte Einsichten liefert: binäre Systeme aus Neutronensternen, Zentren von Supernovae und schwarze Löcher. Deshalb öffnet die Gravitationsastronomie ein Fenster zu den geheimnisvollsten Teilen des Universums. Man erhält nicht nur Zugang zu den unbekannten Eigenschaften der kompakten Sterne und der ultra-dichten Materie, sondern letztendlich auch zu den Anfängen des Universums vor fünfzehn Milliarden Jahren. Das primordiale Universum mit seinen permanenten Dichtefluktuationen und der „Big Bang" selbst sind intensive Quellen von Gravitationsstrahlung. Und während elektromagnetische Strahlung aus den ersten Millionen Jahren nach dem Big Bang nicht entweichen konnte, durchdrang die Gravitationsstrahlung die sehr dichten Stadien des primordialen Universums problemlos. Die einzigen definitiven Beweise für die Existenz schwarzer Löcher und die Geburt des Universums werden sich vermutlich aus ihren Gravitationswellen ergeben.

Aber kehren wir zur Erde zurück. Zum Einfang von Licht benötigt man Teleskope. Wie könnte ein Teleskop für Gravitationswellen aussehen?

Das Prinzip ist einfach. In der gleichen Art, wie elektromagnetische Wellen eine Empfängerantenne zu Schwingungen anregen, wird auch die Materie in bestimmter Weise von den auftreffenden Gravitationswellen in Schwingung versetzt. Die „Krümmungswellen" lassen das elastische Gewebe der Raum-Zeit leicht vibrieren und dehnen bzw. verkürzen die Abstände bei ihrem Durchlauf. Besteht beispielsweise der Detektor aus einem starren Materieblock, dann bewegen sich seine verschiedenen Teile beim Durchgang einer Gravitationswelle in verschiedene Richtungen[3].

Die Verschiebung zweier Massen relativ zu ihrem Abstand definiert die *Amplitude* der Welle, die indirekt ein Maß für ihre Intensität ist. Die Kollision von zwei stellaren schwarzen Löchern im Zentrum unserer Galaxis führt an den Endpunkten eines Detektors, der aus einem ein Meter langen Stab besteht, zu einer Verschiebung von 10^{-12} cm (ein Tausendstel eines Milliardstel). Der Bau eines Detektors für Gravitationswellen ist daher eine wirkliche technologische Herausforderung an die Experimentatoren.

In den sechziger Jahren konstruierte Joseph Weber an der Universität Maryland große Aluminiumzylinder, die durch Oszillationen ihrer Enden auf Gravitationswellen aus dem Zentrum unserer Galaxis reagieren sollten. Er glaubte zeitweise, positive Effekte beobachtet zu haben. Wie jedoch verschiede-

---

[3] Wir sollten an dieser Stelle anmerken, daß kein noch so starrer Körper wirklich undeformierbar ist, da ständig Gravitationswellen auf jeden materiellen Gegenstand treffen.

ne gleichartige Experimente, die in der Folge in mehreren Ländern (darunter Frankreich, am Observatorium von Meudon) durchgeführt wurden, handelte es sich um eine falsche Einschätzung der experimentellen Fehler. Eine Supernovaexplosion im Zentrum unserer Galaxis erzeugt eine Welle mit einer Amplitude von 10^{-18}, wohingegen die Weber-Zylinder bestenfalls eine zehntausendmal stärkere Amplitude nachweisen können. Außerdem würde der Nachweis einer Gravitationswelle von einer Supernova im Zentrum unserer Galaxis auf einem unwahrscheinlichen Zufall beruhen: In der gesamten Galaxis explodiert in zehn Jahren nicht mehr als eine Supernova, und der Gravitationsimpuls einer Explosion dauert nur den Bruchteil einer Sekunde!

Der günstigste Ort für die Entstehung nachweisbarer Gravitationswellen ist der Galaxienhaufen im Sternbild der Jungfrau (der Virgohaufen). Dort ereignen sich, verteilt auf einige tausend Galaxien in einem kleinen Winkelbereich am Himmel, Supernovaexplosionen und Untergänge von Doppelpulsaren mit einer mittleren Häufigkeit von einem Mal pro Woche. Aber der Virgohaufen befindet sich nicht in einer Entfernung von zehntausend Lichtjahren, wie das Zentrum unserer Galaxis, sondern von fünfzig Millionen Lichtjahren. Um eine Gravitationswelle von einem Ereignis im Virgohaufen nachzuweisen, benötigt man für den Detektor also eine Empfindlichkeit, die eine Million mal größer ist, als für den Nachweis des gleichen Ereignisses in der Milchstraße... Möglicherweise hat die Magellansche Supernovaexplosion im Februar 1987 (siehe Kapitel 6) in „nur“ 170 000 Lichtjahren Entfernung eine Stoß an Gravitationswellen erzeugt, der intensiv genug war, um von den zwei oder drei Detektoren auf der Welt nachgewiesen werden zu können... wenn sie angeschlossen gewesen wären. Genau an diesem Tag wurden sie technisch gewartet!

Trotz dieser eher entmutigenden technischen Schwierigkeiten wird die Herausforderung für den Nachweis von Gravitationswellen vor dem Ende dieses Jahrhunderts wieder aufgenommen. Die Technologie hat sich seit den Experimenten von Weber weiter entwickelt. Gegenwärtig sind einige Forschungsgruppen in verschiedenen Ländern (Vereinigte Staaten, Italien, Australien) dabei, sogenannte „Tiefsttemperaturantennen“ zu entwickeln. Es handelt sich dabei um Zylinder der zweiten Generation, wesentlich empfindlicher als die Weberschen, allerdings auch entsprechend teurer, da sie aus seltenen Materialien wie Niobium oder Saphir bestehen und auf wenige Grad oberhalb des absoluten Nullpunkts abgekühlt werden.

Eine andere vielversprechende Idee befindet sich noch in der Entwicklungsphase. Bei diesem Prinzip werden nicht mehr Zylinder in Schwingungen versetzt, sondern man mißt die Oszillationen des Abstands zwischen zwei massiven Spiegeln, die an den Enden langer Stäbe befestigt sind, und deren Abstände durch ein System von Lichtinterferometern kontrolliert wird. Es handelt sich somit um eine Modifikation des Michelson-Morley-Experiments (siehe Kapitel 2), mit dem man allerdings nicht mehr die absolute Bewegung relativ zum Äther messen möchte, sondern das gravitative Zucken der Raum-Zeit. Je größer der Abstand zwischen den beiden Spiegeln ist, desto größer ist auch die Wahrscheinlichkeit, daß die Gravitationssignale sich über das permanente „Rauschen" des Systems (Schallwellen, Erdstöße, usw.) abheben können. Durch die Konstruktion von qualitativ hochwertigen Spiegeln, mit denen mehrere hundert aufeinanderfolgende Lichtreflexionen möglich werden, hofft man, bei einem wirklichen Abstand der Spiegel von 3 Kilometern effektiv Abstände von 150 Kilometern erreichen zu können.

Eine Interferometerantenne wurde bisher noch nicht gebaut, allerdings sind verschiedene vorbereitende Experimente im Gang: ein amerikanisches Projekt, ein deutsch-englisches Projekt und ein französisch-italienisches Projekt mit Namen VIRGO (in Anlehnung an den Virgohaufen, dem Hauptziel des Experiments). Die Gesamtkosten sind geringer als die Kosten für ein einziges Flugzeug, den Start eines Satelliten... oder eine halbe Stunde Krieg im Persischen Golf. Aber die Gravitationsastronomie muß sich erst noch bewähren und gehört noch nicht zu den „alteingesessenen" Wissenschaftszweigen. Sie muß noch viel Geduld aufbringen, um die geldgebenden Organisationen zu überzeugen. Die kleine Gemeinschaft der „relativistischen" Astrophysiker wartet immer noch auf die Mittel, dieses magische Fenster zu einem noch unbekannten Universum öffnen zu können. Die jüngere Geschichte der Astronomie hat gezeigt, daß sich jedesmal, wenn der Mensch den Himmel mit anderen Augen als den eigenen oder denen eines photographischen Apparats (Radioteleskop, Röntgen- oder Gamma-Detektor) erforscht, neue Wunder auftun, die ihn zwingen, seine Vorstellungen zu überdenken, und die sein Verständnis vom Universum erweitern.

Eines Tages wird das Gravitationsfenster sicherlich geöffnet. Wenn wir die ersten Signale empfangen, wird die Information über die Bewegung und die Natur der Quellen noch von starkem Hintergrundrauschen überdeckt sein. Doch bestärkt durch die Gewißheit, daß die Gravitationsastronomie *die* Astronomie zukünftiger Jahrhunderte sein wird, können wir den Anfang machen und riesige Interferometer, perfekt isoliert von Erdstößen und unerwünschten Einflüssen des Menschen, im Weltraum aussetzen...

Kapitel 19
Das Universum als schwarzes Loch

Die Ewigkeit ist lang, besonders am Ende.

WOODY ALLEN

Zum Abschluß ist die Zeit gekommen, die schwarzen Löcher in eine kosmische Perspektive zu setzen. Wir waren auf der Suche nach dem Licht der mikroskopisch kleinen, primordialen schwarzen Löcher, haben der Geburt von stellaren schwarzen Löchern beigewohnt und die schwarzen Riesenlöcher von der Größe eines Sonnensystems gestreift. Es stellt sich damit eine einfache Frage: *Was ist das größtmögliche schwarze Loch?* Die Antwort ist eine der fantastischsten Spekulationen der modernen Wissenschaft: *Das Universum selbst!*

Um einzusehen, daß eine solche Vorstellung nicht vollkommen unsinnig ist, müssen wir an einige Grundlagen der Kosmologie erinnern. Jenseits der Mythen und wilden Vorstellungen, die der Mensch seit jeher zur Schaffung eines verständlichen und tröstlichen Universums geschmiedet hat, beruht die moderne Kosmologie auf drei beobachtbaren Tatsachen, aus denen sie zusammen mit den Kenntnissen aus der theoretischen und experimentellen Physik die vergangene Geschichte des Universums nachvollziehen kann. Die Fluchtbewegung der Galaxien, die relative Häufigkeit leichter Elemente[1] und der Nachweis der gleichförmigen kosmologischen Hintergrundstrahlung deuten alle darauf hin, daß das Universum seit ungefähr fünfzehn Milliarden Jahren aus einer sehr dichten und heißen Phase, dem Big Bang, expandiert[2].

Während wir aus Beobachtungen Einsicht in die Vergangenheit des Universums erhalten, können wir nur aus der Theorie Rückschlüsse über seine Zukunft ziehen. Da die Gravitation das Verhalten materieller Strukturen auf sehr großen Skalen bestimmt, liefert die Allgemeine Relativitätstheorie Einsteins plausible kosmologische Modelle, in Übereinstimmung mit den Bedingungen,

---

[1] Wasserstoff, Deuterium und Helium, die nicht in Sternen entstanden sind.

[2] Es gibt ausgezeichnete allgemeinverständliche Bücher zu diesem Thema, die in den Literaturhinweisen am Ende dieses Buches erwähnt sind.

die in der Vergangenheit des Universums vorherrschten. In Bezug auf die zukünftige kosmologische Entwicklung des Universums stehen sich zwei Lösungen gegenüber: Ein Universum mit Expansion und Kontraktion, das sowohl in der Zeit als auch im Raum endlich ist, und ein Universum mit unendlich anhaltender Expansion[3].

Der entscheidende Faktor zwischen diesen beiden Möglichkeiten ist die mittlere Materiedichte in unserem Universum. Liegt sie unterhalb eines kritischen Wertes von 10^{-29} g/cm^3 – das entspricht sechs Wasserstoffatomen pro Kubikmeter –, dann ist das Gravitationsfeld des Universums nicht stark genug, um die Materie zusammenzuhalten, und das Universum wird sich unendlich ausdehnen. Andernfalls wird die Gravitation die Expansion überwinden, das Universum wird sich wieder zusammenziehen und in ungefähr einhundert Milliarden Jahren (10^{11} Jahren) in einer Art inversem Big Bang, dem sogenannten Big Crunch, in sich zusammenfallen.

Was auch immer das Schicksal des Universums sein wird[4], die schwarzen Löcher werden dabei eine wesentliche Rolle spielen. Freeman Dyson vom *Institute for Advanced Studies of Princeton* und Jamal Islam von der Universität London haben die Entwicklung eines offenen, sich kontinuierlich ausdehnenden Universums für lange Zeiten untersucht[5]. Früher oder später werden physikalische Prozesse auftreten, die sich über so lange Zeitskalen abspielen, daß sie in den fünfzehn Milliarden Jahren seit dem Bestehen unseres heutigen Universums noch nicht einmal eingesetzt haben. So werden die erloschenen Sterne nach ungefähr 10^{27} Jahren in den Zentren der Galaxien versunken sein und galaktische schwarze Löcher von 10^{11} M$_\odot$ gebildet haben. Durch die Bewegung der Galaxien in den Galaxienhaufen wird ihre orbitale Energie in Gravitationsstrahlung umgewandelt werden, und nach 10^{31} Jahren fallen die Galaxien in die Zentren der Haufen und verschmelzen zu supergalaktischen schwarzen Löchern von 10^{15} M$_\odot$. Auf einer noch viel längeren Zeitskala finden dann die umgekehrten Prozesse der „Quanten"-Desintegration schwarzer Löcher statt. Die stellaren schwarzen Löcher werden nach 10^{67} Jahren verdampft sein, die

---

[3] Entgegen einer weitverbreiteten Meinung – auch von professionellen Kosmologen – bedeutet die Tatsache, daß das Universum bezüglich der zukünftigen Zeit unendlich ausgedehnt ist, nicht notwendigerweise, daß es auch räumlich unendlich sein muß. Näheres dazu findet man in meinem Artikel „Géométries de la Variété Univers", in *Aux Confins de l'Univers*, „La Nouvelle Encyclopédie des Sciences et Techniques", Fayard-Fondation Diderot, 1987.

[4] Die gegenwärtigen Messungen der mittleren Dichte des Universums ergeben einen Wert, der etwas unterhalb der kritischen Dichte liegt. Allerdings kann man daraus nicht auf ein „offenes" Universum schließen, da nicht alle Materie erfaßt wird.

[5] Ihre Ideen werden in dem Buch von J. Islam erläutert: *The Ultimate Fate of the Universe*, Cambridge University Press, 1983.

galaktischen nach 10^{97} Jahren und die supergalaktischen schwarzen Löcher
nach 10^{106} Jahren. Als die endgültigen Energie- und Entropie-Reservoire werden die schwarzen Löcher wie weiße Löcher, die ihre Materie an das äußere
Universum zurückgeben[6].

Dyson hat sich schließlich gefragt, ob trotz der ungünstigen Umgebung eines
sich immer weiter ausdehnenden und abkühlenden Universums eine zukünftige Zivilisation die Möglichkeit hat, sich unendlich lange am Leben zu erhalten
und aus den schwarzen Löchern Energie zu gewinnen... Diese Vorstellung, die
aus besseren Science-fiction-Romanen stammen könnte, steht im Widerspruch
zu einer Vorhersage der modernen Teilchenphysik, nach der ein Proton keine
unendliche Lebensdauer hat, sondern nach ungefähr 10^{32} Jahren zerfällt. Lange bevor die schwarzen Löcher beginnen, ihre Energien freizusetzen, würde
der Zerfall materieller Strukturen und lebender Systeme daher beendet sein!

Untersuchen wir nun die Konsequenzen für ein Universum mit einer Expan-
sions- und einer Kontraktionsphase, das zeitlich begrenzt und räumlich endlich
ist. Die minimale Dichte für ein geschlossenes Universum ist die eines schwarzen Loches von 10^{23} M$_\odot$, dessen Radius vierzig Milliarden Lichtjahre betragen würde[7]. Nun sind die weitesten Entfernungen, die das Licht in dem der
Beobachtung zugänglichen Universum zurücklegt, nicht größer als fünfzehn
Milliarden Lichtjahre... Das bedeutet, daß sich das beobachtbare Universum
innerhalb seines Schwarzschild-Radius befindet! Müssen wir daraus schließen,
daß wir in einem riesigen schwarzen Loch leben?

Wenn man dieser Frage weiter nachgeht erkennt man, daß viele theoretische
Argumente die Annahme eines „Schwarzen-Loch"-Universums untermauern.
Mit etwas Mühe wird sich der Leser vielleicht noch an Bild 12.9 erinnern, in
der das Innere und Äußere eines kollabierenden kugelsymmetrischen Sterns
„kartographiert" ist. Das Äußere ist ein Teil der Schwarzschild-Geometrie, die
Geometrie des Inneren hängt von der Zustandsgleichung der stellaren Materie
ab. Für den Fall, daß sich der Stern mit einer kugelsymmetrische „Wolke" vergleichen läßt – mit verschwindendem Druck und einer gleichförmigen Dichte,
d.h. ganz analog zum „Gas der Galaxien", das das Universum anfüllt –, zeigt
die Allgemeine Relativitätstheorie, daß die innere Geometrie der Wolke (in der
Abbildung grau dargestellt) identisch mit der eines geschlossenen Universums
ist, und daß sich die innere und äußere Geometrie an der Oberfläche der Wolke
perfekt zusammenfügen.

---

[6] Allerdings in Form der „degradierten" Strahlung eines schwarzen Körpers, siehe Kapitel 15.

[7] Ich möchte daran erinnern, daß die mittlere Dichte eines schwarzen Loches mit zunehmendem
Radius immer geringer wird.

Außerdem hat ein geschlossenes Universum mit einer Expansions- und einer Kontraktionsphase einen *Ereignishorizont*, d.h. eine Raum-Zeit-Grenze, jenseits der die Ereignisse liegen, die auf ewig unzugänglich bleiben, da ihre Lichtsignale uns niemals erreichen können. Dieser kosmologische Horizont[8] hängt mit einer Zukunftssingularität zusammen (dem Big Crunch). *Von Innen* betrachtet, ist er von der gleichen Natur wie der Ereignishorizont, die Grenze eines schwarzen Loches, wenn man ihn *von Außen* betrachtet[9].

Falls unser Universum geschlossen ist, könnte man daher auf die Idee kommen, daß es eine äußere Welt gibt, bezüglich der unser Univserum nur ein verdecktes Gebiet innerhalb eines schwarzen Loches darstellt... Sollte sich diese sehr verwirrende Hypothese als gerechtfertigt herausstellen, versteht es sich von selbst, daß sich der Kosmologie ein vollkommen neues Feld eröffnet.

Man könnte sich beispielsweise die Frage stellen, wie unser Universum zu einem schwarzen Loch werden konnte. Handelt es sich um ein primordiales schwarzes Loch eines äußeren Kosmos, oder hat es sich durch einen Gravitationskollaps eines „Supersterns" von 10^{23} M$_\odot$ gebildet? In diesem Fall wäre der äußere Kosmos nicht notwendigerweise leer und ganze Galaxien – vielleicht aus unbekannten Materieformen – könnten aus dem äußeren Kosmos in unser Universum hineinfallen.

Eine sehr verlockende Folgerung aus dem „Schwarzen-Loch"-Universum wären die Einsichten in das unerwartete Verhalten von Materie innerhalb von schwarzen Löchern. Nach der Allgemeinen Relativitätstheorie muß sich die gravitative Kontraktion eines massiven Sterns unterhalb seines Schwarzschild-Radius unausweichlich fortsetzten, bis er schließlich in einer zentralen Singularität zerdrückt wird. Aber die Allgemeine Relativitätstheorie ist unvollständig, und ohne eine Theorie der *Quantengravitation* müssen wir zugestehen, daß wir nichts über die Gesetze wissen, die das Schicksal der Materie im Inneren von schwarzen Löchern bestimmen. Ein geschlossenes „Schwarzes-Loch"-Universum scheint gerade zu beweisen, daß der Gravitationskollaps innerhalb eines schwarzen Loches vor der Singularität unterbrochen werden kann. Ein endgültiger Widerstand der Materie – beispielsweise durch eine starke abstoßende Wechselwirkung, die sich erst bei sehr kurzen Abständen zeigt – könnte die Materie eines kollabierenden Sterns „zurückwerfen". Übertragen auf das gesamte Universum, würde sich das in einer permanenten Oszillation zwischen

---

[8] Der Ereignishorizont ist nicht mit dem *Teilchenhorizont* zu verwechseln. Der Teilchenhorizont gibt zu einem gegebenen Zeitpunkt die Grenze des Raums an, der das beobachtbare Universum einschließt; siehe auch „Géometries de la Variété Univers", Zitat S. 307.

[9] Tatsächlich ist der maximale Radius eines geschlossenen Universums identisch mit seinem Schwarzschild-Radius, wie er von einem externen Beobachter gemessen würde.

einem hyperdichten Zustand und einem verdünnten Zustand äußern. Dieser verdünnte Zustand entspräche dann dem Inneren einer Schwarzschild-Kugel. Ein solches Verhalten könnte sich eines Tages aus einer Theorie ergeben, die alle fundamentalen Wechselwirkungen vereinigt und aus der die Gravitationssingularitäten verschwunden sind (siehe Kapitel 12).

Die Hypothese eines „Schwarzen-Loch"-Universums führt schließlich auf die Frage nach der Einzigartigkeit des Universums. Was ist der Status unserer geschlossenen Welt im Verhältnis zum äußeren Kosmos? Könnte man sich vielleicht sogar eine ganze Hierarchie von Universen vorstellen – schwarze Löcher wie Blasen innerhalb von anderen schwarzen Löchern? Neuere Theorien aus der Teilchenphysik erlauben solche „Bubble"-Universen.

Diese etwas extravaganten Spekulationen, die eher einer Traumwelt angehören, sind in den Forschungsinstituten noch wenig verbreitet. Sie sind zu weit von den Grenzen des gegenwärtigen Kenntnisstandes entfernt und können nicht wirklich zu einem Fortschritt in der Wissenschaft beitragen. Vielleicht haben wir eines Tages einige Hinweise auf Antworten zu diesen Fragen, aber man darf sich nichts vormachen: Alle diese Theorien beruhen auf der menschlichen Vorstellungskraft, aber die Realität ist oft anders, als man denkt. Um einen Teil der wirklichen Welt zu erfassen, muß man mit seinem Gehirn und seinen Händen arbeiten, tausendmal messen und die Ideen und schönsten Theorien ständig anzweifeln und eventuell verwerfen. Die schwarzen Löcher gehören vielleicht zu diesen Ideen. Nachdem wir nun bei den letzten Zeilen dieses Buches angelangt sind, haben wir etwas gelernt? Ich glaube, ja. Das Auftauchen der schwarzen Löcher kennzeichnet zweifelsohne den Beginn einer Revolution. Eine Revolution in der Welt der sich ständig verändernden Ideen und Theorien, eine Revolution in der wirklichen Welt, wo sich langsam das Schicksal der Sterne, der Galaxien und des gesamten Universums abzeichnet. Aber jede Revolution birgt ihre Gefahren. Das Wort *schwarzes Loch* hat oft nur den Charakter einer prachtvollen Verkleidung unserer Unkenntnis.

Anhang

A1 Das Hertzsprung-Russell-Diagramm

Zu Beginn dieses Jahrhunderts begannen der dänische Astronom Ejnar Hertzsprung und der Amerikaner Henry Russell von der Universität Princeton unabhängig voneinander, ein Diagramm zu entwickeln, das die Relation zwischen der absoluten Helligkeit und der Oberflächentemperatur der Sterne aufzeigt (Bild A1). Zu gegebenen Temperaturintervallen gehört der *Spektraltyp* eines Sterns, ausgehend von O für die heißen Sterne mit „blauer Färbung" bis zu M für die weniger heißen Sterne „roter Färbung". Die Sonne gehört gegenwärtig zum Typ G, „gelb" (Oberflächentemperatur: 6000 °K).

Die Punkte in diesem Diagramm sind nicht willkürlich verteilt, sondern zeigen die großen Entwicklungslinien der Himmelskörper. Die Sterne befinden sich zum größen Teil innerhalb eines engen Bandes, das diagonal durch das Diagramm verläuft, die sogenannte *Hauptreihe*. Dieser Zustand entspricht der stabilen Phase der Wasserstoffverbrennung im Zentrum der Sterne. Man findet dort die roten Zwerge mit geringer Helligkeit und kleinem Radius (in Klammern ist der Radius bezogen auf den Sonnenradius angegeben) und die sehr hellen blauen Riesen.

Eine weitere Sternenansammlung erstreckt sich waagerecht oberhalb der Hauptreihe. Sie enthält die Sterne mit großer absoluter Helligkeit, aber geringer Temperatur, d.h. die roten Riesen und Superriesen. Und schließlich befinden sich einige Sterne mit geringer Helligkeit und hoher Temperatur in dem Bereich unterhalb der Hauptreihe. Hier handelt es sich um die zu weißen Zwergen kollabierten Sterne.

Im Verlauf seines Lebens verändert ein Stern seine Lage im Hertzsprung-Russell-Diagramm. Die Entwicklung der Sonne ist schematisch in der Abbildung wiedergegeben. Die anfängliche Kontraktionsphase bringt sie auf die Hauptreihe, wo sie die meiste Zeit ihres Lebens verbringen wird. Wenn der Wasserstoff im Zentrum verbraucht ist, dehnt sich die Sonne aus und erreicht den Zweig der roten Riesen. Ihr Radius wird dabei um den Faktor 100 größer,

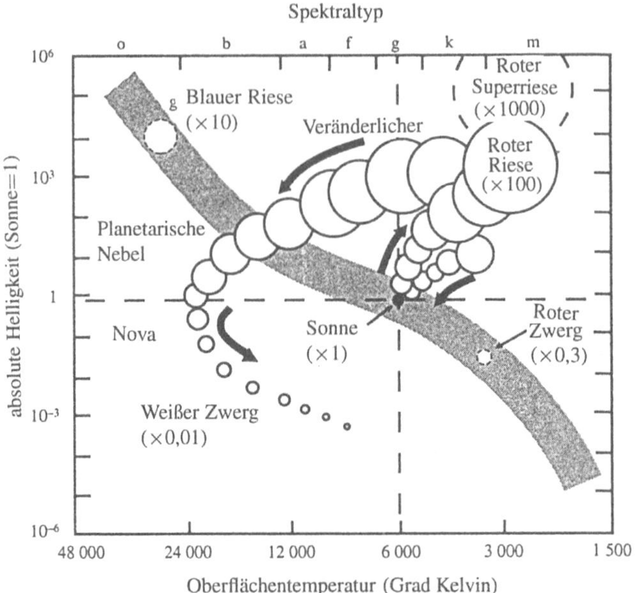

Bild A1   Das Hertzsprung-Russell-Diagramm.

ihre absolute Helligkeit um den Faktor 1000. Anschließend beginnt eine Periode der Instabilität. Sie äußert sich in Pulsationen, einer veränderlichen Helligkeit und einer Kontraktion, die ihre Oberflächentemperatur anwachsen läßt. Das endgültige Schicksal der Sonne, nachdem sie in einem planetarischen Nebel ihre Gashülle abgestoßen hat, besteht in der allmählichen Auslöschung als zusammengeschrumpfter weißer Zwerg.

Ein zwanzigmal massiverer Stern als die Sonne durchläuft einen vollkommen anderen Weg. Als blauer Riese auf der Hauptreihe brennt er viel schneller aus, dehnt sich zu einem Superriesen aus, um schließlich in einer Supernova zu einem Neutronenstern oder einem schwarzen Loch zu werden. In diesem Zustand strahlt er im sichtbaren Bereich wenig oder gar nicht. Er findet so in diesem Diagramm keinen richtigen Platz.

A2 Das Masse-Dichte-Diagramm der Himmelskörper und das Ende der stellaren Entwicklung.

Eine Himmelskörper bleibt unter der Wirkung der antagonistischen Kräfte von Kompression und Expansion im Gleichgewicht. Die komprimierenden Kräfte beruhen zum Teil auf den elektrostatischen Anziehungen zwischen Elektronen und Protonen, den Bestandteilen der Atome und der Moleküle, und zum Teil auf der Gravitation, die aufgrund ihrer attraktiven Wirkung die Gegenstände immer zu komprimieren versucht. In „heißen" Körpern beruhen die Expansionskräfte auf dem thermischen Druck, da die zentrale Temperatur sehr hoch ist. In kalten Körpern gehen die Expansionskräfte auf das quantenmechanische Ausschließungsprinzip zurück, das die Elektronen- oder Neutronendichte oberhalb eines bestimmten Grenzwertes hält.

Jeder Körper im Gleichgewicht ist durch eine Beziehung zwischen seiner Masse und seiner mittleren Dichte charakterisiert. In Abhängigkeit von dieser Beziehung kommt die eine oder andere der antagonistischen Kräfte ins Spiel. In Bild A2 sind Massen und Dichten gegeneinander aufgetragen, jeweils bezogen auf die Werte der Sonne (2×10^{33} Gramm und $1\,\mathrm{g/cm^3}$), die dadurch im Achsenschnittpunkt liegt.

Kalte Körper

Die kalten Körper, die durch ihren Quantendruck aufrecht gehalten werden, belegen die schwarzen Teile des Diagramms. Die grauen Bereiche sind wegen des Ausschließungsprinzips verboten.

Bei Körpern mit einer Masse von weniger als $10^{-3}\,M_\odot$ besteht die komprimierende Kraft im wesentlichen aus der elektrostatischen Anziehung. Es ist der Gleichgewichtszustand der Planeten, der durch eine von ihrer Masse unabhängigen Dichte charakterisiert ist, die der gewöhnlichen Materie entspricht ($1\,\mathrm{g/cm^3}$). Der Punkt P markiert die Stabilitätsgrenze der Planeten und entspricht ungefähr der Masse von Jupiter. Oberhalb dieses Punktes wird die Gravitation zur dominierenden Kompressionskraft und führt zu verschiedenen kalten Gleichgewichtszuständen mit sehr viel höheren Dichten.

Bei den *weißen Zwergen* beruht der innere Quantendruck auf degenerierten Elektronen. Die Dichte kann 1 Tonne pro Kubikzentimeter erreichen. Der Punkt C entspricht der Chandrasekhar-Grenze, d.h. der maximalen Masse eines weißen Zwerges von $1{,}4\,M_\odot$. Oberhalb werden die Elektronen „relativistisch",

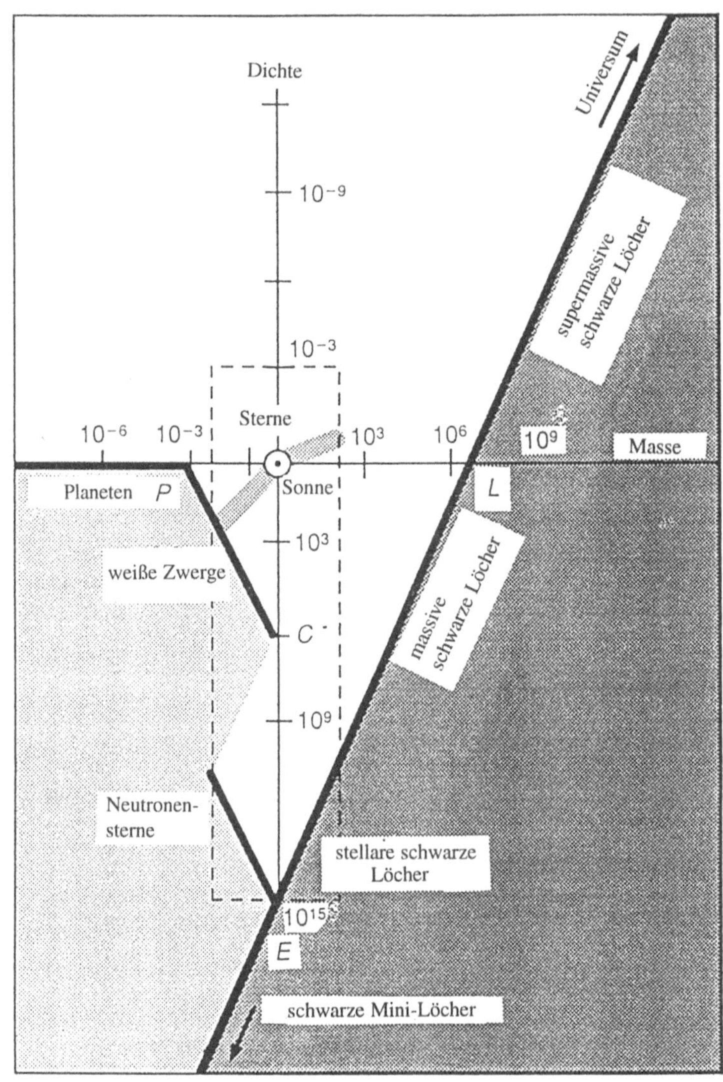

Bild A2 Das Masse-Dichte-Diagramm der Himmelskörper.

d.h. sie haben nahezu Lichtgeschwindigkeit und können das Gleichgewicht des weißen Zwerges nicht mehr aufrechterhalten.

Bei den *Neutronensternen* beruht der innere Quantendruck auf degenerierten Neutronen. Die Materiezustände sind wesentlich konzentrierter und erreichen die Dichte von Atomkernen, 10^{15} g/cm^3. Der Punkt E markiert die Stabilitätsgrenze der Neutronensterne bei ungefähr $3\,M_\odot$. Oberhalb dieses Punktes werden die Neutronen relativistisch und können den Stern nicht mehr stützen. *Oberhalb von $3\,M_\odot$ gibt es keinen kalten Gleichgewichtszustand der Materie.*

Schwarze Löcher

Die *schwarzen Löcher* befinden sich auf einer diagonalen Linie, die die Dichten-Achse am Punkt E, dem Instabilitätspunkt der Neutronensterne, und die Massen-Achse am Punkt L schneidet. Dieser letzte Punkt entspricht den charakteristischen Eigenschaften der schwarzen Löcher von Michell und Laplace: $10^7\,M_\odot$, 1 g/cm^3. Insofern die Gravitation den Zustand eines schwarzen Loches bestimmt, kann es grundsätzlich schwarze Löcher von beliebigen Massen und Dichten geben. Die *schwarzen Mini-Löcher* (unten im Diagramm) haben wenig Masse und eine außerordentlich große Dichte. Die *supermassiven schwarzen Löcher* (oben im Diagramm) haben demgegenüber eine sehr geringe Dichte. Verlängert man die Linie über das Diagramm hinaus bis zu einer Masse von $10^{23}\,M_\odot$, so erhält man eine Dichte von 10^{-29} g/cm^3, was von derselben Größenordnung wie die Dichte des Universums ist. Das könnte bedeuten, daß das Universum möglicherweise das schwerste schwarze Loch in der Natur ist.

Heiße Körper

Die heißen Sterne belegen den weißen Bereich des Diagramms. Die Sonne und die Sterne der Hauptreihe befinden sich auf einem engen abgeknickten Band, der sogenannten *thermonuklearen Isotherme*. Sie alle entsprechen einer zentralen Temperatur von $10^7\,°K$, die für die Fusion von Wasserstoff zu Helium notwendig ist. Die Massen der Sterne liegen zwischen 0,01 und $100\,M_\odot$.

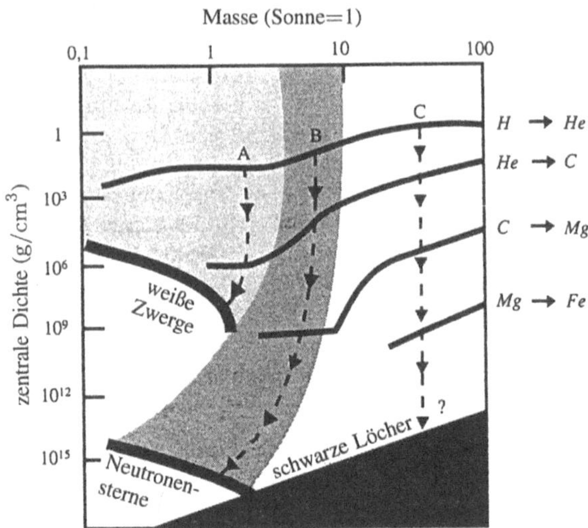

Bild A3   Das Ende der stellaren Entwicklung.

Stellare Entwicklung

Im Verlauf seiner Entwicklung verändert ein Stern seine Lage im Masse-Dichte-Diagramm. Diese Bewegung verläuft jedoch vollständig innerhalb des punktierten Quadrates, von dem Bild A3 eine Vergrößerung wiedergibt. In dieser Abbildung sind auch die wichtigsten thermonuklearen Reaktionen angegeben, die während der verschiedenen Phasen eines Sterns in seinem Kern ablaufen.

Die allgemeine Tendenz für eine stellare Entwicklung, die von der Gravitation gesteuert wird, besteht in einer Zunahme der Dichte (Bewegung nach unten im Diagramm), während verschiedene Mechanismen wie Masseverlust, Fragmentation, Instabilitäten oder Explosionen die Masse verringern (Bewegung nach links im Diagramm). Das Ende der Entwicklung eines heißen Sterns ist notwendigerweise einer der drei möglichen kalten Zustände: weißer Zwerg, Neutronenstern oder schwarzes Loch.

Ein Stern mit einer Masse unterhalb von ungefähr $8\,M_\odot$ folgt Kurve A. Nach der Umwandlung von Wasserstoff in Helium verläßt er die Hauptreihe, und die Dichte und zentrale Temperatur des Sterns nehmen zu, bis die Verbrennung von Helium zu Kohlenstoff einsetzt. Der Kohlenstoff bleibt jedoch reaktionsträge und die Entwicklungskurve endet im Zustand eines weißen Zwerges.

Kurve B entspricht einem massiveren Stern, der im Verlauf seiner Entwicklung auch Kohlenstoff zu Magnesium verbrennen kann. Sie endet im Zustand eines Neutronensterns.

Kurve C ist die hypothetischste. Sie könnte der Entwicklung eines sehr massiven Sterns, über $25\,M_\odot$, entsprechen, der, nachdem er alle Stadien der thermonuklearen Verbrennung bis hin zum Eisen durchlaufen hat, im Zustand eines schwarzen Loches endet.

Kurzes Literaturverzeichnis

Audouze J., *Aujourd'hui l'Univers*, Belfond, 1981.

Audouze J. und Israel G. (Hrsg.), *The Cambridge Atlas of Astronomy*, Cambridge University Press, 1988.

Balibar F., *Galilée, Newton lus par Einstein*, PUF, 1984.

(Verschiedene Autoren), *Au confins de l'Univers*, La Nouvelle Encyclopédie des Sciences et Techniques, Fayard/Fondation Diderot, 1987.

Collin S. und Stasinska G., *Les Quasars*, Le Rocher, 1987.

Doom C., *La Vie des étoiles*, Le Rocher, 1986.

Demaret J., *Univers*, Le Mail, 1991.

Einstein A., *Über die spezielle und die allgemeine Relativitätstheorie*, Vieweg, Braunschweig/Wiesbaden 1988.

Einstein A. und Infeld L., *Die Evolution der Physik*, Rororo, 1957.

Greenstein G., *Frozen Star*, MacDonald, 1984.

Hayli A. (Hrsg.), *Histoire de l'Univers*, Hachette, 1980.

Heidmann J., *Cosmic Odyssey*, Cambridge University Press, 1989.

Islam J., *The Ultimate Fate of the Universe*, Cambridge University Press, 1983.

Misner C. W., Thorne K. S., Wheeler J. A., *Gravitation*, W. H. Freeman, 1973.

Montmerle T., Prantzos N., *Soleil éclatés*, Press du CNRS, 1988.

Pecker J.-C. (Hrsg.), *Astronomie*, Flammarion, 1985.

Petit J.-P., *Das Schwarze Loch* (Comic), Vieweg 1995

Reeves H., *Atoms of Silence: An Exploration of Cosmic Evolution*, MIT Press, 1984.

Thuan Trinh Xuan, *La Mélodie secréte*, „Folio/Essais", 1991.

Namensverzeichnis

Sachwortverzeichnis

3C 273 (Quasar), 275.

Akkretion, 80, 276.
Akkretionsscheibe, 80, 147, 251.
Allgemeine Relativitätstheorie, 8, 21, 32.
Andromedanebel, 282.
Antiteilchen, 215.
Äquivalenzprinzip, 34, 213.
Äther, 18.
Ausschließungsprinzip, 75.

Bezugssystem, Galileisches, 16.
Big Bang, 182, 225.
Binäre Röntgenquellen, 155, 243.
Binäre Systeme 95, 110.
Bosonen, 75.
Bulge, 63, 264.

Chandrasekhar-Grenze, 77, 83.
Cherenkov-Strahlung, 230.
Crêpe, stellare, 292-293.
Cygnus X-1, 149, 253.

Doppelpulsare, 56, 112.
Doppler-Effekt, 151, 238.
Drehimpuls, 153.
Dunkle Materie, 235.
Dynamo-Effekt, 208.

Eddington-Grenze, 277.
Eigenzeit, 28, 136.
Einbettung, 167-169.
Einfrieren der Zeit, 135.
Einstein-Effekt, 151.
Eisen, 83.
Elektromagnetisches Feld, 12.

Elektromangetische Wellen, 14-14.
Elektron, 11, 65.
Elliptischer Nebel, 274.
Emission, spontane, 208.
Emission, induzierte, 209.
Entartung (der Materie, des Drucks), 75-76, 117.
Entropie, 200.
Ergosphäre, 159, 205.
Ereignis (der Raum-Zeit), 24.
Ereignishorizont, 158, 309.

Fehlende Materie, 234.
Fermionen, 75, 86.
Fluchtgeschwindigkeit, 6-7.

Galaktischer Kannibalismus, 296.
Galaktischer Kern, 275.
Galaktisches Zentrum, 30, 269.
Gamma-Burster, 294.
Gammastrahlung, 13, 105, 230.
Geodäte, 41, 170.
Geometrie, gekrümmte, 39.
Geometrie, Euklidische, 23.
Gezeitenkräfte, 38, 134, 288.
Glitches, 112.
Gravitation, 3, 35, 61, 118.
Gravitationsbild, 231.
Gravitationsfeld, 10, 143.
Gravitationskollaps, 62, 86.
Gravitationswellen, 51, 112, 152.
Gravitothermale Katastrophe, 267.

Halo (einer Galaxie), 264.
Hauptreihe (Haupt-Entwicklungsstadium), 68, 311.
Helium, 63, 66.